气象灾害风险管理

张钛仁　李茂松　潘双迪　王春艳　等 编著

内 容 简 介

本书介绍了气象灾害风险管理的理论方法,包括风险和风险管理的基本概念及风险管理的过程,阐述了气象灾害风险管理的概念及内涵,建立气象灾害风险管理的基本框架。对气象灾害风险管理进行了实证分析,介绍了气象灾害风险管理过程中应用的遥感监测体系、风险分析体系、损失评估体系、灾害预警体系和风险处置体系等技术支撑体系;描述了区域气象灾害风险管理的基本步骤,以及各步骤的具体操作方法;通过案例分别展示了对洪灾、干旱、雷电、凝冻、暴雨洪涝、台风和沙尘暴等主要气象灾害进行区域单一气象灾害风险管理和区域综合气象灾害风险管理的方法;通过实例展示了建设项目气象灾害风险管理的基本步骤和具体方法。研究了气象灾害风险管理的立法保障,分析了气象灾害风险管理的立法现状,提出了立法思路;介绍气象灾害风险评估和风险转移的立法现状和立法设计。

本书可供气象灾害风险管理、风险评估、气候可行论证以及区域规划、国土整治等领域的科研、业务和管理人员及有关院校教学参考和使用。

图书在版编目(CIP)数据

气象灾害风险管理/张钛仁等编著. —北京:气象出版社,2014.4(2019.12重印)
ISBN 978-7-5029-5907-4

Ⅰ.①气… Ⅱ.张… Ⅲ.①气象灾害-灾害防治-研究 Ⅳ.①P429

中国版本图书馆 CIP 数据核字(2014)第 053545 号

Qixiang Zaihai Fengxian Guanli
气象灾害风险管理

出版发行:	气象出版社		
地　　址:	北京市海淀区中关村南大街 46 号	邮政编码:	100081
电　　话:	010-68407112(总编室)　010-68408042(发行部)		
网　　址:	http://www.qxcbs.com	E-mail:	qxcbs@cma.gov.cn
责任编辑:	林雨晨	终　　审:	黄润恒
封面设计:	易普锐创意	责任技编:	吴庭芳
印　　刷:	北京建宏印刷有限公司		
开　　本:	787 mm×1092 mm　1/16	印　　张:	18.25
字　　数:	467 千字		
版　　次:	2014 年 7 月第 1 版	印　　次:	2019 年 12 月第 2 次印刷
定　　价:	80.00 元		

本书如存在文字不清、漏印以及缺页、倒页、脱页等,请与本社发行部联系调换

序

在全球气候变化的背景下,全球自然灾害风险进一步加剧,灾害形成机制、发生规律、时空特点、地域分布、损失程度、影响深度和广度都出现了新的变化和新的特点,给防灾减灾工作带来了新的问题和挑战。特别是近年来,全球范围内气象防灾减灾形势日益严峻。2011年,非洲东部遭遇60年来最严重干旱,引发可怕的粮食危机,近千万人面临生命威胁。2012年,美国遭受飓风"桑迪"袭击,造成113人死亡,近300万户家庭停电,经济损失高达近500亿美元;俄罗斯南部遭强暴雨袭击,171人丧生洪涝灾害。2013年,欧洲部分地区遭受暴雪袭击,英国大部分地区连日普降大雪,积雪严重造成交通瘫痪;百年一遇的暴风雪席卷中东地区,至少8万叙利亚难民仅依靠塑料帐篷御寒,耶路撒冷全城瘫痪,成千上万的住户断电,约旦多地成为孤城,燃料和粮食短缺。这一系列的事实警示着我们必须行动起来,切实提高气象灾害风险的管理水平和应急响应能力已经成为国际社会面临的共同难题。气象灾害的防御和风险管理能力已经成为体现一个国家经济发展水平、衡量一个国家科技水平和综合国力的重要标志。

我国是世界上受自然灾害影响最严重的国家之一,每年因各种气象灾害造成的农作物受灾面积达5000万公顷,受台风、暴雨、干旱、高温热浪、沙尘暴和雷电等重大气象灾害影响的人口达4亿人次。近年来,在全球气候变暖的大背景下,我国气象灾害越发呈现出突发性强、种类多、强度大、频率高等特点,"桑美"超强台风、川渝特大干旱、南方低温雨雪冰冻、淮河流域特大暴雨洪涝、西南特大干旱、新疆和东北等地特大暴雪等气象灾害给人民群众生命财产安全带来了严重威胁,同时也给我国经济社会发展可持续性带来了严峻的挑战。据统计,本世纪以来,我国气象灾害导致的死亡人数平均每年为2000多人,导致的经济损失约占当年国内生产总值的1‰~3‰。2008年低温雨雪冰冻灾害造成直接经济损失1590多亿元。2012年华北地区遭受强暴雨灾害,仅北京市就有77人遇难,受灾面积1.6万平方千米,受灾人口约190万人,经济损失达80亿元人民币。

党中央、国务院高度重视气象防灾减灾工作。近年来,国务院办公厅下发了《关于进一步加强气象灾害防御工作的意见》(简称国办49号文件),国办49号文件对加强气象灾害防御工作提出了总体要求,即以"以人为本、预防为主、防治结合"为指导方针,坚持"依靠科技、依靠法制、依靠群众,统筹规划、分类指导"的基本原则,以"制订和实施气象灾害防御规划,加快国家与地方各级防灾减灾体系建设,强化防灾减灾基础"为主要任务,通过切实增强对各类气象灾害监测预警、综合防御、应急处置和救助能力等具体措施,最终达到提高全社会防灾减灾水平、促进经济社会健康协调可持续发展的目的。

2010年1月,我国制定出台了《气象灾害防御条例》,完善了灾害防御法律体系建设,为气象防灾减灾工作提供了法律依据,对减少气象灾害的损失发挥了重要的作用。气象部门十分重视气象灾害风险管理工作,积极推进气象灾害评估、预估研究和业务建设。建立了气象灾害对农业、林业、交通、水资源、能源和公共卫生等影响后评估业务。

总之,我国在气象灾害防灾减灾方面做出了富有成效的尝试,不断加强对极端天气气候事件和气象灾害防御体系的建设,综合运用规划、政策以及行政指令等来提升公众对气象灾害风险的防范意识,改善管理,采用有效的手段和方法以减少气象灾害可能带来的危害,从而有效地提升了对灾难的响应、应对和恢复能力,减轻气象灾害对社会实际或潜在的不利影响。近五年来,中国平均每年因气象灾害造成的死亡人数为2260人,较前五年减少396人,平均每年造成的经济损失占国内生产总值的比例为0.91%,较前五年明显减低。

《气象灾害风险管理》一书是对我国气象灾害的风险管理工作取得成就的总结和提炼,吸收了众多专家学者的研究经验,并结合作者的最新研究成果,提出了气象灾害风险管理的整体框架和具体方法。为了提高实用性,书中还提供了具体的风险管理实例供读者参考借鉴,从而提高了气象灾害风险管理的实用性和可操作性。该书的出版将为进一步提升我国的气象灾害风险防御能力提供重要的帮助,从而为经济建设、防灾减灾、人民生活质量提高提供一份保障,为和谐社会、美丽中国的建设做出一份贡献。

秦大河

2014 年 5 月 11 日

秦大河:中国科学院院士,全国政协人口资源环境委员会副主任。

前　言

我国是一个地域辽阔、人口众多的发展中大国，21世纪上半叶，全面建设小康社会进入关键时期，工业化、信息化、城镇化、市场化、国际化深入发展，国际竞争日趋激烈，人与自然、人与社会怎样和谐相处的矛盾也日益突出。根据联合国世界气象组织统计，气象灾害占自然灾害总数的60%。从我国近40年（1950—1992）的统计来看，在所有的自然灾害损失中，由于气象灾害造成的经济损失约占全部损失的60%～70%。在气象灾害中，以旱涝灾害影响最为显著，其中旱灾造成的粮食损失，最低年在250亿千克以上，最高年约390亿千克。其次是大风、冰雹等。按国内专家测算，间接损失一般是直接损失的几倍，甚至是十几倍。

如何切实加强风险管理，提高预防和处置气象灾害的能力，是我国构建社会主义和谐社会的重要内容，也是全面履行政府职能、提高政府行政能力的迫切要求。在气象灾害对经济社会发展影响日益严重的情况下，加强气象灾害风险管理是政府加强科学管理的必然选择，对全面提高我国防御气象灾害的能力和水平尤为重要。

当前，我国气象灾害的风险管理工作已经取得了一定的成就，许多专家学者从不同角度对此做了重要研究，为气象灾害风险管理的进一步发展打下了坚实的基础。为此笔者在前人已有成果的基础上，通过大量的总结和提炼工作，结合自己的研究心得，提出气象灾害风险管理的整体框架和具体方法。

本书编写工作是在"十二五"国家科技支撑计划项目"重大突发性自然灾害预警与防控技术研究与应用（2012BAD20B00）"支持下，由张钛仁、李茂松、潘双迪、王春艳等组织相关专家编写完成的。全书由理论和案例构成，分为三编共10章。第一编：气象灾害风险管理的理论方法，包括3章，分别由张钛仁、潘双迪、王春艳和成秀虎撰写。第1章主要介绍风险和风险管理的基本概念及风险管理的过程；第2章重点阐述气象灾害风险管理的概念及内涵，并建立气象灾害风险管理的基本框架；第3章对气象灾害风险管理过程中应用的遥感监测体系、风险分析体系、损失评估体系、灾害预警体系和风险处置体系等技术支撑体系进行详细介绍。第二编：气象灾害风险管理的实证分析，包括4章，分别由张钛仁、潘双迪、李茂松、覃彬全和刘文军撰写。第4章详细描述了区域气象灾害风险管理的基本步骤，以及各步骤的具体操作方法；第5章通过7个案例对洪灾、干旱、雷电、凝冻、暴雨洪涝、台风和沙尘暴等主要气象灾害进行区域单一气象灾害风险管理研究；第6章通过3个案例进行区域综合气象灾害风险管理研究;第7章详细描述了建设项目气象灾害风险管理的基本步骤和具体实例。第三编:气象灾害风险管理的立法保障,包括3章,分别由杨惜春、张钛仁、李菊撰写。第8章从立法需求出发,分析气象灾害风险管理的立法现状,并提出立法思路;第9章和第10章分别介绍气象灾害风险评估和风险转移的立法现状和立法设计。全书由张钛仁、李茂松、潘双迪和王春艳统稿和编排。本书编写过程中,全国政协常委、国家减灾委专家委员会主任秦大河院士、中国农业大学郑大玮教授、中国气象局气象干部培训学院肖子牛研究员、安徽省气象局田红研究员、湖北省气象局周月华研究员等专家对全书有关内容进行认真审改,并提出宝贵意见和建议。本书在撰写过程中参阅了大量文献和资料,吸取了许多专家的精辟观点,由于篇幅原因不能一一列举,在此一并表示感谢。

气象灾害风险管理是涉及自然科学和社会科学的边缘学科,是一项需要长期研究、发展和建设的任务,需要随着社会的进步和科学技术的发展不断改进、完善和提高。希望本书能够为推动气象灾害风险管理作出贡献。由于作者水平有限,本书的结构和内容难免有不妥之处,恳请广大读者赐教指正。

作者

2013年12月

目 录

序
前言

第一编 气象灾害风险管理的理论方法

第1章 风险与风险管理 (1)
1.1 风险的基本概念 (1)
1.2 风险管理的概念和过程 (4)
参考文献 (8)

第2章 气象灾害风险管理 (10)
2.1 气象灾害 (10)
2.2 气象灾害风险 (15)
2.3 气象灾害风险管理 (17)
参考文献 (20)

第3章 气象灾害风险管理技术支撑体系 (22)
3.1 遥感监测体系 (22)
3.2 风险分析体系 (24)
3.3 损失评估体系 (25)
3.4 灾害预警体系 (29)
3.5 风险处置体系 (31)
参考文献 (35)

第二编 气象灾害风险管理的实证分析

第4章 区域气象灾害风险管理的基本步骤 (37)
4.1 区域气象灾害风险管理的基本步骤 (37)
4.2 区域气象灾害风险数据库 (37)
4.3 孕灾环境敏感度分析 (38)
4.4 致灾因子危害性分析 (39)
4.5 承灾体损失评估 (52)
4.6 风险区划图的绘制 (59)
4.7 风险处置对策 (65)
参考文献 (79)

第5章 区域单一气象灾害的风险管理 (82)
5.1 辽河流域洪灾风险评价及区划 (82)
5.2 重庆市干旱灾害风险评价及区划 (87)

5.3 廊坊市雷电灾害风险评价及区划……………………………………………………(93)
5.4 贵州省凝冻灾害风险评价及区划……………………………………………………(100)
5.5 海南岛暴雨洪涝灾害风险评价及区划………………………………………………(105)
5.6 浙江省台风灾害风险评价及区划……………………………………………………(112)
5.7 内蒙古锡林郭勒盟沙尘暴灾害风险评价及区划……………………………………(123)
参考文献…………………………………………………………………………………(153)

第6章 区域综合气象灾害的风险管理……………………………………………………(156)
6.1 大连地区农业气象灾害风险管理……………………………………………………(156)
6.2 黑龙江省气象灾害风险评价及区划…………………………………………………(162)
6.3 江西省旱涝灾害风险管理……………………………………………………………(168)
参考文献…………………………………………………………………………………(173)

第7章 建设项目气象灾害风险管理………………………………………………………(175)
7.1 建设项目气象灾害风险管理的依据…………………………………………………(175)
7.2 建设项目气象灾害风险管理的基本框架……………………………………………(176)
7.3 世纪新城项目气象灾害风险管理……………………………………………………(205)
参考文献…………………………………………………………………………………(233)

第三编 气象灾害风险管理的立法保障

第8章 气象灾害风险管理立法的基本问题………………………………………………(234)
8.1 气象灾害风险管理的立法需求………………………………………………………(234)
8.2 气象灾害风险管理的立法现状………………………………………………………(236)
8.3 气象灾害风险管理的立法思路………………………………………………………(244)
参考文献…………………………………………………………………………………(247)

第9章 气象灾害风险评估的立法保障……………………………………………………(249)
9.1 气象灾害风险评估的立法概念………………………………………………………(249)
9.2 气象灾害风险评估的立法现状………………………………………………………(250)
9.3 气象灾害风险评估的立法设计………………………………………………………(255)
参考文献…………………………………………………………………………………(262)

第10章 气象灾害风险转移的立法保障…………………………………………………(263)
10.1 气象灾害风险转移的立法概念……………………………………………………(263)
10.2 气象灾害风险转移的立法现状……………………………………………………(266)
10.3 气象灾害风险转移的立法设计……………………………………………………(276)
参考文献…………………………………………………………………………………(280)

第一编 气象灾害风险管理的理论方法

第1章 风险与风险管理

内容摘要：

"风险"的概念起源于19世纪末，最早出现在西方经济领域中。本书所指的"风险"是指在一定条件下和一定时期内发生的各种不利事件及由其造成伤害、损失或不利影响的可能性。风险具有非利性、不确定性和复杂性。风险研究的首要任务是对未来不利事件出现的可能性作出判断，从认识论的角度可以将风险分为真实风险、统计风险、预测风险和察觉风险4类。

风险管理是指个人、家庭和组织（企业或政府单位）对可能遇到的风险进行风险识别、风险估测、风险评价，并在此基础上优化组合各种风险管理技术，对风险实施有效的控制和妥善处理风险所致损失的后果，期望达到以最小的成本获得最大安全保障的科学管理方法。风险管理是一个连续的、循环的、动态的过程，可分为确定背景、识别风险、分析风险、评估风险以及处置风险五个流程。

1.1 风险的基本概念

1.1.1 风险的定义

"风险"的概念起源于19世纪末，最早出现在西方经济领域中。美国财经界将"风险"定义为"某一不利事件将会发生的概率"。按照权威的《韦伯字典》的说法，"风险"是"面临着伤害或损失的可能性"。《辞海》中将"风险"定义为"人们在生产建设和日常生活中遭遇可能导致人身伤亡、财产受损及其他经济损失的自然灾害、意外事故和其他不测事件发生的可能性。"

风险是一个通俗的日常用语，也是一个重要的科学论题。Wilson等1987年在《Science》发文，将风险的本质描述为不确定性，定义为期望值。Smith认为"风险是某一灾害发生的概率"。Deyle等将"风险"定义为"风险是某一灾害发生的概率（或频率）与灾害发生后果的规模的结合"。

显然，不同领域对风险的认识有所不同。但归纳起来，最常用的含义有两种：一是某种可能发生的危害，该危害的不确定性是可以用概率来描述；二是指某个客体遭受某种伤害、损失或不利影响的可能性。这两种含义是从主体和受体两个角度对同一个不利事件发生可能性的描述。本书所指的"风险"将包含以上两个方面含义,即指在一定条件下和一定时期内发生的各种不利事件及由其造成伤害、损失或不利影响的可能性。

1.1.2 风险的特性和本质

从风险的定义,可以推论出风险具有以下一些特性:(1)风险存在的客观性和普遍性;(2)风险发生的偶然性和必然性;(3)风险的不确定性;(4)风险的潜在性;(5)风险的双重性;(6)风险的变动性;(7)风险的相对性;(8)风险的无形性;(9)风险的突发性;(10)风险的传递性;(11)风险的可收益性;(12)风险的社会性;(13)风险的可测定性;(14)风险的发展性。

风险的本质由所有风险特性来决定。在决策论中,倾向于将风险看作一个三维概念,相应的它具有下述 3 个性质:

性质 1,非利性:风险对于个人或团体意味着会有不利后果。

性质 2,不确定性:不利后果的发生在时间、空间、强度上有不确定性。

性质 3,复杂性:十分复杂,难以用状态方程或概率分布来精确表达。

当复杂性被忽略时,风险概念可以退化成概率风险,这就意味着,能够找到服从于某种统计规律的概率分布,它可以适当地描述风险现象。如果再忽略风险的不确定性,风险概念就退化成不利事件概念,如损失、破坏等更为具体的概念。

目前,人们常常忽略风险的复杂性,用风险度来衡量风险的大小,并进行比较。风险度是用期望值替代概率分布,或选用某种或某些算子对有关的量进行数学组合,从而对风险进行定量表达。对风险的定义不同,相应的风险度的表达也有所差异。"加"和"乘"是使用频率最高的两个算子。Maskrey 于 1989 年、联合国于 1991 年分别提出风险表达式为"风险度＝危险度×易损度";Smith 提出的风险表达式为"风险度＝概率×损失";Deyle 等和 Hurst 分别在 1998 年提出"风险度＝危险度×结果";Tobin 和 Montz 提出"风险度＝概率＋易损度"。

显然,对某些领域来讲,选用适当的风险表达式将本质上是多维的风险问题简化成便于比较大小的一维问题是可行的。不过,在进行风险分析时,使用简化结果要非常小心。例如,假定甲、乙两个工程遭受到台风袭击的概率分别是 0.0001 和 1,造成的损失分别是 1 亿元和 1 万元,如果用"万元"为计量单位,按照相乘组合法计算甲、乙工程遭受台风袭击的风险度将分别是:

$$风险度(甲)=0.0001×10000=1$$

$$风险度(乙)=1×1=1$$

如果据此推断出两个工程遭受台风袭击的风险度完全一样,则建设者将无法选择。但是,从实际情况分析,乙工程遭受台风袭击的概率是 1,也就是说必然会受到台风的袭击,而甲工程受到台风袭击的概率极小,建设者将很容易做出选择。显然,通过降维的方式硬性比较甲、乙工程的遭受台风袭击的风险大小是行不通的。

1.1.3 风险的种类

"福无双至,祸不单行"提醒人们风险无处不在,应处处提防风险。因为,有些风险是自愿型的,而有些则是被迫型的。抽烟导致的风险是典型的自愿型风险,洪水、干旱、沙尘暴等产生的风险均是被迫型的。尽管前文已经提到，人们常用风险度来衡量风险的大小，但是也发现对风险的降维将会导致风险分析的失真。因此，从定性的角度了解风险将比从定量角度更加全面。

在保险业中，有4种基本的风险分类方法：(1)按风险产生的根源划分，如水害、火灾等因素所形成的风险；(2)按风险标的划分，如财产风险、人身风险、责任风险等；(3)按风险的后果划分，可分为纯粹风险和投机风险；(4)按风险管理的标准划分，可分为可管理风险和不可管理风险。

黄崇福(2005)从认识论的角度对风险分类进行了研究，将风险分为真实风险、统计风险、预测风险和察觉风险4类。

(1)真实风险

这类风险完全由未来环境发展所决定。真实风险也就是真实的不利后果事件。来自于工业的污染问题主要与真实风险相联系。许多环境污染的研究，大多着眼于已形成的污染问题。污染对于人类来讲是一种不利后果事件，污染研究大部分工作是对现有污染的观测、分析和整治。

震后灾情评估也属于真实风险的范畴。此时，主要的工作不是推测今后灾情的发展，而是了解当时的灾情状况，对已经出现的不利后果事件进行调查、归类和统计，给出评估结果。对于洪水、干旱、病虫害等，由于灾害有一定的过程，随时间的变化灾情有时变化较大，因此，对某些阶段来说，很难把灾情调查归为真实风险的调查。

(2)统计风险

这类风险是由现有可以利用的数据来加以认识的。统计风险事实上是历史不利后果事件的回归。机动车保险费率与统计风险密切相关。具有超越概率指标的《中国地震动参数图》，本质上是一种统计风险区划图。我们说某江堤具有抗御50年一遇特大洪水的能力，涉及的洪水风险是一种统计风险。

(3)预测风险

这类风险可以通过对历史事件的研究，在此基础上建立系统模型，从而进行预测。预测风险是对未来不利后果的预测。核电站的核安全保护措施大多基于预测风险之上。项目投资风险、发射卫星失败的风险，均可归为预测风险。

(4)察觉风险

这类风险是由人民通过经验、观察、比较等来察觉到的。察觉风险是一种人类直觉的判断。在日常生活中，我们常常凭直觉来处理风险问题。

一个风险问题可能涉及两类以上的风险。例如，民航空难风险问题，最少涉及统计风险和察觉风险。对于一个从事航空人身保险业务的公司而言，由于拥有大量飞行事故数据资料，并有充分多的时间进行统计分析，民航空难风险是统计风险。但是，对于一个在飞机场办理登机手续前考虑是否购买航空人身意外保险单的乘客而言，不可能在短暂时间内去收集、整理和分析任何数据，民航空难风险是察觉风险。大多数情况下，乘客将当时的情况和一些典型的情况相比较。这些典型情况有的是安全的，有的是空难。

上述分类表明，只有统计风险才涉及用概率来测量不利影响的严重程度。事实上，即使对统计风险而言，统计方法也只有在大量收集了数据资料后才是一种有效的工具。概率方法几乎对察觉风险的识别无能为力。

风险研究的首要任务是对未来不利事件出现的可能性作出判断。因此从认识论的角度来对风险加以分类,有利于选用合适的技术去认识和掌握风险,有利于提高风险管理的水平。

1.2 风险管理的概念和过程

1.2.1 风险管理的概念

风险管理是研究风险发生规律和风险控制技术的一门新兴管理学科。所谓风险管理是指个人、家庭和组织(企业或政府单位)对可能遇到的风险进行风险识别、风险估测、风险评价,并在此基础上优化组合各种风险管理技术,对风险实施有效的控制和妥善处理风险所致损失的后果,期望达到以最小的成本获得最大安全保障的科学管理方法。

分析风险管理的定义,我们可以通过下述内容来理解其内涵:

(1)风险管理的主体是个人、家庭或组织。由此可知,风险管理这个概念的外延很大;

(2)风险管理是由风险识别、估计、评价、控制、效果评价等环节组成的,是通过计划、组织、指导、控制等过程,通过综合、合理地运用各种科学方法来实现其目标的;

(3)风险管理以选择最佳的风险管理技术为中心,要体现成本效益的关系,应从最经济合理的角度来处置风险,在条件允许的情况下,选择最低成本最大效益的最佳方案,制定风险管理决策;

(4)风险管理的目标是以最低的成本实现最大的安全保障。因此,通过探求风险发生、变化的规律,认识、估计和分析风险对经济生活所造成的危害,选择适当方法处置风险,尽量避免或减少损失,以保障经济社会发展的稳定性和连续性;

(5)风险管理是一个动态的过程。由于个人、家庭和组织内外部的环境是不断变化的,因此,在风险管理计划的实施过程中,应根据风险状态的变化,及时调整风险管理方案,对偏离风险管理目标的行为进行修正;

(6)在风险分类中,按性质可将风险分为静态风险和动态风险,一般而言只将静态风险作为风险管理的对象,动态风险是否应作为风险管理的对象目前尚有分歧。如美国风险管理的对象通常是静态风险,而英、德等国把动态风险也当作管理对象。

1.2.2 风险管理的过程

风险管理是一个连续的、循环的、动态的过程。澳大利亚风险管理标准将风险管理定义为应对各种潜在风险(或危害)和不利影响的有效管理的文化、过程和结构,将风险管理过程定义为系统地应用各种管理政策、过程和实践来确定背景、识别风险、分析风险、评估风险、处置风险、监测风险和交流风险的过程。因此,风险管理过程可分为确定背景、识别风险、分析风险、评估风险以及处置风险,完成整个过程需要监测与检查及交流与磋商,图1.1是风险管理过程的解析。

1.2.2.1 确定背景

风险发生在既定区域和政策范围内,因而有必要理解这些背景。在确定背景中需要完成

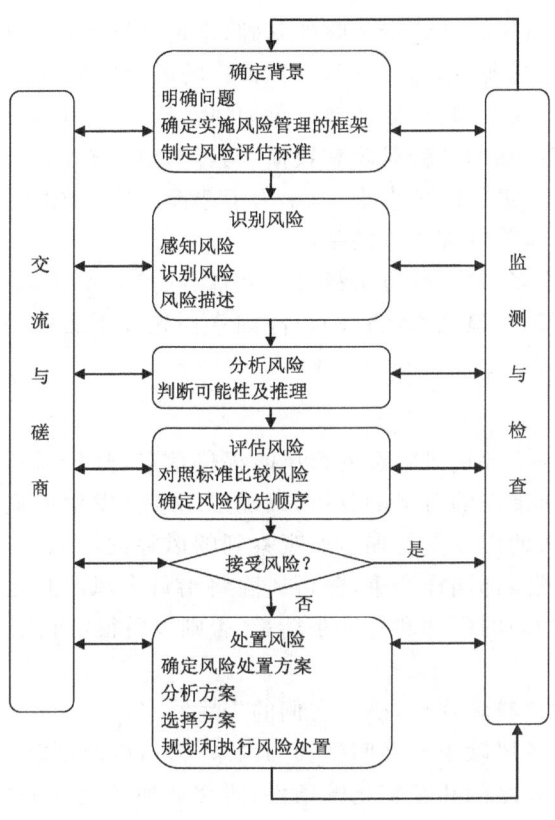

图 1.1 风险管理过程

以下 3 个方面的工作。

(1) 明确问题。通过确定风险管理方案的特征和范围来明确问题,包括明确风险发生的区域,将要处理问题的类型,以及将要执行这个方案的区域范围。

(2) 确定实施风险管理的框架。包括相关法律和政策;受行动影响的利益集团;区域的目标;政治和经济形势等。

(3) 制定风险评估标准。需要制定风险评估标准,以便做出区域认为何种风险可接受、何种风险不可接受的判断,从而做出风险优先顺序的判断。通过一个区域,风险管理者和其他利益集团之间的互动过程,确定区域的风险理解。

1.2.2.2 识别风险

识别风险是风险管理的第一步,也是风险管理最基础的工作。它是指在风险事故发生前,人们运用各种方法系统地、连续地认识所面临的各种风险以及分析风险事故发生的潜在原因。只有在正确识别出自身所面临的风险的基础上,人们才能够主动选择适当有效的方法进行处理,风险衡量才能进行,风险管理决策才有意义。

其过程包含以下 3 个环节:(1) 感知风险,即通过调查了解客观存在的各种风险;(2) 识别风险,即通过归类、掌握风险产生的原因和条件以及鉴别风险的性质;(3) 描述风险,即系统的、全面的描述所面临的和潜在的风险类型、导致损失的风险事故、引起风险事故的主要原因和条件、风险事故所致后果等。感知风险是识别风险的基础,识别风险是关键,描述风险是对识别风险结果的综合。

因此,识别风险是分析风险和评价风险的基础,也是进行风险管理决策的基础。所要回答的主要问题是:(1)需要考虑哪些风险?(2)导致损失的风险事故有哪些?(3)引起风险事故的主要原因和条件是什么?(4)风险事故所致后果如何?(5)如何增强识别风险的能力?

通过风险识别,了解面临的各种风险和致损因素,其目的有两个,一是便于实施风险管理过程的第二阶段,即便于衡量风险的大小;二是为了选择最佳的风险处理方案。风险识别是风险衡量的基础,也是进行风险管理决策的基础。

识别风险的方法有很多,每一种方法都各有其优、缺点和使用范围。通常使用的方法有:(1)表格与问卷识别法;(2)风险列举法;(3)风险因素预先分析法;(4)幕景分析法;(5)安全检查表分析法。

1.2.2.3 分析风险

分析风险的目的是为了评估风险和处置风险提供信息,分析风险是在风险识别的基础上对可能出现的任何事件所带来的后果的分析,以确定该事件发生的概率以及与可能影响的潜在的相关后果。风险分析的出发点是揭示所观察到的风险的原因、影响和程度并提出和考察备选方案。并非所有的风险都同样严重,分析风险将给每个风险指定一个风险级别。在分析和描述风险时应该使用相同的事件和标准来衡量,否则以后很难确定它们的优先顺序。因此,分析风险的目的为:

(1)对诸多风险进行比较和评价,确定它们的先后顺序;

(2)从整体出发弄清各风险事件之间确切的因果关系,以便制定出系统的风险管理计划;

(3)考虑各种不同风险之间相互转化的条件,研究如何才能化威胁为机会,同时也要注意机会在什么条件下会转化为威胁;

(4)进一步量化已识别风险的发生概率和后果,减少风险发生概率和后果估计中的不确定性。

风险分析的结果是一张"预测清单"。它应该能够给出某一危险发生的概率以及其后果的性质和概率。一般关于概率有客观概率和主观概率之分。客观概率的计算方法有两种:一种是根据大量试验用统计方法进行计算;另一种根据概率的古典定义,将事件集分解成基本事件,用分析的方法进行计算。但在实际工作中,经常不可能获得足够多的信息,因为通常所遇到的风险事件都不可能做大量实验,又因事件是未来发生的,所以不能做出准确的分析,也就很难计算出客观概率,这时只能由决策者或专家对事件出现的可能性做出估计,这就是主观概率。主观概率就是用较少的信息量做出估计的一种方法,也就是根据事件是否发生的个人观点用一个0~1的数值来描述此事件发生的可能性。换句话说,就是利用专家的长期经验对事件所做出的直觉判断。直觉判断出现偏差的可能性是很大的,近些年来科学家们正在从各个方面探讨减少这些偏差的程序和方法,如德尔菲法,实质上就是利用大量的直觉判断来解决个别人直觉判断容易出现的偏差问题,专家系统及人工智能系统等则是利用计算机辅助决策以提高直觉判断的效率和准确性,实现向客观实际的逼近。科学实验事实证明,大多数人的估计都不可能超出他们所经历的和认识到的,这是由于经验的有限性及认识过程的局限性所导致的。如何才能保证主观概率做到尽可能的准确,是今后长时间内仍然需要研究的问题。

风险分析中所使用的主要方法有:概率分布、概率树及外推方法,计划评审技术、图示评审技术,而蒙特卡罗方法是随着计算机的普及,日益得到广泛使用的重要方法,适用于问题比较复杂,要求精度较高的场合,特别是对少数几个可行方案实行精选比较时更为重要。

一般的做法是,通过测定风险事件发生的可能性和后果来分析风险,在测定可能性和后果时通常用定性和定量两种方法。

1.2.2.4 评估风险

评估风险的目的是判断风险的严重性,为处置风险提供依据。一般说来,实施风险评估的步骤包括:

(1)对照标准比较风险。将风险分析确定的风险等级与已有的风险评估标准进行比较。

(2)确定风险优先顺序。可利用风险分析确定的风险等级(如"极高"、"高"、"中等"、"低"等)来确定风险优先顺序。注意在同一风险等级内也需要确定优先顺序,例如同是"高"风险,要确定哪一个是较严重的。

(3)决定风险可接受性。表1.1可以用于确定哪些风险可接受,哪些不可接受或需要处置。

表1.1 风险等级和可能的行动路线

风险等级	可能的行动路线
极高风险	需要立即采取行动 需要行政关注 建议进一步调查假定分析或脆弱性
高等风险	需要高层管理者关注 可能要求进一步调查假定分析或脆弱性
中等风险	可能需要采取某些行动 必须详细说明管理职责
低等风险	不需要采取行动 按常规程序处理

风险估计是建立在概率论与数理统计的大数法则、类推原理和惯性原理的基础上的。由于在自然界和人类社会中,通过对大量风险事故发生的统计分析,其结果呈现出一定的必然性和统计规律性,因而可以通过某一类风险事故发生的规律性,类推出其他风险事故发生的规律性;由惯性原理可预测将来风险事故发生的可能性。所以,风险估计的意义在于:

(1)通过风险估计,较为准确地预测损失概率和损失幅度。通过采取适当的措施,可减少损失发生的不确定性,降低风险。

(2)对损失幅度的估计,使风险管理者能够明确风险事故造成的灾害性的后果,集中主要精力去控制那些可能发生的重大事故。

(3)建立损失概率分布,为风险管理者进行风险决策提供依据。风险管理者根据损失概率分布的状况,结合损失幅度的估计结果,分配风险管理费用,采取相应的风险控制技术,将风险控制在最低程度。

1.2.2.5 处置风险

处置风险的目的是通过选择和实施风险处置措施,减少风险危害的可能性,分为以下步骤。

(1)形成风险处置方案

1)预防、准备、应对和恢复(precaution, preparedness, response and recover, PPRR)是风

险管理的全部阶段。大多数风险管理的潜在成功,在预防和准备阶段即可实现。

2)控制。控制层面有各种控制方法,主要包括:消除,即消除危险,也就是消除风险源;代替,即以另外一个导致更小危害的过程或事物来代替这个危险;工程控制,即用结构方法减少风险因素暴露于危险中;行政(程序)控制,即建立一系列行政程序以减少受害体暴露于危险中的机会;个人保护装备,即使用装备保护个人免遭伤害;应急程序,即制定紧急事态中使用的程序。

3)标准的风险管理处置方案,主要包括:避免风险,即决定不去执行可能形成风险的行动;降低风险发生的可能性,即通过减轻危险来降低风险发生的可能性;减轻风险发生的后果,即通过减轻易损性或增强抵抗力来减轻风险发生的后果;转移风险,即安排另外一个团体承担或分担风险;保留风险,即接受风险并准备应对其后果。

(2)考虑风险处置方案的评估标准

在考虑评估标准时,可能有必要参考相关的政策,也有必要考虑不同对象的期望。然后做出利用哪些评估标准的决定,而且要适时修订这些决定以适应既定的风险管理项目的要求。

(3)评定并选择风险处置方案的最佳综合

应该利用所选定的评估标准,评估每个风险处置方案,经过评估,应该选择根据这些标准鉴定为最佳的那些风险处置方案。鉴定风险处置方案的一个方法是按照必须实施、应该实施、能够实施三个类别将每个方案进行分类。应该建议有关当局执行风险处置方案。

(4)准备并实施风险处置进度和计划

风险处置计划应该明确责任、进度和处置的预期结果、预算、执行措施、适当规定的检查程序等。成功地实施风险处置计划要求有效的管理系统,该系统要详细说明所选择的方案,分配职责和个人行动责任。如果在处置后仍有残留风险,需要决定是保留这个风险还是重复实施风险处置程序。

参考文献

弗兰克·费舍尔.2005.乌尔里希·贝克和风险社会政治学评析[J].孟庆艳,编译.马克思主义与现实,(3):47.

高庆华,马宗晋,张业成,等.2007.自然灾害评估[M].北京:气象出版社.

葛全胜,邹铭,郑景云,等.2008.中国自然灾害风险综合评估初步研究[M].北京:科学出版社.

郭红欣.2012.城市灾害综合风险管理的法律应对[C]//中国环境资源法学研究会.2012年全国环境资源法学研讨会论文集:1123-1128.

郭起豪,张永,谈媛.灾害风险管理 任重而道远——写在"5·12"防灾减灾日.北京:中国气象报社.2013-5-13.

黄崇福.2005.自然灾害风险评价——理论与实践[M].北京:科学出版社.

李坤刚.2003.我国洪旱灾害风险管理[J].中国水利,(6):47-48.

刘冰,薛澜.2012."管理极端气候事件和灾害风险特别报告"对我国的启示[J].中国行政管理,(3):92-95.

刘连中,罗培.2005.基于GIS的重庆市地质灾害风险评估系统[J].重庆师范大学学报(自然科学版),**22**(3):1-5.

罗培.2005.区域气象灾害风险评估[D].西南师范大学.

牛叔超,刘月辉,王廷贵.1998.气象灾害风险评估方法的探讨[J].山东气象,(1):14-17.

史培军,王静爱,周俊华,等.2004.中国水灾风险综合管理——平衡大都市区水灾致灾强度与脆弱性[J].自然灾害学报,**13**(4):1-7.
魏华林,洪文婷.2011.巨灾风险管理的困境与出路——兼论中、美洪水灾害风险管理差异[J].保险研究,(8):3-12.
魏一鸣,金菊良,杨存建,等.2002.洪水灾害风险管理[M].北京:科学技术出版社.
向飞,洪文婷.2011.中国洪水灾害风险管理体制创新研究——兼论英美洪水灾害风险管理的发展、困境及启示[J].保险职业学院学报,**25**(5):89-96.
薛澜,周玲,朱琴.2008.风险治理:完善与提升国家公共安全管理的基石[J].江苏社会科学,(6):7-11.
杨仲江.2009.雷电灾害风险评估与管理基础[M].北京:气象出版社.
曾贤刚.2003.环境影响经济评价[M].北京:化学工业出版社.
张继权,冈田宪夫,多多纳裕一.2005.综合自然灾害风险管理[J].城市与减灾,(2):2-5.
张继权,李宁.2007.主要气象灾害风险评价与管理的数量化方法及其应用[M].北京:北京师范大学出版社.
张继权,赵万智,多多纳裕一.2006.综合自然灾害风险管理——全面整合的模式与中国的战略选择[J].自然灾害学报,**15**(1):29-37.
张继权,赵万智,冈田宪夫,等.2004.综合自然灾害风险管理的理论、对策与途径[J].应用基础与工程科学学报,**14**(增刊):263-271.
张俊香,黄崇福.2009.四川地震灾害致灾因子风险分析[J].热带地理,**29**(3):280-284.
章国材.2010.气象灾害风险评估与区划方法[M].北京:气象出版社.
钟开斌.2011a.国际化大都市风险管理——挑战与经验[J].中国应急管理,(4):17-18.
钟开斌.2011b.伦敦城市风险管理的主要做法与经验[J].国家行政学院学报,(5):113-117.
钟开斌.2012.纽约市自然灾害风险评估的主要做法与经验[J].中国行政管理,(10):87-90.
祝燕德,胡爱军,何逸,等.2009.重大气象灾害风险防范——2008年湖南冰灾启示[M].北京:中国财政经济出版社.

第 2 章 气象灾害风险管理

内容摘要：

　　气象灾害是指由于大气作用，对人类的生命财产、国民经济建设及国防建设等造成的直接或间接的损害的事件或现象。气象灾害包括三项基本要素：致灾因子、受灾体和灾害损失。对我国产生重大影响的天气和气候灾害主要包括暴雨洪涝灾害、干旱灾害、热带气旋灾害、低温冷冻灾害、风灾害、冰雹灾害、雪灾、雾灾、沙尘暴灾害、雷电灾害以及由这些主要气象灾害引发的次生灾害。

　　气象灾害风险是指一定条件下和一定时期内气象灾害发生及由其造成伤害、损失或不利影响的可能性。气象灾害风险形成的要素主要可以概括为 4 个方面：致灾体的危险性要素、承灾体的价值要素、承灾体的脆弱性要素和防灾减灾要素。

　　气象灾害风险管理通过风险识别、风险估测、风险评价，优化组合各种风险管理技术措施，对气象灾害风险实施有效的控制，并妥善处理风险所致损失后果，期望达到以最少的成本获得最大安全保障的目标。气象灾害风险管理的基本框架包括气象灾害风险信息搜集、气象灾害风险识别、气象灾害风险分析、气象灾害风险损失评估、气象灾害风险处置和气象灾害风险评价。

2.1　气象灾害

2.1.1　基本概念

　　大气层既是地球上一切生命物体生存的基本条件，也是保护地球生物免受陨石等来自太空物体的袭击和紫外线辐射的重要屏障。但是，大气层不是总能给人类带来好处，由于它是不稳定的，而且常常发生激烈变化，所以也经常给地球上的生命体带来各种灾难，给人类的生命财产造成损失。诸如狂风刮倒房屋，暴雨引起洪涝、淹没田地，长期无雨形成干旱、枯死庄稼、渴死人畜，高温酷暑和低温严寒造成病人增加、死亡率增高，雷电击死、击伤人畜或引发火灾等。这种由于大气作用，对人类的生命财产、国民经济建设及国防建设等造成的直接或间接的损害的事件或现象，就称为气象灾害。

　　气象灾害包括三项基本要素：致灾因子——气象灾变；受灾体——主要包括人口、财产、资源、环境等；灾害损失——包括危害人类生命和身心健康，损坏人类劳动创造的物质财产，破坏生产、影响社会功能和秩序，破坏人类赖以生存和发展的资源和环境。灾害损失包括直接灾害损失、间接灾害损失和衍生灾害损失。

　　在研究气象灾害时，应注意区分"气象变异"、"气象灾变"和"气象灾害"的含义。大气层一直在不停地变化着，这种变化统称为"气象变异"；当气象变异增大到可以对人类或环境造成破坏的程度时，则称为"气象灾变"；气象灾变对人类社会和环境造成破坏或比较严重影响时才称为"气象灾害"。气象变异和气象灾变是自然现象，是自然界的变化或异化，衡量的标准是灾变能量的大小(或灾变强度)和频次。而气象灾害则是由气象灾变引起的对人类社会的危害,是给受灾体造成的损失和破坏,它的形成既与大气运动有关,也与社会有关,因此它既具有自然属性也具有社会属性。衡量气象灾害的根本标准是受灾体的损失破坏程度。

气象灾害的形成有两方面条件,其一是气象灾变,其二是受灾体。气象灾变的形成主要受自然因素影响;受灾体除了社会受灾体外也包括自然环境和资源。在气象灾害形成的两方面因素中,又各自包含若干因子,它们都具有层次性和联系性。在气象灾变和受灾体两个基本条件制约下,气象灾害以受灾体的损毁程度显示出来。对气象灾害损失的评估就是对受灾体的破坏损失的评估。

2.1.2 气象灾害的分类

2.1.2.1 天气灾害和气候灾害

按照气象学定义,可以将气象灾害分为天气灾害和气候灾害。

(1)天气灾害

天气一般指一次天气过程,就是几天时间内的大气现象。因此,天气灾害一般是指几天内的一次异常天气过程造成的气象灾害。例如,某一次热带气旋、某一次暴雨、某一次沙尘暴、某一次寒潮等造成的灾害。天气灾害对人民的生活与工作可以造成突然的损失,因而受到人们的注意。

(2)气候灾害

气候是指某一长时间内气象要素和天气过程的平均统计状况,是较长时间内的大气现象,主要反映的是某一地区冷暖干湿等基本情况。气候灾害是指由于气象要素变异,给人类带来的危害。如应该下雨的季节却久不下雨,应该是旱季却阴雨连绵,应该冷却不冷,应该热却不热等各种反常现象的出现,导致人类及动植物的不适应,影响人类社会活动及生产活动,危及动植物的正常生长发育,造成经济损失和其他损失。

从形式上看,气候灾害往往通过天气灾害表现出来。如1982—1983年,南美的秘鲁、厄瓜多尔等干旱地区骤降暴雨,而澳大利亚和印度等多雨地区却发生干旱,造成1000多人丧生和几十亿美元的经济损失;再如2008年年初我国南方发生的低温雨雪冰冻天气,造成经济损失达1111亿元。表面上看这些都是由暴雨、缺雨或低温雨雪造成的天气灾害,但从气候角度分析,这些灾害都是由于气候异常而导致的结果,所以可称为气候灾害。

2.1.2.2 重大高影响气象灾害

根据气象灾害形成的原因、性质和危害人民生命财产的特点可以将气象灾害分为暴雨洪涝、热带气旋、干旱、冷冻、连阴雨、沙尘暴等灾害类型。其中,对我国产生重大影响的天气和气候灾害主要包括暴雨洪涝灾害、干旱灾害、热带气旋灾害、低温冷冻灾害、风灾害、冰雹灾害、雪灾、雾灾、沙尘暴灾害、雷电灾害以及由这些主要气象灾害引发的次生灾害。

(1)暴雨洪涝灾害

暴雨是危害最严重的气象灾害之一。根据气象部门规定,24小时降水量达50～99.9mm为暴雨,100～250mm为大暴雨,250mm及其以上为特大暴雨。根据不同的标准,还可把暴雨分成不同的类别。表2.1中列出了根据暴雨系统特征和暴雨季节性特征所分成的类别。此外,气象和水利等部门在业务和科研中还会同时考虑暴雨的雨量、笼罩范围和持续时间,在省、市和地区将暴雨分为局部暴雨、区域暴雨、全区域性暴雨等;在河流和流域将暴雨分为支流暴雨、干流暴雨和全流域暴雨等。

表 2.1　中国暴雨的类别

根据暴雨系统的特征	根据暴雨发生的季节性
热带气旋暴雨或热带气旋残余及由热带气旋转变成的温带气旋引起的暴雨	华南前汛期暴雨
由低涡或与这些低涡有关的切变线引起的暴雨	江淮梅雨期暴雨
由高空槽和相应的冷锋引起的暴雨	华北、东北盛夏暴雨
地方性暴雨群,可以在有利的大尺度天气条件下重复发展,造成突发性洪水	华南后汛期暴雨

暴雨天气出现时多伴随雷电和狂风,常导致平地积水、河道漫溢、农田毁坏、房屋倒塌、雷击建筑等。暴雨可直接致灾,也易于引发洪涝灾害,给人们和国家造成重大经济损失。洪涝灾害包括洪灾和涝灾两种类型。洪灾是指由于江河洪水泛滥,淹没田地和城乡,危及人民生命财产安全的现象。涝灾是指长期阴雨或暴雨产生的积水和径流淹没低洼土地所造成的灾害。中国的暴雨洪涝灾害多发生在江淮以南以及华南沿海地区,其中江南北部至长江中下游出现最多。中国北方气候干燥,雨水较少,但在异常的气候影响下,也常有洪涝发生。

(2)干旱灾害

干旱灾害是指在足够长的时期内,因降水量严重不足,致使土壤因蒸发而水分亏损,河川流量减少,破坏了正常的作物生长和人类活动的灾害性天气现象。其结果是造成农作物、果树减产,人畜饮水困难及工业用水缺乏等灾害。

我国的旱灾可分为春旱、夏旱、秋旱、冬旱以及季节连旱。春旱主要发生在秦岭、淮河以北的华北、西北及东北地区,长江上游和云贵高原也时有发生。夏旱通常分为夏旱和伏旱。夏旱主要发生在甘肃中部、宁夏南部、山西南部、河南中部、河北南部和山东中部。伏旱经常发生在长江流域,特别是四川东部、湖南、湖北、江西、浙江、安徽、江苏等地最为常见。秋旱多发生在华南、华中和华北广大地区内,对长江以南地区,秋旱多于夏旱。冬旱主要发生在华南。

在某些年份干旱会长时间持续,出现季节连旱。旱灾尤其是季节连旱会给农牧业造成严重影响。我国干旱的分布有明显的地域性,严重的干旱区主要分布在黄淮地区,浙、赣南部与两广北部地区,黄土高原地区和滇中地区。

(3)热带气旋灾害

热带气旋是指生成于热带或副热带海洋上,伴有狂风暴雨的大气漩涡,在北半球沿逆时针方向旋转,在南半球沿顺时针方向旋转。它在围绕自己中心旋转的同时,不断向前移动,其形状如旋转的陀螺。热带气旋主要依靠水汽凝结时释放的潜热形成和发展起来。根据中心附近最大平均风力可将热带气旋的强度划分为热带低压、热带风暴、强热带风暴、台风、强台风、超强台风 6 个等级。

热带气旋尤其是达到台风强度的热带气旋具有很强的破坏力,伴随热带气旋而至的是狂风和暴雨,常常掀翻船只、摧毁房屋和其他设施,涌起的巨浪能冲破海堤,而暴雨会引发洪涝灾害。台风侵袭我国的主要路径有两条,一是通过巴士海峡向西到达我国东南部、广西和海南岛;另一条是通过台湾,逐渐转向西北,在闽浙登陆,然后向北影响江苏、山东至渤海,再转向北,进一步影响东北沿海地区甚至东北内陆。

(4) 低温冷冻灾害

低温冷冻灾害是指由低温和冰冻等造成的灾害，包括低温、低温连阴雨、低温冷害、冰冻、霜冻和寒潮等。

低温是指气温过低，不仅对农、林、牧业等会造成很大危害，对人体健康的影响也很大。低温连阴雨是指连续多日阴雨并伴随气温下降的天气现象。期间降水量不大，但气温较低，这种天气有时接连出现，以致阴雨天气长达一个月之久。这种天气常见于我国长江中、下游地区，出现在每年的 3—4 月，两广地区则在 1—3 月发生，往往对春播育秧危害极大，造成早稻严重的烂秧，其结果是减产或颗粒无收。低温冷害是指农作物或经济林果生长期间，因气温低于作物生理下限温度，影响作物正常生长，引起农作物生育期延迟或受损，导致减产的一种农业气象灾害。其在东北地区一般发生在 6—8 月，称为东北冷寒或"哑巴害"。在长江流域则发生在 9—10 月，称为秋季低温或寒露风，发生在春季则称为春寒或倒春寒。

冰冻是指雨凇、雾凇、湿雪和冻雨等冷而潮湿的天气使水汽或降水凝冻而造成的灾害。冰冻灾害一方面是由于雨凇、雾凇及雨、雾混合凇等造成的电线覆冰及进一步的输变电线塔、通信线塔等损坏或损毁；另一方面是由于雨凇、雾凇、降雪冻结等造成的道路结冰，交通受阻等。冰冻灾害主要出现在严冬和初春季节，主要影响我国云、贵、川地区，而湖南、湖北、江西、广东和广西在某些年份也会出现。

霜冻是指当地面最低温度降至 0℃ 以下时，对农作物、果树和林木等造成伤害或死亡的农业气象灾害。根据霜冻发生的条件，可以分为平流霜冻、辐射霜冻和平流辐射霜冻三种。而根据霜冻发生的季节，又可分为春季霜冻、秋季霜冻和冬季霜冻。

高纬度地区的冷空气在特定天气形势下加强南下，造成大范围剧烈降温和大风、雨雪天气，这种来势凶猛的冷空气活动使降温幅度达到一定标准时，称为寒潮。根据中国气象局的定义，一个台站在一次冷空气过程中其最低气温在 5℃ 以下，气温 24 小时内下降 10℃ 以上，记该站出现一次寒潮过程。秋末的寒潮常常会给北方带来大范围初霜，使晚秋作物遭受冻害；春天的寒潮会引起我国南方的连阴雨；冬季寒潮常常引起雪灾、北方的江河湖海封冻等灾害。我国有两个寒潮多发区，一个是在内蒙古中东部、二连浩特到锡林浩特，另一个位于阿尔泰山到内蒙古西部阿拉善左旗、阿拉善右旗一带。

(5) 风灾

风灾是指风力大到足以危及生产活动、经济建设、日常生活的一种严重的气象灾害。风灾主要包括大风、龙卷风和干热风。

根据中国气象局的规定，瞬时风速达到或超过 17.2m/s（风力≥8 级）的风为大风。大风过境时，容易造成建筑物倒塌，树木和电杆、电线折断，农作物大面积倒伏等损失。长时间的大风会使土壤风蚀、沙化，对作物和树木产生机械损害，造成倒伏、折断、落粒、落果及传播植物病虫害等；严重地破坏各种设施，输送污染物，影响人们的正常生产生活等。

龙卷风是一种破坏力极强的小尺度的激烈旋转的空气漩涡，是积雨云底部下垂着象鼻状的漏斗云体。龙卷风的中心气压很低，水平气压梯度大，从而造成很强的风速，一般为 50～150m/s，最大风速可达 200m/s。强的龙卷风具有很大的破坏力，可将途经之地的所有物品，如桥梁、房屋和人畜等一应卷走。除强烈的风速外，还由于其内部气压很低可使邻近建筑物和车辆等发生解体。

干热风是我国北方小麦产区在小麦扬花灌浆期间易出现的一种高温、低湿并伴有一定风力的气象灾害。在干热风出现时,气温高而空气湿度小,农作物的茎叶蒸腾剧烈,植株水分失调,导致茎叶干枯甚至死亡。干热风出现的时段大致处于小麦灌浆的中后期,会导致灌浆期缩短、千粒重下降、品质降低,给农业生产带来损失。我国干热风主要发生在华北和西北一带,淮河以南较少,长江以南几乎没有。

(6) 冰雹灾害

冰雹是从发展强盛的积雨云中降落到地面的坚硬的球状、锥状或不规则状的固态降水。雹核一般不透明,外面包有透明的冰层,或由透明的冰层与不透明的冰层相间组成。冰雹出现的范围较小,时间短,但其来势猛,强度大,常常砸毁大片农作物、果园,损毁建筑群,给局部地区的农牧业、工矿企业、电信、交通运输以及人民生命财产造成较大损失,是一种严重的自然灾害。

我国冰雹分布的特征是:山区多于平原,内陆多于沿海,中纬度多于高低纬度。我国的降雹区随时间自南向北推进,大致可分为四个时段:2—3月主要在西南、华南和江南;4—5月在长江流域、淮河流域和四川盆地;6—9月在西北、华北和东北;7—8月在内蒙古高原南缘一带。

(7) 雪灾

雪灾,是因长时间大量降雪而造成大范围内积雪成灾的自然现象。在牧区因草原被积雪覆盖,使放牧无法进行时产生的畜牧气象灾害又称为白灾。雪灾一般发生在10月至翌年4月的时段内,根据发生时间的不同,雪灾可分为以下3种类型:每年10月15日至12月31日发生的为前冬雪灾;翌年1—2月发生的为后冬雪灾;翌年3月到5月15日发生的为春季雪灾。雪灾还有猝发型和持续型之分,主要发生在我国的三大积雪区,即青藏高原、北疆、内蒙古和东北一带。

雪灾主要有三种情况:一是积雪,由于降雪量过多,致使蔬菜大棚、房屋等被压垮,植株和果树等被压断,道路被雪掩埋,交通运输、航空和人民出行都受到很大影响。在牧区,冬季草场积雪超过20cm,羊群采食困难;积雪超过30cm,马、牛群采食困难。因而牧区经常因为降雪量过多和积雪过厚,加上持续低温,雪层维持时间长,造成牧场被雪掩埋,家畜不能采食或采食困难而被饿冻或染病,甚至大量死亡。二是风吹雪,大量的雪被强风卷起并随风运行,不能判定当时是否有降雪,水平能见度低,致使行人迷失方向,交通被迫中断,牧区草场被淹没,畜群被吹散或伤害。青藏高原、西北地区以及内蒙古地区冬、春季节风速较大,植被稀疏,加上很多地区的地形影响,风吹雪现象十分普遍。三是雪崩,在新疆和青藏高原的一些山脉,如阿尔泰山、天山和昆仑山等,高度都在4000m以上,山坡陡峭,高差悬殊,极易发生雪崩。

(8) 雾灾

雾是悬浮在贴近地面的大气中的大量微细水滴(或冰晶)的可见集合体,使能见度降到1km以下。气象部门规定,雾中水平能见度小于1km的称为雾,其中小于500m的为浓雾;小于50m的为强浓雾。水平能见度在1~10km的称为轻雾。雾灾具有出现频率高、发生范围广、危害程度大的特点。其在一年四季都会发生,以秋末冬初最多。浓雾造成的危害主要有以下四个方面:首先是影响交通,引发交通事故。浓雾时,能见度差,使公路汽车、电车等无法正常行驶,容易造成撞车等事故。浓雾会使空港"瘫痪",飞机无法起飞和降落。其次是对供电系统造成危害,发生"污闪"而导致大面积停电。在长期干燥的情况下,电力设备的绝缘子积尘量达到一定程度,如遇浓雾,绝缘子污秽受潮,沿表面会发生击穿现象,造成跳闸停电。三是雾不利于各种废气和有害物质的扩散,造成环境污染,影响人体健康。四是影响农作物的生长和产量。雾日多使日照时数减少,雾的浓度大,使空气湿度增加,不利于农作物的生长。对处在开花期的作物,会使其结果率大大降低,造成减产。

(9) 沙尘暴灾害

沙尘暴灾害是沙暴与尘暴两者兼有的总称,指强风将地表沙尘吹起,使空气很浑浊,水平能见度小于 1km 的天气现象。采用风速和能见度两个指标对沙尘暴强度的等级进行划分(表 2.2)。

表 2.2 沙尘暴等级划分

沙尘暴等级	瞬时极大风速标准(m/s)	最小水平能见度标准(m)
弱沙尘暴	5.5~13.8	500~1000
中等强度沙尘暴	13.9~20.7	200~500
强沙尘暴	≥20.8	50~200
特强沙尘暴	≥25	≤50

沙暴通常就地形成,遇到障碍物即下沉造成沙埋和沙割之害。而尘暴风力强劲,多在 20m/s 以上,可以脱离沙尘源地,在高空漂移到数千千米之外甚至更远。尘暴和沙暴相结合即形成沙尘暴,对工农业生产和人民生命财产危害巨大。中国沙尘暴主要发生在西北、华北大部、青藏高原和东北平原地区。从时间分布上看,春季最多,夏季次之,秋季最少。沙尘暴的主要危害方式大体有 4 种,即沙埋、风蚀、大风袭击和降温霜冻,对交通、建筑施工、工农业生产、人民生命财产和生态环境会产生不利影响。

(10) 雷电灾害

雷电是同时伴有闪电和雷鸣的一种自然现象,是雷雨云正负电荷中心之间或云中电荷中心与地面之间的放电过程,具有瞬态大电流、高电压、强电磁辐射等特点。由于雷电发生、发展过程的特殊性,常常引起灾害事件。雷电灾害是指因雷雨云中的电能释放、直接击中或者间接影响到物体而造成损失的灾害现象,主要表现为雷电所造成的直接雷击和感应雷击。雷电具有很大的破坏性,它的发生是迄今为止人类还难以控制和阻止的。雷击多发生在空旷的场地,高大物体的下面或导电体的附近。雷击能使建筑和电力设备损毁,人畜毙命,树木击毁和森林起火等。随着国民经济的快速发展,高层建筑的大量增加和各类无线电设施、通信设备、家电器材等现代电子设备的广泛使用,雷击事件的发生率及损失呈上升趋势,给国家和人民生命财产造成了严重损失。通常说雷电的大小、多少以及活动情况,与各个地区的地形、气象条件及所处的纬度有关,我国雷暴呈现南方多北方少、山区多平原少的特点,最多的地区是云南南部、两广地区、海南、西藏等地区。一般雷暴冬季少夏季多,但在南方冬季有时也会有雷暴出现。

2.2 气象灾害风险

2.2.1 气象灾害风险的定义和特性

气象灾害风险是指一定条件下和一定时期内气象灾害发生及由其造成伤害、损失或不利影响的可能性。气象灾害风险既具有自然属性,也具有社会属性,无论自然变异还是人类活动都可能导致气象灾害的发生。依据前文对风险的定义,气象灾害风险也包含两方面的含义:一是某种程度气象灾害发生的可能性,即致险可能性;二是因某种气象灾害对人类社会可能导致的危害,即风险损失。

风险无处不在,气象灾害既有自然属性,又融合了社会属性。因此,气象灾害风险具有以下特性。

(1)危害性:气象灾害风险会对社会、经济、个人和生态环境等产生危害性的后果。

(2)可变性:气象灾害风险不是一成不变的。随着影响灾害事件的气象原因的变化、人为作用的影响以及社会易损性的变化,灾害风险程度的大小,甚至性质都是可以变化的。因此,由于灾害及其影响因素的多变性和社会易损性的可变性,导致气象灾害风险也是动态可变的。

(3)不确定性:气象灾害的发生不但受各种尺度的环流条件和天气系统的影响,而且还与地形、人类活动等因素有关。灾害发生的范围、时间和强度具有很大的不确定性,因此气象灾害风险具有很大的不确定性。同时,人类认识水平的局限性也导致了气象灾害风险的不确定性。

(4)复杂性:气象灾害风险具有复杂多样性的特点,同种灾害对于不同的社会系统结构、风险性质和强度可能不同;而对于同一社会系统结构,不同的气象灾害所产生的风险性质和大小也不同。同时,社会系统结构中承灾体的脆弱性具有可变性,这都使得气象灾害风险变得复杂多样。

(5)必然性:气象灾害的产生往往给人以一种突发的感觉。当人们面临突然产生的风险,往往不知所措,其结果是加剧了风险的破坏性。气象灾害风险的这一特点要求人们应该加强对这种灾害风险的预警和防范研究,建立风险预警系统,完善风险防范机制。气象灾害风险的突发性,表面上看是具有极大的随机性,发生的时间是偶然的,但实际上这种突发性和随机性之后隐含着一定的必然性。气象灾害是地球大气运动作用与下垫面上的人和社会经济活动的产物,是由于大气中能力不均衡导致能量转移引起的,当决定产生风险的各种因素达到一定量的积累时,以及当这些因素达到某一临界值时,只要有某些诱发性因素的产生,一场气象灾害就会不可避免地发生。

加深对气象灾害风险特性的认识,对理解气象灾害演变规律及成灾机制,并进而做出监测预警和风险处置,具有非常重要的意义。

2.2.2 气象灾害风险的形成机制

气象灾害风险形成的要素主要可以概括为 4 个方面。

(1)致灾体的危险性要素

灾害产生和存在与否的一个必要条件是要有致灾的风险源,即致灾体。气象灾害的致灾体是气象灾害源,表现为灾害性天气或气候过程,其危害程度可用危险性来度量,主要包括:灾害性天气或气候的种类、活动规模、强度、频率、致灾范围、灾变等级等。这种过程或变化的频度越大,那么它给人类社会经济系统造成破坏的可能性就越大;过程或变化的超常程度越大,它对人类社会经济系统造成的破坏就可能越强烈;相应的,人类社会经济系统承受的来自该灾害源的灾害风险就可能越高。

在灾害风险研究中,上述风险源的这种性质通常被描述为危险性。气象灾害源的危险性就是指气象灾害源的异常程度,主要是由气象危险因子活动规模(强度)和活动频次(概率)决定的。气象灾害源危险性的高低通常可用下式表达

$$H = f(M, P) \tag{2.1}$$

式中,H 为气象灾害源的危险性;M 为灾害风险源的变异强度;P 为气象灾变发生的概率。

一般气象危险因子强度越大,频次越高,气象灾害所造成的破坏损失越严重,发生气象灾害的风险也越大。

(2)承灾体的价值要素

承灾体的价值要素是指对可能受到气象危险因子威胁的是一切受害体中,只考虑那些对人类活动有价值的受灾体,如人、房屋、财产、农作物、基础设施等,这是由灾害的社会性决定的。有危险的风险源并不意味着就一定产生灾害,因为灾害是相对于行为主体——人类及其社会经济活动而言的。只有某风险源有可能危害某社会经济目标——某承灾体后,对于一定的风险承担者来说,才承担了相对于该风险源的灾害风险。一个地区暴露于气象危险因子的人和财产越多,即受灾财产价值密度越高,可能遭受的潜在损失就越大,气象灾害风险就越大。承灾体的价值要素主要从承灾体的种类、范围、数量、密度、价值等方面衡量。

(3)承灾体的脆弱性要素

承灾体的脆弱性要素主要反映承灾体的期望损失水平,主要包括损失构成,即受灾种类、损毁数量、损毁程度、价值、经济损失、人员伤亡等。它是衡量破坏损失程度的综合指标,指在给定的危险地区存在的所有财产,由于潜在的气象危险因素而造成的伤害或损失程度。脆弱性的高低通常用下式表达

$$V = f(p, e, \cdots) \tag{2.2}$$

式中,V 为承灾体的脆弱性;p 为人口因素;e 为经济因素。

一般承灾体的脆弱性越低,气象灾害损失越小,气象灾害风险也越小,反之亦然。承灾体的脆弱性大小既与其物质成分、结构有关,也与防灾力度有关。

(4)防灾减灾要素

防灾减灾要素主要包括气象灾害防治工程措施、工程量、资金投入、防治效果和预期减灾效益等。防灾减灾要素以防灾减灾能力来衡量。防灾减灾能力表示的是受灾区在短期和长期内能够从气象灾害中恢复的程度,包括应急管理能力、减灾投入、资源准备等。防灾减灾能力越高,可能遭受的潜在损失就越小,气象灾害风险就越小。

气象灾害风险是由致灾体的危险性、承灾体的价值、承灾体的脆弱性和防灾减灾能力四个要素共同决定的。因此,气象灾害风险的大小,可由气象灾害源的危险性、承灾体价值、脆弱性和防灾减灾能力4个因子来衡量,公式为

$$\text{气象灾害风险度} = \text{危险性} \times \text{承灾体价值} \times \text{脆弱性} \times \text{防灾减灾能力} \tag{2.3}$$

2.3 气象灾害风险管理

2.3.1 气象灾害风险管理的内容和目标

一次次的重大气象灾害引起了人们心理的恐慌和社会的不安定,对经济发展也造成了巨

大影响。显然,为了减灾和发展,必须研究气象灾害发生发展的规律,对气象灾害风险进行科学管理。

气象灾害风险管理是研究气象灾害风险发生规律和控制技术的一门管理科学。它通过风险识别、风险估测、风险评价,优化组合各种风险管理技术措施,对气象灾害风险实施有效的控制,并妥善处理风险所致损失后果,期望达到以最少的成本获得最大安全保障的目标。气象灾害风险管理主要包含两个层次,一是对灾害风险区内的某种气象灾害进行风险管理;二是对灾害风险区内一定时段内可能发生的各种气象灾害之和进行评价与风险管理,即综合灾害风险管理。

气象灾害风险管理以气象灾害为研究对象,借助现代的"3S"[GIS(Geographic Information System), RS(Remote Sensing), GPS(Global Positioning System)]技术、灾害风险预警与评估技术、灾害模拟评估技术和计算机网络技术,结合多学科交叉与综合的理论及方法和国外先进的研究成果,在全面调查研究我国气象灾害区域承灾、发生分布规律的基础上,进行气象灾害的危险性分析、损失评估与预测、气象灾害脆弱性分析、减灾能力分析和风险估算与评价,探寻减灾决策的定量、综合研究方法和手段,编制气象灾害风险区划图系,提出国家及分区域的气象灾害风险综合管理对策体系,研发国家和地区气象灾害风险评价、预警及管理辅助决策系统,并直接为制定气象灾害管理对策、经济建设和发展规划服务。当前,研究适合我国国情的气象灾害风险管理理论与体制,探讨实施气象灾害风险管理的推进机制已经迫在眉睫。

通过气象灾害的风险评价和管理,完善气象灾害预警应急体系与应急响应机制,可对我国主要气象灾害及其次生、衍生灾害进行更为有效的监测、预报、预警,对生态环境变化进行动态监测,更好地开发利用气候资源,变害为利,减轻干旱、洪涝等气象灾害的损失,增强我国气候变化的应对能力,促进区域经济社会的可持续发展。

2.3.1 气象灾害风险管理的基本框架

气象灾害风险管理的基本任务是总结气象灾害频发地区历史上不同风险水平发生的频率,绘制回归风险图;针对系统可能出现的变化,研究未来的风险,绘制未来风险图。根本任务是研究气象灾害可能发生地区不同强度灾害发生的可能性,绘制可靠的多属性风险区划图。图 2.1 是进行气象灾害风险管理的基本框架图。

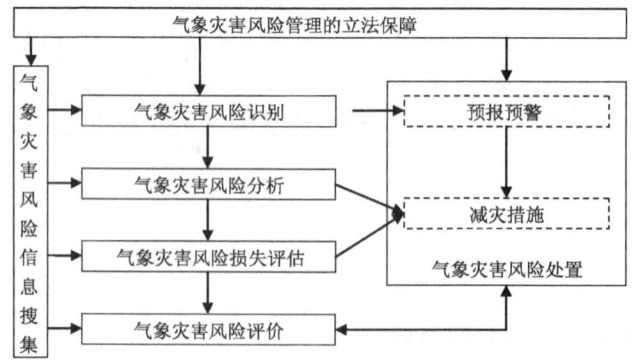

图 2.1　气象灾害风险管理基本框架

(1)气象灾害风险信息搜集

气象灾害风险管理所需的信息资料类型一般包括文字资料、观测统计数据报表、地图、遥感影像及实地调查资料。不管何种评估空间尺度,这些资料都应体现出以下内容:①区域背景与承灾体的基本信息,包括自然地理环境概况、社会经济概况、承灾体基本特征等;②表征致灾因子特征信息,包括气象灾害类型及其孕灾环境、气象灾害强度与频率、气象灾害的时空分布特征等;③表征灾害脆弱性的信息,包括承灾体的内在脆弱性、抗灾能力、灾后恢复重建能力等;④历史灾情信息,包括人员伤亡、财产损失等。

当然,在具体的各评估空间尺度上,上述资料的需求程度和获取方式都有所差异。所以,在正式的气象灾害风险管理工作进行之前,需要确立不同评估空间尺度上的资料获取标准;然后,再根据标准去实地考察和调研;最后,对搜集和调查到的资料进行系统整理。在资料整理过程中,如果发现已掌握的资料不能满足评估工作需求,则需要通过补充调查等方式对资料加以完善。

(2)气象灾害风险识别

气象灾害风险识别是利用搜集到的有关资料对面临的潜在气象风险加以判断、归类和鉴定的过程。从某种意义上说,这种风险识别是寻求环境中的危险信号的过程,它需要丰富经验的积累、科学方法的掌握,以及案头工作与现场调查的结合。只有这样,气象灾害的风险识别才能取得良好的效果。

气象灾害风险识别的内容可以分为两个方面:一是识别气象灾害发生的风险区、气象灾害种类、引起气象灾害的主要危险因子以及气象灾害引起后果的严重程度;二是识别气象灾害风险危害因子的活动规模(强度)和活动频次(概率)以及气象灾害时空动态分布。

(3)气象灾害风险分析

气象灾害风险分析是气象灾害风险管理的核心内容。气象灾害风险分析的方式主要有两种:一是利用历史气象灾害资料对气象灾害风险进行量化,计算出风险的大小,即给出气象灾害事件在某一区域发生的概率以及产生的后果;二是根据气象灾害致灾机理,对影响气象灾害风险的各个因子进行分析,计算出气象灾害风险指数大小。

无论采取哪种气象灾害风险分析方式,分析的对象都是致灾因子和承灾体。任何致灾因子都需要3个参数才能加以完整的刻画,即时间、空间和强度。研究给定地理区域内一定时间段内各种强度的致灾因子发生的可能性称为致灾因子风险分析。承灾体可以划分为3种基本类型:一是人口;二是人类劳动所创造出的各种物质财产;三是人类赖以生存发展的资源和环境。对于承灾体的分析主要集中在脆弱性分析上,即依据承灾体的破坏机理,找出根据致灾因子强度 h 计算破坏程度 D 的破坏模型 $D=f(h)$。其中,函数 f 完全由承灾体的特性决定。

(4)气象灾害风险损失评估

气象灾害风险损失是指在评估风险区内一定时间段可能发生的一系列不同强度气象灾害风险源给风险区造成的可能后果。这种预期损失主要取决于风险区的范围、致险程度、风险区承灾体的暴露性、固有灾损敏感性及配套的区域应灾能力的减灾有效度。由于不同气象灾害的致险程度及承灾体脆弱性都各有特点,所以在具体的气象灾害风险损失评价上,需要视承灾体和灾种的情形,分别采取相应的方法来进行损失评估。

根据承灾体的类型划分,可以将气象灾害风险损失分为人员伤亡损失、财产损失和资源环境损失。具体的评价方法包括历史情景类比法、物理模型法、专家评分法及相似地区情景类比法。

(5)气象灾害风险处置

气象灾害风险处置是指针对不同的风险区域,在气象灾害风险分析的基础上,利用气象灾害风险损失评估的结果,判断是否需要采取措施,采取什么措施,如何采取措施,以及采取措施后可能出现什么后果等作出判断。风险处置是通过影响防灾减灾能力来影响气象灾害风险的最终评价结果。

气象灾害风险处置按照相关工作的纵向时序划分,可以分为灾前、灾中和灾后三个阶段。其中,灾前处置是指预报、预警及风险评估过程,并需要对可能发生的灾害采取相应的防范措施和灾害发生后的行动计划和政策措施做出方案;灾中处置是指灾害发生后的及时应对过程,主要包括灾害救助、救灾物资调配、信息平台建立和应急联动系统;灾后处置是指灾后的评估及重建过程,包括社会救济、商业保险和政府救助三个基本方面。

(6)气象灾害风险评价

气象灾害风险评价是对一定时期内风险区遭受不同强度气象灾害的可能性及其可能造成的后果进行的定量分析和评估,通常以风险区划图的形式表现出来。它是在气象灾害风险分析的基础上,建立一系列评估模型,根据气象灾害特征(致灾因子及其强度)、风险区特征和防灾减灾能力,寻求可预见未来时期的各种承灾体的经济损失值、伤亡人数、作物成灾面积、减产量、基础设施损失状况等。

(7)气象灾害风险的立法保障

气象灾害风险的立法保障是从法律角度规范气象灾害风险管理的全过程。为了加强气象灾害风险管理,避免和减轻气象灾害风险对经济建设、社会发展的影响,需要以法律方式明确气象灾害风险管理的内涵、基本原则,建立气象灾害风险管理的组织体系,建立气象灾害调查和风险区划制度,建立气象灾害风险评估和风险预警制度,建立气象灾害风险应急处置和灾后重建制度等。

参考文献

冯佩芝,李翠金,李小泉,等.1985.中国主要气象灾害分析 1951—1980[M].北京:气象出版社.
高云,阮水根.2004.我国的气象灾害及其减灾对策[M].北京:气象出版社.
郭进修,毕宝贵,李泽椿.2004.我国气象灾害分类和科学防灾减灾[M].北京:气象出版社.
郭进修,李泽椿.2005.我国气象灾害的分类与防灾减灾对策[J].灾害学,**20**(4):106-110.
黄崇福.2005.自然灾害风险评价——理论与实践[M].北京:科学出版社.
黄荣辉,周连童.2002.我国重大气候灾害特征、形成机理和预测研究[J].自然灾害学报,**11**(1):1-9.
黄荣辉.2005.我国气象灾害的预测预警与科学防灾减灾对策[C].北京:气象出版社:44-52.
李崇银,黄荣辉,丑纪范,等.2009.我国重大高影响天气气候灾害及对策研究[M].北京:气象出版社.
李克让.1993.中国干旱灾害的分类分级和费限度评价方法与研究[M].北京:中国科学技术出版社:46-53.
罗培.2005.区域气象灾害风险评估[D].西南师范大学.
马宗晋,李闽峰.1999.自然灾害、灾度和对策[M].北京:中国科学技术出版社:11-30.
孟猛,倪健,张治国,等.2004.地理生态学的干燥度指数及其应用评述[J].植物生态学报,**28**(6):853-861.
潘耀忠,史培军.1997.区域自然灾害系统基本单元研究Ⅰ:理论部分[J].自然灾害学报,**6**(4):1-9.
钱正安,宋敏红,李万元.2002.近 50 年来中国北方沙尘暴的分布及变化趋势分析[J].中国沙漠,**22**(2):106-111.

商彦蕊. 2000. 自然灾害综合研究的新进展——脆弱性研究[J]. 地域研究与开发,**19**(2):73-77.

史培军,虞立红,张素娟. 1989. 国内外自然灾害及我国近期对策[J]. 干旱区资源与环境,**3**(3):163-172.

史培军. 1991. 灾害研究的理论与实践[J]. 南京大学学报(自然科学版),(5):37-42.

史培军. 1996. 再论灾害研究的理论与实践[J]. 自然灾害学报,**5**(4):6-17.

史培军. 2002. 三论灾害研究的理论与实践[J]. 自然灾害学报,**11**(3):1-9.

汤奇成,李秀云. 1997. 中国洪涝灾害的初步研究//刘昌明. 第六次全国水文学会议论文集[M]. 北京:科学出版社.

王静爱,史培军,王平,等. 2006. 中国自然灾害时空格局[M]. 北京:科学出版社.

王静爱,徐伟,史培军,等. 2001. 2000 年中国风沙灾害的时空格局与危险性评价[J]. 自然灾害学报,**10**(4):1-7.

张继权,李宁. 2007. 主要气象灾害风险评价与管理的数量化方法及其应用[M]. 北京:北京师范大学出版社.

祝燕德,胡爱军,何逸,等. 2009. 重大气象灾害风险防范——2008 年湖南冰灾启示[M]. 北京:中国财政经济出版社.

Blaikie P, Cannon T, Davis I, Wisner B. 1994. At Risk: Natural Hazards, People's Vulnerability and Disasters [M]. London: Routledge: 13-21.

Brazel A J. 1986. The relationship of weather types to duststorm generation in Arizona(1965-1980)[J]. *Journal of Climatology*, **6**: 255-275.

Chen Deqing, Huang Shifeng, Yang Cunjian. 1999. Construction of water shed flood disaster management and its application to the catastrophic flood of the Yangtze River in 1998[J]. *Journal of Chinese Geography*, **9**(2): 163-168.

Chepil W S, Siddoway F H, Armburst D V. 1963. Climatic index of wind erosion conditions [J]. *Proceedings Soil Society of America*, **27**: 449-452.

Committee of the Intenational Deeade for Natural Disaster Reduetion. 1999. Final Report of the Intenational Deacde for Natuarl Disaster Reduction (lDNDDR)[R]. http://www.idndr.org/stcrep.htm.

Kaplan S. 1991. The general theory of quantitative risk assessment, Risk based decision making in water resoueres. Published by ASCE.

第3章 气象灾害风险管理技术支撑体系

内容摘要：

技术支撑体系是从属于社会经济系统并为其服务的子系统，它是一个由科技资源投入，经过科技组织运作，形成符合经济和社会发展需要的技术和产品的有机系统。技术支撑体系是气象灾害风险管理的重要组成部分，主要包括遥感监测体系、风险分析体系、损失评估体系、灾害预警体系和风险处置体系。

遥感监测体系用于获取灾害相关的孕灾环境、致灾因子和承载体的相关参数；风险分析体系负责分析遥感监测得到的数据，并通过相关模型进行风险信息的分析和判断；损失评估体系，负责对灾害造成的损害进行识别和量化；灾害预警体系负责向政府、社会大众、基层单位等相关者发布风险分析和损失评估得到的相关信息；风险处置体系负责对风险进行损失最小化的处理。

各个技术支撑体系紧密联系、密切配合，力求最大限度地减轻气象灾害带来的人员伤亡和经济损失，促进国家社会经济全面、协调、可持续发展。

3.1 遥感监测体系

监测就是监视成灾预兆，测量变异参数，及灾后对灾情进行监视和评估等。对气象灾害的监测是减灾的先导措施，通过监测为气象灾害风险分析和预警提供数据和信息，从而进行示警和预报。灾害监测是灾害管理过程中一个必不可少的环节。

气象灾害综合监测体系按照灾害监测仪器设备所处位置可以分为天基、空基和地基监测系统。

3.1.1 天基监测系统

灾害监测仪器设备在中层大气之外的为天基观测，主要由极轨卫星、静止卫星和相应的地面应用系统组成。天基监测系统以减灾系列卫星为主要数据源，以国内外其他遥感卫星数据源为补充，搭建宏观监测——常规监测——应急监测——精细监测4个层次构成的天基遥感系统，形成覆盖中国乃至全世界气象灾害热点区域的全天时、全天候卫星遥感监测能力。

（1）宏观监测：充分利用中低分辨率的静止卫星和极轨卫星，如气象卫星（如风云系列、NOAA卫星系统）、对地观测卫星（如EOS Terra或Aqua）等，实现对气象灾害范围的初步界定和灾害影响的初步分析。

（2）常规监测：充分利用业务化的减灾系列卫星数据资源并以其他卫星数据源为补充，实现气象灾害常规监测的业务化运行。

（3）应急监测：气象灾害发生时，实现对灾区的高时间分辨率凝视能力，若减灾系列卫星数据质量和获取时间能满足应急需求，则使用其完成应急监测与评估任务；反之，则挑选其他过境卫星数据进行快速分析，以满足灾害应急监测的需要。

(4)精细监测：对于灾害监测评估有特殊要求的，除了使用减灾系列卫星数据和国内外其他常规数据资源外，可借助国际减灾合作宪章（CHARTER）或协调商业卫星数据供应商获取有效的数据资源完成灾害精细监测与评估。

同时，应充分利用北斗、GPS、伽利略等卫星导航定位系统和卫星通信手段，为灾害监测提供定位和通信保障。

3.1.2 空基监测系统

灾害监测仪器设备在地球表面以上、中层大气及以下的为空基观察，主要由飞机监测、飞艇监测、气球探测等系统组成。空基监测系统应作为天基和地基监测系统的补充，侧重于灾害期间实现应急监测和重点区域监测。空基监测体系按运载平台划分为4个部分：有人飞机、无人飞机、无人飞艇和气球。

(1)有人飞机

在空基监测系统中，有人飞机一般采用中小型飞机平台，具有较好的机动性、实时性和可重复观测性，能够迅速到达灾区并及时获取灾害信息。同时，相对天基观测系统而言，更容易达到高分辨率和高时效性观测需求。与无人飞机和飞艇相比，其续航时间长，姿态控制平稳，其数据获取稳定性和质量更高。

有人飞机可以根据需要搭载不同的传感器，包括航空相机、高光谱成像仪、激光雷达、合成孔径雷达、微波辐射计等，能够实现对洪水、滑坡、泥石流等灾害的监测。

(2)无人飞机

无人飞机是指通过无线电遥控设备或机载计算机程控系统进行操控的无人飞行器。无人机机体结构简单、使用成本低，不但能完成有人驾驶飞机执行的任务，更适用于有人飞机不宜执行的任务。

无人飞机灾害监测就是利用先进的无人驾驶飞行器技术、传感器技术、遥测遥控技术、通信技术、GPS差分定位技术和遥感应用技术等，实现自动化、智能化、专用化的灾害信息快速获取，并完成数据处理、建模和应用分析。无人飞机灾害监测由于具有机动、快速、经济等优势，现已逐步从研究开发发展到实际应用阶段，已经成为重要的航空灾害监测技术之一。

无人飞机灾害监测主要适用于小范围和人力难以达到的区域，其应用领域主要有危险区域的地质灾害调查、草原森林火灾监测、赤潮面积、溢油（面积、发生地点、发生时间）、海冰（面积、发生地点、发生时间）、气象探空等。

(3)无人飞艇

飞艇是一种轻于空气的航空器，它与气球的最大区别在于具有推进和控制飞行状态的装置。艇体气囊内充以密度比空气小的浮升气体（氢气或氦气），借以产生浮力使飞艇升空。

无人飞艇具有携带方便、安全性高、易于驾驶、运行成本低、起降方便等特点。无人飞艇可根据需要搭载不同传感器实现对各种灾害的监测，特别适用于小范围、多云多雨、气候多变和地质条件、地貌环境复杂地区进行灾害监测，如地质环境与灾害勘查、海洋灾害监测等。

(4)气球

气球是指用高空气球等平台，将探测仪器置于高空实现对地的观测和测量。

3.1.3 地基监测系统

灾害监测仪设备在地球表面的为地基观测,主要由固定站网系统、移动监测系统、人力监测系统等组成。

(1)固定站网系统:除充分利用原有专业监测站网,如气象监测网络等外,应加强站点资源的综合利用和数据的共享;同时,应针对综合减灾需求,逐步构造分布合理、自动化程度高,数据传输交互标准化的气象灾害监测固定站网系统。

(2)移动监测系统:移动监测的平台包括船舶、车辆、浮标、牲畜等,重点进行海洋灾害、森林火灾等的监测。

(3)人力监测系统:灾情的获取、某些灾害的监测在现阶段必须依赖人员进行,因此,需要建立完善的人员职业评定体系和工作规范,并且研发专用的灾害监测技术装备并进行合理配置。

3.2 风险分析体系

风险分析体系是整个气象灾害风险管理技术支撑体系的核心部分,它的目的是为了分析判断气象灾害危险发生的可能性及其后果的严重程度,以实现生命与财产损失最小,环境破坏最轻的目标。随着空间技术的发展,为以灾害动力学、数理统计方法和社会经济评价方法为基础的气象灾害风险识别与分析注入了新的活力,建立空间技术支持下的气象灾害风险识别与分析体系对于推动空间技术在减灾领域的应用以及提升气象灾害风险识别和分析能力具有重要意义。

3.2.1 基于空间技术的风险识别技术

遥感技术作为气象灾害数据的获取手段,地理信息系统作为空间数据管理与分析的手段以及导航定位技术已经广泛应用于气象灾害的风险识别和分析,并取得了一系列的成果。因此,将空间技术纳入气象灾害风险识别与分析体系对于提高气象灾害风险识别和分析能力具有重要意义。

基于空间技术的风险识别是指在遥感、地理信息系统和导航定位等空间技术的支持下,通过目视解译和自动识别相结合,以灾害信息提取模型、风险源危险性评价分析模型、承灾体易损性分析模型、灾害风险分析模型等组成的模型库为基础,利用地面监测和遥感监测结果,通过对风险源危险性评价、承灾体易损性分析、灾害风险性分析等方法进行灾害的风险分析,最终形成气象灾害风险分析结论。

3.2.2 灾害动力学分析

对于灾害动力学进行分析是灾害风险管理的重要前提。气象灾害的发生往往是内外动力共同作用的结果。人类活动是气象灾害发生的外动力源,兴修水利、砍伐森林、挖掘矿山、地下水开采、土地开发、沙石搬运等人类活动,都是造成气象灾害的重要外动力作用。因此,研究气象灾害发生的内外动力耦合作用以及自然与人类活动的相互动力作用,对于提高气象灾害风险管理水平有着重要的作用。

灾害形成过程包括:由突发性致灾因子引发的灾害动力学过程,如台风灾害过程;由渐发性致灾因子累积形成的灾害生态学过程,如干旱灾害过程;由于人为因素驱动的灾情分散于转移过程构成的综合灾害过程。

3.2.3 数理分析方法

基于数量分析的风险分析方法是通过统计灾害的活动规模、频次、密度以及灾害的主要影响因素,建立灾害活动的数学模型,估算灾害危险区的范围、规模或发生时间等。目前,基于数理统计分析的风险估算方法应用较为广泛,中国学者常用此方法中的概率风险模型和可能性风险模型。概率风险就是当随机抽样次数趋于无穷时,事件出现频率的一个极限值。可能性风险估算模型通过对概率的取舍加入可能性指标,增加了概率分布的科学性和可靠性。

3.2.4 社会经济分析方法

在气象灾害风险分析的研究中,往往根据研究的侧重点将模型分为社会风险、经济风险、环境风险、综合风险等类型,各个类型内部又包含应用于不同领域的多个评价模型。社会经济评价方法主要是以气象灾害对社会与经济的影响作为评价的主要对象。社会风险是指相对于某一给定的区域,或某一给定的人群,由某种灾害所引起的受损害的人数与其发生频率之间的关系。经济风险是指相对于某一给定的区域,建筑物、工农业基础设施、基础设施内部结构、经济财产、收益状况、工业产品、森林资源、农作物等易损资产的可能损失程度与其发生概率之间的关系。

3.3 损失评估体系

气象灾害风险损失评估是对气象灾害可能造成的人员伤亡、财产损失和环境资源破坏等方面进行评估。气象灾害风险损失评估是进行有效的灾害救助、灾害补偿以及灾后恢复重建方案设计的重要依据。通过对相关资料的整理,对气象灾害风险损失的评估方法可以分为4类:历史情景类比法、物理模型法、专家评分法和邻域类比法。

3.3.1 历史情景类比法

历史情景类比法适用于统计资料具有连续性、完备性的区域(尤其是历次灾损资料完备的地区)。在操作时,一般借助于一定的数理统计方法来对历史资料进行统计分析,进而由过去承灾体灾害损失状况推及未来承灾体的灾害风险损失。这类方法又可具体分为灾损拟合法和参数评估法。

(1)灾损拟合法

灾损拟合法是一种依据已发生灾害的致险强度、承灾体脆弱性和损失率，来寻找承灾体损失率与灾害强度、脆弱性诸指标之间函数关系的方法。一般说来，这种方法对历史灾害资料样本的要求很高，适用于具有一定样本量（通常要求样本量在30个以上）的评估区域及灾害。其中，对于大样本灾害量的评估区域及灾害，这种灾损的拟合通常使用概率分布统计、直方图及扩散理论3种形式的数理统计方法。需要指出的是，各方法的使用都有一定的局限性：当样本不多，且系统过于复杂时，概率分布函数的拟合并非易事；直方图方法的估计过于粗糙，且常常有强烈的不稳定性，样本较少时尤其如此；扩散理论在扩散函数和相应的扩散系数的选取方面仍停留于理论研究阶段，难以投入使用，且会碰到 $P(x>1)\neq 0$ 这种与现实不符的情况。对于小样本灾害量的评估区域及灾害而言，一些研究者为了解决灾损资料统计年限短（一般县市只有10余年的统计数据）导致样本量偏少的问题，发展出基于信息扩散理论的风险评估模型和方法。

无论评估者采用具体的何种灾损拟合数学方法，其对具体区域、灾害及承灾体的风险损失评估都应该有以下基本操作步骤：

1）借助于概率统计等方法得到每一评估单元的灾害强度－频率函数关系，并据此计算出不同强度灾害的出现频率 P；

2）统计每次历史灾害发生时各承灾体的物理暴露量 E、灾损敏感性 V 及抗灾恢复力 R（也即广义上的承灾体脆弱性）；

3）根据历史资料统计历次灾害的承灾体损失和损失率 D_r；

4）根据一定的数理统计模型（如对数线性模型等）处理已有统计数据，进而拟合出各种承灾体损失率 D_r 与致险强度 M、发生频率 P、承灾体暴露量 V_e、承灾体灾损敏感性 V_s 及区域应灾力 V_D 这五维变量之间的函数关系；

5）根据历史资料及拟合出来的函数关系，计算在既定承灾体物理暴露量和灾害发生概率 P 下的承灾体损失率，并把承灾体物理暴露量与计算出的损失率相乘，所得出的数值即为承灾体未来的可能损失 L；

6）把各评估单元在同一灾害概率下的承灾体风险损失进行比较，划分出一定的等级。推荐使用的分级方法有等间距分级、分位数分级、标准差分级、自然裂点法分级等。除标准差分级方法外，其余方法的分级数建议视评估区域的评估单元数而确定：当评估区域的单元数少于6个时，建议分3级；评估单元数多于6个时，建议划分为4~7级。

对于灾损统计资料完备、连续性强而灾害强度及承灾体暴露量等背景资料部分缺失的地区，可对灾害发生环境做"黑箱"处理，只进行风险损失 L 和时间因素 T 的拟合，其操作步骤简述如下：

1）对历史灾损资料进行统计，建立反映损失 L 与时间 T 之间关系的初级统计表和统计曲线；

2）采用平滑预测法（含移动平均法、滑动平均法、指数平滑法）、趋势线预测法、自回归模型法等方法对历史灾损的时间过程进行处理，从中分析出其长期变化趋势和时间演化特征，建立灾损的数学模型；

3）根据灾损的数学模型，使用趋势外延的方法来预测各评估单元的未来目标时段的灾害风险损失；

4）对各评估单元预测出的风险损失进行分级，分级方法和标准同上。

(2) 参数评估法

基于损失率的承灾体风险损失评估科学性强,可给出未来不同灾害对应强度及发生概率下的损失水平,但这种方法在操作上存在一定难度:一是获取各评估单位历次历史灾害中的承灾体损失率、物理暴露量(数量和价值量)及当时社会配套抗灾能力十分困难且耗资巨大;二是不同类别承灾体灾损敏感性与损失率之间的对应关系难以获取。目前,农作物的洪涝敏感性研究较为成熟,能得出相应的灾损敏感性与损失率之间的关系。

鉴于上述两个原因,一些研究者根据联合国所提出的"风险度(D)=危险度(H)×易损度(V)"的思想,在灾损拟合法之外,另用参数评估法来评估区域单灾种的承灾体风险度,即将承灾体的脆弱性因素用一系列参数表示,然后将这些参数与致险因子的致险程度进行关联分析,通过输入和输出参数的转换,得出风险度的大小。

这类评估方法相对于灾损拟合法是一种由因推果的简单逻辑思维,虽然也需要一定统计时长的资料,但总体上说,对资料占有程度的要求不高,所以资料易于获取。另外,这种方法在统计上更为简易。不过,需要指出的是,这类方法的可预测性不强,不能具体给出未来灾害的承灾体风险损失和风险概率,而只能以一定的数值大小来综合反映风险损失度的相对量。另外,这种风险度评估多是基于年份进行,需要动态更新评估数据。

这类方法的基本操作步骤如下。

1) 对评估单元的各类致险因子致险程度和承灾体的脆弱性进行评估,把计算出的相应数值用以反映灾害的危险度和承灾体的脆弱度;

2) 按照公式(3.1)计算各类承灾体的灾害风险度大小,并划分等级。

$$风险度(D) = 致险度(H) \times 脆弱性(V) \tag{3.1}$$

由于广义上的承灾体脆弱性又体现为物理暴露量、灾损敏感性及应灾能力三方面,所以公式(3.1)又可转换为:

$$风险度(D) = 致险度(H) \times 暴露性(V_e) \times 灾损敏感性(V_s) \times 应灾能力(V_D) \tag{3.2}$$

由于风险度评估所涉及的评估指标体系十分复杂,每一评估基本要素都包含着众多因子,所以为了便于量化及增加风险因素之间的可比性,需要先对底层的各项评价因子做定量化标识和归一化处理。各因子的归一化一般常用评价要素的属性或实体的总和、最大值、极差、标准差来除该属性的某个数据,实际上是把某个数值标准化为属性总和的比值,取值在 0~1 之间。

在数据的归一化处理之后,如何根据各因子之间以及它们与评价目标的相关性,理顺不同因子间的组合方式和层次,确定标度指标和作用权重,是十分关键的内容。就目前的研究现状而言,层次分析法是较为实用的方法。

3.3.2 物理模型法

物理模型法是根据对气象灾害事件的灾害动力学过程认识,以物理学模型及实验手段来模拟灾害发生环境及过程,从而找出灾害损失率与致险强度、承灾体脆弱性诸指标之间的函数关系模型。由于人们对多数气象灾害事件的物理过程并不十分了解,所以该类方法并不多见。目前,仅在农作物干旱损失及洪涝减产损失评估上有一定进展。

另外,这类方法耗时费力费财,所评估出的风险损失带有较多的地域性色彩,所以只适用于小空间尺度灾害风险评估,而在大的空间尺度上,几乎不可能用物理模型法去进行风险损失评估。

3.3.3 专家评分法

专家评分法是依据对灾害感知较多、研究较深入的人员的经验对承灾体的损失水平进行估算。它适用于对评估精度要求不高的情形,尤其对缺乏资料的村镇级灾害风险损失评估比较适用。其基本操作步骤为:

(1)组成评估专家小组。按照评估所需要的知识范围,确定专家。专家人数的多少可根据评估空间范围的大小和涉及行业面的宽窄而定,一般不超过 20 人。参与人员的职业构成应包括具体灾害涉及的行业管辖部门领导和技术人员、灾害研究机构专家、有经验的社区居民等。其中,参与评估的行业技术人员应具有中高级以上职称,而社区居民的年龄则应在 25 岁以上。

(2)利用访谈或问卷获取参与者对各评价单元特定气象灾害的可能损失及发生可能性的感知及相关要求。此时应附上有关损失和发生可能性的所有背景资料,同时请参与评估的人员提出还需要什么材料。然后,由专家做书面答复,给出自己的预测意见,并说明自己是怎样利用这些材料的。这种感知的调查,在事先设计方案时,可以视评估目的及要求,从两种评估结果的形式中选择任一种,即要求参与者要么给出具体的损失状况,比如人口死亡数、财产损失价值量及损失的概率大小;要么给出灾害发生可能性及后果的定性描述级别。

(3)将各位专家的第一次判断意见汇总,列成图表进行对比,在再分发给各位专家,让专家比较自己同他人的不同意见,修改自己的意见和判断。也可以把各位专家的意见加以整理,或请身份更高的其他专家进行评论,然后把这些意见再分送给各位专家,以便他们参考后修改自己的意见。

(4)将所有专家的第一次评估修改意见收集起来,汇总,再次分发给各位专家,以便做第二次修改。之后,经过三四轮的信息反馈,直到每一位专家不再改变自己的意见为止。在向专家进行反馈的时候,只给出各种意见,但并不说明发表各种意见的专家的具体姓名。

(5)汇总所有参与者对评估单元的气象灾害风险损失评估结果,并排序分级,从而确定出各评估单元的风险损失级别或风险度等级。其中,对于采用定性描述转定量评估的专家评估法,其评估区域最终的灾害发生可能性及后果的评估结果可以查风险矩阵来求算风险级别属于极端、高、中、低中哪一级,四级风险分别对应不同的风险处置措施,即极端风险需要立即行动,因为它具有潜在巨大破坏性;高风险需要采取行动,因为它有可能对社区造成损坏;中风险需要明确管理责任,执行相应的监督和反应程序;低风险只需要常规的操作程序。

3.3.4 邻域类比法

根据已有灾害风险损失评估实践,灾损拟合法或物理模型法都有一定的局限性,对于一个不大的评估区域或某一类承灾体的风险损失评估还基本可行,但对于市域以上的评估范围及多承灾体的灾害风险评估,则因为评估指标数据的不完备,难以全方位地采用。为解决资料缺失地区的风险损失评估问题,许多研究者采用相邻地区类比的方法来进行灾损风险的评估,即参照自然环境和社会经济条件相似地区的已有灾害风险损失函数,对资料缺失地区的灾害损失进行预测。这种方法虽然评价的绝对值可能不够确切,但可以反映出区域灾害的损失程度,从相对意义上进行区域对比。

刘新立、史培军(2001)曾撰文指出该方法的操作步骤如下:

(1)选定进行类比的自然环境和社会经济条件指标。

(2)用多次聚类方法在资料缺失地区周围寻找与其相似的地区。其中,可供选择的聚类方法如组间聚类。

(3)用相似地区的风险损失数据估计资料缺失地区的风险损失。

另外,参照全国范围内已做出的经验灾害损失矩阵,也是一种可行的类比方法。

以上内容即为每种承灾体灾害风险损失评估时所经常使用的4种基本方法。在进行具体的区域操作时,若4种方法的适用情形都存在,则对具体的每一承灾体的各致灾缝隙都应该同时按4种方法独立求取风险损失或风险度。然后,把4种方法求取的风险损失值或风险度进行等权平均,所得到的灾损或风险度平均值即是承灾体的风险损失或风险度;若资料不够,则视情形采取4种方法之中的3种、2种或1种。

对于气象灾害系统而言,在实际应用中,几乎不可能用物理模拟的方式寻找关系,更多的是用统计方法,并用专家经验来加以矫正,在此基础上还应采用邻域类比法予以补缺。

3.4 灾害预警体系

及时准确的气象灾害预警能够有效减少生命和财产损失,也是减灾救灾决策的重要依据。气象灾害预警的目标是尽可能提前以最有效、最快速、最便捷的方式,向灾害管理部门和处于风险之中的人群和个体提供气象灾害预警信息。为了实现上述目标,气象灾害预警中应遵循三个原则:面向对象原则、信息送达原则和响应原则。

信息传播与通信联络的安全和畅通是气象灾害风险预警信息及时、准确到达可能受灾个体、群体的重要保障,是灾害预警信息传输的枢纽。目前,气象灾害风险预警信息主要采用平面新闻媒体、有线通信、无线通信以及传统手段等方式进行发布。

3.4.1 平面新闻媒体

当需要向社会大众发布重大气象灾害风险预警信息时,单靠气象灾害管理部门本身的传播手段不足以满足及时传达到所有影响范围的要求。此时,可以通过新闻发布会或直接通知报纸等平面媒体等形式向各新闻媒体发布信息,使重大气象灾害预警信息得到及时、广泛的传播。

3.4.2 有线通信

有线通信由于其发展历史长、技术成熟、成本较低和已有广泛的硬件基础,是常规状态下主要采用的通信和信息发布手段,其表现形式主要包括互联网、电话传真、广播电视和新闻媒体。

(1)互联网

气象灾害风险预警网站可以为不同级别的用户提供不同的预警信息。不同级别的用户包括：①管理层用户，即中央到地方、行政到各业务部门的管理人员。这些部门是利用气象灾害预警信息组织灾害防御的部门。②企业层用户，即各类生产性企业以及与气象灾害相关的保险业。各类生产性企业是气象灾害及其风险的主要承灾体，与气象灾害相关的保险业是气象灾害风险分担的重要力量。企业层用户通过各相关部门提供的气象灾害风险区划、灾情信息以及国家或地方减灾政策等各类重要信息，为其自身的安全生产和经营提供信息与技术保障。③研究层用户，即国内外各类与气象灾害相关的科研机构。科研机构作为共享信息的重要数据来源之一，除了向各层次用户提供各类科研信息和应用方法、模型外，也需要相关的行业数据为其研究提供参数验证、成果检验，从而提高其研究应用的水平。④媒体和公众层，即各类媒体和普通公众。相关部门通过向公众提供大量的气象灾害预警信息，成为信息发布、宣传教育的一个重要途径和获得社会信息反馈的主要渠道。

(2) 电话传真

目前中国的灾害管理部门已经形成了较为完善的电话、传真通信网络。同时，民政部拥有24小时值班的"010—83559999"灾情上报系统，以及各地灾害管理负责人的手机联系方式。对这些通信方式进行充分利用，能为气象灾害风险管理和预警信息传播提供便利的服务。

同时，各省（区、市）充分利用电话线路，建立紧急呼叫和警报机制，使公众、下级部门能够及时向相关部门请求援助，上级部门也能及时向下级部门发出警报信息。

(3) 广播电视

通过广播电视一方面能为偏远农村提供气象灾害的预警信息服务，另一方面也能为气象灾害风险的预警宣传教育提供有力途径。

中国幅员辽阔，地形气候复杂，许多群众住在偏远的农村，交通和通信条件极为落后，与互联网等通信手段相比，广播电视拥有更高的普及率，对偏远地区能较为有效的发布气象灾害相关信息。同时，通过录制相关广播电视节目，也能对民众进行灾害预警知识的教育，提高民众的灾害风险预警意识。

3.4.3 无线通信

无线通信发布目前主要采用手机短信和预警显示屏方式，手机短信传播预警信息方式为大家熟知，其优点在于成本较低，覆盖面广。预警显示屏是近年来逐渐进入人们生活的一种设备，主要通过无线移动通信网络进行数据和语音通信的，将 GSM/GPRS 数据、文字、短信息、直接电话拨号，转换为模拟语音信号并进行放大输入，GSM/GPRS 数据、文字、短信息转换为 LED 实时显示。

3.4.4 传统手段

目前，在通信设施不太完善的地区，特别是基层，通常可以用高音喇叭、敲锣、打鼓和吹哨等方式进行气象灾害的预警。

综上可见，构建气象灾害预警信息传播体系主要还依赖通信系统。通信系统是一个由光缆通信、微波和蜂窝移动通信、卫星通信组成的综合系统。各通信方式之间既可以单独组成通信系统,又可以在不同系统间互联互通,形成无缝隙的全球移动的综合通信网。

3.5 风险处置体系

3.5.1 风险控制方法

风险控制是指在风险成本最低的条件下,所采取的积极控制措施来防止或减少风险事故发生以及所造成的经济及社会损失的行动。风险控制的目标分为两种:一是在风险事故发生前,降低风险事故发生的概率;二是在风险事故发生时和发生后,将损失减少到最低程度。因此,风险控制的本质是减少损失概率或损失程度。

风险控制的过程及其机制表现在:①控制损失的根源着眼于损失发生的最根本原因,意义在于从损失的源头入手进行控制;②除了损失根源之外,还可以减少已有的风险因素;③如果损失根源和风险因素都没有控制住,风险事故发生了,还可以做一项工作,就是减轻损失。值得注意的是,上述所有工作都是在风险事故发生前完成或设计好的,即便是最后一步,也是经过事先周密安排,甚至经过了一定培训和演练的。

常用的风险控制法方法主要有风险规避、风险损失控制、风险分离、风险转移。

(1) 风险规避

风险规避是指有意识的回避某种特定风险的行为,即避免风险。具体而言,风险规避是考虑到风险事件的存在与发生的可能性,主动放弃和拒绝使用某项可能导致风险损失的方案。通过避免风险发生的方法,能够在风险事件发生之前完全彻底地消除某一特定风险可能造成的损失。因此,风险规避是最彻底的风险管理方法,它使得风险降为零。

风险规避的方法主要有两种,一种是放弃或终止某项活动的实施;另一种是虽然继续该项活动,但改变活动的性质、地点和方法。规避风险是对所有可能会出现风险的事业和活动尽可能地回避,以直接消除风险损失。可见,这是一种最简单易行、全面彻底的风险处理方法,而且较为经济安全,保险系数很大。

规避风险的主要优点是将风险损失出现的概率保持在零的水平,并能消除以前曾经存在的风险损失出现的机会。当风险规避完全消除了所有损失的可能性后,不再需要其他一些风险处理计划,因此称其为自足型的风险管理方法。尽管如此,规避风险也存在一定的局限性,规避风险只有在人们对风险事件的存在和发生、对损失的严重性完全有把握的基础上才有积极的意义。而事实上,人们对风险事件的具体状况难以做出十分准确的估计,也不能完全确定这些风险事件是否应实施避免,而且有些风险是无法回避的。另外,有时回避一种风险可能产生另一种新的风险或加强已有的其他风险。

由此可见,风险规避并不总是可行的,需要根据情况使用。风险规避适用的情况主要包括以下几种:①损失频率和损失幅度都比较大的特定风险;②频率虽然不大,但后果严重且无法得到补偿的风险;③采用其他风险管理方法的经济成本超过了进行该项活动的预期收益。

(2) 风险损失控制

风险损失控制是指在损失发生前全面的消除风险损失可能发生的根源,并竭力减少导致损失事故发生的概率,在损失发生后减轻损失的严重程度。损失控制的基本点就是预防风险损失发生和减少风险损失的严重程度,它是风险管理中最积极、最主动的风险处理方法。主动的预防与积极的实施抢救比单纯地采用避免风险、转嫁风险和自担风险的方法更为积极有效,他可以克服规避风险的种种局限。此外,损失控制还包含对意外事件的原因进行分析。通过这种原因分析,有助于发现灾害损失发生的直接原因和间接原因,并研究是否能够通过改变其中的某些因素而消除风险损失发生的原因,从而做好风险损失控制的准备。

风险损失控制的方法主要有以下四种:

1)损失预防。损失预防是指在风险发生前为了消除或减少可能引起损失的各种因素而采取的处理风险的具体措施。其目的在于通过消除或减少风险因素而达到降低损失频率的目的。该方法主要通过改变风险因素、改变风险因素所处的环境及改变风险因素和其所处环境的相互作用来实现。具体方法有工程物理法和人类行为法,前者重点是预防各种物质性风险因素,后者重点是预防人为风险因素。

2)损失抑制。损失抑制是指风险事故发生时或发生后采取的各种减少损失发生范围或损失程度,以及防止损失扩大的措施。损失抑制是处理风险的有效方法。具体方法有两类:一类是事前措施,即在损失发生前为减少损失程度所采取的一系列措施,如减灾计划或预案、紧急事件计划或预案等;另一类是事后措施,即在损失发生后为减少损失程度所采取的一系列措施,如抢救、重建和恢复等。损失减少是一种事后措施,所谓"事后"是指虽然很多措施是我们事前设计好的,但这些措施的作用和实施都是在损失发生以后。损失抑制常在损失幅度高且风险又无法回避和转嫁的情况下采用。

3)查询事故原因。查询事故原因是指为了全面系统的探寻检查风险损失事件产生的各种直接原因和间接原因,进而采取各种有针对性的措施从根本上减少或消除损失而进行的一种查询活动。在查询损失原因时,除自然风险以外,一般还包括造成损失的人为因素和工程机械方面的故障。查询事故原因应从以下几个方面入手,即分析传统和社会环境方面的因素、人们的缺陷、不安全的行为、机械和物质方面的损失、自然灾害和意外事故、伤害等。总之,查询事故的原因,事先做好防范与损失发生后的抢救准备工作,是风险损失控制工作的重要组成部分。

4)教育与培训。人是一切经济和社会活动的主体,每个人在生产、生活中都可能出现不安全的行为。一切试图减少风险事件所致损失的努力,都与人员的教育与培训有着非常密切的关系。因此,损失控制的重点应放在消除人的不安全因素,即通过教育与培训来消除人为风险因素,以达到损失控制的目的。教育与培训的基本目的,在于使人们了解在他们所处的环境中所面临的风险,以及对这些风险事故可能采取的预防措施和处置方法。在人们的社会生活和经济生产中,许多风险事件的产生都与人们的行为有关。这种措施同时具有损失预防和损失减少两种功能。例如,对群众进行应对沙尘暴灾害的安全与救助培训,就会从人为因素方面减少伤亡事故发生的频率,并在事故发生时懂得一些救助的方法,从而有效地降低损失程度。

风险损失控制在具体应用时需要注意如下几点:

1)在成本与效益分析的基础上进行措施选择。应当选择风险损失控制的预期收益至少应等于预期成本的措施,如果某种风险控制起来成本过高,就可以考虑是否有其他方法,如风险转移等。

2)不能过分相信和依赖风险损失控制。对某些影响较大的风险,尤其是巨灾风险,要考虑是否需要财务型措施相配合。

3) 某些材料一方面能够抑制风险因素，另一方面也会带来新的风险因素。

损失预防和风险规避的区别是：损失预防不消除损失发生的可能性，而风险规避则使损失发生的概率降为零。损失预防与损失抑制的区别在于，损失抑制的重点在于减少损失发生的程度，而不是损失发生的可能性。事实上，合理的风险管理计划往往将损失预防和损失抑制两者加以结合。

由于风险规避消除所有发生损失的可能，是一种自足型的风险管理方法，只有在极少数的情况下能被成功的加以运用。因此，在风险处理中还需要其他一些风险处理计划、甚至更进一步的风险处理方法来减少损失的可能性，因为有些风险是无法避免的。分清损失预防和损失抑制之间的区别是提高风险管理效果的关键。因为损失预防的目的是减少损失发生的可能性，损失抑制的目的是减少损失的程度，因此要根据具体的风险管理目的而采用。如果风险管理的目的是减少损失发生的可能性，则应采取损失预防措施；如果风险管理的目的是减少损失的程度，则应采取风险抑制措施。由于风险损失预防与损失因素之间关系密切，提高损失预防措施效果通常需要深入的研究实际损失"是怎么发生"。

(3) 风险隔离

风险隔离即隔离风险单位，包括既相互区别、又相互联系的两个方面：分割和复制。两者的目的都是尽量减少风险单位对特殊资产或个人的依赖性，以此来减少因个别设备或个人的缺损而造成的总体上的损失。隔离风险单位是把风险单位进行最大限度的分割或复制。就好像"不要把所有鸡蛋放在一个篮子里"，损失即便发生，损失程度也不会太大。

分割风险单位又包括分离和分散。分离风险是指将所面临的风险损失，人为的分离成许多相互独立的小单元，从而减少同时和集中受损的概率，以期达到缩小损失幅度的目的。这种风险分离的方法减少的是一次风险事故可能发生的最大期望损失。采取分离风险的方法，还应尽量把人、财、物与其潜在事故在可能空间上隔离，在时间上错开，以达到分离风险控制损失的目的。分散风险是风险分割的另一种方法，它是通过增加集合性质相同的多数单位来直接负担所遭受的损失，以提高每一单位承受风险的能力，减少单个风险单位的损失。二者有明显的区别：分离是将一定数量的风险单位分离开来，增加风险单位的独立性，以达到损失控制的目的；分散是增加经济单位控制下的独立风险单位数量，达到减少单个损失的目的。

隔离风险单位的另一种方法是复制风险单位，即再设置一份经济单位所有的资产或设备作为储备。这些复制品只有在原资产或设备被损坏的情况下方可使用，平时不得动用。复制风险单位不能减少原有机器、设备的损坏，但可以减少由于机器设备损坏而造成的净收入损失及其可能性。因为，如果原有的资产、设备损坏，复制的资产就可以立即投入使用。

分割和复制同其他损失控制措施有明显区别，以下四点需要注意：首先，分割和复制不像其他损失控制措施那样力图减少风险单位本身的损失的严重性，而在于减少总体损失的程度；其次，分割和复制减少的是一次独立风险事故的损失，但同时增加了风险单位，也就会影响风险事故或损失发生的概率；再次，复制风险单位可以减少平均或期望年度损失；最后，分割风险单位能不能减少平均期望损失，更大程度上取决于分割风险单位减少损失程度是否比降低风险事故或损失的发生概率来得更重要。风险单位分割和复制作为经济单位内部管理方法，费用较高，较少采用，尤其是风险单位分割很少采用，只是作为一种辅助手段。

(4) 风险转移

控制型风险转移是指借助合同或协议，将损失的法律责任转嫁给其他个人或组织承担。

控制型风险转移包括两方面含义：一是转移风险的财产或活动；另一个是风险的财务转移。控制型风险转移的方式主要有以下几种：

1）出售。出售是指通过将带有风险的财产转移出去来转移风险。将风险单位出售给其他人或组织，也就将与之有关的风险转移给对方。

2）分包。分包是指通过将带有风险的活动转移出去来转移风险。分包多用于建筑工程中，工程的承包商利用分包合同将其认为风险较大的工程转移给其他人。

3）签订免除责任协议。签订免除责任协议是指通过契约，将第三者人身伤亡和财产损失责任转移给另一方承担。

3.5.2 风险财务方法

上述的控制型风险管理方法都属于"防患于未然"的方法，目的是避免损失的发生。但由于现实性和经济性等原因，很多情况下，人们对风险的预测不可能绝对准确，而损失控制措施也可能无法解决所有的风险问题，所以某些风险事故的损失后果仍不可避免，这就需要财务型方法来处理。与风险控制法的事前防范不同，风险财务法的着眼点在于事后的补偿，其目的在于通过事故发生前所做的财务安排，使得在损失一旦发生后能够获取资金以弥补损失，为恢复正常经济活动和经济发展提供财务基础。

根据资金的来源不同，风险财务法可以分为风险自留和风险转移两类。风险自留措施的基金来自于经济单位内部，风险转移措施的基金来自于经济单位外部。保险、非保险和套期保值是三类中重要的财务型风险转移措施，其中保险应对可保的纯粹风险，而套期保值应对投机风险。

（1）风险自留

风险自留又叫风险承担，是指由经历风险的单位自己承担风险事故所致损失的一种方式。这是一种重要的财务型风险处理手段，其实质是当风险事故发生并造成一定损失后，通过内部资金的融通来弥补损失。风险自留是一种处理残余风险的技术措施，故也称为残余技术。一般说来，在指定风险管理决策的时候，总是考虑控制型方法。其他的风险，若适合于自留的，就进行自留安排；另外，还有一些风险事先没有考虑到，也会被动地自留下来。

风险自留的具体措施有以下几种：

1）将损失摊入营业成本。将损失摊入营业成本是指在风险事故发生时，经济单位把意外的损失计入当期损益，即分摊于短期（通常不超过 3 个月）的现金流通之中。这种方法只适用于处理那些损失概率高但损失程度较小的风险。

2）建立意外损失基金。意外损失基金又称自保基金或应急基金，是经济单位基于对所面临风险的识别和衡量，并根据自身的财务能力，预先提取，用以补偿风险事故所致损失的一种基金。这是一种自保行为，即自己为自己保险，它通常用以处理那些可能引起较大损失，但这一损失又无法直接摊入营业成本的风险。

3）设立自保公司。自保公司是企业自己设立的保险公司，主要为母公司及其子公司提供保险，并办理再保险，有的自保公司也可以承保外界风险和接受分入业务。

4）借款用以补偿风险损失。在风险事故发生后，经济单位通过借贷筹借资金以补偿风险事故所造成的损失。主要包括内部借款、特别贷款和应急贷款（信用限额）。

5）特别贷款与发行新证券。当特大损失发生时，如果企业事先安排的融资工具效力不足或根本没有安排融资工具，就需要寻求特别贷款或发放新证券。

（2）风险转移

风险转移是指经济单位将自己不能承担或不愿意承担的风险转移给其他经济单位的一种方法。它是控制型风险处理的措施之一，更是财务型风险处理的重要手段。控制型风险转移强调损失的法律责任的转移，而财务型风险转移则是寻求外来的资金补偿风险损失，具体分为保险转移、非保险转移和套期保值转移三种。

1）保险转移。保险转移是对付可保的纯粹风险的一种重要财务型风险转移方法。保险是通过支付保费购买保险，将自身面临的风险转嫁给保险人的行为。它把风险转移给保险人，一旦发生意外损失，保险人就按保险合同约定补偿被保险人的一种风险管理方法。保险的基本职能是防灾防损和分摊损失，经济补偿，其派生职能是筹集与资产管理。保险并没有改变经济单位所面临的风险，而是事先做一个安排，使得一旦风险事故发生了，能够从保险公司那里得到资金弥补损失，也就是说，保险消除了损失发生后的经济负担的不确定性。从风险管理的角度来看，他通过保险把损失的风险转移给了保险组织。应该注意的是，所转移的只是风险，而不是损失。

2）非保险转移。非保险转移指经济单位将自己可能的风险损失所致财务负担转移给保险人以外的其他经济单位的一种风险处理手段，其实质是通过风险的财务转移，使转让人得到外来资金，以补偿风险事故发生造成的损失。主要实施方式有中和、免责约定、保证书和公司化。

3）套期保值转移。套期保值转移是利用期权、期货、远期与互换等衍生工具处理投资风险的措施。衍生工具是进行套期保值的主要手段，它是一种收益，由其他财务工具的收益衍生而来的金融工具，它可以建立在实物资产，如农产品、金属以及能源等之上，也可以建立在金融资产，如股票、债券等之上。主要的衍生工具有期权、期货合约、远期合约与互换等。

参考文献

陈丙咸，杨成，黄杏元，等.1996.基于 GIS 的流域洪涝数字模拟和灾情损失评估的研究[J].环境遥感，**11**(4)：309-314.

陈述彭，黄绚.1991.洪水灾情遥感监测与评估信息系统[J].自然科学进展，**11**(2)：91-101.

陈振林.2013.我国气象防灾减灾能力建设与实践[J].阅江学刊，**5**(3)：23.

董迎玺，刘召彬.2007.气象灾害应急管理体制、机制、制度的对策研究.http://www.chinalaw.gov.cn/article/dfxx/dffzxx/hn/200707/20070700021281.shtml.

段宏毅.2006.预警系统在政府危机管理中的重要作用及合理运用[J].北京工业职业技术学院学报，**5**(4)：127-130.

范一大，史培军，李素菊.2007.沙尘灾害遥感监测方法研究与比较[J].自然灾害学报，**16**(5)：160-165.

范一大，史培军，罗敬宁.2003.沙尘暴卫星遥感研究进展[J].地球科学进展，**8**(3)：367-373.

范一大.2003.沙尘灾害遥感监测模式及其形成机制研究——以中国北方沙尘暴灾害形成过程为例[D].北京师范大学.

韩胜娟.2008.SPSS 聚类分析中数据无量纲化方法比较[J].科技广场，(3)：229-231.

黄崇福.2005.自然灾害风险评价——理论与实践[M].北京：科学出版社.

黄荣辉.2005.我国气象灾害的预测预警与科学防灾减灾对策[C].北京：气象出版社：44-52.

姜海如.2007.气象灾害的危害层次及其防御抗救过程研究[J].暴雨灾害，**26**(3)：193-198.

李艳芳.2004.公众参与环境影响评价制度研究[M].北京:中国人民大学出版社:16.
刘纪远.2005.二十世纪九十年代中国土地利用变化的遥感时空信息研究[M].北京:科学出版社.
刘新立,史培军.2001.区域水灾风险评估模型研究的理论与实践[J].自然灾害学报,10(2):66-72.
刘引鸽.2005.气象气候灾害与对策[M].北京:中国环境科学出版社.
裴志远,杨邦杰.1999.应用NOAA图像进行大范围洪涝灾害遥感监测研究[J].农业工程学报,15(4):203-206.
气象灾害防御条例.2010.北京:中国法制出版社.
邱玉瑶,邹学勇.2005.气候因素对沙尘天气影响的模型研究[J].自然灾害学报,14(2):35-40.
汪扩军.2005.气象灾害监测预警与减灾评估技术[M].北京:气象出版社:56-61.
许小峰.2012.气象防灾减灾[M].北京:气象出版社.
袁琳.2009.气象灾害应急管理研究[D].天津大学.
曾贤刚.2003.环境影响经济评价[M].北京:化学工业出版社.
张国平,张增祥,赵晓丽,等.2001.2000年华北沙尘大气遥感监测[J].遥感学报,5(6):466-471.
张继权,李宁.2007.主要气象灾害风险评价与管理的数量化方法及其应用[M].北京:北京师范大学出版社.
张继权,刘兴朋,周道玮,等.2006.基于信息矩阵的草原火灾损失风险研究[J].东北师范大学学报(自然科学版),38(4):129-133.
张继权,刘兴朋.2007.基于信息扩散理论的吉林省草原火灾风险评价[J].干旱区地理,30(4):590-594.
张健平,任福继,等.1999.地理信息系统与应用[M].北京:科学出版社.
钟开斌.2011.东京基于社区的地震灾害危险度评估:做法与特点[J].北京行政学院学报,6:31-35.
周成虎.1993.洪水灾害评估信息系统研究[M].北京:中国科学技术出版社.
朱光.1997.地理信息系统基本原理及应用[M].北京:科学出版社.
邹铭,范一大,杨思全,等.2010.自然灾害风险管理与预警体系[M].北京:科学出版社.
Badji M S, et al. 1997. Characterization of flood inundated areas and delineation of poor drainage soil using ERS-1SAR imagery[J]. *Hydrological Process*,**11**:1441-1450.
Sorensen H R, et al. 1996. Application of GIS in hydrological and hydraulic modeling:DLIS and MIKEII-GIS in Hydro GIS 96:Application of geographical information systems in hydrology and water resource manage[J]. *IAHS Pub*,**235**:149-156.

第二编
气象灾害风险管理的实证分析

第4章 区域气象灾害风险管理的基本步骤

内容摘要：

  区域气象灾害风险管理是指对某一区域特定时间段内发生的某种或多种气象灾害进行风险识别、风险分析、风险评价，并在此基础上优化组合各种风险处置对策，对气象灾害风险实施有效的控制和妥善处理风险所致损失后果，期望达到以最少的成本获得最大安全保障的目标。

  区域气象灾害风险管理首先要确定评估对象的区域范围、时间范围和气象灾害种类；然后搜集数据建立区域气象灾害风险数据库，数据库一般包括地理信息库、社会经济背景库、历史灾变因子库、历史灾情库、减灾工程数据库和承灾体数据库等内容；而后分别进行孕灾环境敏感度分析、致灾因子危害性分析和承灾体损失评估；最后，汇总分析评估的结果形成区域气象灾害风险区划图，并制定相应的风险处置对策，从而达到防灾减灾综合管理的目的。

4.1 区域气象灾害风险管理的基本步骤

  区域气象灾害风险管理是指对某一区域特定时间段内发生的某种或多种气象灾害进行风险识别、风险分析、风险评价，并在此基础上优化组合各种风险处置对策，对气象灾害风险实施有效的控制和妥善处理风险所致损失后果，期望达到以最少的成本获得最大安全保障的目标。区域气象灾害风险管理的基本步骤如图4.1所示。

4.2 区域气象灾害风险数据库

  数据库是区域气象灾害风险管理过程中各项工作的联系纽带，也是管理成果的集中体现。气象灾害风险管理的许多信息需要储存在计算机中，并与地理信息系统相结合后建立减灾综合数据库，从中可以得到各类有关灾害资料的时间和空间分布。一般来讲综合数据库包括以下方面的内容。

  (1)地理信息库：根据不同需要，采用不同比例尺的地图底图。在这一数据库中，除了给出经纬度等地理位置外，还应包括地名、境界、山系、水系、海拔高度、铁路、公路等，应能够随时显示或打印输出国内任何一个地区的地图，并具有与其他有关灾害要素相叠加的功能。

  (2)社会经济背景库：社会经济背景包括各地基本情况，如各种人口数据(人口总数、人口

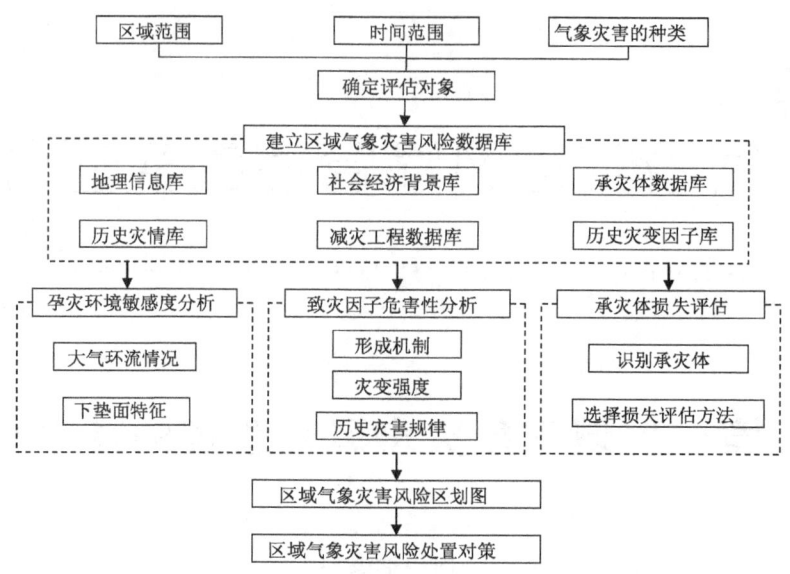

图 4.1　区域气象灾害风险管理基本步骤

密度等)、面积数据(土地、市区、水域、陆地、总耕地、总播种、粮棉油播种面积等)、产值数据(总产值、工业产值、农业产值、财政收入、人均收入等)、产量数据(粮、棉、油等)、总量数据(客运、货运、邮电、电站、海港、内河等)以及其他若干数据(道路、交通、海岸线等)。以上数据应能够进入电子地图以图像方式显示使用。

(3)历史灾变因子库:包括各类灾变的历史资料,如热带气旋路径、强度以及降水资料、重要暴雨过程资料、干旱持续时间、沙尘暴路径等。历史灾变因子的强度、时间、地点、范围等。

(4)历史灾情库:包括历史上曾发生的重大气象灾害事件的时间、地点、受灾面积、受灾人口、死亡人口、倒塌房屋、直接经济损失等数据。

(5)减灾工程数据库:包括各类减灾工程的名称、位置、规模、等级、数量以及防灾功能等。

(6)承灾体数据库:包括各地区各类承灾体的类型、名称、数量、质量和易损性等。

4.3　孕灾环境敏感度分析

形成气象灾害的背景主要有两个方面,一是大气环流背景,二是下垫面状况。在一定区域面积内,各地区的大气环流及气候状况并不会表现出明显的差异,只是随着季风环流的变换,呈现出季节变化。但是由于一定面积的区域内,下垫面的地形地貌状况非常复杂,在这种复杂的地形地貌状况的影响下,区域内在不同的季节将表现出千差万别的天气状况。海拔高度、坡度、坡向等地形地貌状况的复杂程度,将对气象灾害的强度、频率等产生很大的影响。因此,本书在考虑孕灾背景的敏感性上主要考虑地形地貌状况。

地貌对气象灾害的影响主要表现在相对海拔高度、坡度等因素,因此可以把区域内的每一个地貌大区划分为若干个有差异的小地貌,再根据每一个小地貌对气象灾害形成的影响程度分别赋以权重,以每一个小地貌的面积与地貌区域的总面积的比作为敏感性指数,每一个地貌大区的敏感度值为每一个小地貌的敏感性指数乘以权重并求和。敏感度计算模型为

$$R_j = \sum_{i=1}^{n} r_i s_i \tag{4.1}$$

其中

$$s_i = \frac{S_i}{S_j}$$

式中，R_j 为第 j 个地貌大区的敏感度；r_i 为第 i 类因素的敏感性指数；s_i 为第 i 类地貌的作用权重；S_i 为第 i 类小地貌面积；S_j 为第 j 类地形区域面积。

S_i、S_j 分别通过有关资料和空间数据库的查询获得；r_i 通过专家打分的方法获得。

通过模型计算得到气象灾害的敏感度值，并根据需要对所得敏感度值划分等级并赋值。最后进行空间数据库的操作，把该区域地貌区划图上每一个等级范围内的所有地貌区域进行合并，并赋以不同的颜色，同时通过图层的叠加操作，将区域地图以及外图框等图层叠加到该图上，得到气象灾害敏感度区划图。

4.4 致灾因子危害性分析

在进行致灾因子危害性分析时，需要以气象灾害的历史数据为基础，考量已发生的每次气象灾害的灾变强度及不同强度气象灾害的发生频次或频率。一般而言，在假设孕灾环境和承灾体脆弱性相同的情况下，灾害强度越大，发生频次越高，则致灾因子的危害性越强，所导致的灾害风险损失也就越大。

致灾因子危害性分析是一项复杂的工作。分析的目的和量化要求不同，分析的空间尺度不同，获取的数据类别、完整程度不同，都可能导致分析所选择的指标和方法的差异。

4.4.1 干旱

干旱的致灾因子危险性分析，一般以历史资料为依据，从干旱强度和频率两个具体内容上着手。其中，历史干旱的强度评估是主要内容。在具体的评估指标选择要求方面，干旱的频率指标选择较为简单，一般多以"次/年"为统计单位；而历史干旱的强度评估指标选择则较为复杂。由于干旱自身的复杂特性和对社会影响的广泛性，其强度的评估必须立足于特定的地域和时间范围，有相应的时空尺度。目前，国内外采用的干旱灾害识别指标很多，归纳起来可以分为单因子指标和多因子指标。

(1) 连续无雨日数

这一指标是根据逐日的地面气象观测资料来直接统计数值（表4.1），它适用于尚未建立墒情监测点的雨养农业区和水浇地主要作物需水关键期的旱情评估。

(2) 降水量距平百分率

降水量距平百分率（P_a）是表征某一具体时段降水量较常年平均值偏多还是偏少的指标，它能直观反映降水异常所引起的干旱。其计算公式为

$$P_a = \frac{P - \overline{P}}{\overline{P}} \times 100\% \tag{4.2}$$

式中，P 为某时段降水量，$\overline{P}$ 为同期的多年平均降水量，单位都为 mm。

这一指标适用于半湿润、半干旱地区平均气温高于 10℃ 的时段，其数值可以用来评估月、

季、年的干旱事件强度等级(表 4.2)。

表 4.1　连续无雨日数分级标准(单位:d)

评估时段	地区	轻度干旱	中度干旱	严重干旱	特大干旱
春季 (3—5月) 秋季 (9—11月)	东北	15～30	31～50	51～75	>75
	西北	15～30	31～50	51～75	>75
	黄淮海	15～25	26～45	46～70	>70
	长江中下游	10～20	21～45	46～60	>60
	西南	10～20	21～45	46～60	>60
	华南	10～20	21～45	46～60	>60
夏季 (6—8月)	东北	10～20	21～35	36～50	>50
	西北	10～20	21～35	36～50	>50
	黄淮海	10～20	21～30	31～45	>45
	长江中下游	5～10	11～20	21～30	>30
	西南	5～10	11～20	21～30	>30
	华南	5～10	11～20	21～30	>30
冬季 (12月—翌年2月)	东北				
	西北	20～30	31～60	61～90	>90
	黄淮海	15～30	31～50	51～80	>80
	长江中下游	15～25	26～45	46～70	>70
	西南	15～25	26～45	46～70	>70
	华南	15～25	26～45	46～70	>70

资料来源:http://www.slwater.gov.cn/Soft_Show.asp? SoftID=449。

表 4.2　降水量距平百分率指示的气象干旱等级

等级	类型	降水量距平百分率(%)		
		月尺度	季尺度	年尺度
1	无旱	$P_a>-40$	$P_a>-25$	$P_a>-15$
2	轻旱	$-60<P_a\leqslant-40$	$-50<P_a\leqslant-25$	$-30<P_a\leqslant-15$
3	中旱	$-80<P_a\leqslant-60$	$-70<P_a\leqslant-50$	$-40<P_a\leqslant-30$
4	重旱	$-95<P_a\leqslant-80$	$-80<P_a\leqslant-70$	$-45<P_a\leqslant-40$
5	特旱	$P_a\leqslant-95$	$P_a\leqslant-80$	$P_a\leqslant-45$

引自:GB/T 20481—2006　气象干旱等级。

(3)降雨量标准差

这一指标是在假定年降雨量服从正态分布的基础上,用降雨量的标准差(k)来划分旱涝等级,计算公式为

$$k=\frac{r-\bar{r}}{\sigma} \tag{4.3}$$

式中,r 为某年降雨量;$\bar{r}$ 为多年平均年降雨量;σ 为降雨量的均方差。

该指标主要应用于气象干旱的评估上，计算较为简单易行（表 4.3）。不过，该指标以年降雨量作为参数，忽视了降雨量在年内分配不均匀之特性，因此无法反映在同一年中先旱后涝或先涝后旱的现象。

表 4.3 标准差指示的气象干旱等级

k 值	$k \leqslant -2.0$	$-2.0 < k \leqslant -1.0$	$-1.0 < k \leqslant 1.0$	$1.0 < k \leqslant 2.0$	$k > 2.0$
旱涝等级	大旱	旱	正常	涝	大涝

(4) 相对湿润度指数

相对湿润度指数（M）表征的是某一时段的降水量与蒸发量之间的平衡关系，它能够反映作物生长季节的水分平衡特征。其计算公式为

$$M = \frac{P - PE}{PE} \quad (4.4)$$

式中 P 为某时段的降水量，单位为 mm；PE 为某时段的可能蒸散量，单位为 mm，用彭曼－蒙蒂斯公式（FAO Penman-Monteith）或者桑斯威特（Thornthwaite）方法计算。

相对湿润指数适用于作物生长季节旬以上时间尺度的干旱监测和评估，它指示的气象干旱等级如表 4.4 所示。

表 4.4 相对湿润指数指示的气象干旱等级

等级	1	2	3	4	5
M 值	$-0.40 \leqslant M$	$-0.65 < M \leqslant -0.40$	$-0.80 < M \leqslant -0.65$	$-0.95 < M \leqslant -0.80$	$M \leqslant -0.95$
类型	无旱	轻旱	中旱	重旱	特旱

(5) 标准化降水指数

由于降水量分布一般多不呈正态分布的态势，而是表现为偏态分布，所以在以月为尺度的气象干旱的监测与评估中，多采用基于 Γ 分布概率的标准化降水指数（standard precipitation index，SPI）。该指标具体计算步骤如下：

1) 假设某时段降水量为随机变量 x，则其 Γ 分布的概率密度函数为

$$f(x) = \frac{1}{\beta \Gamma(\overline{x})} x^{r-1} \exp\left(-\frac{x}{\beta}\right) \quad x > 0 \quad (4.5)$$

式中，x 为降水量资料样本；$\overline{x}$ 为降水量气候平均值；β 和 r 分别为尺度和形状参数，皆大于 0，可用极大似然估计方法求得

$$\hat{r} = \frac{1 + \sqrt{1 + 4A/3}}{4A} \quad \hat{\beta} = \frac{\overline{x}}{\hat{r}} \quad A = \lg \overline{x} - \frac{1}{n} \sum_{i=1}^{n} \lg x_i \quad (4.6)$$

对于某一年的降水量 x_0，在确定概率密度函数中的参数后，可利用数值积分求出随机变量 $x < x_0$ 事件概率近似值，即

$$F(x < x_0) = \int_0^\infty f(x) \mathrm{d}x \quad (4.7)$$

2) 降水量为 0 时的事件概率由

$$F(x = 0) = \frac{m}{n} \quad (4.8)$$

估计,式中 m 为降水量为 0 的样本数;n 为总样本数。

3) 对 Γ 分布概率进行正态标准化处理,将求得的概率值代入标准化正态分布函数,即

$$F(x < x_0) = \frac{1}{\sqrt{2\pi}} \int_0^\infty \exp(-\frac{x^2}{2}) \mathrm{d}x \tag{4.9}$$

对上式进行近似求解可得

$$Z = S \frac{t - (c_2 t + c_1)t + c_0}{((d_3 t + d_2)t + d_1)t + 1} \tag{4.10}$$

式中,$t = \sqrt{\ln \frac{1}{F^2}}$,$F$ 为求得的概率,且当 $F > 0.5$ 时,$S = 1$;当 $F \leqslant 0.5$ 时,$S = -1$。$c_0 = 2.515517$;$c_1 = 0.802853$;$c_2 = 0.010328$;$d_1 = 1.432788$;$d_2 = 0.189269$;$d_3 = 0.001308$。

标准化降水指数得到的气象干旱等级标准见表 4.5。

表 4.5 标准化降水指数的气象干旱等级标准

等级	1	2	3	4	5
SPI 值	SPI>−0.5	−1.0<SPI≤−0.5	−1.5<SPI≤−1.0	−2.0<SPI≤−1.5	SPI≤−2.5
类型	无旱	轻旱	中旱	重旱	特旱

(6) 综合气象干旱指数

综合气象干旱指数(CI)是综合近 30 天和近 90 天的降水量标准化指数以及近 30 天的相对湿润度指数来反映干旱事件的强度,它适用于进行实时气候干旱监测以及对历史同期的气象干旱状况进行评估。其计算公式为

$$CI = aZ_{30} + bZ_{90} + cM_{30} \tag{4.11}$$

式中,a 为近 30 天标准化降水系数,由达到轻旱以上程度的 Z_{30} 的平均值除以历史出现最小 Z_{30} 值,平均取 0.4;b 为近 90 天标准化降水系数,由达到轻旱以上程度的 Z_{90} 的平均值除以历史出现最小 Z_{90} 值,平均取 0.4;c 为近 30 天相对湿润系数,由达到轻旱以上程度的 M_{30} 的平均值除以历史出现最小 M_{30} 值,平均取 0.8。

综合气象干旱等级划分见表 4.6。

表 4.6 综合气象干旱等级划分

等级	1	2	3	4	5
CI 值	CI>−0.6	−1.2<CI≤−0.6	−1.8<CI≤−1.2	−2.4<CI≤−1.8	CI≤−2.4
类型	无旱	轻旱	中旱	重旱	特旱

4.4.2 水灾

水灾可以分为洪水和渍涝两种类型,对它们的致险程度的分析,仍需要以历史资料为依据,从强度和频率两个具体方面着手。

4.4.2.1 洪水

从已有的国内外研究进展看,洪水致险程度的评估研究者多把评估的重点放在洪水的强度上。从物理机制上说,每次洪水强度的评估理应从洪水三要素入手,但人们为了管理方便,

在惯例上把每次洪水的上述指标值与洪水的发生频率对应起来,以洪水频率作为洪水强度的代用指标。

(1) 洪水三要素

洪水三要素即洪峰水位(流量)、洪水历时和洪水总量,是水文学家常用来刻画洪水强度的指标。其中,洪峰水位(流量)是指洪水位(流量)过程中的最高点水位(流量),它是一个即时指标;洪水历时则是指一场洪水过程持续的时间,它是一个过程指标;而洪水总量是指一次洪水期间内,从流域出口断面流出的总水量,也是一个过程指标。若以时间为横坐标,流量为纵坐标,点绘洪水流量过程线,则过程线所包围的面积为洪水总量。

洪峰水位(流量)是刻画洪水严重程度最为常见的指标,研究者一般采用标准面积洪峰流量计算公式来计算该指标数值。公式为

$$Q_A = Q_m \left(\frac{A}{F}\right)^n \tag{4.12}$$

式中,Q_A 和 Q_m 分别为标准面积洪峰流量和常规洪峰流量,计量单位为 m³/s;A 为标准面积,计量单位多采用 1000km²;F 为对应于 Q_m 的集水面积,计量单位为 km²;n 则是一个指数,一般为 0.55。评估 Q_A 所需的 Q_m、A、F 等资料均可从水文监测部门获取。

以上洪峰水位(流量)、洪水历时和洪水总量三个要素的定级,可参考水文监测部门的内部规范,或根据洪水频率的分级进行相应的转换。

(2) 洪水频率(重现期)

洪水频率是指某一数量级的洪水的出现次数与洪水总发生次数的比值,它反映的是该级出现的可能性大小。洪水重现期则是指洪水为多少年一遇的意思,是洪水发生频率的另一种表现形式。一般而言,洪水重现期越长,频率越低,则洪水的强度量级越高。这些数值可直接从水利部门的观测统计资料中获得。

用洪水频率或重现期来作为洪水强度的代用指标,是目前洪水强度评估中最为普遍的一种做法。按照国家防洪标准(GB 50201—94),洪水强度依据频率或重现期的大小可以划分为 12 级(表 4.7)。

表 4.7 洪水等级划分标准(GB 50201—94)

洪水等级 N	洪水频率 $P(\%)$	洪水重现期 $T_p(a)$
1 小洪水	>20	<5
2 一般洪水	20~10	5~10
3 较大洪水	10~5	10~20
4 大洪水	5~2	20~50
5 特大洪水	2~1	50~100
6 非常洪水	1~0.5	100~200
7 非常洪水	0.5~0.2	200~500
8 非常洪水	0.2~0.1	500~1000
9 非常洪水	0.1~0.05	1000~2000
10 非常洪水	0.05~0.02	2000~5000
11 非常洪水	0.02~0.01	5000~10000
12 非常洪水	<0.01	>10000

另外,按照国家灌溉与排水工程设计规范(GB 50288—99)所制定的防洪标准,洪水强度依据不同防洪工程建筑物情况,也可划分为相应的等级。例如,蓄水枢纽工程建筑物,依据所在地形区的差异,也有不同的防洪标准(表4.8)。

表4.8 蓄水枢纽工程建筑物防洪标准

枢纽建筑物级别	防洪标准(重现期a)				
	山区、丘陵区			平原、滨海区	
	设计	校核		设计	核准
		混凝土坝、浆砌土坝	土石坝、堆石坝		
1	1000~500	5000~2000	10000~5000	300~100	2000~1000
2	500~100	2000~1000	5000~2000	100~50	1000~300
3	100~50	1000~500	2000~1000	50~20	300~100
4	50~30	500~200	1000~300	20~10	100~50
5	30~20	200~100	300~200	10	50~20

4.4.2.2 渍涝

渍涝是暴雨或泛滥的洪水所引起的地表积水过多的现象,它的强度刻画一般多用地表积水深度和历时两项指标。其中,积水深度是指在当地暴雨或外来客水作用下,大面积平地上的水层厚度(mm)。对于城市地区,积水深度一般采用路面上的水层厚度来表示。目前,积水深度和历时两项指标还没有全国尺度的多级区分标准,只能在一些国家标准中找到二级形式的区分标准,或是在一些地方性规定或研究性文章、著作中有多级区分标准。例如,在《农田排水工程技术规范》(SL T/4—1999)和《灌溉与排水工程设计规范》(GB 50288—99)中,农田的渍涝依据种植农作物类型和生长期的不同,有耐淹水深、超耐淹水深和耐淹历时、超耐淹历时之分。其中,各种农作物的耐淹水深和耐淹历时见表4.9。

表4.9 不同农作物的耐淹水深和耐淹历时

农作物	生育阶段	耐淹水深(cm)	耐淹历时(d)
小麦	拔节—成熟	5~10	1~2
棉花	开花、结铃	5~10	1~2
玉米	抽穗	8~12	1~1.5
	灌浆	8~12	1.5~2
	成熟	10~15	2~3
甘薯		7~10	2~3
春谷	孕穗	5~10	1~2
	成熟	10~15	2~3
大豆	开花	7~10	2~3
高粱	孕穗	10~15	5~7
	灌浆	15~20	6~10
	成熟	15~20	10~20

续表

农作物	生育阶段	耐淹水深(cm)	耐淹历时(d)
水稻	返青	3～5	1～2
	分蘖	6～10	2～3
	拔节	15～25	4～6
	孕穗	20～25	4～6
	成熟	30～35	4～6

根据国家科委、计委、经贸委自然灾害综合研究组的研究,考虑到主要农作物的抗涝耐淹能力,雨涝地区可以根据积水深度和历时划分为轻、中、重三个等级(表 4.10)。另外,还可以用不同时段降水量的指标刻画暴雨所引起的雨涝的强度(表 4.11)。

表 4.10 雨涝强度等级划分

雨涝等级	积水深度(cm)	积水时间(d)	日降雨量(mm)
轻涝	<3	<1	50～99
中涝	3～5	1～2	100～200
重涝	>5	>2	>200

表 4.11 不同区域旬降水量至 3 个月降水量划分的雨涝等级标准

涝期	指标	轻涝(一般涝)	大涝(重涝)
1 旬	降水量	东北地区 200～300mm 华南、川西地区 300～400mm 其他地区 250～350mm	东北地区>300mm 华南、川西地区>400mm 其他地区>350mm
2 旬	降水量	东北地区 300～450mm 华南、川西地区 400～600mm 其他地区 350～500mm	东北地区>450mm 华南、川西地区>600mm 其他地区>500mm
1 个月	月降水量距平百分率	华南地区 75%～150% 其他地区 100%～200%	华南地区>150% 其他地区>200%
2 个月	月降水量距平百分率	华南地区 40%～80% 其他地区 50%～100%	华南地区>80% 其他地区>100%
3 个月	月降水量距平百分率	30%～50%	>50%

评估渍涝强度所需的上述指标值,一般可从气象、水利和农业部门直接获取或是通过相关资料加以计算得到。

4.4.3 热带气旋

由于热带气旋所带来的破坏主要源于与之相伴生的大风、暴雨和风暴潮等现象,所以,热带气旋的致险程度除了用发生频率来衡量外,还可以用底层大风、暴雨及风暴潮的强度来衡量。

(1)底层大风

热带气旋所伴生的大风强度一般用气旋底层的中心最大风力(速)或是中心气压值来表示。根据新修订的《热带气旋等级》(GB/T 19201—2006)国家标准,热带气旋按底层的中心最大风力(速)大小可以划分为 6 个等级(表 4.12)。

表 4.12 热带气旋等级划分标准(GB/T 19201—2006)

热带气旋等级	底层中心附近最大平均风速(m/s)	底层中心附近最大风力(级)
热带低压	10.8~17.1	6~7
热带风暴	17.2~24.4	8~9
强热带风暴	24.5~32.6	10~11
台风	32.7~41.4	12~13
强台风	41.5~50.9	14~15
超强台风	>51.0	>16

(2)暴雨

热带气旋所带来的灾情,除了和其底层大风风速有关外,还与其发生过程中的总降水量、24h(或12h)降水量密切相关。在评估时,两个指标通常取其一即可。其中,对于台风所带来的 24h(20:00 至次日 20:00)降水量,可按照中国气象局的相关规定进行分级(表 4.13)。

表 4.13 24h 降水量等级划分

等级	小雨	中雨	大雨	暴雨	大暴雨	特大暴雨
降水量(mm)	<10.0	10.0~24.9	25.0~49.9	50.0~99.9	100.0~250.0	>250.0

不过,需要说明的是,由于我国各地的降雨状况差异较大,部分地区对暴雨的日雨量标准有所不同。例如,广东地区将日雨量 80mm 以上的降雨才称之为暴雨。另外,台风所带来的暴雨也可参考中国气象局 12h(20:00 至次日 08:00 或 08:00—20:00)降水量标准进行分组(表 4.14)。

表 4.14 12h 降水量等级划分

等级	小雨	中雨	大雨	暴雨	大暴雨	特大暴雨
降水量(mm)	<5.0	5.0~9.9	10.0~29.9	30.0~69.9	70.0~140.0	>140.0

(3)风暴潮

风暴潮是指热带气旋的强风与剧变的气压所导致的海水水位上涨现象。目前,多以验潮站实测到的潮水水位来表示,其分级按照警戒水位的程度划分,即超出 2m 的为特大潮灾;超出 1m 的为较大潮灾;超出 0.5m 的为一般潮灾;超过或接近警戒水位为轻度潮灾。

4.4.4 牧区雪灾

牧区雪灾(又称白灾)的致险程度同样可以用发生频率与强度来刻画。其中,对于单次的牧区雪灾而言,其强度主要用地面观测到的积雪程度、持续日数和积雪面积比三个指标来衡量。其中,积雪程度多用积雪深度来表示,即积雪表面到地面的垂直深度。有时,人们也用掩埋牧草的程度,即积雪深度与草群平均高度之比(单位为%)来反映积雪程度。积雪持续日数是地面积雪持续稳定维持的连续日数,用天数来表示。积雪面积比则是指某地积雪面积与实际草地面积之比。依据《牧区雪灾等级》(GB/T 20482—2006)国家标准,牧区的雪灾程度一般采用四类分级标准(表 4.15)。

表 4.15 牧区雪灾分级标准(GB/T 20482—2006)

雪灾等级	积雪状态		
	积雪掩埋牧草程度	积雪持续日数(d)	积雪面积比(%)
轻灾	0.3~0.4	≥10	≥20
	0.41~0.5	≥7	
中灾	0.41~0.5	≥10	≥20
	0.51~0.7	≥7	
重灾	0.51~0.7	≥10	≥40
	0.71~0.9	≥7	
特大灾	0.71~0.9	≥10	≥60
	>0.9	≥7	

高庆华等根据我国雪灾大多发生在 11 月、3 月和冬季(12 月至翌年 2 月)的情况,认为牧区雪灾强度可以按各地的冬季或 11 月、3 月的平均降水量(即常年地面积雪情况)及降水量的距平百分率(即当年实际地面积雪深度)划分为一般和严重两个等级(表 4.16,表 4.17)。

表 4.16 以冬季降水量距平百分率划分的雪灾等级

当地平均季降水量(mm)	降水量距平百分率(%)	
	一般雪灾	严重雪灾
≥18	10~30	>30
12~17	20~50	>50
9~11	50~85	>85
6~8	100~175	>175
3~5	250~400	>400

表 4.17 以 11 月或 3 月降水量距平百分率划分的雪灾等级

当地平均季降水量(mm)	降水量距平百分率(%)	
	一般雪灾	严重雪灾
≥6	50~100	>100
5	60~130	>130
4	80~165	>165
3	120~215	>215

4.4.5 风、雹、沙尘天气灾害

风、雹、沙尘天气三种灾害的致险程度,除了共同用发生频率来考量外,还要用互不相同的

发生强度指标来衡量。

4.4.5.1 风灾

一般而言,风灾的强度基本上取决于风速的大小。按照国际通用的风力评测标准——蒲福风力等级表(表4.18),可以将风划分为12个等级。其中,一般大风为6~8级,较强大风为9~11级,特强大风则大于等于12级。

表 4.18 蒲福风力等级表

风力等级	名称	海面波高(m)		海面和渔船征象	陆上地物征象	相当于平地10m高处的风速(m/s)	
		一般	最高			范围	中数
0	无风			海面平静	静烟直上	0.0~0.2	0
1	软风	0.1	0.1	微波鱼鳞状,无浪花,一般渔船正好能使舵	烟能表示风向,树叶略有摇动	0.3~1.5	1
2	轻风	0.2	0.3	小波,波长尚短,但波形显著,波峰光亮,但不破裂	人面感觉有风,树叶微响,旗子开始飘动	1.6~3.3	2
3	微风	0.6	1.0	小波加大,波峰开始破裂;浪沫光亮,有时有散见的白浪花	树叶及小枝摇动不息,旗子展开,高的草摇动不息	3.4~5.4	4
4	和风	1.0	1.5	小浪,波长变长;白浪成群出现	能吹起地面灰尘和纸张,树枝摇动,高的草呈波浪起伏	5.5~7.9	7
5	清劲风	2.0	2.5	中浪,具有较显著的长波形状;许多白浪形成	有叶的小树摇摆,内陆的水面有小波,高的草波浪起伏明显	8.0~10.7	9
6	强风	3.0	4.0	轻度大浪开始形成,到处都有更大的白沫峰,有时有飞沫	大树枝摇动,电线呼呼有声,高的草不时倾伏于地	10.8~13.8	12
7	疾风	4.0	5.5	轻度大浪,碎浪而成的白浪沫沿风向呈条状	全树摇动,大树枝弯下来,迎风步行感觉不便	13.9~17.1	16
8	大风	5.5	7.5	有中度的大浪,波长较长,波峰边缘开始破碎成飞沫片	可折毁小树枝,人迎风前行感觉阻力甚大	17.2~20.7	19
9	烈风	7.0	10.0	狂狼,沿风向白沫呈浓密的条带状,波峰开始翻滚	草房遭受破坏,屋瓦被掀起,大树枝可折断	20.8~24.4	23
10	狂风	9.0	12.5	狂涛,波峰长而翻卷;白沫成片出现,整个海面呈白色	数木可被吹倒,一般建造物遭破坏	24.5~28.4	26
11	暴风	11.5	16.0	异常狂涛,海面完全被白沫片所掩盖,波浪到处破成泡沫	大树可被吹倒,一般建造物遭严重破坏	28.5~32.6	31
12	飓风	14.0		空中充满了白色的浪花和飞沫,海面完全变白	陆地少见,其摧毁力很大	>32.6	33

资料来源:中国气象局.2003.地面气象观测规范.北京:气象出版社.

4.4.5.2 冰雹

冰雹的强度一般多用地面气象观测站所观察到的冰雹直径、降雹时间、积雹厚度等指标值衡量(表 4.19)。另外也可以通过汇总分析地面气象台(站)的观测资料，或是解译遥感影像，得到雹击带的长度来反映单次冰雹的强度。

表 4.19 冰雹分级

等级	多数冰雹直径(cm)	降雹时间(min)	积雹厚度(cm)
轻雹	≤0.5	≤10	≤2
中雹	0.5～2	10～30	2～5
重雹	>2	>30	>5

4.4.5.3 沙尘天气

沙尘天气的强度主要取决于风力和大气中的颗粒物浓度，一般采用风级和能见度指标来衡量。根据《沙尘暴天气等级》(GB/T 20480—2006)(表 4.20)，沙尘天气可以划分为 5 个等级。在具体的观测中，一次沙尘天气过程的等级需要相邻 5 个或 5 个以上国家基准站，依据沙尘暴等级标准共同加以确定。例如，浮尘天气过程等级的规定必须是相邻 5 个或 5 个以上国家基准站在同一时间观测到浮尘等级的天气。

表 4.20 沙尘天气等级标准(GB/T 20480—2006)

等级名称	水平能见度
浮尘	当天气条件为无风或平均风速≤3m/s，尘沙浮游在空中，使水平能见度小于10km
扬沙	风将地面尘沙吹起，使空气相当浑浊，水平能见度在 1～10km 以内的现象
沙尘暴	强风将地面尘沙吹起，使空气相当浑浊，水平能见度小于 1km 的天气现象
强沙尘暴	大风将地面尘沙吹起，使空气非常浑浊，水平能见度小于 500m 的天气现象
特强沙尘暴	大风将地面尘沙吹起，使空气特别浑浊，水平能见度小于 50m 的天气现象

4.4.6 低温冻害

低温冻害是冷空气对人、农作物等受灾体施加的一种负面影响。所以，它的强度可以从冷空气本身的热力学特征去分析，用日最低气温和一定时段内(通常是 24h、48h 或 72h)的降温幅度两个指标来衡量。根据《冷空气等级》(GB/T 20484—2006)(表 4.21)，冷空气可以分为 5 个等级。

表 4.21 冷空气等级(GB/T 20484—2006)

等级名称	日最低气温下降幅度	日最低气温
弱冷空气	48h 内连续降温<6℃	
中等强冷空气	48h 内连续降温≥6℃，但<8℃	
较强冷空气	48h 内连续降温≥8℃	未降至 8℃以下
强冷空气	48h 内连续降温≥8℃	≤8℃
寒潮	24h 内连续降温≥8℃，或者 48h 内连续降温≥10℃，或者 72h 内连续降温≥12℃	≤4℃

表 4.22 东北地区低温冷害等级划分标准

等级	$\sum T_{5-9}$ (℃)					
	80	85	90	95	100	105
	ΔT_{5-9} (℃)					
一般冷害	−1.1	−1.4	−1.7	−2.0	−2.2	−2.3
严重冷害	−1.7	−2.4	−3.1	−3.7	−4.1	−4.4

另外,一些地区的特定低温冻害类型,人们也给出了相应的等级标准。例如,东北夏季低温冷害,其冷害强度等级划分标准见表4.22。当5—9月的月平均气温之和小于80℃或大于105℃时,采用5月、8月和9月上旬的气温之和作为分级标准,即一般冷害为−1.5℃,严重冷害为−2.5℃。

湖南等地也对倒春寒及寒露风划定了三个级别:$\Delta T > -3.5$℃为轻度倒春寒;-5.0℃$< \Delta T \leq -3.5$℃为中度倒春寒;$\Delta T \leq -5.0$℃为重度倒春寒;ΔT为出现倒春寒的旬平均气温与历年同期平均气温的差值。日平均气温为18.5～20℃的连续天数达到3～5d的低温天气为轻度寒露风;日平均气温为17.0～18.4℃的连续天数达到3～5d的低温天气为中度寒露风;重度寒露风满足以下两条中的任意一条即可,一是日平均气温≤17℃连续3d或以上,二是日平均气温≤20℃连续6d或以上。

4.4.7 雷电灾害

雷电是否造成灾害主要与雷电的活动情况以及承灾体特征有关,其中承灾体特征比较复杂,遭受雷击后是否引起灾害与其使用性质、防护措施以及人员活动情况等相关,如建筑物防护措施完善,则即使落雷,出现雷击灾害的概率就很小;相反,如果建筑物防雷措施不完善,则一旦落雷,则很容易出现雷击灾害。目前,表征雷电活动情况的参数主要有雷暴日数和落雷密度。

雷暴日是经常使用的一种雷暴活动参量,表征该区域的宏观雷电活动情况。在我国,华南、西南南部以及青藏高原中东部地区为高雷暴区域,年雷暴日数为70d以上;江南、西南东部、西藏、华北北部、西北部分地区为多雷暴区域,年雷暴日数为40～70d;其余地区为少雷暴区域,年雷暴暴日数为40d以下。

落雷密度是指每年每平方千米发生的总闪次数。表4.23给出了中国不同地区闪电密度的各种特征,是以每个格点0.5°×0.5°为分辨率。

由表4.23可以看出中国的闪电密度的平均值为4.2fl·km^{-2}·a^{-1},中国陆地的闪电密度平均值为4.6fl·km^{-2}·a^{-1},中国海洋的闪电密度平均值为3.3fl·km^{-2}·a^{-1},极大值为34.8fl·km^{-2}·a^{-1},位于广东省湛江地区,其次是广州市的30.44.6fl·km^{-2}·a^{-1}。就排名来说广东、广西、海南的平均值位居前列,都在11fl·km^{-2}·a^{-1}以上,其后为贵州、天津、江西、北京和福建,而新疆、西藏和青海位居最后,新疆仅1.3fl·km^{-2}·a^{-1}。

表 4.23　中国不同地区闪电密度的特征

省（区、市）	平均值 (fl·km^{-2}·a^{-1})	平均值排名	最大值 (fl·km^{-2}·a^{-1})	相对标准差 (%)	最大月份	最小月份	最大时刻 (h)	最小时刻 (h)
北京	8.9	7	16.4	45.0	7	1	20	9
天津	9.7	5	15.8	32.9	6	12	22	8
河北	7.9	15	18.1	45.3	7	1	16	8
山西	5.0	22	10.4	46.67	7	12	15	9
内蒙古	3.6	26	1404	59.1	7	1	16	9
辽宁	6.4	20	16.9	47.4	8	1	22	8
吉林	4.5	24	11.8	55.6	8	1	14	10
黑龙江	4.1	25	12.1	55.9	7	1	14	5
上海	7.4	17	9.6	23.5	8	1	14	8
江苏	8.5	9	16.8	32.9	8	12	16	7
浙江	8.2	11	15.0	33.0	8	1	15	10
安徽	8.1	14	18.1	34.2	7	12	16	6
福建	8.5	8	16.0	32.2	8	1	17	9
江西	9.7	6	14.7	23.3	8	11	17	10
山东	8.1	12	21.1	45.2	7	12	20	6
河南	6.6	19	16.9	39.4	7	12	15	10
湖北	7.0	18	13.3	35.1	8	12	17	10
湖南	8.1	13	13.9	25.6	8	12	17	9
广东	16.6	1	34.8	44.2	8	11	16	23
广西	12.6	2	25.0	30.4	4	11	16	9
海南	11.5	3	24.8	61.1	5	1	16	23
重庆	8.5	10	17.3	34.4	7	12	2	11
四川	4.7	23	16.8	60.3	8	12	22	8
贵州	10.2	4	16.1	25.3	5	1	22	9
云南	6.0	21	19.0	64.3	8	12	15	8
西藏	1.7	31	11.1	67.5	6	12	16	7
陕西	3.5	27	6.1	35.8	7	12	15	6
甘肃	2.6	29	8.5	81.2	7	12	15	6
青海	2.1	30	9.2	78.0	7	1	15	7
宁夏	3.0	28	9.2	72.1	7	12	16	5
新疆	1.3	32	7.6	104.8	7	12	13	8
台湾	7.5	16	19.3	78.5	8	12	15	4
中国陆地	4.6		34.8	91.7	7	1	16	9
中国海洋	3.3		21.9	76.7	8	1	14	9
全国平均	4.2		34.8	91.3	7	1	16	9

4.5 承灾体损失评估

4.5.1 生产效应法

生产效应法(又称生产力变化法)认为,可以把气象灾害的影响看作是一个生产扰动要素,进而影响生产者的产量、成本和利润,或是通过消费品的供给与价格变动影响消费者福利。生产效应法将直接运用货币价格,对可以观察和度量的气象灾害损失进行评价。

利用生产效应法对气象灾害造成的损害进行评估所需的数据与信息有:生产或消费活动对可交易物品的气象灾害影响物理效果的证据及数据;有关所分析物品的市场价格的数据;在价格可能受到影响的地方和时间,对生产与消费反应的预测;如果该物品是非市场交易品,则需要与其最相近的市场交易品(替代品)的信息。

生产效应法的基本步骤如下:(1)估计气象灾害对受影响者(财产、机器设备或者人等)造成影响的物理后果和范围。(2)估计该影响对成本或产出造成的影响。(3)估计产出或者成本变化的市场价值。

如果受气象灾害影响的商品是在完全竞争的市场上销售,就可以直接利用该商品的市场价格进行估算。但是,必须注意商品销售量变动对商品价格的影响。假如气象灾害对受影响商品的市场产出水平影响很小,不至于引起该商品价格的变化,那么,就可以直接运用现有的市场价格进行测算;如果生产量变动的规模可能影响价格水平,就应设法预测新的价格水平。一般来说,如果全国某种产品的供给主要来自受气象灾害影响的地区,或者是相对封闭的区域市场,就需要分析上述产出水平变化对商品市场价格的影响。

例如,某一农产品产区受气象灾害影响,导致了整个市场农产品供给量的下降,在这种情况下,供不应求会导致当年农产品市场价格的上升,而农产品价格的上升又可能使一些高生产成本地区的农产品生产从无利可图转变为有利可图,从而刺激这些地区增加农产品生产,进而导致农产品的市场价格有一定程度的回落。假定农产品的市场需求曲线是一条直线,则有

$$P = \Delta Q(P_1 + P_2)/2 \tag{4.13}$$

式中,P 为根据农产品产量变动所测算的气象灾害所造成的损失额;ΔQ 为气象状况突变地区农产品产量的变动量;P_1 为农产品产量变动前的市场价格;P_2 为农产品产出变动后的市场价格。

为了确保价值评估结果的准确与合理,应该估计产出和价格变化的净效果。比如,气象灾害减少了农作物的产量,却也因为收获成本的降低而弥补了部分损失。当气象灾害增加了某产品的成本,同时也减少了它的产量,则是一个相反的情况。

假设气象灾害所带来的经济影响(b)体现在受影响的产品的产量、价格和成本等方面,即净产值的变化上,我们可以用下面的公式表示

$$b = \left(\sum_{i=1}^{k} p_i q_i - \sum_{j=1}^{k} c_j q_j\right)_x - \left(\sum_{i=1}^{k} p_i q_i - \sum_{j=1}^{k} c_j q_j\right)_y \tag{4.14}$$

式中,p、c 和 q 分别代表产品的价格、成本和数量,式中共有 $i=1,2,\cdots,k$ 种产品和 $j=1,2,\cdots,k$ 种投入,气象灾害来临前后的情况分别用下标 x、y 表示。

另外,如果气象灾害影响到的商品是在市场机制不够完善的条件下销售的(例如,存在着垄断或价格补贴,或者企业不自负盈亏,因而其产品销售可以不考虑市场供求状况等),那么就需要对市场价格进行调整,甚至用影子价格来取代市场价格。另外,生产效应法亦可用于非市场交易物品。往往是参照一个相似物品(或替代品)的市场信息来进行价值评估。

生产效应法是建立在充分的信息和明确的因果关系基础之上的,所以用生产效应法进行的评估比较客观、争议较少。但是,采用生产效应法不仅需要足够的物理量数据,而且需要足够的市场价格或影子价格数据(如果市场价格不能准确反映产品或服务的稀缺特征,则要通过影子价格进行调整)。而在因气象服务避免的损失中,相当一部分或根本没有相应的市场,因而也就没有市场价格;或者其现有的市场价格严重扭曲,因而无法真实地反映其边际外部成本。在这种情况下,生产效应法就很难应用。此外,生产效应法所采用的是有关商品和劳务的价格,而不是消费者相应的支付意愿或接受赔偿意愿,这就使得该方法不能反映消费者在享受气象服务时所得到或所失去的消费者剩余,因而也就不能充分度量气象服务的效用价值。

因此,采用生产效应法必须具备一些条件:(1)气象灾害的物理效果明显,而且可以观察出来或者能够用实证方法获得;(2)当确定气象灾害对受体的影响时,我们能够将其从其他影响因子中分离出来;(3)气象灾害直接增加或减少商品或劳务的产出,这种商品或服务是市场化的,或是潜在的、可交易的,甚至他们有市场化的替代物;(4)市场是成熟、有效的,市场运行良好,市场价格是一个产品或服务的经济价值的良好指标。

4.5.2 人力资本法

气象灾害会对环境质量造成一定的影响,环境质量的变化会对人体健康产生影响。这些影响不仅表现为因劳动者发病率与死亡率增加而给生产造成直接损失(这种损失可以用生产效应法估算),而且还表现为因环境质量恶化而导致医疗费开支增加,以及因为得病或过早死亡而造成收入损失等等。人力资本方法就是估算环境变化造成的健康损失成本,或者说是通过人体健康评估环境价值。

在人力资本法中,个人被视为经济资本单元,收入被视为人力投资的一种回报(收益)。但是在经济学中,人力资本是指体现在劳动者身上的资本,包括劳动者的文化知识、技术水平以及健康状况等。为了避免重复计算,人力资本法只计算环境质量变化对人体健康的影响(主要是医疗费的增加)以及因这一影响而导致的个人收入损失。前者相当于因环境质量变化而增加的病人人数与每个病人的平均医疗费用(按不同病症加权计算)的乘积;后者则相当于环境质量变动对劳动者预期寿命和工作年限的影响与劳动者预期收入(不包括来自非人力资本的收入)的现值的乘积。由于劳动者的收入损失与年龄有关,所以,首先必须分年龄组计算劳动者某一年龄的收入损失,然后将各年龄的收入损失汇总,得出因环境问题而导致的劳动者一生的收入损失。

人力资本法的基本步骤如下。

(1)识别环境中可致病的特征因素(致病动因)。即识别出环境中包含哪些可导致疾病或死亡的物质。以 PM_{10} 为例,PM_{10} 指空气中总悬浮颗粒物中空气动力学直径小于 $10\mu m$ 的部分,是具有肺动力学活性的组分。PM_{10} 的来源包括直接排放的烟尘和二氧化硫、氮氧化物生成的二次污染物。PM_{10} 对人体健康的损害包括呼吸系统疾病,并造成过早死亡。

(2)确定其与疾病发生率和过早死亡率之间的关系。识别致病原因及其与疾病发生率和过早死亡率之间的关系,一般来说属于医学范畴,它是建立在病例分析、实验室实验和流行病数据资料分析的基础上。在许多情况下,致病动因在环境中的临界水平是不确定的。

(3)评价处于风险之中的人口规模。评价处于风险中的人群也就是要定义致病动因的影响区域,它涉及建立扩散模式(在空气与水污染情况下),或将总暴露人口缩小到那些对风险特别敏感的人群(如孕妇、幼儿、老人、气喘病患者等)。所提到的所有这些资料数据都将用于预测发病率。如果可以提供平均发病率的资料,就可以估计总损失时间(即不能工作的时间)。然后需要按照是否具有生产能力以及在何种程度上参加生产来对受影响人口进行分类。此外也需要对医疗和保健费用的性质进行区分。

(4)估算由于疾病造成缺勤所引起的收入损失和医疗费用。对疾病所耗的时间与资源赋予经济价值。这时就可以采用疾病成本法进行计算。公式为

$$I_c = \sum_{i=1}^{k}(L_i + M_i) \tag{4.15}$$

式中:I_c 为由于环境质量变化所导致的疾病损失成本;L_i 为 i 类人员由于生病不能工作所带来的平均工资损失;M_i 为 i 类人员的医疗费用(包括门诊费、医药费、治疗费等)。

如果实际的医疗费用(比如药品和医生的工资)存在严重的价格扭曲现象的话,则需要通过影子价格/影子工资进行调整。

(5)估算由于过早死亡所带来的影响。即利用人力资本法来计算由于过早死亡所带来的损失,则年龄为 t 的人员由于环境变化而过早死亡的经济损失等于他在余下的正常寿命期间的收入损失的现值。计算公式为

$$Value = \sum_{i=1}^{T-t} \frac{\pi_{t+i} \cdot E_{t+i}}{(1+r)} \tag{4.16}$$

式中,π_{t+i} 为年龄为 t 的人员活到 $t+i$ 年的概率;E_{t+i} 为在年龄为 $t+i$ 时的预期收入;r 为贴现率;T 为从劳动力市场上退休的年龄。

利用人力资本法对环境损害或效益进行价值评估所需要的数据和信息有:①致病动因的水平 F;②可致病的环境质量阈值 S;③超过阈值的强度 X;④与强度 X 相对应的持续时间 Y;⑤对应的发病率 N(每百万人口 n 例);⑥暴露人群的评估:分布规律、敏感人群统计等;⑦剂量—反应关系:$N=N(F)$,其中向量 F 为:$F=(S,X,Y,\cdots)$;⑧与上述发病率对应的工时损失数和医疗费用耗费;⑨单位工时工资、医生工资、设备折旧、药品价格等。

应用人力资本法需要注意以下问题:①医学的限制。一些致病环境动因难于辨认,剂量—反应关系更难于建立;致病动因在环境中的作用强度的分布与人口分布及敏感人群分布的关系十分复杂;发病率结果由多种因素导致,难于区分;②对处于风险中的人群的评价受到个体差异的干扰;③这两种方法是建立在把人员看作是一个资本单元的基础上,来计算由于疾病和过早死亡所带来的损失,这会引发一些如何评价那些没有生产能力或不参加生产活动的人员的损失的问题,比如如何评价儿童、家庭妇女、退休和残疾的人员的损失。由于人力资本法用劳动者的收入来衡量其生命的价值,其中隐含的推论是,收入小于支出的人员的死亡对社会有利,因而会引发伦理学上的争论。④价格扭曲的现象也是一个普遍存在的问题,特别是劳动力的价格、医生工资、药品的价格等。

4.5.3 重置成本法

重置成本法又称恢复费用法,是通过估算资产被气象灾害破坏后将其恢复原状所需支出的费用来评估损失的一种方法。采用重置成本法对资产进行评估时必须首先确定资产的重置成本。重置成本是按在现行市场条件下重新购建一项全新资产所支付的全部货币总额。重置成本与原始成本的内容构成是相同的,而二者反映的物价水平是不相同的,前者反映的是资产评估日期市场物价水平,后者反映的是当初被购建资产时的物价水平。在其他条件既定时,资产的重置成本越高,其经济价值越大。但是,需要注意的是,资产的价值还会随着资产本身的运动、技术进步、社会经济环境的变化以及其他因素的变化而相应变化。

影子工程法是重置成本法的一种特殊形式。当某个建筑物由于气象灾害造成风蚀损失或被吹倒或彻底掩埋时,那么它的经济成本就可以通过考察一个假想的、可以提供替代品的项目的成本来近似地加以衡量。不过,需要注意的是,这种互补性的工程或者说"影子工程"只是一个概念,而不是实实在在的工程,其目的是对环境成本有一个估算值。将影子工程的成本包含在内,可以从一定程度上指出新项目的收益必须有多大才能超过它所引起的损失。

在利用重置成本法对气象灾害造成的损失进行评估时,我们通常很少是对资产本身进行重置,而往往是将资产的服务功能重置作为评估的依据。它的理论假定是:资产重置的目的在于重置其功能,在功能相同时它的成本也是相同的,如果功能在数量上存在着差异,其购建成本也会相应出现差别。这一理论假设是符合实际的。功能价值法使类比物拓展为同类功能的资产,既便于寻求类比物,也便于提高评估的准确性。

一般来说,对于那些在市场中交易的资产而言,我们可以将该资产的价值与其所提供的各种服务的价值直接联系起来。例如,现有一栋商用大楼,假定我们将为一个购买者评估这栋大楼的价值。同时,假定目前市场上该大楼没有合适的参照物,因此也就无法得到有关这栋大楼市场价格的信息。但是,我们知道该大楼的价值一定与其预期的效益流(通过出租而获得相应的收入,换句话说,就是该楼所提供的服务的市场价值)相关联的。在这种情况下,房地产评估者只需要调查租赁者为使用这栋大楼所支付的租金以及为保证该楼能够获得相应的年租金流而必须付出的运行成本。如果该楼的入住率是一定的,并且不受该楼所有者的直接控制,那么该楼的年效益就等于该资产所提供的各种服务的租金总值。下一步,评估者需要确定的是该大楼的使用年限(比如说 20 年),并估算在这段时期,该楼的出租率和运行成本是如何变化的,然后使用购买者当前的资本回报率作为贴现率,将这 20 年的效益流贴现为现值。在 20 年末该大楼的残值也应该贴现成现值,并将其加上该大楼效益流的现值。最后,经过贴现的效益流与残值之和就等于该大楼当前价值的估算。

现在,假定该大楼发生了一场火灾并遭受到相应的损害。那些租赁者答应还继续留下来,但是他们要求降低租金并更改他们之间的租约。于是,该大楼所减少的当前价值就可以通过该大楼所减少的租金的贴现现值计算出来。因此,一个资产在一段时期所能够提供的各种服务的价值和该资产在任何特定时间的价值之间存在着一种必然的联系。而且,商用大楼及其办公空间的市场的存在,确保了该大楼的市场销售价格与它所提供的各种服务流价值的贴现之间的差异不会太大。

重置成本法的基本步骤:(1)确定环境资产所提供的各种服务;(2)确定这些服务的数量和

质量是如何受到影响的,并且这些影响是发生在什么时间的;(3)对一定时期内每种服务质量的下降进行货币化评价;(4)使用某一贴现率将每种服务减少的价值贴现为现值,并将损害周期内所有的这些现值进行加总。加总的结果就是环境资产价值变化的估值或环境损害的估值。

使用重置成本法必须符合以下条件:(1)被评估的资产在评估的前后期不改变其用途——符合继续使用假设;(2)被评估的资产必须是可以再生、可复制并且能够恢复原状的资产,具有独特的、不可逆特性的环境资产不能用重置成本法进行评估;(3)被评估的资产在特征、结构及功能等方面必须与假设重置的全新环境资产具有相同性或可比性;(4)必须具备可利用的历史资料。重置成本法的应用是建立在历史资料基础上的,有关重置环境资产的许多信息资料、指标需要通过历史资料获得。

4.5.4 防护支出法

面对肆虐的狂风和漫天的黄沙,人们会努力从各种途径保护自己不受沙尘天气的影响。用采取上述措施所需费用来评估气象灾害造成损失的方法就是防护支出法。在预防或治理气象灾害的效果相同的条件下,防护费用应该是费用最低的那种方式所需的费用。

面对气象灾害的影响,人们可能会采取各种各样的防护行为,主要包括:(1)采取防护措施。人们会采取措施,尽力避免居住地环境质量的下降,以保护自己不受气象灾害的影响,如采取防止土壤侵蚀的措施、安装空气净化和过滤设施等,这些因为采取保护措施而发生的费用,即为防护费用;(2)搬迁。对环境变化反应较强烈的人会迁出气象灾害的多发区域,这种迁移所发生的费用也可以视为一种防护支出。

防护支出法的基本步骤为:

(1)识别气象危害。这是该方法最重要的一步,然而由于防护行为法经常针对多个目的,因此在任何情况下,指出最基本的气象危害是很重要的。比如,城市交通的增长会带来空气中粉尘污染的增加;用于保护山坡、预防土壤侵蚀的植树造林,会产生有用的产品,具有未来资产价值。由于存在多个行为动机和数个防护目标,通过防护行为来表征人们的偏好就变得极其复杂。在这种情况下,防护支出的大小将夸大个人所受的气象危害的价值。尽管我们不可能把某个防护行为所针对的气象灾害影响同其他影响完全分开,在研究时仍然需要把问题划分为首要的和次要的,并把针对主要问题的防护行为作为估算依据。

(2)界定受影响的人群。对于某次气象灾害的危害,应该确定受到威胁的人群范围,并区分出受到重要影响的人群和受影响相对较小的人群。防护行为法研究的取样工作应该在第一类人群中进行。

在确定受气象灾害造成的空气污染所危害的人群时,应考虑到,对于受体人群产生的影响又与不同个人(即他们的健康)的敏感性、污染物最大浓度出现的频率、有无特殊的污染物出现以及平均浓度水平等关系密切。特别是它对有气喘病或者支气管炎的人员产生的危害更大,这些人群通常会采取严格的措施防止暴露(包括迁移,在污染最严重时让病人待在户内等等)。

(3)获得人们反应措施的信息和数据。通常,我们可以有多种途径获得相关的数据:①直接观察为保护免遭气象灾害损害影响的实际支出(例如为防止土壤侵蚀而修梯田;减少沙尘吸入而佩戴口罩)。②对所有受到危害的人群进行广泛的调查。在影响范围较小时,这是可行的。③对感兴趣的人员抽样调查。主要用于对气象灾害采取预防措施的个别家庭,以及用化肥代替土壤养分流失或者采取了防止土壤流失的措施的农民等等。④专家意见。对预防和保护措施的费用、对损害进行恢复或者采用替代资产所需的费用都可以采用征询专家意见的方法。要求专家对人们为使自身有效地避免气象灾害损害所需的成本做出客观的专业估计。但是需要注意:专家意见虽然可以作为信息资料来源的一个补充并且能够对其他技术获得的数据进行核查,但是专家的意见会动摇这个评价技术的基础。因为,专家意见方法不是从观察到的人们的行为中获得数据,而是从具有理论水平且对事件又有了解的人们的看法中获取数据。

实际应用防护支出法估计气象灾害造成损失时,应该满足以下条件:①人们能够了解和理解来自于气象灾害的威胁;②他们能够采取措施保护他们自己免受影响;③能够估算并支付这些保护措施的费用。

防护支出法相对简单,有很强的直觉感。他们利用观察到的行为,从各种经验素材中获得数据资料,包括抽样调查和专家意见法。另一方面,防护行为有不可靠和难于说明和解释的倾向。特别是,防护行为法假定人们了解他们遇到的气象灾害风险,并能够相应做出反应,并且他们的反应不受条件(如贫困和市场不完善等)的限制。当人们直接受到气象灾害威胁,并且人们的保护措施是有效时,防护支出法对评估气象灾害造成的损失来说是很直接的方法。

4.5.5 权变评价法

权变评价法(contingent valuation method,CVM)也称意愿调查评估法、条件价值法或者或然估计法,它是以调查问卷为工具来评价被调查者对缺乏市场数据的物品或服务所赋予的价值的方法,它通过询问人们对于避免气象灾害的支付意愿来推导气象灾害损失的价值。当缺乏真实的市场数据,甚至也无法通过间接的观察市场行为来评估气象灾害造成损失的价值时,只好依靠建立一个假想的市场来解决。意愿调查评价法就是试图通过直接向有关人群样本提问来发现,人们是如何给气象灾害造成的损失定价的。在连替代市场都难以找到的情况下,只能人为地创造假想的市场来衡量气象灾害造成的损失。

权变评价法所采用的评估方法大致可以分为三类:(1)直接询问调查对象的支付或接受赔偿的意愿;(2)询问调查对象对表示上述意愿的商品或服务的需求量,并从询问结果推断出支付意愿或接受赔偿意愿;(3)通过对有关专家进行调查的方式来评定气象灾害的损失价值。表4.24 概括了几种常用的权变评价法。

表 4.24 权变评价法的分类

直接询问支付意愿	投标博弈法、比较博弈法
询问选择的数量	无费用选择法、优先评价法
征询专家意见	专家调查法(Delphi 法)

在具体运用权变评价法时,通常包括如下几个步骤:确定研究课题,明确研究任务;进行理论准备和研究假设;设计调研方案;收集资料、调查;整理和分析资料;撰写研究报告。一般来说,其中需要解决的关键技术问题主要有:抽样方案的确定、调查问卷的设计、调查资料的收集方法以及数据的统计分析。下面,将对这几个关键问题进行具体分析。

(1)所谓抽样,指的是从组成某个总体的所有元素的集合中,按照一定的方式选择或者抽取一部分元素(即抽取总体的一个子集)的过程,或者说,抽样是从总体中按一定方式选择或抽取样本的过程。从抽样的定义中不难看出,抽样主要涉及和处理有关总体与部分之间的关系问题。抽样作为人们从部分认识整体这一过程的关键环节,其基本作用是向人们提供一种实现"由部分认识总体"这一目标的途径和手段。虽然不同的抽样方法具有不同的操作要求,但是它们通常都要经历如下几个步骤:①界定总体。②制定抽样框。③决定抽样方案。④实际抽取样本。⑤评估样本质量。

(2)调查问卷的设计。调查问卷是权变评价法中用来收集资料的工具,它在形式上是一份精心设计的问题表格,其用途则是用来测量人们的行为、态度和社会特征的,因此,问卷调查表的设计十分重要。问卷设计的过程就是一个假想市场的过程,因此要创造出一个能为被调查者理解的评价背景。问卷的设计不必套用固定的模式,但是也有一些基本的原则。一个完整的调查问卷必须包括三部分的内容:气象灾害、支付工具和评价背景。

(3)调查资料的收集方法。从总体上看,调查研究中的资料收集主要有两种基本类型:其一是自填问卷法;其二是结构访问法。自填问卷法指的是调查者将调查问卷发送给(或邮寄给)被调查者,由被调查者自己阅读和填答,然后再由调查者收回的方法。结构访问法则是指调查者依据结构式的调查问卷,向被调查者逐一地提出问题,并且根据被调查者的回答在问卷上选择合适的答案的方法。每一种具体的资料收集方法在操作程序上都不相同,分别具有不同的特点,同时也适用于不同的调查对象和不同的调查课题。一个调查研究人员应该对各种不同的资料收集方法都十分熟悉和了解,以便在进行一项具体的调查课题时,能够根据实际情况灵活运用,达到最好的调查效果。

(4)数据的统计分析。一般来说,我们主要分三个层次对回收的数据进行分析:列出频度分析,把不同规模的支付意愿与作此声明的数对应起来;将支付意愿的答复与调查对象的社会经济特征及其他有关因素交叉列表;采用多变量统计法将答案和调查对象的社会特性相联系。

对于采用是/否提问的CVM,上述第二步和第三步对于生成估值函数或需求函数是必不可少的步骤。这一结果既是抽查人口愿意支付的不同数额的概率,或是某一数额的支付意愿的人口比例的估计。可以采用离散选择统计方法来处理这些数据。而且,在统计的过程中,需要对数据进行筛选,以筛选那些有疑问的答案、有抵触性的答案和偏差较大者,这样可以减少分析过程中主观偏向和某些极端数据样本的风险。通常情况下要把那些特别极端的回答从有效问卷中剔除,因为这些出价可能是不真实的或是对问题的错误回答。这可以用诸如5%~10%的中心剔除点等方法来摘除那些极端的回答。

然后,我们可以把估计出的平均支付意愿(或接受赔偿意愿)乘以相关的人数,即可简单得出总支付意愿(或接受赔偿意愿)。然而,如果作为样本的人群不能代表总人群的情况,那么就要建立起对支付意愿(或接受赔偿意愿)的出价与一系列独立变量,诸如收入、教育程度等之间的关系式,用以估算总人口的支付意愿值。

在数据分析完后,应检验数据和采用方法的可靠性,主要有以下三种检验方法:对调查设计的内部检验,推敲不同分离样本之间的某些细节来检验是否产生了有系统的差别;进行多变量分析,分析支付意愿与需求函数中各个社会经济变量的相关关系(如收入、教育、家庭状况、住房条件等),如果与预期的关系不同,则应考虑调查方法有问题;如有可能,将CVM的估值与采用其他方法的估值进行比较,如有时间,还可以将人们的支付意愿同实际支付额进行比较。

4.6 风险区划图的绘制

4.6.1 风险区划图的绘制意义

风险区划图是在综合分析孕灾环境、承灾体和历史灾情空间分布的基础上,预测未来可能发生灾害的类型、分布范围、致灾因子强度和灾害程度等,将研究区遭受气象灾害风险情况以图的形式直观表示出来。它既是风险评估的依据,又是评估成果的直观表现。

气象灾害风险区划图,要能满足各级政府救灾减灾部门管理和决策的需要,以适应新形势对减灾工作的要求,使气象灾害风险图能为各级政府在制定防灾抗灾救灾决策时提供必要的参考和分析依据,对不同地区可能出现的灾情及时做出防灾抗灾警报,并及时采取抗灾措施,起到主动防灾、抗灾的功能,改变过去被动抗灾的局面。

气象灾害风险分析与制图作为减灾防灾管理的一项重要的非工程性措施,对灾害易发区的损失评估、防灾救灾辅助决策等都能发挥重要的作用。气象灾害风险区划图是一项防灾减灾的基础性工作,它不仅有十分显著的经济社会减灾效益,而且可为其他领域提供强有力的科学决策依据。具体而言,它可以起到以下作用:

(1)依据气象灾害风险区划图制定区域经济发展规划,可以尽量避免灾害风险对区域经济社会发展的影响;

(2)可为当地政府和有关部门制定灾害预案,防灾规划提供依据;为各部门进行防灾调度、灾害救助提供直观灵活的实用工具;

(3)财产保险机构可根据气象灾害风险区划图确定灾害保险的费率,合理地分摊灾害风险,特别是突发性灾害;

(4)根据气象灾害风险区划图设立各种形式的警示标识,确定避灾方式和场所,减少气象灾害发生时可能造成的混乱和不必要的损失;同时,也可以快速上报灾情,避免灾情的虚报和夸大。

4.6.2 风险区划图的绘制原则

气象灾害风险区划图的绘制,需要遵循科学性、实用性、系统性、标准化和可操作性的原则。

(1)科学性

科学性主要包括制图过程和结果两个方面。过程上,气象灾害风险区划图的制作要以气象灾害综合评估的科学方法为指导,并且要符合地图制图的一般规定。在结果方面,无论采用何种分析方法和技术路线进行风险分析,其风险区划图成果必须符合气象灾害的自然规律和社会属性,客观的体现区域的风险特征。

(2)实用性

气象灾害风险区划图的设计,应充分考虑不同使用者的需要及现行的测绘基础,设计不同评估尺度、不同评估精度的多级风险区划图,以满足不同决策者的需要。除此之外,实用性的要求体现在对成果的标准化、规范化规定方面,要求风险信息便于共享和更新,利于持续完善,避免重复建设,提出既要运用高科技(GIS、数据库和网络技术)开发成果、管理和运用成果,同时也要兼顾多方面的需要,规定气象灾害风险区划图的成果应是电子版和纸质图两种形式。

(3)系统性

气象灾害风险区划图的分级共同构成一个完整的系列,便于组成地区的、国家的气象灾害风险区划图体系,利于进行集成管理。系统性包括内容和方法两方面,内容的系统性包括孕灾环境的敏感度、致灾因子的危害性和承灾体的脆弱性;方法的系统性涵盖了GIS方法和非GIS方法。

(4)标准化

这一原则体现在资料来源标准化、过程标准化和结果标准化三个方面。

资料来源标准化具体是指,编制气象灾害风险区划图所采用的各类灾害资料来源应该是权威的历史文献、档案、调查报告,或经过论证被民政部门认可的资料;采用的社会经济资料应该是国家各级政府统计部门公布的资料;水文气象资料应该是各级气象局、水文机构整编的资料;编制气象灾害风险区划图所采用的其他资料应该是其领域主管部门认可的,能够满足研究需要的资料。

过程标准化是指在气象灾害风险区划图绘制过程中,涉及数字化等相关技术,数字化过程要以国家规定的相关技术规程执行;确定气象灾害风险时,应根据区域气象灾害特性、风险区划图类别以及基础资料情况等因素,选择一种或多种科学的方法操作。

结果标准化是指气象灾害风险区划图成果要以统一的标准来指导出版,图名的字体、字号大小、比例尺及图名放置位置等要有统一的安排。

(5)可操作性

考虑到目前资料基础、工作条件等客观因素,力求在保证风险区划图质量的前提下,又具有可操作性。

4.6.3 风险区划图绘制的内容体系

4.6.3.1 风险区划图应表达的信息

不同气象灾害致险因子因其自身的特点,在风险区划图中需要反映的信息类别和信息量各不相同,但每种致险因子风险区划图应表达的必备信息包括以下几个方面。

(1)地图背景信息

地图背景信息即孕灾环境敏感度信息,主要包括行政区划、水系、交通、居住地等信息。由于评估的空间尺度不同,其要反映的地图背景要素细节也有差异。

(2)灾害危险性特征信息

灾害危险性特征信息即致灾因子危险性信息,由引发气象灾害的灾变能量、规模和频度决定,可由气象灾变的强度、频次、影响范围和灾变指数等参数单一或综合表示。

(3)承灾体脆弱性信息

承灾体的脆弱性表现为暴露在气象灾害风险下的各种社会经济事务抵抗风险能力的大小和可能造成影响的大小,本书用各致险因子的可能风险损失大小来衡量。气象灾害风险损失主要从历史灾情资料中分析得出,通过人员伤亡数、房屋毁损数、经济损失等指标来表示。

4.6.3.2 风险区划图的构成

由于气象灾害风险区划图的信息多样且复杂,而且人们在运用风险区划图进行决策过程中的各阶段对风险信息的需求具有差异,用一幅风险区划图来表述所有的气象灾害风险信息是不可能的。因此,气象灾害风险区划图应该是服务于不同需求目标的一组风险特征地图的组合,它是由不同的致灾因子风险区划图构成的一个整体,或称为"风险区划图集",它完整地表述了区域内气象灾害的综合风险特征。各风险区划图的构成及要求具体如下。

(1)孕灾环境图

孕灾环境图主要内容为反映各致灾因子的自然环境背景信息,不同的致灾因子所依赖的孕灾环境不尽一致。不同的致灾因子反映的孕灾环境信息如表 4.25 所示。

表 4.25 不同致灾因子需要反映的孕灾环境信息

致灾因子	孕灾环境图
干旱	水系、土地利用、降水量等气象指标
洪涝	降水量、土地利用、地形信息(DEM)
热带气旋	气压
冷冻害	气象指标(极端最低气温)
雷电	土地利用、气象指标

(2)致灾危害性程度图

致灾危害性程度图反映研究区各气象灾害的危害程度。评估各致灾险种危害性程度的具体指标和评估方法见 4.4 节。

(3)承灾体脆弱性程度图

承灾体脆弱性程度图主要反映某一强度致灾因子可能造成承灾体损失的空间差异。评估各承灾体损失的具体指标和评估方法见 4.5 节。

(4)综合风险区划图

将孕灾环境图、致灾危害性程度图和承灾体脆弱性程度图进行叠加分析,得到研究区综合风险区划图。

4.6.4 风险区划图绘制的阶段划分

4.6.4.1 环境准备阶段——工作环境配置

气象灾害风险区划图制作需要使用地理信息系统软件作为制图软件,常用的国外软件有 Arcinfo、Mapinfo,国内软件有 Supermap、MapGIS 等。ArcGIS8.3 以上版本为气象灾害风险区划图制图工作的推荐软件。这些软件可在个人微机系统上运行,系统配置要求不低于以下标准:P4,CPU2.0 以上,内存要求在 512M 以上。

因气象灾害具有明显的空间属性,特别是致灾因子危害性分析,无论采用哪种评估方法,都涉及大量的空间数据,如水系、水利工程分布等。根据地形数据(DEM)可派生出坡度、坡向、汇流路径;根据水系分布可以计算河网密度等。这些都与 GIS 有密切关系,又因 GIS 软件在空间数据管理、分析及制图方面的突出优势,它在气象灾害风险区划图绘制及管理过程中的各方面都可以发挥重要的作用,如数据获取、基础信息管理、灾害风险分析、灾害风险区划图绘制、发布及更新等。区域风险评估涉及降雨、地形、海拔等孕灾环境方面的空间数据属性,因此GIS技术可以对评估起到很好的支持作用,能够充分展示气象灾害风险及其影响因子的空间分布差异。

4.6.4.2 制图准备阶段——资料的分析与选择

制图准备阶段的主要工作就是搜集基础资料,进行必要的实地调查,并对资料进行分析与选择。制图资料的来源一般包括成图资料、数字资料和其他资料。成图资料包括各种地形图、已出版图和影像资料等;数字资料包括数字式测量成果或数字式制图成果,如已出版的数字地形图或DEM图等;其他资料包括气象灾害风险评估需要的一切灾情资料、社会经济资料等。

选择基本资料时一般遵循以下原则:比例尺大于或等于制图比例尺的资料优先采用;质量合格的数字资料优先采用;以最新版地形图或测量资料(数字式或纸质)作基本资料,其他作为补充资料,必要情况下辅以现场调研;各类灾害资料来源应是权威的历史文献、档案、调查报告,或经过论证被民政部门认可的资料;采用的社会经济资料应该是国家各级政府统计部门公布的资料;水文气象资料应该是各级气象局、水文机构整编的资料;编制气象灾害风险区划图所采用的其他资料应该是其领域主管部门认可的,能够满足研究需要的资料。

4.6.4.3 制图阶段——制图的基本规定

收集好制图资料后,首先需要对专题图件进行扫描、配准与数字化,对遥感数据进行处理,对已有矢量数据进行处理和整合,并对风险评估因子指标进行分类和修改。而后,利用遥感和地理信息系统技术,分别制作孕灾环境图、致灾危害性程度图和承灾体脆弱性程度图,并进行叠加分析,最终完成研究区综合风险区划图。

气象灾害风险区划图制图的基本指标包括制图地图、制图内容、基本制图单元、制图比例尺、空间定位参考系、图例系统、图面整饬、图幅大小共8个方面。

制图地图应参照国家测绘局出版的《中华人民共和国地图基本要素版》,制图所采用的地图包括以下要素:行政区界限、行政中心、主要铁路、高速公路、国道、省道、县道、主要河流、湖泊等。

气象灾害风险区划图的制图内容为气象灾害风险专题图。

基本制图单元分为国家、省、地、县四级。

制图比例尺与制图单元相对应,国家级气象灾害风险区划图的制图比例尺为1∶1000万~1∶400万;省级气象灾害风险区划图的制图比例尺为1∶400万~1∶100万;州、地市级气象灾害风险区划图的制图比例尺为1∶100万~1∶50万;县(市、区)级气象灾害风险区划图的制图比例尺为1∶50万~1∶10万。制图时,可根据辖区面积大小适当调整制图比例尺。

空间参照系中平面坐标系统采用"1980西安坐标系";高程系统采用"1985国家高程基准";投影系统采用高斯—克吕格投影;宜按3°分带,如图件比例尺小于1∶10万,可采用6°分带。

图例系统包括基础地理底图图例和专题要素图例,图例内容包括符号、色彩、标记三个要素。在表示等级时,多采用色差和符号的大小来表示。因此,可根据评估等级的划分以4~8级色差表示。一般而言,可采用同色系和差别较大的两种颜色分级方法来表示,程度大的用深色表示,程度小的用浅色表示。

图面整饰原则:图名的字体、字大小及图名位置根据图幅幅面大小及图面整体布局确定,应绘制内图廓。图例内容的排列应遵循一定的逻辑性,图例可置于内图廓左、右下角或左、右图框外。编辑出版单位、日期、引用资料等置于下图框外左或右下角,图号置于上图框外左或右上角,字体及字大小视图幅和空白部分的大小和图面整体效果确定。

图幅大小根据制图范围和成图比例尺的不同要求,绘制地图时可采用 A0、A1、A2、A3、A4 幅面。必要时(表 4.26),也允许加长幅面。

表 4.26　图纸幅面(单位:mm)

幅面代号	A0	A1	A2	A3	A4
B×L	841×1189	594×841	420×594	297×420	210×297

4.6.4.4　成果审查阶段

区域气象灾害风险区划图完成后,还需要进行专家检查及必要的实地补充勘测、质量控制和成果验收。该阶段的主要任务是由专人对风险区划图进行全面系统的检查验收,验收内容包括:资料使用的正确性;图面载负量是否适中;数据的精准性和完整性;数据层次划分的正确性,数据编码的逻辑一致性。成果审查验收应采用三级制,即校对员校对、责任编辑审查、上一级技术质量主管部门验收。

4.6.5　风险区划图的比例尺和基本制图单元选取

为了达到为各级政府防灾、减灾、救灾管理而服务的目的,气象灾害风险区划图的制作应从充分考虑各致险因子的种类、活动强度、破坏方式、危害程度,以不同的比例尺和单元制作,不同制图单元的风险图制作都有其侧重点。依据各级部门对灾害管理的目标,气象灾害风险区划图分为三个层次制作,即社区层面、县级层面和省级层面。考虑到不同层面风险图的应用目的和精度要求,不同区域的地域大小,气象灾害风险区划图的比例尺是一组范围。具体的各评估空间尺度的比例尺和基本制图单元要求包括如下内容。

4.6.5.1　社区层面

在社区内部,气象灾害风险区划图主要用于指导居民避险,保障居民的生命、财产安全和居民的日常生活,使政府、个人的资产免受气象灾害的影响。具体地说,社区级气象灾害风险区划图的作用主要表现在以下几个方面:(1)可以预计气象灾害发生时可能造成的影响程度和经济损失;(2)根据居民财产集中区域的灾害风险大小,确定不同的防护标准和防灾措施;(3)确定需要避难的对象、避难地点和避难路线,保证在发生破坏性灾害时能够将居民安全地由风险大的区域转移到风险小的区域;(4)为指挥、管理者提供防灾减灾、抢先救灾的辅助决策依据,合理地预先制定出若干应急方案,减少紧急情况发生时的慌乱和失误;(5)为灾后恢复重建的资金投入提供科学依据。

根据以上社区级气象灾害风险区划图的作用,社区级风险区划图比例尺大小为 1:2000～1:10000。社区级多发突发性灾害,气象灾害风险防治的目的在于避免人民生命安全和财产损失。因此,风险图要求明确各类性质用地、建筑物数量和具体分布位置,要求各房屋能在图上清晰地显示出来,1:2000 的比例尺符合要求,而 1:10000 的比例尺用于非突发风险。

绘制社区级风险区划图时需要收集、整理以下资料：

(1)图件资料：行政区划图（比例尺1∶5000～1∶10000）、地形图（比例尺1∶1000～1∶10000）、区域规划图和排水管网图（比例尺1∶2000～1∶10000）、水利工程位置分布图（大坝、堤防、水闸、渠道、机械设备）。

(2)历史灾情资料：以洪灾为例，应收集记录历次水灾的水文、气象数据，灾害损失和水毁工程等；区域典型场次的暴雨工程，积水点信息（分布、水深、面积、淹没历时）。对其他灾害而言，也应该收集记录有关灾害发生位置、影响范围和灾情损失的资料。

(3)社会经济状况资料：工作时应以户或村小组为单位，分四大类调查资料，并确定调查的典型年（或多年平均值）。这四类资料是居民家庭财产类（户数、人口、财产、房屋数量、造价和购房价、年收入），农作物产值类（面积、亩产、单价、年产值），建筑物资产类（行政事业、学校、医院、固定资产、房屋数量、价值等），公共设施类（水利、交通、电力、通信等数量与价值）。

(4)防灾减灾工程，主要包括以下内容：

堤防工程：堤防名称、所在位置、堤防结构和材料、长度、堤顶高程、现有防御标准、警戒水位、保证水位、规划防洪标准等；

水库工程：库名、所在位置、总库容、设计洪水标准、现有防洪安全标准、坝型、长度、高程、汛限水位等；

水闸工程：闸名、所在位置、规模、排涝能力等；

社区区域排涝工程：包括区域排涝工程分布及标准等；

泥石流防范工程：名字、所在位置、规模、现有防泥石流安全标准等。

4.6.5.2 县级层面

在县级层面上，气象灾害风险区划图主要用于指导制定区域经济发展规划和土地利用规划。因此，应将重点投资和居民点放在危险性小和风险小的地方，避免在危险性大和风险大的区域出现人口和资产的过度集中。

县级气象灾害风险区划图的比例尺大小为1∶10000～1∶100000。县级气象灾害风险防治的目的在于保障能够维护人民生命安全的一些主要承灾体的安全，避免在危险性大和风险大的区域出现人口与资产的过度集中。因此，需要居民点位置和各主要承灾体的分布状况的统计资料，该范围比例尺可以满足要求。

县级层面是气象灾害防治和管理的重要环节，绘制时应搜集整理的相关资料包括以下内容：

(1)图件资料：行政区划图（比例尺1∶10000～1∶50000）、地形图（比例尺1∶10000～1∶50000）。

(2)历史灾情资料：各乡镇各险种发生的频率和强度。

(3)社会经济状况资料：以乡镇为单位，确定调查的典型年（或多年平均值）。分四类调查汇总资料，即居民家庭财产类（户数、人口、财产、房屋数量、造价和购房价、年收入），农作物产值类（面积、亩产、单价、年产值），建筑物资产类（行政事业、学校、医院、固定资产、房屋数量、房屋价值等），公共设施类（水利、交通、电力、通信等数量与价值）。县级的经济社会状况只需要得到各乡镇社会经济指标的综合统计数字。

(4)防灾工程资料：以乡镇为单元，统计各类防灾工程的数量和防灾能力大小。

4.6.5.3 省级层面

省级气象灾害风险区划的比例尺大小为 1∶100000～1∶500000。该层面需要宏观的了解所辖各县的气象灾害种类、活动强度、频次、危害程度,各县市主要承灾体(受灾人口和受灾财产)类型、分布以及现有防灾工程情况,评价城市的脆弱性、防灾重点以及综合减灾能力。

从省级管理和决策的角度出发,明确所辖各县的气象灾害种类、活动强度、频次、危害程度;调查各县市受灾人口和受灾财产类型,为宏观的减灾决策提供依据。绘制时需要搜集整理的相关资料包括以下四个方面:

(1)图件资料:省级行政区划图(比例尺 1∶250000～1∶500000)、地形图(比例尺 1∶100000～1∶250000);

(2)历史灾情资料:各县市各险种发生的频率和强度;

(3)社会经济状况资料:以县市为单位,统计人口数量、GDP 及三产比重、年固定资产值等指标;

(4)防灾工程资料:以乡镇为单元,统计各类防灾工程的数量和防灾能力大小。

4.7 风险处置对策

关于气象灾害风险处置的阶段划分模型,本书采用最基本的三阶段模型,即把气象灾害风险处置分成灾害发生前、灾害发生时和灾害发生后三个阶段。灾害发生前的处置对策主要是指气象灾害的预报和预警机制,灾害发生时的处置对策主要是指气象灾害的应急处置,灾害发生后的处置对策主要是指气象灾害发生后的善后管理制度。

4.7.1 气象灾害风险处置的组织体系

4.7.1.1 气象灾害风险处置管理机构的组织构成

气象灾害风险处置管理的指挥与决策,应当主要属于各级政府的职责,风险处置救灾的各项命令、决定、措施等都由各级政府发布。在组织结构上,各级政府是公共风险处置事件和自然灾害风险处置管理的主体,气象部门或其他行业主管部门只是政府事件风险处置指挥机构的成员单位,并没有独立面向全社会进行气象灾害风险处置的指挥权力,气象部门主要通过为政府风险处置指挥提供专业信息服务、技术支持和专家咨询等形式,参与风险处置管理的指挥、决策和处置。县级以上地方人民政府及有关部门根据气象台站发布的灾害性天气发生、发展趋势信息决定启动或解除气象灾害风险处置响应,气象灾害防御风险处置预案启动后,气象主管机构应当组织所属气象台站对灾害性天气进行跟踪监测和全过程评估,启用风险处置移动气象灾害监测设施,组织开展现场气象服务,及时向本级人民政府和有关部门报告灾害性天气实况、变化趋势和评估结果,为本级人民政府组织防御气象灾害提供决策依据。

4.7.1.2 气象灾害风险处置管理机构的职能

气象主管机构应当会同公安、国土资源、农林、水利、市政公用、交通、海事和民航等部门和单位定期开展气象灾害风险普查,建立气象灾害防御基础数据库,组织分灾种气象灾害的风险评估和管理工作,划定气象灾害风险区划。

地方各级气象主管机构负责本辖区内下列气象灾害的风险管理：(1)开展区域气象灾害风险调查、评估和风险区划；(2)灾害性天气和气候(干旱、暴雨洪涝、热带气旋、高温热浪、冰雹与龙卷风、冷冻和雪灾、大风、低温冷害、沙尘暴、雾、雷电以及酸雨)的监测、预测和预警；(3)由灾害性天气气候事件引发的次生或衍生灾害(强降水引发的崩塌、滑坡、泥石流等地质灾害，由干旱和高温引发的森林大火、农林牧业病虫害等)的监测、预测和预警；(4)重大工程建设项目的气象灾害风险评估、监测和管理(由国务院气象主管机构确认的具备相应管理能力的机构负责，管理机构应当编制重大工程建设项目气象灾害风险评估与管理报告，并保证报告的真实性、科学性)；(5)法律、法规和规章规定的其他重大气象灾害风险防御和管理工作。

气象主管机构所属的各级气象台、气候中心应当按照职责制作并发布灾害性天气气候事件的监测、预测和预警信息，其他组织和个人不得向社会发布灾害性天气气候事件的监测、预测和预警信息。

公安、国土资源、农林、水利、市政公用、交通、建设、民政等有关部门和单位应当配合气象主管机构，按照职责分工，采取措施及时传播灾害性天气预报、警报和气象灾害预警信息。主要包括下列单位和部门：(1)机场、铁路、高速公路、旅游景点等的管理单位；(2)大中型水利工程、大型桥梁和港口、大型市政基础工程等项目管理单位；(3)重大区域性经济开发、主体功能区及区域农(牧)业结构调整项目管理单位；(4)气象灾害易发区域和重点防御区域，以及风景名胜区、生态公益林区、石化工业区等区域，应当加密布设自动气象探测站，提高气象灾害探测、监测能力；(5)大型太阳能、风能、核电站等资源开发利用项目管理单位；(6)城市气象灾害的风险评估与管理。

气象、公安、国土资源、环保、农林、水利、市政公用、交通、海事和民航等部门和单位应当互通与气象灾害防御有关的气象、水文、环境、生态、实景监控等信息。

广播、电视、互联网、报纸、电信等新闻媒体和信息服务单位，应当及时传播当地气象部门提供的适时气象灾害监测、预测和预警信息，注明发布时间，不得擅自修改发布内容。

气象主管机构和有关部门，应当在重要水库、工农业用水的水源区域，湿地等生态保护区域，特色农业经济区域，干旱和森林火险多发区域，以及在城市夏季高温期间，根据需要开展专项人工影响天气作业，避免和减轻气象灾害的影响。

市、县(区)人民政府根据气象灾害的危害程度，可以采取下列应急处置措施：(1)实行交通管制；(2)决定停产、停工、停课；(3)组织具有特定专长的人员参加应急救援和处置工作；(4)对食品、饮用水、燃料、药品等采取特殊的管理措施；(5)依法临时征用房屋、运输工具、通信设备和场地；(6)法律、法规和规章规定的其他措施。

4.7.2 气象灾害预防、预报和预警信息的发布

为加强气象灾害预警信息发布与传播工作，防御和减轻气象灾害，需要建立气象灾害监测信息共享机制，建设气象灾害监测信息共享数据库。国务院气象主管机构和地方各级气象主管机构共同负责气象灾害监测信息共享数据库的管理工作。

气象主管机构应当根据气象灾害防御规划，完善气象综合监测、预测和预警发布系统，建设应急移动气象灾害监测设施、城市大气边界层探测设施和气象灾害预警信息专用传播设施，建立和完善决策指挥系统，会同有关部门、组织和单位定期对气象灾害应急救援人员和气象灾

害信息员进行培训,提高其应急救援的能力。

气象灾害风险的监测、预测和预警信息专用传播设施的建设用地应当纳入城乡公用设施用地范围。地方各级气象主管机构在上级气象主管机构和本级人民政府的领导下,将气象灾害风险管理工作纳入国民经济和社会发展规划,根据防灾减灾需要增加资金的投入,将所需经费纳入本级地方财政预算。气象主管机构在建设气象灾害监测、预测和预警信息专用传播设施时,有关单位应当予以支持并提供便利条件。

市、县(区)人民政府应当建立气象灾害防御的协调机制,加强气象灾害应急救援队伍建设,并在居民委员会、村民委员会和有关单位,确定专职或者兼职的气象灾害信息员,组织其开展传播预警信息和防御知识、报告灾情等气象灾害防御活动。

4.7.2.1 现代气象灾害的预防

(1) 完善气象灾害预防制度

通过各种形式的宣传活动,普及常见气象灾害防御常识,提高广大群众防御灾害的意识和能力,树立应对性气象灾害的科学理念,认识和尊重自然规律,然后充分利用自然规律来进行积极的防灾减灾。各级各部门要采取多种形式加强气象灾害防御的宣传和指导,学校要把气象灾害防御知识纳入有关课程和课外内容;明确气象灾害防御规划的编制程序、内容和效力,规范气象灾害应急预案的制定程序和内容;针对暴雨、大风、冰雹、干旱、高温、低温、雷电、大雾等主要气象灾害的不同特点,制定完善相应的预防措施。

(2) 采取措施开展工程类预防

工程类预防是指通过采取工程建设措施抗御气象灾害,主要包括修筑堤坝、疏通河道以防洪水,垒砌海堤防台风,兴建水库、兴修塘堰、开挖水渠以防旱灾。工程类预防往往具有人力物力财力投资大、技术要求高、见效明显的特点。因此,中国历代都非常重视采取工程类预防措施抗御气象灾害,早在2000多年前,先人就兴建了都江堰、郑国渠等著名的水利和气象防灾抗灾工程。

(3) 改善生态系统开展生态类预防

生态类预防是指通过改善生态以改善地表和植被系统,调节气候环境,减少极端天气气候事件的频率和强度,达到改善和调节气候并降低气象灾害脆弱性的目的。此类预防措施包括植树造林、保护湿地、退田还湖、退地还草、退耕还林、植树种草固沙等。采用此类措施预防气象灾害需时较长,其效果短期内不如工程类明显,且限制了人类开发利用地力。在经受1998年特大洪水灾害后,作为预防气象灾害的一项长效措施和根本性措施,生态预防战略在我国开始大规模地全面实施。

(4) 采取物理化学方法加强人工影响类预防

人工影响类预防是指通过人工采取物理的或化学的方法而影响局部天气,以达到避免或降低气象灾害损失的目的,包括人工增雨、人工增雪、人工消雹、人工消雨、人工消雾等。随着大气科学技术不断发展,人类对部分气象灾害已可采取适当的人工影响方法进行干预,如通过使用高炮、火箭或飞机等手段实施人工增雨、增雪或消雹作业,通过薰烟方法消霜等。现代人工影响类预防措施还应包括人造小气候工程,即保持人造小气候环境的温度、湿度、光量、气量和土壤墒情相对稳定,使作物生长基本不受自然气候影响。

(5) 提高灾害认识采取避害类预防

避害类预防是指通过提高对气候规律的认识和掌握程度,对经常性气象灾害采取规避方法进行预防。避灾类预防分以下两种情况。其一是根据地方气候特点避灾。如把易涝低洼地改为塘堰、利用塘堰进行养殖或栽种莲藕、在易旱地或易旱季节种植耐旱性作物或植物、利用不同季节从事不同利农生产活动等。其二是根据气象预警预报避灾。随着天气预报理论和技术不断发展，气象预警预报不仅准确性越来越高，且精细化程度也越来越高，在现代信息社会利用气象预警预报信息避灾无疑是一种便捷的预防措施。

(6) 储备物资开展储备类预防

储备类预防指通过物质储备预防气象灾害，其储备物质包括工具、物料、食物、药物等。受目前天气预报理论和预报技术手段限制，有些极端性气象灾害的发生具有不可预测性，对此类气象灾害，无论预防措施计划得怎样周详和完备，但都不可能达到100%的设防效果，有些事件非人力可预料。因此，采取储备类预防措施可从一定程度上做到有备无患。储备类预防涉及物质调配和经济成本等问题，具体采取此类预防措施前，参考当地当年天气预测预报是必要的。

4.7.2.2 气象灾害的预报预测

由于对气象灾害的预测水平直接影响和制约着危机预警机制运作的水平，加之预测本身具有不确定性和风险性，这就决定了危机预测的重要性和困难程度。虽然，气象灾害事件具有突然性、急迫性，并造成严重的灾害损失。但是，并非所有的气象灾害事前都毫无征兆。人们是可以通过建立方法完善的预测预报机制，在一定程度上对气象灾害事件进行预防，以减轻事件造成的实际损害。

(1) 风险来源的确认方法。气象灾害事件的来源常常不能得到充分确诊，是因为许多管理者只倾向于密切注意一系列显而易见的风险。其实，气象灾害事件的风险、威胁和危险来源十分广泛，主要气象灾害多达十几种。通过考察威胁和风险的每个来源，就能在气象系统内制定相应的措施和计划来对其进行监测。

(2) 风险表征的监测方法。为预防和避免气象灾害，预警机制的重要任务是把灾害监测重点放在灾害的前兆、现象和各种可能引起灾害的因素监测上。气象灾害中灾害监视的直接对象主要有三种：①灾害前兆。灾害前兆是气象灾害暴发前出现的与灾害暴发有着一定联系的一些征兆。如暴雨等气象灾害发生之前，往往出现青蛙鸣叫、燕子低飞、蚂蚁过马路、蚯蚓出洞等异常活动。监测灾害前兆是为了预见可能发生的危机，以便能赶在灾害暴发前采取措施，或者制止灾害暴发，或者避开灾害的危害。②灾害初始现象（或称"危机端倪"）。灾害初始现象是随着事件暴发而出现的各种早期灾害现象。如暴雨来临前天变阴沉，而且刮起大风。监测灾害初始现象是为了在灾害已经暴发的情况下，及早发现并迅速采取措施，努力控制住事态，尽可能减少灾害损失。③灾害起因。所谓灾害起因是指引发气象灾害事件的根本原因。因此，监测气象灾害表征，有利于对灾害起因做初步判断，以加强应对灾害的针对性，从而及时化解气象灾害。

(3) 监测信息处理方法。通过加强监测信息处理，及时收集各种反映气象灾害迹象的信息。预警机制要求监测信息处理过程中，要确立重点监测范围，把最可能引发灾害的影响因素或最可能出现灾害的领域作为重点监测对象；加强过程监视，即对监测对象的活动过程进行全过程的关系状态监视，对监测对象同整个社会组织其他环节的关系状态进行对比监视，对监视对象与企业的外部环境的相互关系进行监视；对大量的监测信息进行整理、分类、存储，建立监测信息档案，形成系统有序的监测信息成果。采用有效的监测工具与手段，例如电子计算机以及其他现代化灾害迹象监测工具等,识别虚假信息并排除信息干扰。

在预测工作中还要综合运用多种方法,具体包括直观预测法,即以专家的知识、经验和综合分析能力为基础所进行的预测;探索预测法,即对未来环境做具体规定,假定未来仍然按照过去的趋势发展;规范预测法,将未来的状况作为限制条件并与目前的现实状态进行比较,从而推测未来;反馈预测法,将探索预测法和规范预测法结合起来,使二者相互补充,处于一个不断反馈的统一体中。通过科学预测,不仅要预见灾害发生的可能性,还要进一步分析引起灾害的原因,并针对可能出现的气象灾害事件制定预防措施。

4.7.2.3 气象灾害的预警

(1)气象灾害预警信号与构成

气象灾害预警信号,是指各级气象主管机构所属气象台站向社会公众发布的预警信息。也就是说,对在一定时间和空间范围内可能出现或者已经出现的天气、气候现象,国务院气象主管机构所属气象台站按照职责分工并依据气象灾害预警信号的标准向社会公众发布的预警信息。

气象灾害预警信号由名称、图标、标准和防御指南组成。

预警信号的名称。目前,我国按照可能出现的天气气候现象的名称、标准及其可能造成的危害程度、紧急程度和发展态势,确定气象灾害预警信号的名称及其级别。如:当24小时内可能或者已经受热带气旋影响,沿海或者陆地平均风力达6级以上,或者阵风8级以上并可能持续,当这种天气现象可能发生或者已经发生,就称为台风蓝色预警信号。

预警信号图标及其组成。预警信号图标,就是表示可能出现气象灾害的一种图形标识。我国气象灾害预警信号由图标标识、灾种中文、灾种英文、预警级别和信号颜色五部分组成。预警信号结构示意图(以台风蓝色预警信号为例,如图4.2所示)。

图4.2 预警型号结构示意图

预警信号标准。预警信号标准,是指对在一定时间内和一定空间范围内可能出现或者已经出现的天气气候现象达到一定气象要素值判定是否发布气象灾害预警信号的依据。如:当24小时内可能或者已经受热带气旋影响,沿海或者陆地平均风力达8级以上,或者阵风10级以上并可能持续,就应当发布台风黄色预警信号。台风黄色预警信号的标准:时间为24小时内、地域为沿海或者陆地、天气现象为平均风力达8级以上或者阵风10级以上并可能持续。

防御指南。防御指南,是气象台站根据即将出现或者已经出现的天气、气候现象可能造成的危害,向各级政府、各行各业、社会和公众提出避免和减轻灾害造成损失的防御措施的建议。政府及其有关部门应当按照各自职责并依据相关行业的技术标准或者业务流程启动相应的应急响应预案,公众应当依据自己所处的环境和状态做好预防和防御,避免和减轻气象灾害造成的损失。

如台风红色预警信号的防御指南:政府及相关部门按照职责做好防御防台风的应急和抢险相关工作;停止集会、停课、停业(除特殊行业外);回港避风的船舶要视情况采取加固等积极措施,妥善安排人员留守或者转移到安全地带;加固或者拆除易被风吹动的搭建物,人员应当停留在防风安全的地方;当台风中心经过时风力会减小或者静止一段时间,这段时间要牢记强风将会突然吹袭,人员应当继续停留在安全地方避风,切记不要离开避风安全的地方随意走动,危房人员应当及时转移到安全避风的地方;受台风影响的相关地区和有关部门及公众应当注意防范强降水可能引发的山洪、泥石流等地质灾害。

(2)预警气象灾害的种类及其级别

我国已将灾害性天气和干旱等气候灾害纳入预警的气象灾害范围。目前,我国统一预警的主要气象灾害有台风、暴雨、暴雪、寒潮、大风、沙尘暴、高温、干旱、雷电、冰雹、霜冻、大雾、霾、道路结冰等14种。各省(区、市)根据行政区域内气象灾害的特点,可以选用中国气象局统一规定的气象灾害预警信号种类,增设不同的预警信号和设置不同的预警信号标准,但要报经中国气象局审查同意。

按照灾害性天气气候强度标准和重大气象灾害造成的人员伤亡和财产损失程度,确定为四级预警:

红色预警(Ⅰ级)。在某省(区、市)行政区域或者多省行政区域内,气象主管机构所属气象台站预报预测出现灾害性天气气候过程,其强度达到国务院气象主管机构制定的极大灾害性天气气候标准的。或者地质灾害气象等级达5级、森林(草原)火险气象等级达5级。

橙色预警(Ⅱ级)。在某省(区、市)行政区域内,气象主管机构所属气象台站预报预测出现灾害性天气气候过程,其强度达到国务院气象主管机构制定的特大灾害性天气气候标准的。或者地质灾害气象等级达4级、森林(草原)火险等级达4级。

黄色预警(Ⅲ级)。在某省(区、市)行政区域内,气象主管机构所属气象台站预报预测出现灾害性天气气候过程,其强度达到国务院气象主管机构制定的重大灾害性天气气候标准。或地质灾害气象等级达3级、森林(草原)火险气象等级达3级。

蓝色预警(Ⅳ级)。在某省(区、市)行政区域内,气象主管机构所属气象台站预报预测出现灾害性天气气候过程,其强度达到国务院气象主管机构制定的较大灾害性天气气候标准,或地质灾害气象等级达2级、森林(草原)火险气象等级达2级。

目前,我国气象灾害预警信号的种类级别与颜色的情况如表4.27所示。

(3)气象灾害预警的主要内容

预警的气象灾害内容,主要包括预警的范围和预警的天气气候现象的名称等。一是预警的范围,主要是对我国常年出现且可能造成灾害的14种天气气候现象进行的预警,二是预警的名称,主要是对在一定时间和空间范围内将要出现或者已经出现的某种和多种天气气候现象的名称、标准和防御指南进行预警。天气气候现象的标准即判断是否发布该种气象灾害预警信号的气象要素数据值做出定量的规定;防御指南是对将要出现和已经出现的各种不同的天气气候现象可能造成的危害等提出针对性强的防御应对措施的建议。

表 4.27 中国气象灾害预警信号的种类级别颜色一览表

序号	气象灾害的名称	气象灾害预警信号分级数与颜色				
		分级数	蓝色	黄色	橙色	红色
1	台风	4	蓝色	黄色	橙色	红色
2	暴雨	4	蓝色	黄色	橙色	红色
3	暴雪	4	蓝色	黄色	橙色	红色
4	寒潮	4	蓝色	黄色	橙色	红色
5	大风	4	蓝色	黄色	橙色	红色
6	沙尘暴	3		黄色	橙色	红色
7	高温	3		黄色	橙色	红色
8	干旱	2			橙色	红色
9	雷电	3		黄色		红色
10	冰雹	2			橙色	红色
11	霜冻	3	蓝色	黄色		
12	大雾	3		黄色	橙色	
13	霾	2		黄色	橙色	
14	道路结冰	3		黄色	橙色	红色

4.7.3 气象灾害的应急处置

当气象灾害风险事故发生时或发生后需积极采取各种减少损失发生范围和程度的措施，全面系统地查询事故原因做好防范与损失发生后的抢救准备工作，对员工进行安全与救助培训；隔离风险单位，减少风险单位对特殊资产（设备）或个人的依赖性，以此来减少因个别设备或个人的缺失而造成的总体上的损失。

4.7.3.1 人工影响天气

突发气象灾害事件带来的风险虽然客观上具有不可抗性和不可控性，给广大农民群众生产和生活带来巨大损害和相当大的困难，但并非说人们对它就一筹莫展。随着科学技术的发展，对灾害天气的控制，人们逐步采用人工影响天气的方式来干扰天气的变化。人工影响天气已成为一种重要的减灾科技手段。在合适的天气形势下，组织开展人工增雨、人工消雨、人工防雹、人工消雾等作业，可以有效抵御和减轻干旱、洪涝、雹灾、雾灾等气象灾害的影响和损失。

人工影响天气是指在适当的天气条件下，通过人工干预，使天气过程发生符合人类愿望的变化。目前，主要是指人工增雨、人工消雹、人工消云、消雨、消雾、防霜、人工引雷等。对天气过程施加人工影响的现实方法就是利用自然过程某种特定的不稳定性，通过播入催化剂造成很小的人为扰动从而较大地改变云雾的微结构和云、雾及降水天气过程的自然演变。按人工影响天气对象的性质不同，所用的催化剂也不同。催化过程可分成两类：冷云催化和暖云催化。实际催化效果中，存在有许多技术问题，其根本原因在于自然界情况的复杂性。

人工影响天气最主要的方法是播云(对云体播入催化剂)。播云有三种手段:一是地面播撒,通过空气运动,带入云中。此法虽然简易,但催化剂从何处入云,能有多少入云,都很难掌握。二是将催化剂装入火箭弹头或高射炮弹内,发射到云中的预定部位。此法虽迅速和直接,但是载量有限。三是用飞机将催化剂直接播入云内。此法机动性强,载量也大,但有时受飞行安全的限制。

近年来,在全世界范围内水资源短缺和气象灾害的加剧,对人工影响天气的需求正进一步加大,特别是在一些发展中国家需求更为迫切。人工影响天气工作正从防灾减灾为主的作业向防灾减灾、缓解水资源短缺、改善生态环境等多目标、多功能的作业拓展。我国人影工作在开发空中水资源、改善生态环境和西部大开发等方面已取得显著进展。各地根据不同需求,开展了以水库增水、生态环境改善、扑灭林火等为目的的人工增雨(雪)作业,开展了保障大型社会活动的人工消雨和防雹作业试验,以及对机场、高速公路、城市的人工消雾试验等,并取得了积极成效。

4.7.3.2 突发气象灾害应急响应中的应急物流

我国属于突发气象灾害事件高发的国家之一,突发性重大气象灾害往往给我国造成巨大的人员伤亡和财产损失。例如1998年在长江沿岸许多城市爆发的洪涝灾害造成了巨大的财产损失,大量沿岸人们流离失所。2008年初的南方雪灾波及20省(区),受灾人数过亿,造成十多个机场、众多高速公路及国道关闭,京广铁路等诸多铁路停运,由此造成人员和物资流动受阻的连锁反应,导致物价高涨和正常生活秩序陷入混乱,因暴雪产生的巨大应急物流需求给社会造成的高昂的额外物流成本损失目前暂时还无法估计。

这些重大灾情均说明,应急物流的建设与发展在气象灾害应急防御中具有重要作用,它直接关系着国家、社会对各种突发气象灾害事件的有效应对能力。因此,研究应急物流与气象应急服务在突发气象灾害应急救援中的重要作用,并深刻反思气象灾害管理中应急物流存在的不足和问题,探讨应对策略,就具有重要的现实意义。

应急物流是指为应对突发性自然灾害、突发性公共卫生事件、公共安全事件及军事冲突等突发事件而对物资、人员、资金的需求进行紧急保障,以追求时间效益最大化和灾害损失最小化为目标的一种特殊物流活动。其中,应急物资大致可分为满足灾民生活需求、满足抢救需求、满足灾后初期重建需求等三类物资。我国应急物流建设包括应急物流的预警预报、应急物流的组织与实施、应急物流专业设施设备建设、应急物流信息系统建设以及应急物流法规制度建设等。倡导军民结合、一体联动,预警预报、快速反应,信息畅通、全程监控等是我国应急物流建设的三大理念。

应急物流借助现代信息技术,整合应急物资的运输、包装、装卸、搬运、仓储、流通加工、配送及相关信息处理等各种功能而形成的特殊的物流活动。应急物流是计划、管理、控制救援物资、信息和服务从供应地到需求地的有效流动,以满足应急状况下受灾人群的紧急需求的过程。应急物流以社会利益为牵引,服务的对象是受灾地区的人民。

应急物流就其本质而言,是指在应急发生时进行紧急保障的一种特殊物流活动。与一般性物流活动相比,应急物流更凸显了如下主要特征:

(1)时效性。由突发事件引发的应急物流,最突出特征就是物流活动的时效性。由于应急物流要求的高时效性,所以一般物流运行机制难以满足应急状态下的物流需要。时间就是安全,时间就是生命。应急物流应遵循特事特办原则,尽量压缩一般物流的中间环节,使整个流程更为紧凑,物流机构更加精干,物流行为也将表现出浓厚的非常规色彩。

(2)非预见性。由于突发事件涉及面广、破坏力大、突发性强,导致事件持续时间、影响范围、强度大小等因素变得宛如一团迷雾难以预见,也使应急物流内容随之变得事先难以确定。当然这种非预见性也是相对的,随着科技的进步,原先不可预测或难以预测的东西,如自然灾害等,逐渐变得可以预测。

(3)需求的急迫性和多样性。突发事件发生时,短时间内需要大量物资,从救灾专用设备、医疗设备、通信设备到生活用品等几乎无所不包;同时,往往伴随着物流环境恶化,如道路被洪水或山体滑坡阻断,通信线路中断等,除了需要及时配齐所需物品,还要求将物品及时送达,这对应急物流系统将是严峻考验。

(4)军地物流的共同参与性。应急物流是在特殊条件下发生的物流活动,在应急作战状态下,军队物流实际上也是一种特殊应急物流。军队物流历来是国家应急物流体系的主导力量,应急物流与军队物流在本质特性和物流要求方面具有相通性,在建设与发展模式上,二者更可以相互影响、相互促进。对于重大灾害处理,尤其是在运作应急物流时,应积极把握军队与地方相结合的特点,军民团结,并肩战斗。

(5)应急物流供应的弱经济性。应急物流最突出的特点就是"急",这也使得物流成本急剧增加,如果依然运用常态物流理念,按部就班地进行,必将难以满足紧急的物流需求。在重大险情或事故处理过程中,经济效益将不再作为物流活动中心目标考虑,应急物流将呈现明显弱经济性,甚至在某些情况下成为一种纯消费性行为。

4.7.3.3 突发气象灾害应急救援

所谓突发气象灾害应急救援,是指社会公众的生命、健康、重大公私财产以及公共生产、生活,在遭遇各类突发性、难以控制与避免的气象灾害威胁时,政府运用公共权力维护公共安全,组织动员全社会救援力量开展的以抢救幸存者生命为主的救援行动。应急救援的主要目标就是保障人民群众生命财产安全,保证气象灾害发生后能够迅速、有效地控制气象灾害的扩大以及各项应急救援工作能够顺利进行,最大限度地降低和减少人员伤亡和财产损失,维护社会稳定和促进灾区经济发展。

(1)研制、配备现代化灾害救援设备

应急救援过程中的工程装备、专用工具、特种技术等是应急救援能力的主体构成,也是预防和处置灾害事件,提高防灾减灾能力的必要手段。应迅速组织力量,大力研制、开发气象灾害应急救援设备,如生命探测、起重吊运、多功能钳、切割器、凿岩机、通风排气设备、钢筋混凝土结构拆除、小型野战医院、集成众多不同规模、数量应急救援仪器的轻中重型应急救援车等救灾专用装备。构建天、空、地一体化的灾害监测、预警系统,即:卫星系统、航空遥感快速反应系统和以卫星导航、通信为基础的硬件救灾指挥调度系统及地面预警监测网络系统。同时还应成立国家航空救援中心,集中规划和领导全国的航空救援工作。

(2)建立综合性应急救灾专业队伍

《中华人民共和国突发事件应对法》等法律、法规规定了军队、武警等在我国灾害救援的主力地位。建立综合性应急救灾专业队伍,一是以军队、武警、公安部队、民兵组织为依托,整合现有救援队伍和力量,组建综合性专业救灾队伍。每个救援队有自己的功能组,其人员必须经过严格培训,掌握一种甚至多种救援技能,持证上岗。救援队伍应结合所在驻地实际,加强应对地震、洪水、火灾、雪灾等救援科目综合训练,提升快速反应与协同作战能力,确保一遇突发气象灾害,能成为地方政府和人民群众的主力救援军。二是逐步建立社会化的应急救援机制,加强社会救援队伍建设,保障综合救灾队伍与社会抢险救援力量的协调与配合,改善灾害应急救援装备,强化培训演练,提高队伍的快速反应和协同配合能力。三要建立应急救援专家队伍,充分发挥专家学者的专业特长和技术优势。救援队伍建设要做到合理规划和布局,保障救援能力有效发挥。根据灾害分布特点、发生频率、易发区、主要致灾因子等为依据,以经济发达、人口密集区域为重点,以大城市为核心,实施救灾队伍的部署,同时兼顾经济发展水平低、交通条件不便而灾害风险大的区域。

4.7.4 气象灾害的善后管理制度

突发气象灾害善后管理工作是消除气象灾害造成的各种消极影响,是对气象灾害预防预警、应急处置的全面总结,在整个应急管理过程占有重要的地位。善后管理阶段的工作如果做得不好,同样会带来一系列问题,有时还会引发新的突发事件。因此,必须重视突发气象灾害善后管理,积极搞好灾害评估,努力克服只重抢险救灾、忽视突发气象灾害善后管理的错误做法,将突发气象灾害善后管理工作作为应对突发气象灾害应急管理的重要一环。

4.7.4.1 灾后评估

科学、全面、客观地进行灾后评估是灾后重建的关键。所谓突发气象灾害灾后评估,就是政府对发生气象灾害造成的各种人员、财产损失、社会损失及政府应急处置手段及方法等进行统计和评价,在统计和评价的基础上制定灾后重建计划,积极实施灾后恢复重建、心理援助、补偿救济等各项工作,以最快的速度、最优的效果重建家园的重要活动。在整个突发气象灾害善后管理工作中,灾后评估处于极其重要的地位,它既是整个应急管理过程的有机组成部分,也是突发气象灾害善后管理的基础和前提。

突发气象灾害评估的主体应该是各级政府及气象、民政等部门,评估人员的组成可以吸纳政府官员、技术专家以及第三部门中有评估经验的公众参加,以充分凝聚各方面的智慧和力量。评估的对象除了灾区人员和财产损失外,还包括灾区资源、灾区环境、抗灾承载能力、社会组织系统、家庭社会关系系统、卫生计生系统、公共服务系统、食物安全系统、社会心理和安全系统及政府应急处置能力等等重要内容。评估的主要方式是深入调查研究,不仅要从微观层面对已经发生的气象灾害及各种损失做出评估,还要从宏观层面对灾区承载能力、抗风险程度、关系民生的各项资源的容纳能力等做出相应评估。

从整个过程看,整个气象灾害评估应涉及应急管理的全过程,一般可以结合时间序列和组织行为进行评估。从时间序列上分析,可以分为灾前、灾中、灾后评估;从组织行为上分析,可以对灾害应急管理的组织机构设置、决策效能、媒体沟通、应对控制、组织网络等进行评估。中国气象局规定的重、特大气象灾害评估流程如图4.3所示。

(1)信息收集:灾害发生后,气象台站、有关部门及相关单位和个人应及时将灾情信息报告到当地气象主管机构。

(2)信息分析:气象主管机构将收集到的信息进行汇总,经过实地取证、勘查,查阅气象灾害历史档案,分析灾害性天气成因,最后将提交专家组。

(3)专家评估:专家组通过研究论证形成评估报告,上报政府及相关部门。评估的内容主要包括以下五个方面的内容:①确认灾害调查结果的准确性,以核实灾害的实际受损程度,并

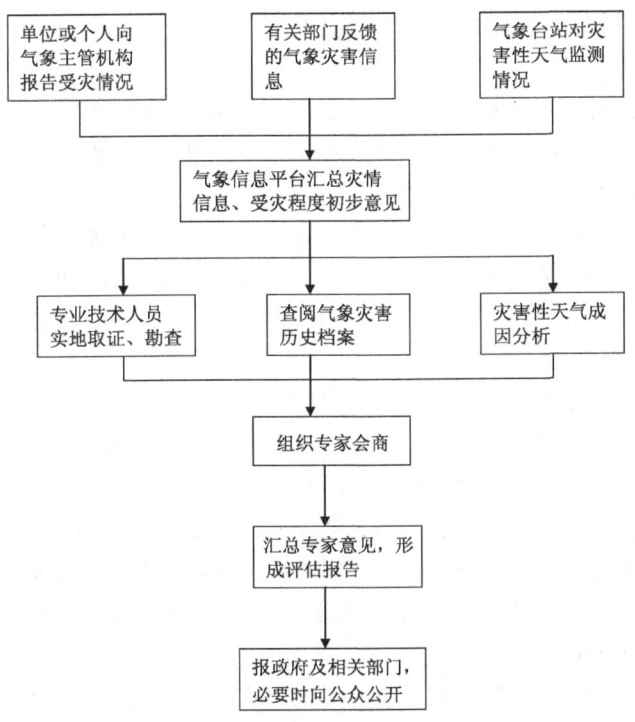

图 4.3　重、特大气象灾害评估流程图

采取相应的补救措施;②基于数据的收集和相关专题内容的调查,判断气象灾害及其次生灾害是否得到有效控制,是否还会持续或再次发生;③确认气象灾害的负面影响对灾区组织破坏的持续性,及其影响程度和状态;④分析和确定气象灾害后,是否会引发新的社会冲突,其变数如何等;⑤通过评估,从更高层面分析认识气象灾害,发现应急管理过程存在的问题,寻找防止灾害进一步蔓延或发生的办法。在完成评估工作后,形成综合的灾后评估报告,对整个灾区做出准确的分析和判断,以采取有效措施重建美好家园。

(4)社会公开:及时、准确地将评估结果向公众公开。

4.7.4.2　灾后恢复重建

气象灾害发生过后,整个灾害应急管理的重心应逐步由应急处置转向善后管理,以尽快恢复社会原有正常的秩序和生产状态,尽可能降低和减少灾害以及灾害衍生的各种事件造成的损失和影响。

灾后恢复也称灾后重建,通常是指为降低灾害的直接冲击,重建灾区生活环境与社会环境,使其恢复并达到或超过灾前的标准和状态。从灾后恢复的主要内容看,可以归纳为秩序恢复和心理恢复。

(1)秩序恢复

突发气象灾害往往给社会造成巨大的冲击,打乱正常的社会秩序。例如,浙江省在 2005 年频繁遭受台风袭击,强度均超过了 2004 年台风"云娜",给沿海居民正常的生活秩序造成了严重影响。特别是台州、温州、宁波等市,反复受灾,台风不时引发山体滑坡等次生灾害,很多灾民无家可归。此时的灾区需要一个稳定的生活秩序,这就要求政府给予一定的人力、物力、财力甚至是政策支持,恢复灾区的正常秩序,让人民得以安居。

秩序恢复主要包括两个方面的内容：

1）法律秩序恢复

一个社会正常的法律秩序在灾害应急管理阶段往往会受到影响，这就需要尽快恢复法律秩序。如2004年12月发生的印度洋海啸灾难，道路被毁，房屋被淹，警员伤亡，设备损坏，有些地方称为执法的"真空地带"，完全靠灾民的自觉性来维护。一些不法之徒可能会趁机造成混乱，实施抢劫、谋杀、盗窃等，破坏法律秩序。这一点在四川达州特大洪灾和汶川大地震发生后，也发现了类似的社会治安问题。因此，灾害之后应想方设法尽快恢复法律秩序，建立和恢复强有力的政法系统工作机构，迅速改善执法环境，为灾民安置和重建家园创造良好的环境。

2）生活和生产秩序恢复

气象灾害发生后，除了要及时恢复法律秩序外，还应注重灾区群众生活秩序和生产秩序的恢复，这个环节的工作如不到位，将会使受灾地区长时间处于混乱状态，政府积极救灾的形象将大为受损。一般来说，恢复生活和生产秩序可以从以下五个方面着手：

①公共基础设施恢复。公共基础设施主要是指"四通"，即通路、通电、通水、通通信。突发气象灾害后，基础设施通常会遭受严重破坏，没有这"四通"，灾区群众就成为"孤岛"，就无法恢复正常的生活秩序，耽误时间太长容易引发混乱。因此恢复供电、供水，畅通信息通信渠道，就成为救灾工作的重中之重。

②群众生活恢复。突发气象灾害会给人民的日常生活造成破坏，应急状态下受灾群众会被紧急疏散，应避免灾害造成更大的损失。当灾害得到有效控制后，应该尽快让受灾群众返回家园，如果房屋受到严重破坏无法居住的，就要及时为灾民提供和搭建临时性的住所，如搭建救灾帐篷和活动板房等。同时，应切实加强灾区的卫生防疫工作，避免大灾之后又大疫。

③公共服务恢复。灾害得到有效控制后，应择时恢复中小学教学秩序和医院卫生机构的工作秩序。这个环节最重要的问题就是务必确保人员的安全。不管是恢复教学秩序，还是医院的医疗秩序，都应在再无灾害的情况下进行，这就要求政府有关部门做好预测和防范工作。

④产业恢复。重大突发气象灾害如台风等，通常会造成灾区生产活动的重大损失，有的甚至必须重新规划。对于产业的恢复重建，要根据当地资源环境承载能力、产业政策和就业需要，以市场为导向，以企业为主体，合理引导受灾企业原地恢复重建、异地新建和关停并转，支持发展特色优势产业，推进结构调整，促进发展方式转变，扩大就业机会。在灾后产业布局上，应注意：一是把结构调整与产业优化升级结合起来，使受灾地区能更进一步确定主导产业的发展方向和寻求更科学的定位。二是把工业化与城镇化结合起来。在恢复重建的过程中，通过工业化的发展推动经济的发展，更好地推动城镇就业问题的解决。

⑤灾害预防体系恢复。要以最快的速度、最好的效果恢复防灾救灾预防体系，以防止出现新的灾难造成更大的损失。关键是恢复公众防灾基础设施，例如防洪堤和水库的加固、灾害检测设备的修复、海啸预警设施的恢复、安全保卫系统的完善等。

（2）心理恢复

突发气象灾害所带来的灾难不仅仅是有形的物质损失，而且会对灾区群众及参与救援人员的心理产生较强烈的影响。突发气象灾害后，许多受灾地区群众在脱灾之后还是难以摆脱留下的恐怖阴影，亟需消除灾害所带来的心理创伤。因此，政府及社会各界帮助受灾群众进行心理恢复就显得尤为重要，它可以避免由灾害造成社会矛盾激化的局面，消除社会生产生活水平严重下滑的可能性，化解公众对政府控制灾难能力的怀疑，使公众更快地从灾后心理阴影中走出来。

所谓灾后心理救援,就是指心理专家和心理疾病治疗专家通过交谈、疏导、抚慰等方式,帮助在灾害中心灵遭遇短期失衡的受害者、幸存者提供心理干预治疗,帮助当事人克服创伤后的心理障碍,尽快恢复正常心理状态和生活方式的一种心理治疗方法。

1) 激情宣泄技术

激情宣泄技术是心理被救助者在其领导或信赖者的指令下,通过身体动作练习,以宣泄性高声喊叫释放情绪而对异常心理活动产生影响,从而使生理和心理活动在新的状态下获得平衡的应急心理治疗技术。领导或其信赖的人发出命令,令其活动四肢,做几次深呼吸,使全身放松;由轻到重、由不自然到发自肺腑,尽情地无所顾忌地大声喊叫,喊叫时可用感叹词:啊、嗨等。以期把消极情绪统统宣泄出来,解除情绪对肌体的不良束缚作用,恢复肌体的暂时失控功能;体验舒畅感、轻松感,进而使疾病症状消失。激情宣泄技术,可以迅速改善被救助者由于心理受到强烈打击而出现的一些躯体障碍症状,使他们的心理压力迅速降低,积极有效地投入救灾或配合救灾的工作之中,最大限度地降低灾害造成的损失。

2) 情志相克技术

情志相克技术是用一种正常的情绪活动调整另一种不正常的情绪活动来实施快速心理救助的实用技术。根据我国传统的"五行"相克法,总结得出以下结论:可以用激将法使人发怒,而降低其过度思考对脾的损伤;可以用引导人思考的方法降低极度恐惧对肾的损伤;可以用使人惊恐的言行降低过于喜悦对心脏损伤;可以运用一些让人开心的方法减少过度忧虑对肺的损伤;可以用让人忧伤的情绪代替过度愤怒,从而减轻对肝的损伤。利用情志相克技术,首先要掌握被救助者当时的心理状态,并根据当时的心理状态挑选适宜的精神刺激方法,使其过度情绪得到缓解,尽可能地减小过度情绪对被救助者的伤害。

3) 沟通技术

沟通技术的实质就是利用开放式、简单易懂的提问,获得被救者心理问题的症结,通过崇拜、暗示以及移情等心理学手段,以最佳的救助策略施与被救者,使其快速减轻或消除行为反应症状,积极有效地投入救灾工作之中,最大限度地降低灾害造成的损失。沟通技术在救灾过程中应用非常普遍,特别是对于灾害幸存者,如果不采用沟通技术,就无法打开被救助者内心世界的大门,无法找到心理问题的症结,也就谈不上实施心理救助。

4) 放松技术

放松技术目的是降低被救助者身体和心理压力,减轻被救助者的躯体障碍症状,使其积极有效地投入救灾工作之中,最大限度地降低灾害造成的损失。这项技术也可用于救援队平时的身心健康训练。对受灾者的身心施救需要救援人员掌握应急放松技术。放松技术有很多种,适用于灾害现场的放松技术有身心松弛技术、呼吸调节技术以及按摩术。这几项放松技术正好符合应急心理救助快速性的基本要求。

5) 疏导技术

疏导技术也称情绪排泄技术,是对突然遭到心理打击的受灾者进行疏通引导,以达到快速降低心理压力,恢复自身控制能力的一种心理救助技术。显然,这种疏通技术与情绪宣泄技术的不同点就在于以下两方面:一是对象不同:情绪宣泄技术面对的通常是受到心理震动或者伤害比较严重以至于产生了肌体障碍的问题,而疏导技术往往面对的是极度悲伤、自杀倾向以及不能接受灾害打击的事实等各种应激心理问题。二是技术方法不同:情绪宣泄技术是救助者发出口令,而被救助者按照口令以喊叫等方式宣泄情绪,排除障碍,而疏导技术主要通过救助者给予语言上的安慰和刺激,打开被救助者的心扉,使其内心郁结的情绪得到释放,并朝着积极的方向进行引导,使被救助者在救援人员的引导下进行情绪与注意力的转移。

6) 倾听技术

倾听技术是一种基本的快速心理救助技术。它是救援队员在救援中必须使用的一种与被救者实现快速沟通的实用技术。倾听技术的使用应注意以下几点:一是利用开放式提问会鼓励被救助者完整地叙述经过并深入地表达其内涵,常引出有关求助者感情、思维和行为方面的内容。二是使用第一人称来表达,从而拉近与被救助者的距离,使其更加信任救助者。三是心理救助者应该避免采用不懂装懂式的陈述。承认自己糊涂或有挫折了,并进行澄清,能使信任强化。施救者和被救者双方都减少各自假装或伪装理解对方,并更加开诚布公地沟通和交谈,被救助者就能主动地与救助者配合。

7) 引导崇拜技术

引导崇拜技术是在转移疗法和信任疗法的基础上,通过综合加工、发展而形成,其目的就是使被救助者对救援队员临时产生崇拜。救援队员以实际行动或言语,进行示范和指导,帮助被救助者重新建立正确的认知,接受灾害打击的事实。该技术利用了人们爱好的多样化特性,取其良好的爱好达到共同语言,再以施救者在这一领域的突出地位,引起被救助者的崇拜。引导崇拜技术对消除被救助者的逆反对抗情绪是极为有效的。

8) 冥想静心技术

冥想静心技术是利用被救助者控制自己回想曾经经历过的美好情景,使被救助者产生安静、享受、陶醉的感受,促使其紧张的身体放松或减轻其躯体障碍的各种行为反应症状。该技术是治疗心理问题的辅助性技术,如对患有创伤后应激障碍症状的被救助者,使用冥想静心技术以迅速降低其应激焦虑水平,以免其应激水平过高而诱发生理及心理疾患。

显然所有的技术并不是教条地照搬照抄,救助者应该根据实际情况和面对的实际人群,因地制宜,因人而异地选择方法,进行救助。

4.7.4.3 灾后补偿机制

突如其来的气象灾害如海啸、热带气旋、暴风雨、龙卷风、低温冰冻气候等,将不同程度地给受灾地区人民的生命与财产安全造成损失。在灾后恢复管理阶段,需要充分发挥政府的主导作用和市场的调节作用,采取各种有效措施,积极做好灾后赔偿、补偿和救助工作,从而建立起全方位、全过程、多元化的整体性气象灾害风险管理体系。目前,我国灾害损失的补偿主要包括国家灾害补偿机制、市场风险转移和分摊机制、社会补偿机制。

(1) 国家灾害补偿机制

国家灾害补偿机制是指以政府为主体,以财政资金和必要的行政手段为主要的工具,对全社会自然灾害风险进行管理,以及进行灾害分摊和补偿的灾害管理机制。具有灾害风险管理的政府主题性、资金配置的财政性、管理方式的计划性和实施手段的行政性等特点。

(2) 市场风险转移和分摊机制

市场风险转移和分摊机制是以私人为主体、以市场为依托、以风险利益为纽带、以保险作为主要手段建立起风险损失基金所形成的风险和分散机制。市场机制最典型手段是通过保险业,其运行建立在完善的保险市场的基础上,能较好地实现风险管理的激励目标,减轻国家的财政负担。

保险赔偿与一般意义上的赔偿不同,它不是因过错而产生,而是因合同而产生。保险赔偿是保险公司通过灾前与受灾者签订保险合约,灾后按照合约予以赔付的一种特殊救灾形式,最终目的是为了分散风险,减少灾害损失。用保险等市场手段弥补灾害风险损失,较之于政府亲力亲为,成本更低、效率更高。遗憾的是在气象灾害中,我国的保险赔偿还并没有发挥应有的功效。

(3) 社会补偿机制

社会补偿是借助于社会各界的参与和社会成员之间的互相援助,对遭受气象灾害的地区和受灾人的一种补偿办法,可以辅助国家补偿机制及市场机制维护受灾地区的社会生产顺利进行,保障社会成员生活秩序正常运行。社会补偿机制同我国传统文化中的助人为乐,"一方有难,八方支援"相对应。在我国,如由"红十字"会等组织发起的救灾捐献活动,国际社会对灾区的援助,对我国救灾起到重要的作用。

综上所述,在突发气象灾害发生后,政府应当在灾后赔偿、补偿和救助中发挥主导作用。不管政府在灾害中有无过错,都应及时提供救助和帮助,并组织全社会力量抢险救灾。同时,在整个灾后赔偿、补偿和救助过程中,还要充分调动市场这个调节阀。在政府补偿机制因强调公平性而无法达到效率的情况下,更需要积极发挥市场机制的作用,通过发行保险基金、灾害债券等达到合理配置社会资源,减轻政府负担的目的。反过来,政府是市场中"看得见的手",政府机制可以以补贴、补助手段促进市场机制发挥作用,恢复市场的功能,通过市场手段来实现经济社会系统在巨灾损失补偿方面的公平与效率。政府补偿机制与市场补偿机制的有机结合,可以使灾区承担灾害风险的能力逐步扩大。

然而,在突发气象灾害的救助中,仅有政府和市场仍是远远不够的,还需要社会广泛的参与,这就需要充分发挥各种非政府组织、非盈利组织在灾后救助中的重要作用。各类非政府组织、非盈利组织统称为第三部门,例如红十字会、红新月会、环境保护组织、宗教组织、慈善组织等等。在重大气象灾害以及各类社会危机中,各国的第三部门都发挥着越来越重要的作用,它们积极进行医疗救助、扶贫济困、赈济灾民等活动,为减少灾害损失、重建美好家园、彰显人道精神作做了不懈努力。

参考文献

陈建伟,张煌星.1996.湿润指数与干燥度关系的探讨[J].中国沙漠,16(1):79-82.
陈晋,陈云浩,何春阳,等.2001.基于土地覆盖分类的植被覆盖率估算亚像元模型与应用[J].遥感学报,5(6):416-422.
陈松林,王天星,等.2009.间距法和均值—标准差法界定城市热岛的对比研究[J].地球信息科学学报,11(2):145-150.
陈振林.2013.我国气象防灾减灾能力建设与实践[J].阅江学刊,5(3):23.
董迎玺,刘召彬.2007.气象灾害应急管理体制、机制、制度的对策研究.http://www.chinalaw.gov.cn/article/dfxx/dffzxx/hn/200707/20070700021281.shtml.
段宏毅.2006.预警系统在政府危机管理中的重要作用及合理运用[J].北京工业职业技术学院学报,5(4):127-130.
樊运晓,高朋会,王红娟.2003.模糊综合评判区域承灾体脆弱性的理论模型[J].灾害学,18(3):20-23.
樊运晓,罗云,陈庆寿.2001a.区域承灾体脆弱性评价因子体系研究[J].现代地质,15(1):213-116.
樊运晓,罗云,陈庆寿.2001b.区域承灾体脆弱性综合评价指标权重的确定[J].灾害学,16(1):85-87.

高吉喜,潘英姿,柳海英,等.2004.区域洪水灾害易损性评价[J].环境科学研究,17(6):30-34.
国务院法制办公室,中国气象局.2010.气象灾害防御条例释义[M].北京:中国法制出版社:26.
何堃.1997.层次分析法的标度研究[J].系统工程理论与实践,6:58-61,103.
侯岳衡,沈德家.1995.指数标度及其与几种标度的比较[J].系统工程理论与实践,10:43-46.
扈海波,王迎春,李青春.2008.采用 AHP 方法的气象服务社会经济效益定量评估分析[J].气象,34(3):86-92.
黄崇福,张俊香,陈志芬,等.2004.自然灾害风险区划图的一个潜在发展方向[J].自然灾害学报,13(2):9-15.
黄雁飞.2004.我国重大气象灾害应急管理体系的研究[D].上海交通大学国际与公共事务学院.
姜海如.2007.气象灾害的危害层次及其防御抗救过程研究[J].暴雨灾害,26(3):193-198.
姜彤,许朋柱,等.1997.洪灾易损性概念模式[J].中国减灾,7(2):24-29.
李红英,李洋.2007.基于 GIS 的洪灾损失评估应用研究[J].西北水力发电,23(1):45-47.
李洁,宁大同,程红光,等.2005.基于 3S 技术的干旱灾害评估研究进展[J].中国农业气象,26(1):49-52.
李景宜,周旗,严瑞.2002.国民灾害感知能力测评指标体系研究[J].自然灾害学报,11(4):129-134.
刘新立,史培军.2001.区域水灾风险评估模型研究的理论与实践[J].自然灾害学报,10(2):66-72.
刘引鸽.2005.气象气候灾害与对策[M].北京:中国环境科学出版社.
罗文芳,刘贵玲.2008.提高应对气象灾害应急服务能力的探讨与思考[J].防灾科技学院学报,10(2):77-80.
气象灾害防御条例.2010.北京:中国法制出版社.
石建,郭跃华.2004.基于指数标度的层次分析法及其应用[J].南通工学院学报(自然科学版),3(4):4-7.
唐彦东.2011.灾害经济学[M].北京:清华大学出版社:283.
汪浩,马达.1993.层次分析标度评价与新标度方法[J].系统工程理论与实践,5:24-26.
汪扩军.2005.气象灾害监测预警与减灾评估技术[M].北京:气象出版社:56-61.
王宝华,付强,谢永刚,等.2007.国内外洪水灾害经济损失评估方法综述[J].灾害学,22(3):95-99.
王志强.2013.有效防御气象灾害的法制建设研究[J].阅江学刊,5(3):30.
向立云.2005.关于我国洪水风险图编制工作的思考[J].中国水利,(17):14-16.
谢家智.2004.我国自然灾害损失补偿机制研究[J].自然灾害学报,13(4):28-32.
许小峰.2012.气象防灾减灾[M].北京:气象出版社.
许有鹏,李立国,蔡国民,等.2004.GIS 支持下中小流域洪水风险图系统研究[J].地理科学,24(4):452-457.
叶宗裕.2005.关于多指标综合评价中指标正向化和无量纲化方法的选择[J].浙江统计,4:24-25.
于庆东.1993.自然灾害经济损失函数与变化规律[J].自然灾害学报,2(4):3-9.
袁琳.2009.气象灾害应急管理研究[D].天津大学.
曾贤刚.2003.环境影响经济评价[M].北京:化学工业出版社.
张爱民.1996.利用气象卫星遥感技术进行干旱灾害区划[J].南京大学学报,32(专辑):45-51.
张继权,李宁.2007.主要气象灾害风险评价与管理的数量化方法及其应用[M].北京:北京师范大学出版社.
张卫华,赵铭军.2005.指标无量纲化方法对综合评价结果可靠性的影响及其实证分析[J].统计与信息论坛,20(3):33-36.
赵阿兴,马宗晋.1993.自然灾害损失评估指标体系的研究[J].自然灾害学报,3(2):1-7.
赵焕臣.层次分析法:一种简易的新决策方法[M].北京:科学出版社,1986.
周成虎,万庆,黄诗峰,陈德清.2000.基于 GIS 的洪水灾害风险区划研究[J].地理学报,55(1):15-24.
周成虎.1993.洪水灾情评估信息系统研究[J].地理学报,48(1):11-18.
朱留军.2009.基于 GIS 在洪灾损失评估中的应用[J].城市勘测,(6):36-38.
Kayampudi, Carlson T N. 1988. Analysis and numerical simulation of the Saharan air layer and its effect on easterly wave distribution[J]. *J Atmos Sci*, **45**:3102-3136.
Knight A W, McTainsh G H, Simpson R. 1992. Sediment loads in an Australian dust storm: implications for

present and past dust processes[J]. *Catena*, **24**: 195-213.

Littmann T, Steinrucke J. 1989. Atmosphere boundary conditions of recent Saharan dust in flux into central Europe [J]. *Geo Journal*, **18**: 399-406.

McTainsh G H, Burgess R, Pitblado J R. 1989. Aridity, drought and dust storms in Australia (1960-1984) [J]. *Journal of Arid Environrnents*, **16**: 11-22.

McTainsh G H, Lynch A W, Tews E K. 1998. Climatic controls upon dust storm occurrence in eastern Australia[J]. *Journal of Arid Environments*, **39**: 457-466.

第5章 区域单一气象灾害的风险管理

内容摘要：

区域单一气象灾害风险管理是指对一定区域内的一种气象灾害风险进行综合管理。按照第4章提出的区域气象灾害风险管理的基本步骤，本章将通过对辽河流域洪灾、重庆市干旱灾害、廊坊市雷电灾害、贵州省凝冻灾害、海南岛暴雨洪涝灾害、浙江省台风灾害、内蒙古锡林郭勒盟沙尘暴灾害等气象灾害风险管理实例介绍区域单一气象灾害风险管理的具体操作方法。

5.1 辽河流域洪灾风险评价及区划

5.1.1 研究区概况

(1) 自然概况

辽河发源于河北省七老图山脉之光头山，流经河北、内蒙古、吉林和辽宁四省（区）。西侧的东辽河、西辽河汇合流入辽河，后再汇入饶阳河，经双台子河至盘锦入海，流域面积19.23万km^2，河长1345km；东侧的浑河、太子河汇流，经大辽河在营口市入海，流域面积2.73万km^2，河长521km。流域多年平均降水量300～950mm。在空间分布上，东部山区年降水量达800～950mm，西辽河干流地区仅300～350mm；在年内分配上，降水多集中于7月、8月两月，约占全年降水的50%，又多以暴雨形式出现。降水的年际变化也较大，最大与最小年降水量之比有的达3倍以上。

(2) 社会经济概况

辽河流域覆盖河北、内蒙古、吉林、辽宁四省（区）19个市（地、盟）的65个县（旗）。据1990年统计，总人口为3396.78万人，其中农业人口为2031.4万人。工农业总产值为558亿元，其中工业产值473.2亿元，占工农业总产值的84.8%。辽河流域是我国工业基地、能源基地，也是重要的商品粮基地。流域内工业比较发达，特别是浑河、太子河水系工业极为集中，如沈阳的机械工业、国防工业、冶金工业等，抚顺的煤炭工业、鞍山的钢铁工业、本溪的钢铁和煤炭工业、辽阳的化纤工业、营口的纺织、轻工业等。辽河流域还是重要的商品粮基地。辽河流域有耕地453.9hm^2（1990年），约占总土地面积20%左右。其农业以种植业为主，主要是粮食作物，其他是油料作物。西辽河地区是内蒙古自治区的粮食、油料和甜菜的主要产区，畜牧业占有较大比重，科尔沁草原是国家肉牛生产基地。东辽河流域属半湿润地区，土壤肥沃，适合农作物生长，是吉林省主要产粮区。粮食以玉米为主，占75%，其次是高粱和谷子。辽河中下游地区绝大部分属半湿润地区，土质较好，是辽宁省的主要产粮区。

(3) 历史灾情

辽河流域的洪涝灾害频繁，根据资料统计，在最近的100多年时间里，共发生洪灾50多次,平均 2~3 年就有一次。

5.1.2 洪灾风险区划指标因子分析

(1)暴雨与洪水危险程度

辽河流域的暴雨多集中在夏季 7—8 月份,一次暴雨持续约为 3~4d,暴雨中心雨量大部分小于 200mm,且空间分异明显:浑、太河上游地区多年平均最大 3d 降雨量达 130mm,而西辽河上游仅 50mm。根据历史洪灾资料分析,最大 3d 降雨对洪灾形成影响最大,故选多年平均最大 3d 降雨作为反映对洪灾影响的降水指标。为了定量地反映其关系,采用以下线性公式将最大 3d 暴雨量分布转换为洪水危险程度的影响度:

$$P(洪水危险程度) = \begin{cases} 0 & 当最大三日暴雨量 P \leqslant 30\text{mm} \\ (P-30)/170 & 当 30\text{mm} < P \leqslant 200\text{mm} \\ 1 & 当 P > 200\text{mm} \end{cases}$$

在空间上,根据最大 3d 平均暴雨量分布,利用 250m×250m 格网,以 Arc/Info 软件为平台,进行空间内插离散化,通过指标转换,得到辽河流域降水因子影响度分布(图 5.1)。

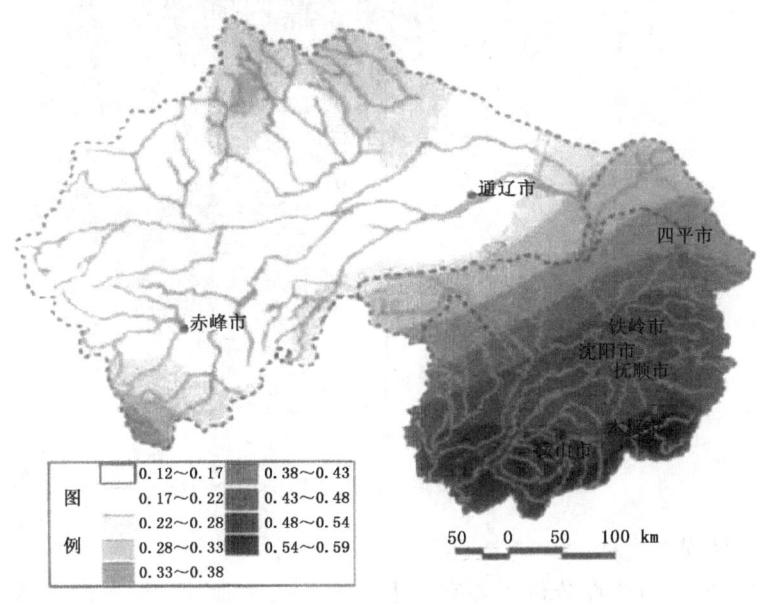

图 5.1 辽河流域降水因子影响度分布图

(2)地形与洪水危险程度

地形与洪水危险程度密切相关。一般认为,地形对形成洪水的影响主要表现在两个方面:地形高程及地形变化程度,地形高程越低,地形变化越小,越容易发生洪水。在 GIS 中绝对高程可用数字高程模型来表达,而地形变化程度常用坡度表示。但坡度仅考虑了相邻栅格的高程变化程度,而影响洪水危险程度大小的是一定范围内的地形变化。这里采用计算栅格周围 5×5 邻域内 25 个栅格(包括其自身)高程的标准差作为表征该处地形变化程度的定量指标。并把高程标准差分成三级:高程标准差 0~1 为第一级,1~10 为第二级,大于 10 为第三级。

表 5.1　综合地形因子影响度关系表

地形高程 (m)	地形标准差		
	一级(≤1)	二级(1~10)	三级(≥10)
一级(≤100)	0.9	0.8	0.7
二级(100~300)	0.8	0.7	0.6
三级(300~700)	0.7	0.6	0.5
四级(≥700)	0.6	0.5	0.4

根据地形因子中,绝对高程越高、相对高程标准差越小,洪水危险程度越高的原则,确定如表5.1所描述的综合地形因子与洪水危险程度关系。通过空间叠加分析,进行属性项合并,从而计算出每一格网点地形综合影响因子(图5.2)。

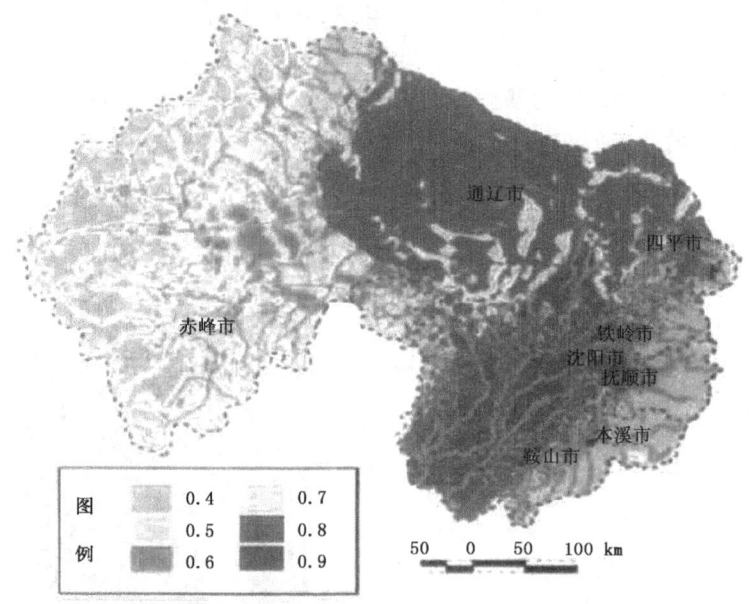

图 5.2　辽河流域地形因子影响度分布图

(3) 社会经济易损性指标

基于洪灾损失率的易损性分析主要有以下几方面的困难:(1)调查承灾体的分布及估算其价值极其困难而且耗资巨大;(2)不同类别的承灾体易损性特征难以得到,目前仅对农作物、房屋等很少几类承灾体的易损性特征研究较为成熟;(3)难以定量分析社会承灾能力。

一般认为社会经济条件可以定性反映区域的灾损敏感度,即易损性的高低。社会经济发达的地区,人口、城镇密集,产业活动频繁,承灾体的数量多,密度大,价值高,遭受洪水灾害时人员伤亡和经济损失就大。值得注意的是,社会经济条件较好的地区,区域承灾能力相对较强,相对损失率较低,但区域绝对损失率和损失密度都不会因此而降低。同样等级的洪水,发生在经济发达、人口密布的地区可能造成的损失往往要比发生在荒无人烟的经济落后的地区大得多。社会经济易损性分析一般以一定行政单元为基础,从而可直接利用各类统计报表与年鉴。关于采用何种社会经济指标来反映区域社会经济易损性大小,目前尚无统一标准,并因区域的不同而不同。根据辽河区域特点,本研究选取流域内各市、县、旗单位面积人口数和耕地占总土地面积的百分比作为特征指标,并通过各县的标识码建立与统计数据的关联,从而将统计数据空间化,并得出相应的空间分布图。

问题的核心是如何将人口密度图和耕地百分比图转换成各自对洪灾的影响度分布图。这里从统计特征分析出发,选取均值和标准差为指标,分别将基础要素图分为5类,并赋予相应的影响度(表5.2)。

表 5.2 人口密度和耕地百分比分类表

分类号	人口密度分类范围(万人/km²)	耕地百分比分类范围(%)	影响度
1	0～148.57	0～3.91	0.5
2	148.57～438.82	3.91～18.04	0.6
3	438.82～729.08	18.04～32.16	0.7
4	729.08～1019.33	32.16～46.29	0.8
5	1019.33～2299.04	46.29～60.42	0.9

再通过组合计算,并得到如图 5.3 所示的社会经济易损性影响度分布图。图 5.3 反映出:辽河流域中部是洪灾危险程度最高的地区。

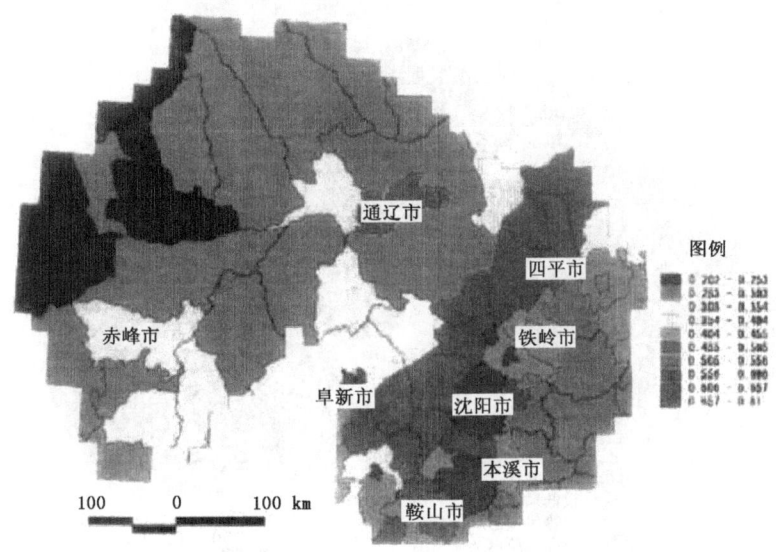

图 5.3 辽河流域社会经济易损性影响度

5.1.3 洪水灾害风险综合区划图

根据各因子影响度的分析,利用 Arc/Info 系统的地图代数功能,将各因子图进行叠加分析,得到综合区划图。这里我们分两步进行,首先综合考虑暴雨和地形因子,形成洪水危险性区划(图 5.4);其次将危险性区划图再与社会经济易损性分布图叠加,从而得到如图 5.5 所示的辽河洪灾风险区划图。

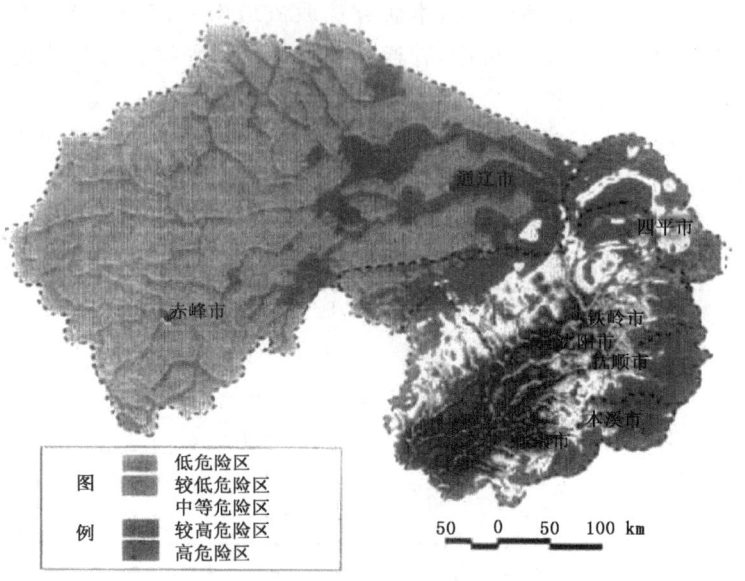

图 5.4　辽河流域洪水危险性分区图

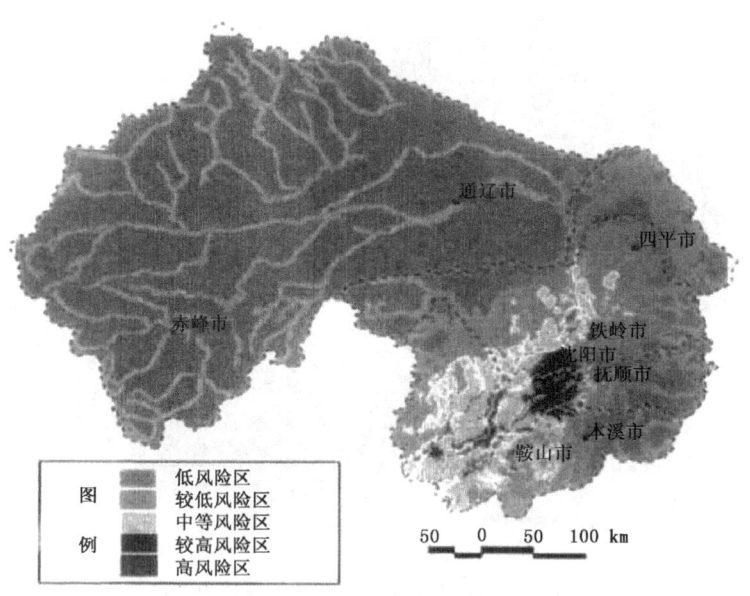

图 5.5　辽河流域洪水灾害风险区划图

从洪水危险性分区图中可以发现辽河流域东部地区洪水危险性明显较西部为高,这与东部地区降雨量大、地势相对较为低平,而西部地区(西辽河)降雨量少,地势相对较高密切相关。对于东部地区,浑河和太子河的上游等,由于地势高、坡度大,遭受洪水的危险程度相对较低;对于西部地区,洪水危险程度较高的地区主要分布在河流两侧,尤其是西辽河干流及新开河附近。

在洪水灾害风险区划图上,辽河中下游平原地区由于洪水危险性高,社会经济易损性大,故洪灾风险较高,而西辽河流域和辽河流域东部丘陵山区则由于洪水危险性较低,社会经济较不发达,洪灾风险相对较低。值得注意的是沈阳市由于处于地势较为低平的辽河下游,降雨量较高,尤其是经济发达,人口众多,属风险较高的地区,但这里没有考虑区域承灾能力,沈阳市防洪标准较高,抗灾能力强,实际风险值要较图 5.4 低。

5.2 重庆市干旱灾害风险评价及区划

5.2.1 区域背景

重庆位于 28°10′~32°13′N,105°17′~110°11′E,面积 82403km²,南北长 450km,东西宽 470km。其中,山地面积约占 75.8%,丘陵约 18.2%,台地和平坝的面积分别占总面积的 3.65% 和 2.4%。辖 15 个市辖区、4 个县级市和 21 个县。

据重庆市气象局 1997 年编写的《重庆直辖市气候资源与气象灾害及其对策建议》显示,干旱是重庆地区主要的农业气象灾害。该地区春、夏、伏、秋旱每年均有发生,而危害最大、频率最高的是伏旱。重庆地处四川东部盆底向盆周山地的过渡地带,而盆周山地区多是缺水岩溶中山、低山和丘陵等地貌,特殊的地貌是形成重庆地区旱灾的主要因素之一;每年 7 月、8 月,如太平洋副高西伸北跳不正常,该地区较长时间受其单一控制,气流下沉,绝热增温,导致气温升高,降水减少。此时若高空暖高压即青藏高压中心向东移,与太平洋副高叠加,会造成严重的伏旱天气。据重庆市人民政府救灾办公室编写的《重庆市自然灾害及救灾工作大事记(1998—2000)》显示,20 世纪 90 年代以来,重庆市旱灾具有发生频率增高、损失加重的趋势。

5.2.2 资料与方法

(1)资料及其来源

根据干旱灾害风险评价的基本要素分析和研究目的,主要基础图件有:重庆市行政区划图、重庆市地貌分区图、重庆市人口分布图(2003 年)、重庆市伏旱频率图(据《四川省地理志》)、重庆市干旱灾害分布图。GDP、人口数量、旱灾损失等数据均来自 2003 年及以前的《重庆经济年鉴》。

(2)研究方法和技术路线

重庆市干旱灾害风险评价是一个区域性的灾前评价,是对区域类各个单元类灾害事件的危险程度、可能造成的损失程度以及防治工程效益进行预测性评价。主要包括:①选择干旱灾害风险评价所需的基础图件,建立相应的灾害数据库。②构建干旱灾害评价的主要模型:孕灾环境敏感度、致灾体危险度和承灾体易损性中有关指标选择和指标权重的确定。③在 GIS 的支持下,利用其空间叠加、分析、图斑合并以及属性数据库操作功能,对干旱灾害风险进行评价,确定区划单元,划分灾害区划等级并进行灾害区划。

重庆地区干旱灾害技术路线是:在 GIS 软件支持下,建立相关数据库;然后根据干旱灾害形成的背景条件建立孕灾背景评价模型;在分析各个区县干旱灾害活动程度和发生频率基础上建立危险性评价模型,确定灾害成灾的危险性大小;通过易损性(脆弱性)模型分析,核算各个单元内受灾体的可损毁程度;最后结合孕灾背景和危险性评价,利用 MapInfo Professional

等 GIS 软件进行图层的叠加、分割、萃取、合并等数据库操作,并划分风险等级,进行风险区划。

(3) 评价参数

评价参数主要指孕灾环境敏感度、致灾体危险度和承灾体易损性评价等指标。这里选取地形和地貌背景作为主要的环境敏感度指标;在实际操作中,致灾体危险性指标主要考虑灾害的频率指标;受灾体易损性指标所包含的社会经济指标主要是人口密度和经济密度等,由于气象灾害损失对象主要是农村区域,该评价中经济密度指标所指的经济指标是农村国民生产总值(GDP)。

(4) GIS 软件的选取

目前 GIS 软件品种较多,如国外的 Arc/Info、MapInfo 等,国内的 MapGIS、Geostar 以及一些科研院所自行开发的 GIS 应用软件,这里选择目前普遍使用的 MapInfo Professional 7.0 来建立数据库以及各种图件的编辑。MapInfo Professional 7.0 是一种非常适合于 PC 上的桌面地理信息系统,具有以下一些特点:①提供数据、思维可视化的决策支持模式;②支持 C/S 体系结构和无缝图层;③具有很强的关系型数据库管理 RDBM 功能;④直接读/写 ODBC 数据库,建立属性数据与图形数据的关联;⑤完备的 SQL(Structured Query Language)查询功能和 OLE 嵌入功能。

(5) 数据库的建立

直接在每个图层建立与图形和分析相关联的属性数据库,从而实现地理空间数据库的一体化。通过底图的处理和扫描、数字化、矢量数据的编辑与处理建立图形数据库。重庆地区干旱灾害风险评价与区划,需要把重庆地区的所有地貌单元上的干旱灾害的致灾背景指标(敏感度),致灾体危险性指标,受灾体易损性指标等进行加权平均,得到灾害的风险指标,再在属性库中划分等级(视具体情况而定),同时通过图斑合并处理,得到干旱灾害的风险区划图。

5.2.3 结果与分析

5.2.3.1 干旱灾害的环境敏感度分析

从属于四川盆地的重庆地区,其下属各个区县的大气环流以及气候状况也没有明显的差异,在副高控制下和东南季风退缩情况下,该地区在盛夏、冬春之交降水稀少,但是该地区的地形地貌状况非常复杂,干旱灾害发生具有明显的不均衡性。这里在考虑孕灾背景的敏感性时主要考虑地形和地貌状况,地形和地貌对干旱的影响主要表现在相对海拔高度、坡度地貌状况(如岩溶地貌)等因素,因此可以把重庆地区的每一个地貌大区划分为若干个有差异的次一级地貌:平原、低山、中山、丘陵和山原,再根据每一个次一级地貌对干旱形成的影响程度分别赋以权重,以每一个次一级地貌的面积与地貌区域的总面积的比作为敏感性指数,每一个地貌大区的敏感度值为次一级地貌敏感性指数的加权平均。敏感度计算模型为

$$S_j = \sum_{i=1}^{n} \theta_i Q_i \qquad (5.1)$$
$$\theta_i = C_i / C_j$$

式中,S_j 为第 j 个地貌大区的敏感度;θ_i 为第 i 类地貌的作用权重;Q_i 为第 i 类因素的敏感性指数。C_i 为第 i 类次一级地貌面积;C_j 为第 j 类地形区域面积;C_i、C_j 分别通过有关资料和空

间数据库的查询获得；Q_i 通过专家打分的方法获得。重庆地形分类以及权重见表 5.3。

表 5.3 干旱灾害的敏感性权重

地貌类型	平原	丘陵	低山	中山	山原
权重	0.30	0.34	0.15	0.11	0.10

敏感度 S_j 的求取通过在 MapInfo 软件中建立内置关系数据库来自动实现，得到干旱灾害的敏感度值，其最小值为 0.153，最大值为 0.250，平均值为 0.202。然后根据需要对所得敏感度值划分等级并通过专家打分赋值，见表 5.4。

表 5.4 干旱灾害敏感度等级

S_j 值	$S_j \geqslant 0.130$	$0.130 > S_j \geqslant 0.125$	$0.125 > S_j \geqslant 0.120$	$S_j < 0.120$
赋值	1.00	0.80	0.60	0.40
敏感度等级	极高	高	一般	低

最后，通过对空间数据库的操作得到干旱灾害敏感度区划图（图 5.6）。

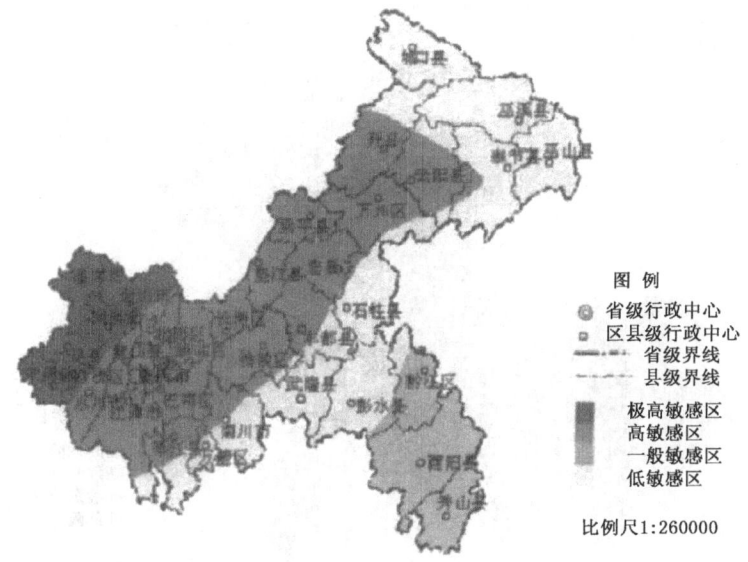

图 5.6 干旱灾害敏感度区划

5.2.3.2 干旱灾害的危险性分析

干旱灾害的危险性评价，是以重庆市干旱频率图和区划图作为主要基础底图，参考干旱的频率指标和分区指标，在 MapInfo 软件支持下完成的。干旱灾害的危险性评价模型为

$$H_j = \sum_{i=1}^{n}(h_i P_i) \qquad (5.2)$$

式中，H_j 为第 j 个测站干旱灾害危险性指数；h_i 为第 i 种因素的危险性指数；P_i 为第 i 种因素的危险性权重；这里在选择干旱的危险性指标时，着重考虑了干旱的频率，因此只需要求出每一个站点的频率指数，并以该指数作为危险性指标。其模型为

$$h_i = \frac{m_i}{m_\text{市}} \tag{5.3}$$

式中,h_i 为第 i 种因素的危险性指数;m_i 为第 i 个站点的干旱灾害平均频率;$m_\text{市}$ 为各个站点干旱灾害平均频率。

根据干旱频率和区划图,计算出每个区域内的平均频率,再根据分区数目计算出整个重庆各台站的平均频率,在 MapInfo 软件中建立内置关系数据表,字段主要包括站点、站点频率、平均频率、危险性指标等。通过属性数据库操作,完成各个站点的危险性指标计算。再将已经获得的危险性指数进行等级划分以及赋值,详见表 5.5。

表 5.5 干旱灾害危险性等级

H_j 值	$H_j \geqslant 1.20$	$1.20 > H_j \geqslant 1.00$	$1.00 > H_j \geqslant 0.80$	$H_j < 0.80$
赋值	1.00	0.80	0.60	0.40
危险性等级	极高	高	一般	低

最后进行图形数据库的操作,按照等级划分结果,进行图斑合并,得到干旱灾害危险性区划图,见图 5.7。

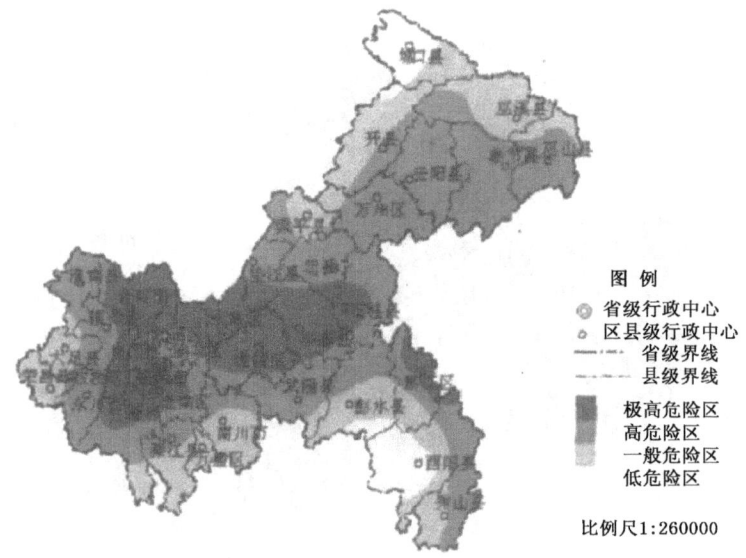

图 5.7 干旱灾害危险性区划

5.2.3.3 干旱易损性分析

同其他气象灾害一样,人类活动是构成灾害性的一个重要变量,评价区具体受灾体数量和价值分布难以统计具体分析,因此以社会经济发展水平和相应的统计资料间接地反映受灾体的密集程度,可以显示评价区的承灾水平。这里选取人口密度、经济密度(GDP 的密度)为基本要素;根据人口密度、经济密度计算每个区县的人口密度指数和经济密度指数,并根据它们的分布情况划分等级,并赋予相应标度分值;结合这两个因素对经济损失的影响程度,赋予相应的权重。气象灾害的易损性模型为

$$V_j = k\sum_{i=1}^{n}(G_i y_i) \qquad (5.4)$$
$$y_i = U_i/U_{市}$$

式中，V_j 为第 j 个区县的易损性指数；k 为修订系数；G_i 为第 i 类要素的作用权重；y_i 为第 i 类要素的指数值；U_i 为第 i 个区县的第 i 类要素的密度；$U_{市}$ 为重庆市第 i 类因素的密度。

以重庆市行政区划图为底图，选择重庆市 2003 年各区县生产总值(GDP)、人口、土地面积作为基础资料，计算出每个区县内的人口密度、人口密度指数以及经济密度、经济密度指数，根据两个因素对易损性的影响分别赋以权重 0.5；将已经获得的易损性指数进行等级划分以及专家打分赋值，见表 5.6。

表 5.6 气象灾害易损性等级

V_j 值	$V_j \geqslant 2.50$	$2.50 > V_j \geqslant 1.20$	$1.20 > V_j \geqslant 0.50$	$V_j < 0.50$
赋值	1.00	0.80	0.60	0.40
危险性等级	极高	高	一般	低

根据灾害易损性等级划分，得到重庆市干旱灾害易损性区划图，如图 5.8。

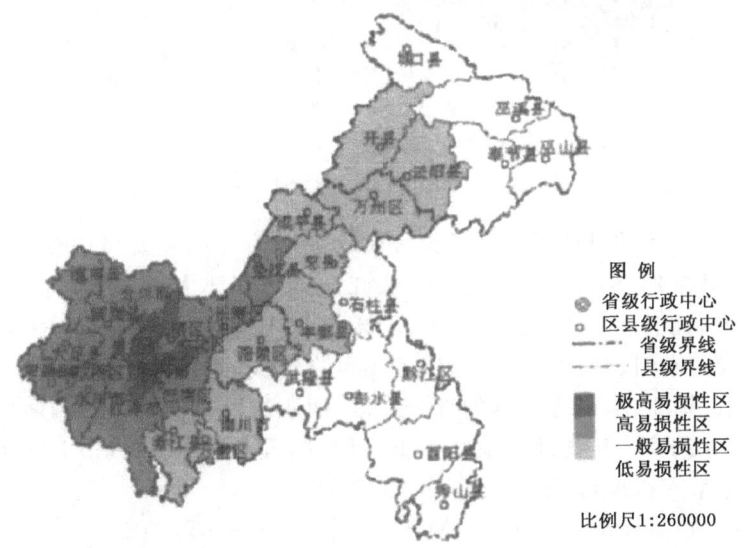

图 5.8 重庆市气象灾害易损性区划

5.2.3.4 干旱灾害风险区划图

在 MapInfo 软件中将重庆市干旱灾害敏感度区划图、危险性区划图以及易损性区划图进行空间叠加，最后得到这三个因子的叠加图件，即由 17 个斑块组成的重庆市干旱灾害区划单元图，并带有属性数据库；在干旱灾害区划单元图中，进行属性数据库的操作，根据敏感度、危险性和易损性对干旱灾害的贡献大小，采用专家打分法，分别赋予权重 0.3、0.3、0.4。得到干旱灾害风险评价综合值，其模型为

$$R = 0.3S + 0.3H + 0.4V \qquad (5.5)$$

式中，S 为干旱灾害敏感度等级值；H 为干旱灾害危险性等级值；V 为干旱灾害易损性等级值。

根据干旱灾害风险评价综合值 R 的特征,将 R 值划分为5个等级(表5.7),同时进行图形单元合并操作,将重庆市划分为5个等级的干旱灾害风险区(图5.9)。

表 5.7　干旱灾害风险性等级

$R \geqslant 0.80$	$0.80 > R \geqslant 0.70$	$0.70 > R \geqslant 0.60$	$0.60 > R \geqslant 0.50$	$R < 0.50$
极高风险区	高风险区	一般风险区	低风险区	极低风险区

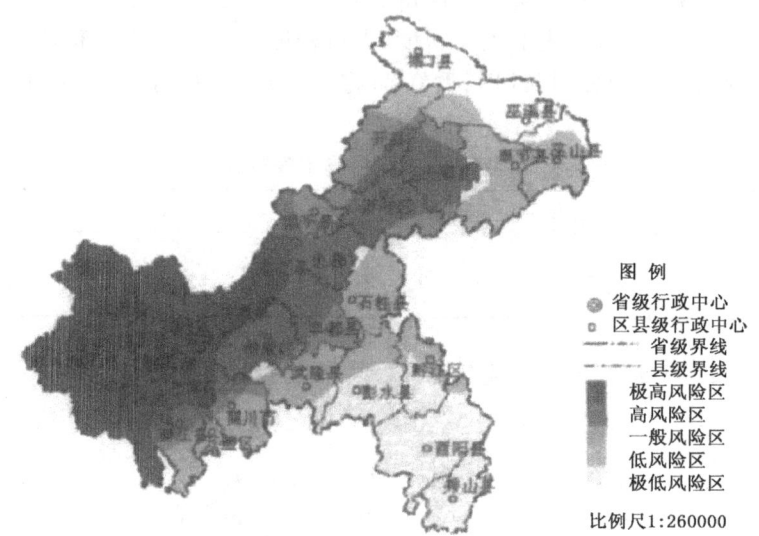

图 5.9　重庆市干旱灾害风险区划图

根据干旱灾害风险评价和区划,干旱灾害风险极高的区域主要集中在重庆市的西部丘陵地及浅丘地区,面积约 21964km², 包括长寿、垫江、巴南、江津大部及其以西的区县,不但位于夏季副高控制区域,而且人口、经济密度大;紧接极高风险区域、位于重庆中部长江沿岸的万州、云阳、忠县、丰都、南川、綦江的部分地区为高风险区域,面积约 15420km²;一般风险区域包括开县、梁平、云阳、綦江、南川等区县的部分地区,面积约 6929km²;綦江、南川、万盛、武隆、石柱、黔江、奉节、巫山、巫溪、开县部分地区为低风险区,面积为 18810km²。东南及东北部各区县的全部或部分干旱灾害风险极低,面积为 19280km²。

在实际应用中,根据评价的结果,在 MapInfo 软件查询功能的支持下,可以通过点击任意一个区域,显示该区域的地貌、水文、植被等自然状况以及人口、经济状况,更主要的是能够显示该区域的干旱灾害风险情况,从而为给政府防灾救灾部门制定灾前减灾规划和灾后救助提供科学依据,同时为农村进行土地合理利用规划和产业结构调整提供参考。

5.2.4　结论与讨论

重庆市农业人口的比例远远高于全国水平和其他三个直辖市。在国民生产总值中,重庆市第一产业的比例是最高的,以 2003 年为例,全国的比例是 14.5%,重庆、北京、上海和天津分别是 16.0%、3.1%、1.6% 和 4.1%。由于自然环境和历史发展的差异,重庆市区域内经济发展极不平衡,各区县的产业结构和经济发展水平差异较大。重庆市整体经济水平的低下,造成重庆市防灾抗灾能力的低下,由于气象灾害主要的破坏对象是农业,而重庆农业在产业结构比重大的特点加剧了气象灾害对重庆市经济的破坏,因此对重庆市气象灾害防治的研究非常必要,另外,区域内自然条件、经济环境的差异性,各次一级区域发生灾害的风险差异较大,因而对气象灾害的风险评价和区划是气象灾害有效防治必不可少的。

5.3 廊坊市雷电灾害风险评价及区划

5.3.1 廊坊市雷暴活动基本特征

(1)地理位置

廊坊市地处欧亚大陆东带、华北平原北部。该市中、南部地区为冲积平原区,地貌类型平缓单一,占全市总面积的80%以上,海拔在2.5~25m。北部地区北高南低,北端接燕山山脉,为燕山南侧余脉,有小面积丘陵。廊坊属于暖温带半干旱半湿润季风气候,处于中纬度季风气候区,夏季常受偏南暖湿气流影响,是雷电较为活跃的地区。

(2)廊坊雷暴的气候特征

选取1968—2007年廊坊市9个地面气象观测站逐日地面气象观测资料,统计每个气象站的年平均雷暴日数(图5.10)。全市年平均雷暴日数为273.2d,年平均每站出现雷暴日数30.4d,依据雷暴日等级划分标准,均属于高雷区。雷暴的年代变化不明显,但从20世纪70—90年代,呈逐渐增加的趋势,70年代平均31.1d,80年代平均32d,90年代平均33d。从图5.10中可以看出:20世纪70年代前中期、80年代后期至90年代前期为雷暴的高峰时段,70年代后期至80年代前期、90年代中后期为雷暴的低谷时段,尤其90年代中后期呈明显下降趋势,2000年后又有回升趋势,2007年又明显下降。年平均雷暴日数最多年为1990年,全市平均42d,最少年为1981年,全市平均18d。最北部接近燕山山脉的三河市雷暴日数最多,最南端的大城雷暴日数最少。由表5.8可以看出,廊坊市雷电灾害的集中发生期是每年6—8月,其间发生的雷暴日数占全年的74.0%。全市7月雷暴日数最多,年平均出现83.3d,占全年的30.5%,每年站平均可达9.3d。廊坊市雷暴一般始于4月上、中旬(有记录以来全市发生

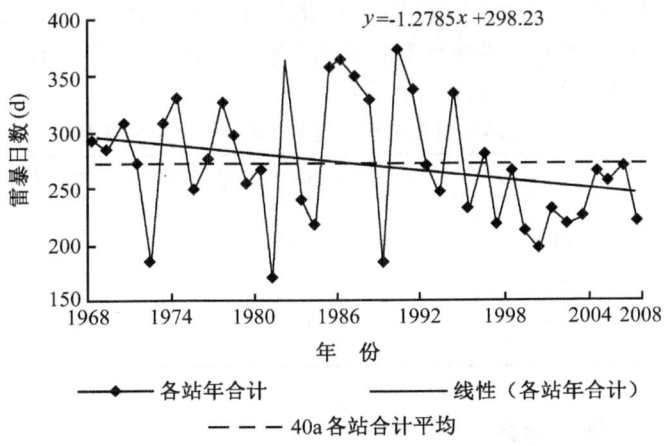

图5.10 1968—2007年廊坊全市雷暴日总数变化

雷暴最早日期为1981年3月25日,发生在固安),统计结果表明,每年雷暴开始时间北部比中南部开始偏晚约10d左右。终雷暴日,一般在9月下旬,最晚11月上旬末,多年平均看北部略早,南部晚3~5d。

表5.8　1968—2008廊坊市各站雷暴日数统计(单位:d)

月份	三河	大厂	香河	固安	安次区	广阳区	开发区	永清	霸州	文安	大城	合计	年平均	各月所占全年百分比(%)
1	0	0	0	0	0	0	0	0	0	0	0	0	0	0.0
2	0	0	0	0	0	0	0	0	0	0	0	0	0	0.0
3	1	1	1	2	1	1	1	2	4	3	3	18	0.5	0.2
4	42	43	38	45	47	47	47	43	51	52	36	397	9.9	3.6
5	129	123	117	130	129	129	129	125	129	125	103	1110	27.6	10.2
6	292	299	276	296	289	289	289	260	273	241	213	2439	61.0	22.3
7	392	376	358	387	388	388	388	369	391	354	315	3330	83.3	30.5
8	300	294	253	257	262	262	262	246	251	225	225	2313	57.8	21.2
9	136	124	108	127	132	132	132	117	122	96	93	1055	26.4	9.7
10	31	31	24	30	29	32	32	32	25	24	24	26	0.7	0.3
11	1	1	2	3	1	1	1	3	3	5	3	22	0.6	0.2
12	0	0	0	0	0	0	0	0	0	0	0	0	0	0.0
合计	1324	1285	1183	1276	1281	1281	1281	1190	1248	1125	1017	10929	273.2	100.0
年平均	33.10	32.13	29.58	31.90	32.03	32.03	32.03	29.75	31.20	28.13	25.43	273.23	6.83	

注:安次区、广阳区、开发区所用雷暴日资料均为廊坊气象观测站(54515)观测资料。

(3)廊坊市雷电灾害频度

据不完全统计(绝大多数雷电灾害由于灾害受损情况比较小,未上报的情况很多,但是总体的数量较大,现有的雷电灾害统计并不是完全统计的结果),1968—2007年廊坊市共出现76次雷电灾情,考虑到早期雷电灾情历史资料统计不够全面,这里选取1998—2007年的雷电灾情资料做雷电灾害频度计算(表5.9)。经统计廊坊全市雷电灾害频度(P)为5.4次/a,各县(市、区)中固安雷电灾害频度(P)最大,1.2次/a,最小的是大厂,仅为0.0次/a。而全市$100km^2$雷电灾害频度(P')为0.08次/a,最大是廊坊市开发区,为0.72次/a。大厂雷电灾害频度(P)仅为0.0次/a,这可能与大厂经济主要以农牧业为主,加上其区域面积相对较小(仅为$176km^2$)有很大关系。通过上述统计分析发现,廊坊市雷电灾害并不是完全由雷电密度所决定,自然雷电活动只是雷电致灾的因子之一。

表5.9　廊坊市雷电灾害频度与$100km^2$雷电灾害频度

频度	三河	大厂	香河	固安	安次	广阳	开发区	永清	霸州	文安	大城	全市
雷电灾害频度(P)[次/a]	0.3	0.0	0.5	1.2	0.8	0.5	0.5	0.1	0.1	0.7	0.7	5.4
$100km^2$雷电灾害频度(P')[次/(a·$100km^2$)]	0.05	0.0	0.11	0.17	0.13	0.16	0.72	0.01	0.01	0.07	0.08	0.08

5.3.2　雷电灾害易损性评价指标

易损性是指事物容易受到伤害或损失的程度,它反映特定条件下事物的脆弱性。承灾体易损性反映承灾体对自然灾害的承受能力。灾害的发生是由致灾环境的危险性和承灾体的易损性(脆弱性)决定的。对于一个地市级行政辖区而言,它的地理地貌、土壤环境、气候背景等在数十年时间内是相对稳定的,不会发生较大改变,因此廊坊市雷电灾害的致灾因子具有相对稳定性,即致灾环境的危险性较为稳定。承灾体易损性包括自然易损性、经济易损性和社会易损性等各方面的内容,由于地理环境、人文环境以及经济状况等的不平衡性,相同强度的雷电灾害在不同的区域造成的灾害损失严重程度有着很大差异。廊坊市雷电灾害易损性反映了廊坊各县市区面对雷电灾害时的敏感度,与各区域自然雷暴的气候背景有关,也与雷电灾害发生县(市、区)的经济总量、人口密度特征等有关。这里借鉴郭虎等(2008)、尹娜等(2005)、蒋勇军等(2001)对雷电灾害易损性及易损性区划研究的基础上结合本地实际情况,确定采用以下6个指标评价廊坊市雷电灾害的易损性:(1)雷暴日数 M;(2)雷电灾害频度 R;(3)经济(GDP)易损模数 E;(4)经济损失模数 E';(5)生命易损模数 L;(6)生命损伤模数 L'。

(1)指标计算中资料来源及处理

雷电灾害一般由地闪引起,地闪频数是最直接地反映孕灾环境的评价指标。但是由于目前我国气象部门还没有统一标准的闪电定位系统投入业务运行,而已经投入业务运行的闪电定位系统也存在着诸多问题,如系统性能没有统一规范,对设备整体性能指标以及闪电站网的总体性能缺乏科学评估等,因此所监测到的数据与气象部门对雷电监测业务的需求还有一些差距。虽然廊坊市三河站和大城站已经安装了闪电定位仪并已业务运行,但是由于闪电定位系统运行的时间不长(业务运行不到2年),且系统的稳定性无法保证,廊坊市并没有积累下可以用于科学研究的有效闪电资料,所以目前研究雷电所用资料只能是地面气象观测站的人工观测资料。在雷电灾害指标计算中所用到雷暴日资料来源于廊坊市9个地面气象观测站的逐日气象观测资料;雷电灾情出现站次、雷电灾情经济损失量、伤亡人员数来源于廊坊市气象局2008年全市气象灾害灾情普查资料;各县(市、区)生产总值(GDP)、人口数据来源于廊坊市年鉴。

廊坊市现有2区、2市、6县,由于统计数据将廊坊经济开发区作为一个与各区县并列的行政单元,所以这里以廊坊市有11个县(市、区)进行统计计算。在统计中以每个县(市或区)作为基础单元进行统计。为使所选取的雷电数据、雷电灾害数据及其他相关数据更接近现状,有更好的可比性,同时也使其有较好的代表性,这里选取1998—2007年廊坊市各县(市、区)的雷暴日、雷电灾情出现站次、雷电灾情经济损失量、伤亡人员数等数据进行相关雷电灾害易损性评价指标的计算,所以下面公式(5.6)、(5.7)、(5.9)、(5.11)中统计样本年数 n 取值为10。考虑某区域的生产总值(GDP)每年变化较大,统计时仅选取2005—2007年的数据,而人口数据是指统计在册的户籍人口和暂住人口的总和,对无法统计的流动人口则不记。

(2)雷暴日数 M

雷暴日数是指某区域每年发生雷暴的天数。在某区域内,凡在一天(20时—次日20时)之内能听到雷声的就算一个雷暴日。它反映了某区域雷电活动的自然规律,是反映雷暴活动的重要指标之一。某区域雷暴日数越大,说明该区域雷电灾害的孕灾环境越复杂,致灾因子活跃,承灾体的易损性较大。

雷暴日数计算公式为

$$M = \frac{1}{n}\sum_{i=1}^{n} T_i \tag{5.6}$$

式中,M 表示雷暴日数,单位:次/a;T_i 为某区域第 i 年雷暴日数;n 为统计样本年数。T_i 由廊坊市各县市区内的地面气象观测站的观测资料统计得到,其中广阳区、开发区无地面气象观测站,其年平均雷暴日数值由位于安次区内的廊坊地面气象观测站(54515)的值代替。

(3) 雷电灾害频度 R

雷电灾害频度是指某区域内每年出现雷电灾情的次数,表示该区域雷电灾情发生频率和次数的高低。它客观反映了该区域的雷电灾害易损性情况,是进行承灾体易损性分析的一个重要指标。雷电灾害频数计算公式为

$$R = \frac{1}{n}\sum_{i=1}^{n} N_i \tag{5.7}$$

式中,R 为某区域的雷电灾害频度,单位:次/a;N_i 为某区域第 i 年内发生雷电灾害的总次数;n 为统计样本年数。

(4) 经济(GDP)易损模数 E

经济易损模数的含义是指发生雷电灾害时某区域单位面积上可能遭受损失的经济总量,即该区域内单位面积上的生产总值,公式为

$$E = D/S \tag{5.8}$$

式中,E 表示某区域的经济易损模数,单位:万元/km^2,D 表示发生雷电灾害时该区域内经济总量,单位为万元;D 是 2005—2007 年廊坊市各县市区生产总值(GDP)的平均值;S 为该区域的国土面积,单位:km^2。E 客观反映了该区域雷电灾害可能造成的损失程度和分布情况,间接反映了该区域防御、抗击雷灾的能力以及可恢复能力。

(5) 经济损失模数 E'

经济损失模数 E' 的计算公式为

$$E' = (\frac{1}{n}\sum_{i=1}^{n} d_i)/S \tag{5.9}$$

式中,E' 表示经济损失模数,单位:万元/km^2,d_i 为某区域第 i 年由雷电灾害所造成的经济损失总量,S 为该区域的国土面积,单位:km^2。经济损失模数 E' 是指某区域内单位面积上由雷电灾害所造成的经济损失量,直接客观地反映了该区域雷电灾害损失程度和损失的分布情况,同时也反映了该区域防御雷电灾害的能力。

(6) 生命易损模数 L

生命易损模数 L 的计算公式为

$$L = P/S \tag{5.10}$$

式中,L 表示某区域发生雷电灾害时,单位面积上可能受到雷电危害的人口数量,即该区域内单位面积上的人口数量,单位:人/km^2;P 为 2005—2007 年该区域人口平均数,S 为该区域的国土面积,单位:km^2。该指标客观反映了某区域生命对灾害的敏感性。

(7) 生命损伤模数 L'

生命损伤模数 L' 的计算公式为

$$L' = (\frac{1}{n}\sum_{i=1}^{n} p_i)/S \tag{5.11}$$

式中,L' 表示生命损伤模数,单位:人/km^2;p_i 为某区域第 i 年由雷电灾害所造成人员伤亡总数,单位:人,包括因雷电灾害而死亡和受伤人数;S 为该区域的国土面积,单位:km^2。生命损伤模数的含义是指某区域单位面积内直接由雷电灾害造成的死亡和受伤人口数量,表示了该

区域雷电灾害导致的人身伤亡情况,间接反映了该区域防御雷电灾害的能力。

依据上述各项雷电灾害易损性指标的计算方法和公式,计算得到廊坊市各县市区雷电灾害易损性分析指标的值(表5.10)。

表 5.10 廊坊市各县(市、区)雷电灾害易损性分析指标

县(市)	雷暴日数 M (d)	雷电灾害频度 R (次/a)	经济易损模数 E (万元/km²)	经济损失模数 E' (万元/1000km²)	生命易损模数 L (人/万 km²)	生命损伤模数 L' (人/万 km²)
三河市	33.1	0.3	2562.5	3.3	771.6	3.1
大厂县	31.3	0	1240.1	0	642.8	0
香河县	29.6	0.5	1634.6	8.2	467.2	2.2
固安县	31.9	1.2	577.5	1.6	574	5.7
安次区	31.8	0.5	504.8	1.4	590	5.0
广阳区	31.8	0.5	2904.1	1.5	953.3	0
开发区	31.8	0.5	11695.5	50.4	2017.3	0
永清县	30.8	0.1	454.3	0.7	474.4	0
霸州市	30.3	0.1	1739.3	0	736	0
文安县	28	0.7	598.8	1.2	447.9	0.1
大城县	25.2	0.7	810.1	0.9	513.1	2.2
全市平均	30.4	0.49	2247.4	2.2	744.3	0.2

注:广阳区、安次区、开发区的年平均雷暴日数值由廊坊气象观测站(54515)的值代替。

5.3.3 廊坊市雷电灾害易损度分析

某区域的雷电灾害易损性主要体现了该区域未来因雷电灾害可能造成的损失量的高低,若该区域的雷电灾害易损度越大则该区域未来因雷电灾害可能造成的损失量就越高。就是说,雷电灾害易损度的大小对某区域未来因雷电造成的可能损失量做出了趋势评价和判断(高、低等)。

5.3.3.1 雷电灾害易损性指标分级

表5.10给出了廊坊市各县(市、区)雷电灾害易损性指标值,主要体现该区域发生雷电灾害时可能造成损失量的大小,为了让雷电灾害易损性大小体现得更直观、更有可比性,将雷电灾害易损性指标用极高、高、中、低、极低等5级来描述,并给各等级赋予如下定值:极高为1.0,高为0.8,中为0.5,低为0.3,极低为0.1。

为了使所制定的雷电灾害易损性指标等级和相邻地区有可比性和实用性,将廊坊市放在京津冀这个大背景下进行分析,根据廊坊市在京津冀所处地理位置、气候特征、经济实力、人口状况等多方面因素以及参考已有的雷电灾害易损性指标等级划分标准制定以下等级划分标准(表5.11)。

雷暴日数的等级划分:将京津冀滨海平原地区雷暴日数最高值作为极高等级的下限,将平原地区的平均雷暴日数作为中等的上限,根据地区雷暴日等级划分标准的少雷暴区的划分标准作为极低的上限。

雷电灾害频度的等级划分:以北京雷暴灾害频度等级划分标准作为基础,结合北京与河北的1km² 内的人口数量和经济总量,人口:河北/北京≈1/2,经济总量:河北/北京≈1/6,将北

京雷暴灾害频度等级划分标准均按 1/3 计算后,即得到这里雷电灾害频度各等级划分标准。

表 5.11 雷电灾害易损性指标等级划分标准

评价指标	极高 (1.0)	高 (0.8)	中 (0.5)	低 (0.3)	极低 (0.1)
雷暴日数 M(d)	>36.30	36.20~31.60	31.50~25	24.90~20	<20
雷电灾害频度 P(次/a)	>1.23	0.78~1.23	0.42~0.77	0.08~0.42	<0.07
经济易损模数 E(万元/km²)	>4781.67	4781.67~3034.72	3034.71~632.13	632.12~50	<50
经济损失模数 E'(万元/1000km²)	>9.06	9.06~7.54	7.55~5.03	5.02~4.03	<4.03
生命易损模数 L(人/万 km²)	>807.04	807.03~634.68	634.67~367.48	367.47~150	<150
生命损伤模数 L'(人/万 km²)	>2.52	2.52~2.11	2.10~1.40	1.39~1.12	<1.12

参照京津冀 3 省市 2005—2007 年国民经济和社会发展统计公报,将 2005—2007 年北京年平均地区生产总值(GDP)作为极高等级的上限,将京津冀 2005—2007 年年平均地区生产总值(GDP)作为中等级标准的上限,将河北 2005—2007 年年平均地区生产总值(GDP)作为中等级标准的下限。

将京津冀 3 省市 2005—2007 年统计户籍人口数的平均值的最高值作为极高等级的上限,将京津冀 2005—2007 年统计户籍人口数的平均值作为中等级标准的上限,将河北 2005—2007 年统计人口数的平均数作为中等级标准的下限,参照已有的标准,选取 150 人/km² 作为极低等级的上限。

经济损失模数和生命损伤模数的等级划分采用对称等分间隔 5 级分割法,将雷电灾害易损性指标用极高、高、中、低、极低等 5 级来描述,距平百分比在 $-20\%\sim+20\%$ 内为中,指数定为 0.5,距平百分比在 $+21\%\sim+40\%$ 内为高,指数定为 0.8,距平百分比 $>40\%$ 为极高,指数定为 1.0,距平百分比在 $-21\%\sim-40\%$ 内为低,指数定为 0.3,距平百分比 $<-40\%$ 为极低,指数定为 0.1。

5.3.3.2 雷电灾害综合易损度分析

按照表 5.11 给出的雷电灾害易损性指标等级划分标准判断各县市区每个指标的所属等级并给其赋予相应的等级指标值,将某个区域的 6 个指标的等级指标值相累加后进行算术平均,即可获得该区域的雷电灾害综合易损度的值。廊坊市 11 个县市区雷电灾害综合易损度值最高的是廊坊市经济开发区(简称开发区),永清、文安最低,全市平均 0.49(表 5.12)。

表 5.12 廊坊市各县市区雷电灾害综合易损度分析

县(市)	雷暴日数 M(d)	雷电灾害频度 R(次/a)	经济易损模数 E(万元/km²)	经济损失模数 E'(万元/1000km²)	生命易损模数 L(人/万 km²)	生命损伤模数 L'(人/万 km²)	雷电灾害综合易损度
三河市	0.8	0.3	0.5	0.1	0.8	1.0	0.58
大厂县	0.5	0.1	0.5	0.1	0.8	0.1	0.35
香河县	0.5	0.5	0.5	0.8	0.5	0.8	0.6
固安县	0.8	0.5	0.3	0.3	0.5	1.0	0.58
安次区	0.8	0.8	0.3	0.1	0.5	1.0	0.58

续表

县(市)	雷暴日数 M (d)	雷电灾害频度 R (次/a)	经济易损模数 E (万元/km²)	经济损失模数 E' (万元/1000km²)	生命易损模数 L (人/万 km²)	生命损伤模数 L' (人/万 km²)	雷电灾害综合易损度
广阳区	0.8	0.5	0.5	0.1	1.0	0.1	0.5
开发区	0.8	0.5	1.0	1.0	1.0	0.1	0.73
永清县	0.5	0.3	0.3	0.1	0.5	0.1	0.3
霸州市	0.5	0.3	0.5	0.1	0.8	0.1	0.38
文安县	0.5	0.3	0.3	0.1	0.5	0.1	0.3
大城县	0.5	0.3	0.5	0.1	0.5	0.8	0.45
全市平均	0.64	0.43	0.47	0.25	0.67	0.47	0.49

5.3.4 廊坊市雷电灾害易损度区划

采用5级分区法将雷电灾害综合易损度划分为极低易损区(0.00~0.1)、低易损区(0.11~0.29)、中易损区(0.30~0.49)、高易损区(0.50~0.69)、极高易损区(0.70~1.00)。根据各县市区的雷电灾害综合易损度的评价结果判断各县市区所属的易损度等级,具体区划结果见图5.11。

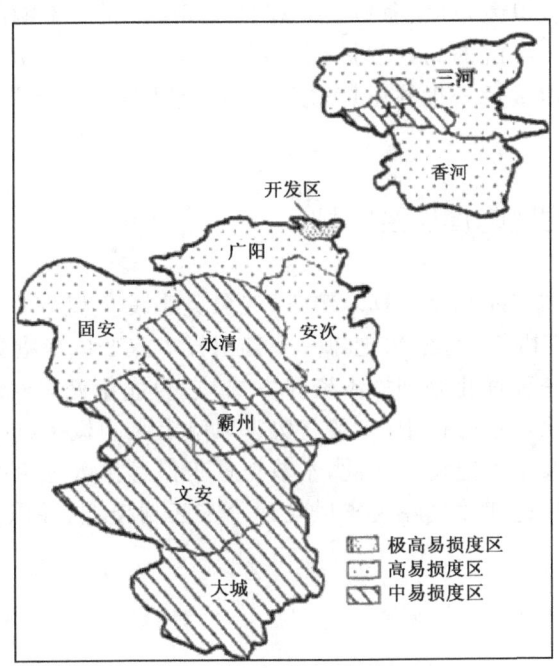

图 5.11 廊坊市雷电灾害综合易损度区划图

由图 5.11 可以看到,廊坊市 11 个县(市、区)均属于中易损度区以上,永清县等 5 各县(市、区)是中易损度区,广阳区等 5 各县(市、区)是高易损度区,仅开发区属于极高易损度区。根据各县(市、区)面积可以计算出中易损度区占 56.2%,高易损度区占 42.7%,极高易损度区占廊坊市面积的 1.1%。

5.3.5 结论与讨论

(1)在京津冀地理地貌、气候、人口和经济的大背景下,通过分析廊坊市 1998—2007 年雷暴日资料和雷电灾情资料,结合廊坊市的人口和经济情况,提出雷暴日数(M)、雷电灾害频度(R)、经济(GDP)易损模数(D)、经济损失模数(E')、生命易损模数(L)、生命损伤模数(L')等 6 个雷电灾害易损性分析指标及相应的等级划分标准,对廊坊市 11 个县(市、区)进行了雷电灾害易损度区划分析,分析结果发现廊坊市 11 个县(市、区)雷电灾害易损度均在中易损度及以上,仅有开发区属于极高易损度区,占廊坊市面积的 1.1%。

(2)确定雷电灾害易损性分析指标是进行易损性评价的关键,而在雷电灾害易损性分析指标确定好之后,如何合理地选取计算雷电灾害易损性指标的各个参数是决定易损性分析评价效果好坏的关键。对于影响雷电灾害易损性指标的各参数中,行政区面积对一个区域而言是固定的,十分易于确定。雷暴日数由于所采用的平均值,取样时间长短对所得到的平均值略有不同,对指标的计算结果略有影响,但影响不大。由于历史雷电灾害的统计评价资料的缺失或遗漏,尤其是 20 世纪 90 年代之前雷电灾害的统计与评价资料则更少,这样雷电灾害的取样年限会影响到雷电灾害频度(R)、经济损失模数(E')、生命损伤模数(L')的计算结果。人口数这里采用的是近 3 年的平均人口数,采用取最近一年的人口数还是取多年平均数,是采用统计的户籍人口数还是用常住人口数,对生命易损模数的计算结果是有影响的,尤其是对流动人口数量较大的区域。由于我国经济的高速发展,各地年地区生产总值(GDP)增长多在 10% 以上,地区生产总值(GDP)是取最近一年的还是取近几年的平均值,直接影响到经济损失模数的计算结果。

5.4 贵州省凝冻灾害风险评价及区划

在传统上由于气象灾害序列是小样本事件,气象灾害发生概率计算主要用发生频率来代替,而信息扩散方法是利用信息分配法把每一个知识样本点变成模糊集,并把其携带的信息分配给样本中每一个点的一种优化处理样本资料方法,它为优化处理气象灾害风险提供了一个重要途径。在灾害的风险定量分析中,一般将灾害风险定义为概率(或频率)乘以强度,而并未考虑其概率的分布规律及不确定性。为此,本节拟基于信息扩散理论的风险分析方法与概率、信息论理论及风险矩阵理论建立气象灾害风险评价及区划模型,并以贵州省凝冻灾害风险评价为例进行说明。

5.4.1 材料与方法

5.4.1.1 材料

采用的气温与降水资料来源于贵州省气候中心,时间序列为从建站起至 2007 年,空间分布为贵州省 84 个气象台站点。利用该数据可以对贵州省每个县的气象灾害指数进行计算与等级划分。

5.4.1.2 方法

(1)气象灾害指数计算方法

气象灾害指数计算公式及等级划分标准均参照《贵州短期气候预测技术》。

(2)基于信息扩散理论气象灾害风险评价

利用气象台站从建站起至2007年历年气象资料,分别计算贵州省84个气象台站各年的气象灾害指数。由于气象台站资料的时间序列仅仅有50年左右,部分站点资料年限更少,存在统计信息不足的缺点,利用概率分布统计分析,结果可能会受到局限。信息扩散是为了弥补信息不足而考虑优化利用样本模糊信息的一种对样本进行集值化的模糊数学处理方法,该方法可以将一个有观测值的样本变成一个模糊集,即将单值样本变成集值样本。利用模糊数学中有关信息扩散的理论,可以将某种气象灾害样本的资料从一个单值信息扩散到所设定的指标论域中所有的点,从而获得较好的风险分析效果。

设计算所得到的 m 年的气象灾害指数样本集合为

$$R = \{r_1, r_2, \cdots, r_m\} \tag{5.12}$$

根据某种气象灾害指数的范围可以设定灾害风险因素指标论域为

$$U = \{u_1, u_2, \cdots, u_n\} \tag{5.13}$$

式中,u_1 为气象灾害指数的最小值,u_n 为最大值,利用信息扩散对样本进行集值化的模糊数学处理方法,一个单值观测样本 r_i 可以将其所携带的信息扩散给 U 中的所有点,常采用的模型是正态扩散模型、三角扩散函数、二次扩散函数。陈志芬通过C语言编程,利用仿真数据进行检验,结果显示基于正态扩散的模型已经非常稳定。

由信息扩散方法可以求得每种气象灾害对应灾害风险因素指标论域的概率值 $p(u_i)$ 及超越某一指标论域的概率值总和 $P(u_i)$。

为了更充分利用信息扩散带来的信息,令气象灾害风险估计值

$$T = p(u_i)UT \tag{5.14}$$

(3)气象灾害风险不确定性评价

由于在传统上只注重了灾害的狭义定义而将灾害发生风险定量为概率(或频率)乘以强度,并未考虑其概率的分布规律及不确定性,这样并不能很全面地反映各地区的灾害风险。因为某些灾害发生不稳定不确定的地区,灾害所带来的危险性风险相对某些稳定概率发生的地区所带来的危险性风险更大,并且在灾害风险管理中稳定性概率发生的地区比不确定性大的区域相对易于管理。因此,该研究拟在信息扩散所得到的超越概率 $P(u_i)$ 的基础上,分析其超越概率分布曲线,并利用信息熵来衡量其超越概率不确定性

$$H = -\text{SUM}\{P(u_i) \lg[P(u_i)]\} \tag{5.15}$$

(4)气象灾害风险区划

这里分别对气象灾害风险估计值 T 和气象灾害不确定性 H 评价之后,采用风险矩阵法对气象灾害风险进行评价。该方法具有简单、方便、综合的特点,适用范围为2个指标或2个系统,指标或系统之间为平行或相乘关系。由于不同指标可根据各自的特性确定出等级范围,避免了2种评价指标之间确定权重的问题;也避免了在定量分析时,由于某种指标数据之间或指标与指标之间数值相差过大相乘后造成的数据损失问题。该方法可反映气象灾害风险估计值 T、气象灾害不确定性 H 以及二者综合分布规律。

根据灾害风险分区矩阵(表5.13),在此采用5级分类方法:"1"代表低风险;"2"代表较低

风险;"3"代表中等风险;"4"代表较高风险;"5"代表高风险。当风险值域为[1,1]时,表示低风险;当风险值域为[2,4]时,表示较低风险;当风险值域为[6,9]时,表示中等风险;当风险值域为[12,16]时,表示较高风险;当风险值域为[20,25]时,表示高风险。

表 5.13 灾害风险矩阵

灾害不确定性 (H)	灾害风险估计值(T)				
	低风险	较低风险	中等风险	较高风险	高风险
低风险	1	2	3	4	5
较低风险	2	4	6	8	10
中等风险	3	6	9	12	15
较高风险	4	8	12	16	20
高风险	5	10	15	20	25

5.4.2 结果与分析

5.4.2.1 气象灾害可能性风险评价

以凝冻灾害为例,首先,利用从建站起至2007年历年气温资料与年度冬季凝冻指数求算公式,分别计算贵州省84个县站每年度凝冻指数(部分站点年代不足)。从而得到各站点57年的凝冻气象灾害指数样本集合为 $R=\{r_1,r_1,\cdots,r_{57}\}$。根据凝冻气象灾害指数的范围与强度划分标准,衡量考虑计算精度和计算复杂度的要求,以5为间距,设定灾害风险因素指标离散论域为 $U=\{0,5,10,15,\cdots,300\}$。分别求得各个县站的不同指标论域概率的估计值 $p(u_i)$,$i=61$,再求得超越概率 $P(u_i)$。根据凝冻指数灾害等级划分标准,以贵州省地级市为例,求出的不同等级(轻、中、重、特重)灾害的超越概率 $P(u_轻)$、$P(u_中)$、$P(u_重)$、$P(u_{特重})$,见表5.14。从中可看出,对于选取的每一个凝冻灾害等级水平,都会有一个相应的凝冻灾害超越概率值与其相对应。以灾害等级水平为特重的列为例,这一列中的每个数据分别表示其相对应区域今后发生特重凝冻灾害以上的概率。贵阳市发生特重凝冻灾害以上的概率为9.8%,也就是大约10年左右一遇(重现率=1/概率)。而灾害等级在特重以上的凝冻灾害在铜仁市出现的概率最低,为3.5%。可以解释为,在铜仁市特重以上凝冻灾害基本上约为30年左右一遇。

表 5.14 贵州省各地级市凝冻灾害超越概率值

站点	$P(u_轻)$	$P(u_中)$	$P(u_重)$	$P(u_{特重})$
贵阳	50.1	40.7	17.5	9.8
遵义	47.5	34.2	14.7	7.9
安顺	67.8	58.0	35.3	21.5
凯里	58.6	43.1	26.6	15.2
铜仁	26.7	19.9	5.4	3.5
水城	93.4	86.4	68.9	55.4
都匀	52.5	42.3	22.6	12.4
毕节	94.1	90.0	65.4	49.6

5.4.2.2 灾害不确定性风险评价

在传统的灾害风险定量分析中,一般定义为概率(或频率)乘以强度,但是那样并不能完整地反映出灾害发生的规律。因此,对于风险评价除了需要考虑风险发生的可能性,同时还需要考虑风险的概率(或超越概率)曲线图以及风险的不确定性。因此,可以根据冬季凝冻指数灾害等级划分标准,统计灾害发生的超越概率 $P(u_i)$ 曲线图,并选取各风险等级的典型站点作为研究样点(图 5.12)。

由概率与数理统计理论可知凹形式的超越概率分布对应着左偏的概率密度形式,而凸形式的超越概率分布则对应着右偏的概率密度形式,超越概率曲线的凹凸程度也分别对应着概率密度曲线的偏态程度。超越概率曲线具有拐点意味着其对应的概率密度曲线具有波动性。超越概率曲线在拐点处由凸转向凹,意味着其对应的概率密度曲线在拐点所对应的横坐标处有一个极大值;反之,由凹转向凸则意味着概率密度曲线在拐点所对应的横坐标处有一个极小值。从图 5.12 看出,平塘有一个明显的从凹到凸的趋势,由此可知在拐点处将会对应一个概率的极小点。

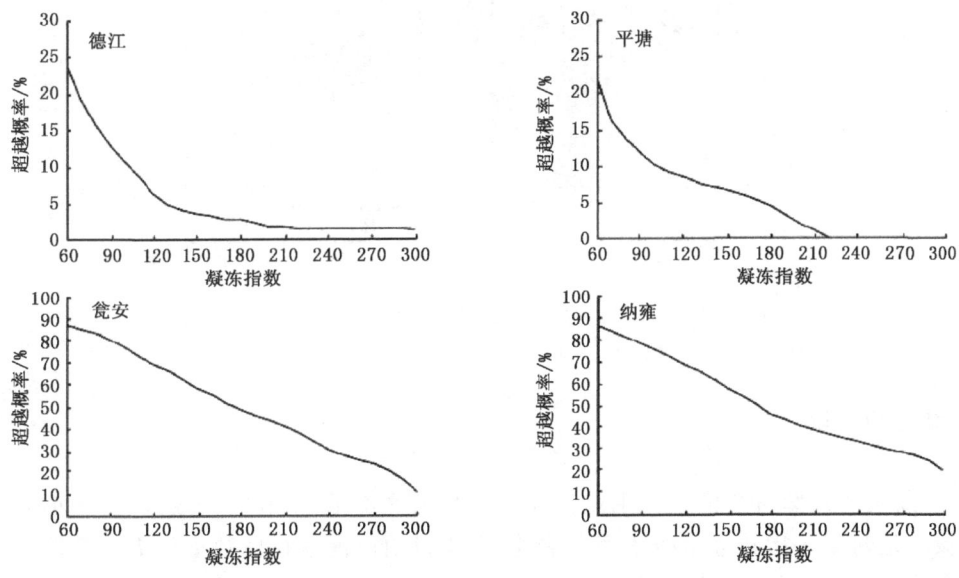

图 5.12 贵州部分县凝冻指数超越概率曲线

在信息论中,熵可用作某事件不确定度的量度。信息量越大,体系结构越规则,功能越完善,熵就越小。信息扩散所得到的超越概率 $P(u_i)$ 的基础上,利用公式(5.15)分别求得各县的灾害熵值(H)。

经比较可以得到狭义风险值(T)高的地区灾害熵值(H)不一定大,如德江与平塘都属于低风险区域,其中平塘的狭义风险值(T)与德江相近,但是德江的熵值却相对大于平塘,说明德江灾害离散性强,不确定性高,因此德江灾害风险性以及灾害风险的管理难度应该相对大于平塘。瓮安与纳雍都属于高风险区域,但是纳雍的风险概率大都确定在重、特重灾害,而瓮安的灾害离散性强,不确定性高,同理,瓮安灾害风险危险性以及灾害风险的管理难度应该相对大于纳雍。

由此可见利用信息熵来衡量超越概率的不确定性,综合分析灾害狭义风险估计值(T)与灾害超越概率熵值(H),对全面了解气象灾害风险具有重要的意义,可对科学制定气象灾害风险管理措施提供理论参考。

5.4.2.3 气象灾害风险区划

以凝冻灾害为例,利用气象灾害风险估计值(T)、气象灾害不确定性(H)进行气象灾害风险区划,并且采用风险矩阵法可以对气象灾害风险进行区划所得区划图见图5.13。贵州地处中低纬度,省内地形起伏大,贵州省凝冻灾害高风险区主要分布在毕节、六盘水、贵州中部部分地区以及习水、三穗、万山地势较高地区,低风险区主要分布在铜仁、黔南以及黔东南部分地区。经与实际气象观测比较,较好地揭示了贵州省凝冻灾害风险的区域性和地带性规律,并对灾害的风险实现了定量表达。

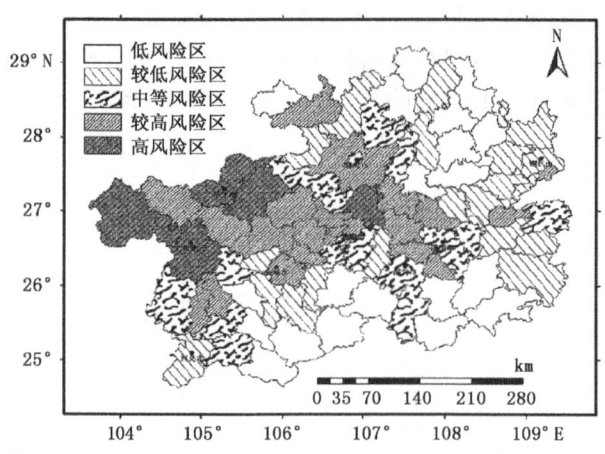

图5.13 贵州省凝冻灾害风险区划示意

5.4.3 结论与讨论

(1)气象灾害风险分析的最大困难往往在于数据的不足,尤其在行政区、县和小流域,风险分析的核心是对某一指数进行概率密度估计,由于目前所能获得的数据的不完备性,应用传统的统计方法确定概率分布无法保证很高的精度,而信息扩散是一种有效处理小样本的模糊数学方法,因此发展小样本集的风险分析方法是有重要应用价值的。本例在信息扩散理论的基础上,建立了气象灾害风险评价模型,利用该模型可以计算气象灾害风险估计值,获得较好的风险分析效果。

(2)狭义的风险估计值一般不能完全描述风险的性质。本例在此基础上进一步分析了灾害风险超越概率的分布曲线规律与灾害风险的极值点以及定量分析了风险概率的不确定性,定义了超越概率的熵值(H),更加全面地反映了气象灾害风险的性质,对于研究气象灾害对农业与生态的影响,指导科学防灾减灾具有重要的意义。

(3)将以上两种风险分析理论结合风险矩阵法具体应用在贵州凝冻灾害风险分析上,对贵州省凝冻灾害风险进行了定量风险评价与风险区划。结果表明,贵州省凝冻灾害高风险区主要分布在毕节、六盘水等地势较高地区,低风险区主要分布在铜仁、黔南以及黔东南等部分地区,评价结果与实际气象观测相符。但是,凝冻灾害的风险除受凝冻灾害的程度和频率的影响以外,还有诸多因素影响如地形地貌、海拔高度等因素有关,在风险区划方面还需更深入地研究。

(4)气象灾害风险分析与管理是一个系统的工程,灾害风险分析面对的是十分复杂的自然和社会复合系统,其致灾因素与当地气候变化有关,灾害损失风险更与人类活动、人口密度、种植结构、种植面积、自然背景等密切相关。本例的理论是气象灾害风险分析中致灾因子风险评价的基础,也是进行贵州气象灾害风险区划及对生态与农业影响风险分析与管理的基础。

5.5 海南岛暴雨洪涝灾害风险评价及区划

随着自然灾害研究的不断深入及经济建设的日益发展、防灾减灾意识的逐渐普及和对灾害管理、减灾效果的日益重视。《中国 21 世纪议程》已将"防灾减灾"列入中国实施 21 世纪可持续协调发展战略的行动纲领,其中又将"提高对自然灾害的管理水平"作为防灾减灾的首要方面,作为自然灾害管理中重要而基础的风险评价与区划显得愈益重要而迫切。国内外在气象灾害风险评价和区划方面开展了许多研究,技术方法多种多样,但并未能提出一个集成化的指数来对其进行分析。这里以自然灾害风险理论及气象灾害风险形成机制为出发点和支撑点,选择暴雨洪涝灾害较为严重、具有代表性的海南岛作为研究区,对海南近 50 年的暴雨洪涝灾害数据库进行整理和分析。通过对孕灾环境敏感性、致灾因子危险性、承灾体易损性、防灾减灾能力等 4 因子综合分析,构建暴雨洪涝灾害风险评价的指标体系和方法,对暴雨洪涝灾害风险程度进行评价和等级划分,并绘制了海南岛暴雨洪涝灾害风险区划图。

5.5.1 资料与方法

5.5.1.1 资料

气象资料:采用海南省 18 个气象站 1961—2008 年的逐日降水数据。

灾情资料:灾情资料为 1961—2008 年海南省以县(区)为单元的暴雨洪涝灾情普查数据(受灾人口、受灾面积、直接经济损失)。

社会经济资料:来自 2008 年出版的《海南统计年鉴》,选用以县(区)为单元的行政区土地面积、年末总人口、耕地面积、国民生产总值(GDP)、防洪除涝面积等数据。

地理信息数据:基础地理信息资料包括海南岛 1∶5 万基础地理信息数据中的 DEM(数字高程模型)和水系数据。

5.5.1.2 方法

研究中采用了规范化方法、加权综合评价法、百分位数法和自然断点分级法等 4 种数据处理方法,分别计算每个承灾体易损性评价指标、综合承灾体易损性指数、致灾雨量、孕灾环境敏感性指数等。

(1)数据处理方法

1)规范化方法

暴雨洪涝灾害的敏感性、危险性、易损性和防灾减灾能力 4 个评价因子又各包含若干个指标,为了消除各指标的量纲和数量级的差异,需对每一个指标值进行规范化处理。处理方法采用常用的归一化方法,即将数据映射到 0~1 范围之内处理。考虑到计算暴雨洪涝灾害风险指数时,为避免指数函数的底数为0,故将孕灾环境指数、危险性指数和易损性指数的数据范围置于[0.5,1],防灾减灾指数的数据范围置于[0,0.5]。各个指标(防灾减灾指数不加0.5)规范化计算公式为

$$D_{ij} = 0.5 + 0.5 \times \frac{A_{ij} - \min_i}{\max_i - \min_i} \qquad (5.16)$$

式中,D_{ij}是j区第i个指标的规范化值,A_{ij}是j区第i个指标值,$\min_i$和$\max_i$分别是第i个指标值中的最小值和最大值。

2)加权综合评价法

加权综合评价法综合考虑各个具体指标对评价因子的影响程度,是把各个具体指标的作用大小综合起来,用一个数量化指标加以集中,计算公式为

$$V = \sum_{i=1}^{n} W_i \cdot D_i \qquad (5.17)$$

式中,V是评价因子的值,W_i是指标i的权重,D_i是指标i的规范化值;n是评价指标个数。权重W_i的确定采用层次分析法,首先由专家对评价因子依据其相对重要程度建立两两比较判断矩阵,再计算出最大特征根所对应的特征向量,即权重。

3)百分位数法

百分位数是一种位置指标,常用于描述一组样本值在某百分位置上的水平,多个百分位结合使用,可以更全面地描述资料的分布特征。百分位数的计算采用以下经验公式

$$\hat{Q}(p) = (1-\gamma)X_{(j)} + \gamma X_{(j+1)} \qquad (5.18)$$

其中 $\qquad j = \mathrm{int}[p \times n + (1+p)/3] \qquad \gamma = p \times n + (1+p)/3 - j$

式中,i为第i个百分位值,X为升序排列后的样本序列,p为百分位数,n为序列总数,j为第j个序列数。

4)自然断点分级法

自然断点分级法用统计公式来确定属性值的自然聚类。公式的功能就是减少同一级中的差异、增加级间的差异。其公式为

$$SSD_{i-j} = \sum_{k=i}^{j} (A[k] - mean_{i-j})^2 \qquad (1 \leqslant i < j \leqslant N) \qquad (5.19)$$

其中
$$mean_{i-j} = \frac{\sum_{k=i}^{j} A[k]^2}{j-i+1} \qquad (1 \leqslant i < j \leqslant N)$$

式中,A是一个数组(数组长度为N),$mean_{i-j}$是每个等级中的平均值,具体计算过程可通过ARCGIS软件自动实现。

(2)指数计算方法

1)孕灾环境敏感性指数

孕灾环境的敏感性主要考虑了地形和水系两个因素。其中地形因子又分别以高程和高程标准差来表现,因为高度的大小和地形的起伏变化对于涝灾的形成起了重要的作用。而水系因子主要是考虑河流对于涝灾形成所产生的影响,即附近存在密度较大河网的地区和距离水体较近的地区易发生洪涝灾害。基于以上的分析,对于地形采用分级赋值的方式,对研究区域的每个格点进行赋值,数值的大小即体现了该地区发生洪涝灾害的可能性。水系因子的分析较为复杂,河网密度以半径范围内的河流长度代替,与水体的距离则利用ARCGIS的缓冲区

功能实现。对于孕灾环境进行敏感性分析,考虑到地形与水系的贡献基本相同,因此二者的权重都设定为 0.5,应用自然断点法划分为 5 个等级。

2) 致灾因子危险性指数

具体计算过程是先统计海南省 1961—2008 年各气象台站 1d、2d、3d、…、10d(含 10d 以上)的暴雨过程降水量(暴雨过程降水量是指过程降水量以连续降水日数划分为一个过程,一旦出现无降水则认为该过程结束,并要求该过程中至少 1d 的降水量达到或超过 50mm,最后将整个过程降水量进行累加),将过程降水量作为一个序列;统计海南暴雨灾情,将灾害损失占 GDP 的比重作为损失率,并等距离分为 5 级,计算其对应的过程降雨量,得到百分位数的暴雨强度等级,具体分级标准为:60%~80%位数对应的降水量为 1 级,80%~90%位数为对应的降水量为 2 级,90%~95%位数对应的降水量为 3 级,95%~98%位数对应的降水量为 4 级,大于等于 98%位数对应的降水量为 5 级;再计算各台站在不同暴雨等级中的暴雨过程频次,得到海南岛各级暴雨强度频次分布。根据暴雨强度等级越高,对洪涝形成所起的作用越大的原则,确定降水致灾因子权重,将暴雨强度 5、4、3、2、1 级权重分别取作 5/15、4/15、3/15、2/15、1/15,将致灾因子危险性指数按 5 个等级进行区划。

3) 承灾体易损性指数

承灾体易损性是指可能受到气象灾害威胁的所有人员和财产的伤害或损失程度。一个地区人口和财产越集中,易损性越高,可能遭受潜在损失越大,气象灾害风险越大。因此需要选取多个因子进行综合分析,得到一个可以全面衡量承灾体本身应对气象灾害能力的指标,作为承灾体易损性指数。魏一鸣等(2002)将这些因子概括为人口指标集合、经济指标集合和土地利用指标集合,另外还提出通过分析历史灾情资料,确定各类承灾体的损失率来评价易损性的方法,刘敏等在对湖北省雨涝灾害进行风险评价时主要考虑了承灾体的经济发展水平和承灾体密度两个方面,以人均 GDP 和人口密度表示,张会等在分析辽河中下游地区洪涝灾害风险时也是从人口与经济两方面构建了脆弱性指标。本项目经过与多位专家讨论,最终选择地均人口、地均 GDP 和耕地面积比例三个因子,前两者分别评价人口与经济。考虑到海南的经济地区间发展不平衡,而且农业产值在经济总量中的比重虽然不高,但农业用地面积大,农业人口多,不能忽视,如果单纯考虑 GDP 则会降低很多地区的易损性程度,因此增加了耕地面积比例这个因子。三者的权重系数分别为:地均人口(0.1634),地均 GDP(0.5396),耕地比例(0.297)。所得结果通过一致性检验,CI 为 0.0046,CR 为 0.0088。

4) 防灾减灾能力指数

防灾抗灾能力是受灾区对气象灾害的抵御和恢复程度,包括应急管理能力、减灾投入资源准备等,防灾抗灾能力越高,可能遭受的潜在损失越小,气象灾害风险越小。暴雨洪涝防灾抗灾能力是为应对暴雨洪涝灾害所造成的损害而进行的工程和非工程措施。考虑到这些措施和工程的建设必须要有当地政府的经济支持,同时根据海南省当地可获资料的实际,主要考虑了人均 GDP 和旱涝保收面积比例两个影响因子。

5) 暴雨洪涝灾害风险指数

暴雨洪涝灾害风险是孕灾环境敏感性、致灾因子危险性、承灾体易损性和防灾减灾能力 4 个因子综合作用的结果,暴雨洪涝灾害风险指数计算公式为

$$FDRI = (VE^{W_E})(VH^{W_H})(VS^{W_V})(1-VR)^{W_R} \tag{5.20}$$

式中,$FDRI$ 为暴雨洪涝灾害风险指数,用于表示风险程度,其值越大,则灾害风险程度越大;

VE、VH、VS、VR 的值分别表示风险评价模型中的孕灾环境的敏感性、致灾因子的危险性、承灾体的易损性和防灾减灾能力各评价因子指数;W_E,W_H,W_V,W_R 是各评价因子的权重,应用层次分析法得到的权重分别为 0.22、0.38、0.2、0.2。

5.5.2 研究结果

5.5.2.1 孕灾环境敏感性

计算得到海南岛暴雨洪涝灾害孕灾环境敏感区划图(图 5.14)。海南岛的地理环境对于暴雨洪涝灾害的敏感性呈现中部低,周边高的分布格局,中部五指山、琼中和白沙为低敏感区,高敏感区主要分布在西部沿海、东部沿海和北部的大部分地区。

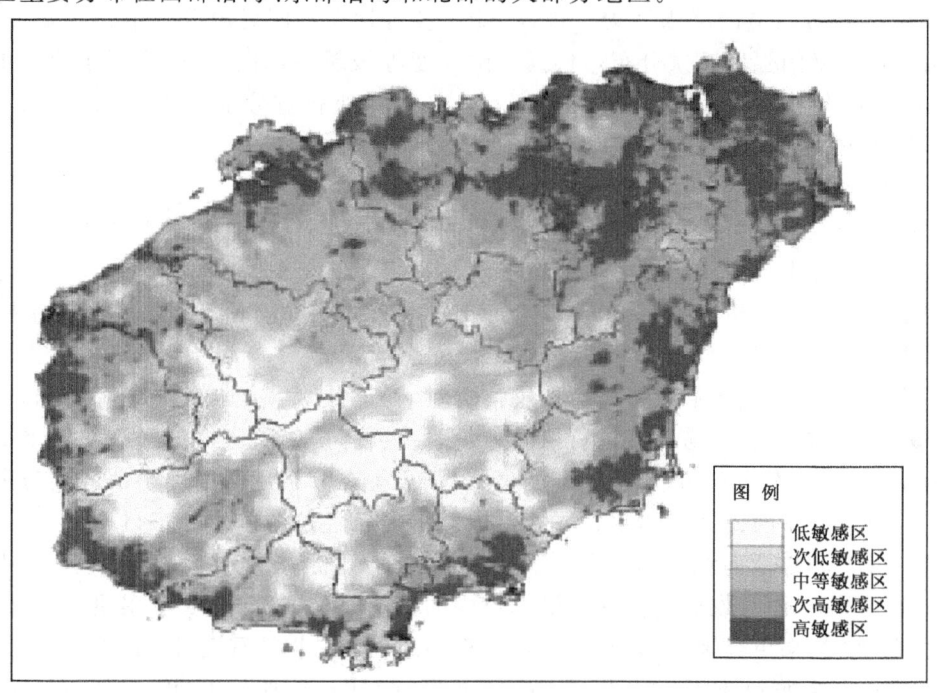

图 5.14 海南岛暴雨洪涝灾害孕灾环境敏感区划图

5.5.2.2 致灾因子危险性

选取暴雨过程频次和强度作为海南岛暴雨洪涝的致灾因子,计算结果表明,海南省暴雨强度总频次呈现为中东部多,西北部少,由东向西递减。由于东部多受台风影响,从文昌到万宁一线暴雨较多,以万宁最为明显,每 10 年平均暴雨次数超过 39.5 次。中部山区尤其是琼中中部也是暴雨发生次数最多的地方。北部的海口、澄迈到西部的临高、儋州、东方、乐东及白沙的中部地区暴雨次数最少,每 10 年平均发生次数低于 26 次。得到海南岛暴雨致灾因子危险性区划图(图 5.15)。

5.5.2.3 承灾体易损性

依据权重系数进行加权综合,并根据自然断点法进行分级处理,得到了海南岛暴雨洪涝灾害承灾体综合易损性区划图(图 5.16)。海南岛的暴雨灾害高易损区只有海口市,而次高易损

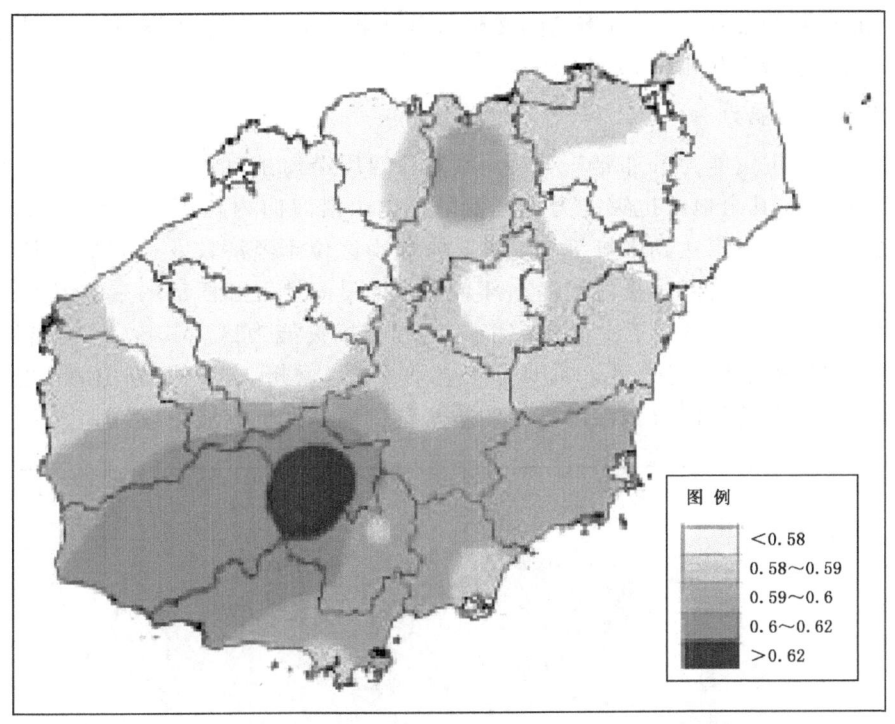

图 5.15 海南岛暴雨洪涝灾害致灾因子危险性区划图

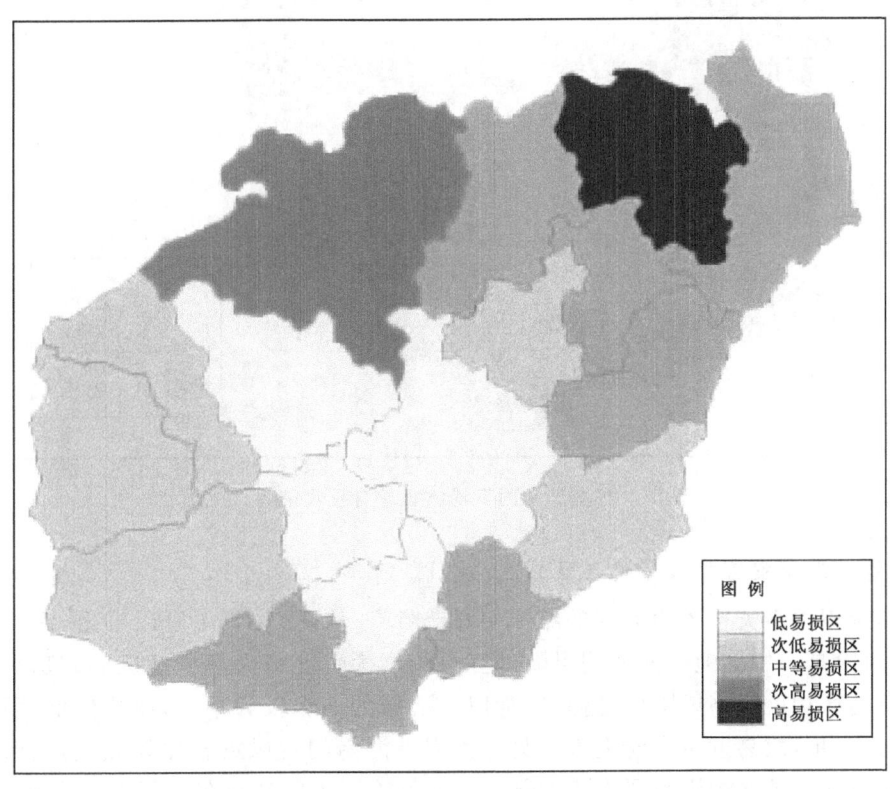

图 5.16 海南岛暴雨洪涝灾害承灾体综合易损性区划图

区分布在西北部两个市县,也与海南岛的暴雨区分布相吻合。中部地势高,人口少,经济不发达,易损性较低,也与实际相符。

5.5.2.4 防灾减灾能力

由海南省防灾抗灾能力分布情况来看,海南岛四周沿海地区的抗灾能力比中部山区大。除了东南部沿海外,其余地区抗灾能力基本上呈现出由沿海向内陆逐渐递减的趋势。绝大部分沿海地区的抗灾能力都达到中等级别。高抗灾能力区位于经济较发达的海口市和三亚市及周边地区。次高抗灾能力区位于海南岛东部琼海市的沿海地区和西部的东方市到昌江县的沿海地区;内陆市县基本上都属于次低抗灾能力区和低抗灾能力区。其中,最突出的是中部山区,绝大部分地区为低抗灾能力区。主要位于屯昌、澄迈、儋州、白沙、五指山等市县。此外,中部内陆的定安县局部地区以及东南部沿海的陵水县也属于低抗灾能力区(图5.17)。

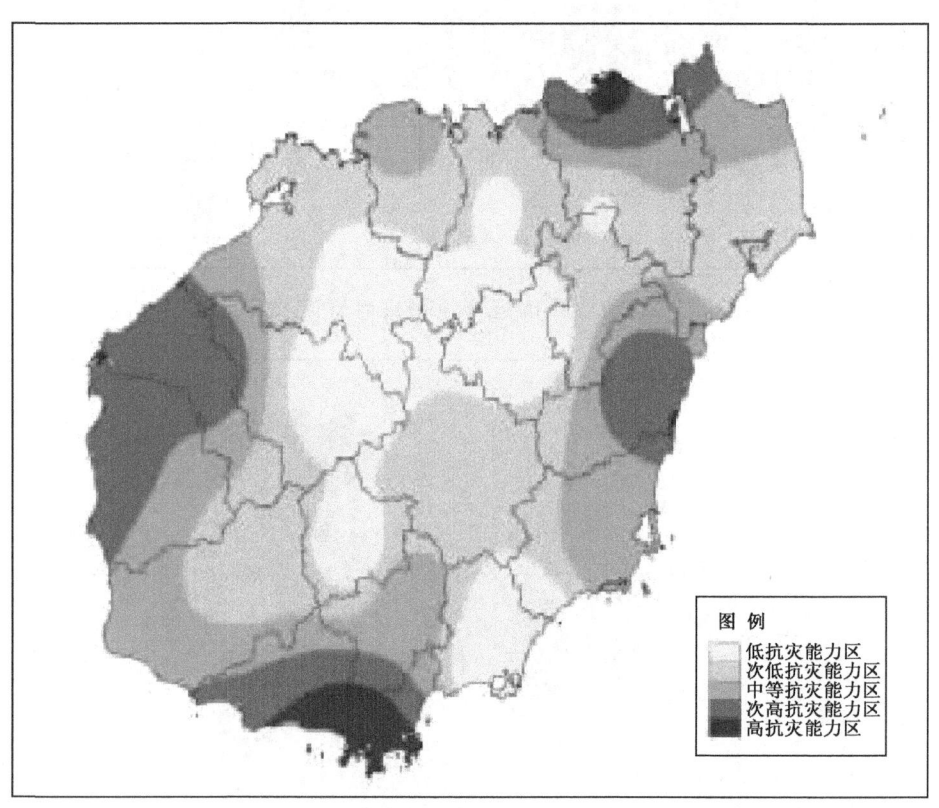

图 5.17 海南岛暴雨洪涝灾害综合抗灾能力区划图

5.5.2.5 暴雨洪涝灾害风险评价及区划

海南岛暴雨洪涝灾害风险区划的结果见图5.18。从图5.18中可以看出,海南的暴雨洪涝灾害,其风险是由中部地区向四周沿海地区逐渐增大。北部大部分地区和东部琼海、万宁、陵水的沿海地区均处于高风险区,这是因为以上区域的地势较为平坦,海拔较低,而经济又相对发达,人口密集,故易发生洪涝灾害。另一原因是海南的台风灾害比较频繁,由台风导致的暴雨对东部和北部地区的影响要大于西部。次高风险区主要分布在东部文昌及琼海的大部分地区,西部昌江、乐东和东方的沿海地区,这些地区的人口数量虽然也很高,但或是经济较落后,或是暴雨发生的频次较低,因此综合的风险评价略低。

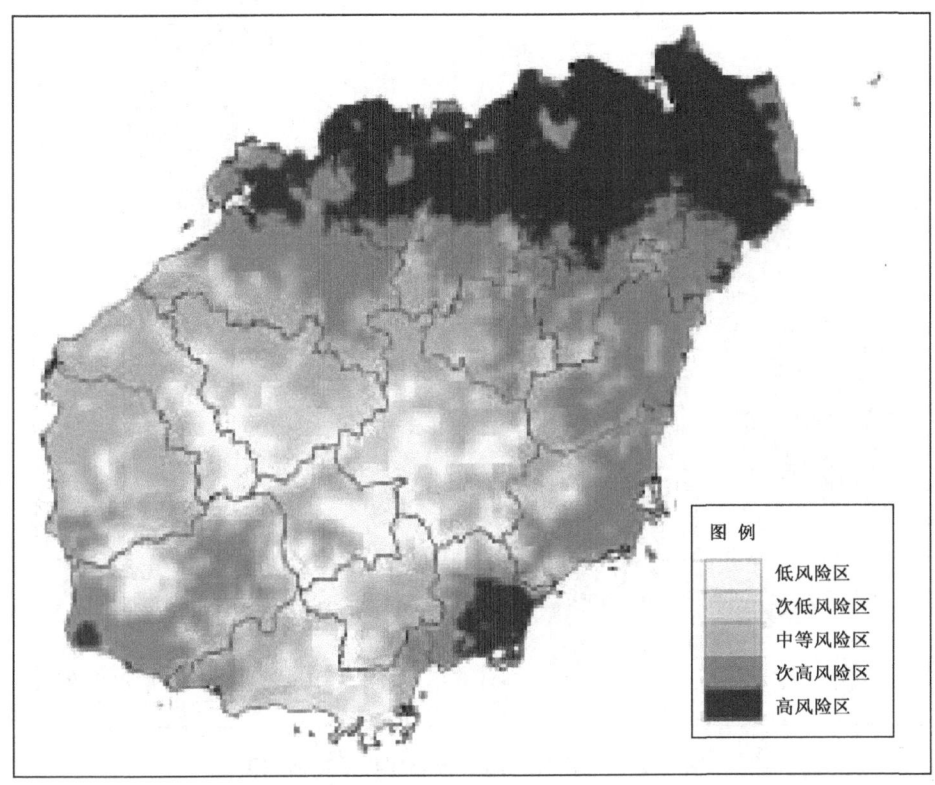

图 5.18 海南岛暴雨洪涝灾害风险区划图

暴雨洪涝灾害的风险形成是由各个因子共同作用的,但各因子对于最终区划结果的影响大小有所差异。从灾害学理论看,危险性是发生灾害的重要前提条件,而承灾体的脆弱程度决定了是否会发生灾害及灾害的程度,敏感性和防灾减灾能力则增强或减弱了发生灾害的风险。对比各因子分布图与风险区划图,可以发现危险性的分布与结果图呈现相反的趋势,北部危险性较低但发生暴雨洪涝的风险性较高,即北部地区发生暴雨的概率较低,但暴雨发生后会有较大概率形成洪涝灾害。而易损性、敏感性的等级分布则与结果图较为接近,说明承灾体和地表环境对风险的形成影响较大,但造成这种影响的原因是由于海南地区间经济发展不平衡,易损性差异过大所致,这种数据间差异性已经超过了因子间权重的差异。

防灾减灾能力对风险的形成影响较小,但也可能是由于资料不完整的原因所致。由于海南的暴雨灾情资料在时间和空间上都缺失较多,部分市县的记录很少,因此在验证时选取了资料较多的 9 个市县的农作物受灾面积数据(图 5.19)。

对比图 5.18 与图 5.19 可以发现,儋州、文昌、万宁的灾害损失均较大,对应风险等级也较高;而中部和南部三亚的损失较小,风险也较低。整个验证结果只有西部东方的风险评价略低,其他市县的灾情与风险均吻合较好,说明区划结果是比较准确的。

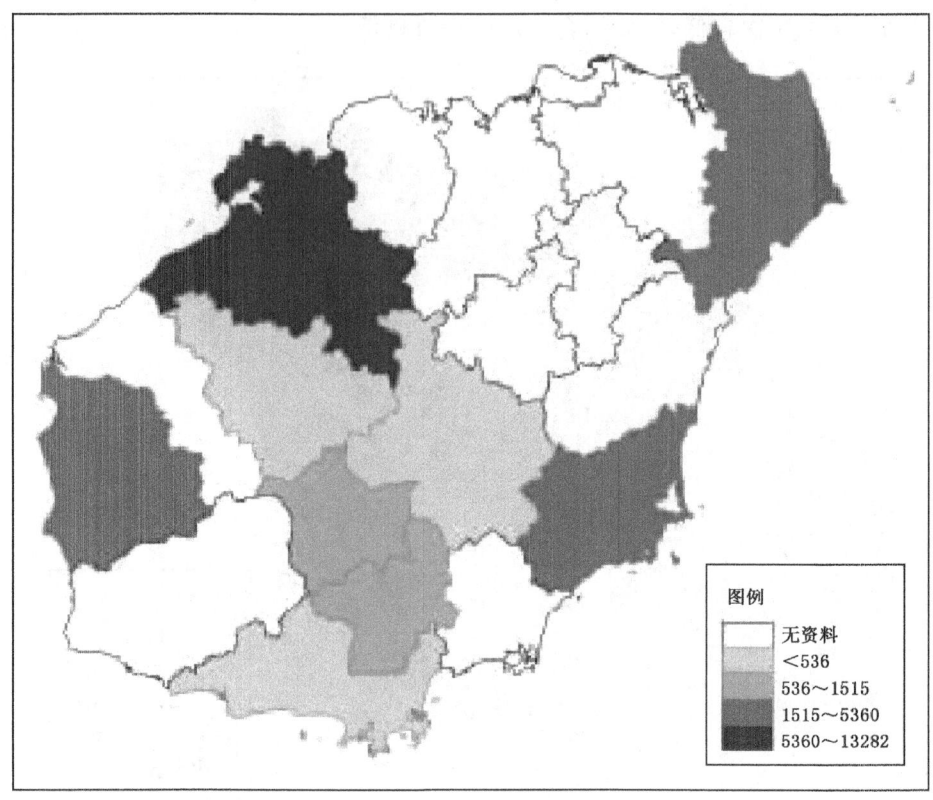

图 5.19 海南岛暴雨灾害农作物受灾面积图

5.5.3 讨论

(1)气象灾害是制约社会和经济可持续发展的重要因素之一。暴雨洪涝灾害风险性区划是防灾减灾的一项基础工作,减轻气象灾害造成的影响和损失是各级政府关心的问题,也是气象部门面临的一项重要任务。在减灾规划与预案制定、国土规划利用、重大工程建设、生态环境保护与建设、灾害管理、法律法规制定等方面都起着重要作用,也是科学决策、管理、规划的重要内容。

(2)海南省关于暴雨洪涝的历史灾情数据不完整,而且在统计时是以市县为单位,因此为评价带来了一定的困难。由于受资料限制,难免有考虑不足之处。

(3)海南是台风灾害多发的省份,进行雨洪涝灾害风险性评价时,如何将台风暴雨灾害与非台风暴雨灾害分别处理,以提高灾害风险性评价与区划的质量,是值得进一步开展的课题。

(4)区划后的结果需要和历史的灾情数据进行对比,以检验其合理性,并分析其中存在的问题,做进一步的改进完善。

5.6 浙江省台风灾害风险评价及区划

台风灾害是我国夏季经常发生的一种气象灾害,也是世界上最严重的自然灾害之一。在世界上十大自然灾害热带气旋、地震、洪水、龙卷风与雷暴、暴雪、火山爆发、热浪、雪崩、泥石流、潮汐波中,台风灾害排名第一。

本节将从自然灾害系统风险理论出发,从致灾因子危险性、承灾体脆弱性以及孕灾环境稳定性三个方面,应用信息扩散模型、层次分析法和加权综合评价法,构建台风灾害风险评价指标体系和模型,对浙江省台风灾害综合风险进行评价和区划,并对结果进行验证。

5.6.1 台风致灾因子危险性评价

5.6.1.1 台风暴雨和大风超越概率计算

根据中国气象局编制的《中国气象灾害大典·浙江卷》记录的1949—2006年间浙江省成灾台风的灾情资料,建立台风灾害数据库。结合每次成灾台风的起止时间,从中国气象科学数据共享服务网获取历次台风影响期间,浙江省各个地面观测站点的气象观测资料日值数据。该数据由各省上报的全国地面月报信息化文件进行整编统计而得,包括20—20时降雨量、平均风速、最大风速和风向等。

浙江省内总共分布了24个地面气象观测站点,包括天目山、杭州、平湖、慈溪、嵊泗、嵊山、定海、淳安、金华、峡县、郏县、石浦、街州、丽水、龙泉、括苍山、温州、临海、洪家、大陈岛、玉环、瑞安、洞头、北鹿。从站点的分布情况来看,省内的站点分布较为均匀,基本一个地级市内有一个站点分布。而在沿海如大陈岛、玉环、瑞安、洞头、北鹿、定海、嵊泗、嵊山等岛屿,站点分布得较为密集,总体保证了地面观测数据的精度。

(1)暴雨超越概率

台风暴雨是台风灾害最重要的致灾因子。在目前获取的资料当中,最大日降雨量指标和过程总降雨量指标,最能够反映一场台风带来暴雨的强弱程度。对每场台风起止日期的所有日降雨量值进行统计求和,得到每场台风的过程总降雨量指标。通过对各场台风影响期间地面观测数据的统计,依据其最小值和最大值,分别定义各站点台风日降雨量和过程累计降雨量的论域,单位为mm。将对应的样本数据和论域信息、整理成Excel后,在Matlab软件中通过编程的方法,实现信息扩散模型,计算得到1949—2006年间所有成灾台风影响期间浙江省24个地面观测站点的暴雨超越概率。

台风过程期间,浙江省24个地面观测站点的日降雨量存在很大的差异。论域范围最大的是温州站,在历史观测值中,该台站出现过日降雨量超过410mm的记录;最小的出现在括苍山站,该台站的日降雨量历史观测值中,最高记录为40mm。

为了在各站点间对不同量级和强度的日降雨量进行对比,根据暴雨等级的划分标准,暴雨:日降雨量大于50mm,大暴雨:日降雨量大于100mm,特大暴雨:日降雨量大于200mm,这里分别选取了50mm、100mm、200mm作为日降雨量指标的阈值,详细分析浙江省24个地面站点超越这3个阈值的危险性程度。

浙江省所有台站中,最大日降雨量超越50mm的概率最高的4个站点依次是临海0.84、温州0.79、瑞安0.78、洪家0.78;最大日降雨量超越100mm的概率,最高的4个依次是瑞安0.48、临海0.43、洪家0.37、玉环0.24;最大日降雨量超越200mm的台站较少,实际观测值显示,浙江省历史成灾台风期间,出现日最大降雨量超过200mm的台站,只有天目山、平湖、嵊泗、定海、郏县、石浦、温州、临海、洪家、大陈岛、玉环、瑞安以及洞头,这些台站大多分布在沿海岛屿地区,超越200mm概率最高的是瑞安站,为0.11,约为10年一遇,其次是温州和临海站,超越概率为0.06,约为20年一遇。从50mm、100mm、200mm这三个阈值来看,瑞安、温州和临海三个站的暴雨超越概率都居前列,暴雨危险性程度最高。

另外,从过程降雨量来看,最大论域范围也出现在温州站,历史观测值中,该台站出现过程累计降雨量高达630mm的记录,超越概率为0.01,即该站每100年出现一次超越630mm的过程降雨量。其次是定海、洞头、洪家、临海等站,过程降雨量均有超越450mm的记录。过程降雨量最小论域范围仍在括苍山站,该台站的过程累计降雨量观测值中,最高记录仅为170mm,暴雨危险性较低。通过以上分析发现,各台站过程降雨量与最大日降雨量之间存在一定的线性关系,两个指标的高低排序也呈现相同的趋势。

(2)大风超越概率

选取近地面极大风速这一指标来表征台风大风特征。采用浙江省24个地面观测站点在1949—2006年间所有成灾台风影响期间,各站点近地面台风大风的超越概率。

可以发现,4个地面观测站点之间的近地面极大风速值差异较大。根据国际台风风速等级划分标准,根据近地面极大风速10.8~17.1m/s(相当于6~7级风力)、17.2~24.2m/s(相当于8~9级风力)、24.3~32.6m/s(相当于10~12级风力)、大于32.6m/s(相当于12级风力),这里选取取18m/s,24m/s,32m/s作为阈值,对24台站之间风速超越概率进行分析和比较。

台风影响期间,近地面8级以上风力超越概率最高的4个站点依次是嵊泗0.365、石浦0.300、大陈岛0.288、玉环0.224;10级以上风力超越概率最高的四个站点依次是大陈岛0.142、石浦0.136、嵊泗0.124、玉环0.120;12级以上风力超越概率最高的四个站点依次是石浦0.056、大陈岛0.051、嵊泗0.039、玉环0.034。

可以发现,嵊泗、石浦、大陈岛和玉环四个站点,论域最大值都达到100m/s以上,说明在历史成灾台风期间,该四个站点分别出现过超越100m/s的风速,尤其是大陈岛,历史观测的风速最高达108m/s;而对于省内的其他站点极大风速都在32m/s以内。

5.6.1.2 致灾因子危险性空间分布

由于在台风灾害研究中,超越概率往往能够较好地反映一个地区致灾因子的危险程度,借助GIS空间分析可视化技术,这里绘制了浙江省台风致灾因子危险性分布格局。

前文对灾情与致灾因子相关性分析时,得出了台风灾情与最大日降雨量、过程降雨量和最大风速的相关性系数排序,以此为参照,设置3个指标对致灾因子危险性的影响权重如表5.15所示。

表5.15 致灾因子危险性指标权重设置

评价指标	与灾情的相关性系数	影响权重
最大日降雨量	0.600	0.40
过程降雨量	0.482	0.35
最大风速	0.372	0.25

结合表5.15中的权重,采用加权综合评价法,计算得到浙江省台风灾害致灾因子危险性指数,采用GIS空间可视化技术,绘制致灾因子危险性分布格局如图5.20所示。可以发现,

危险性由东部沿海向西、北部内陆递减,临海、台州、温岭、洞头、玉环、乐清等地区危险性最高。

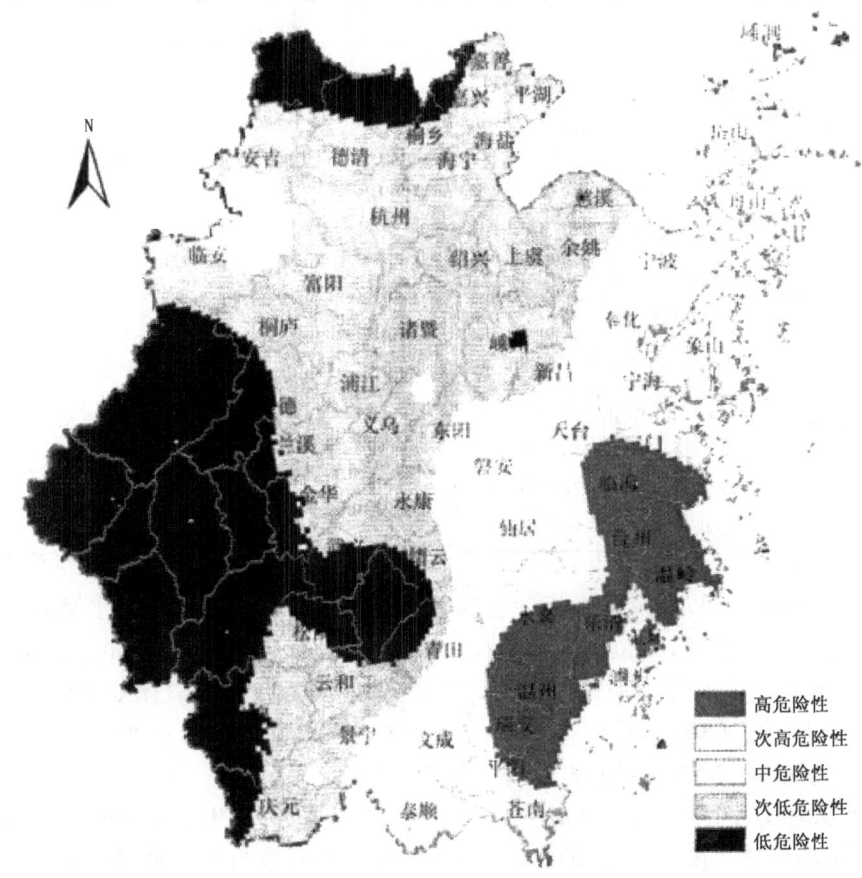

图 5.20　浙江省致灾因子危险性空间分布格局

5.6.2　台风承灾体脆弱性评价

台风灾害系统的脆弱性主要包括灾害发生过程中和灾害发生后两个方面,分别从正负两个方向影响承灾体的脆弱性。前者主要是指直接暴露在台风灾害致灾因子中,直接遭受破坏的人员、农作物、财产等承灾体;后者主要是在制定减灾方案和措施,部署救灾物资和实施恢复重建等工作时,人类以及当地的防灾设施所表现出来的应对能力,也叫灾后恢复能力,这是对灾情起缓解作用的方面。

5.6.2.1　指标体系构建

收集了浙江省 2005 年和 2009 年的统计年鉴数据,其中包含人口、经济、工业、农业、医疗、卫生、教育多个方面共 40 多个底层指标。这里在综合前人对承灾体脆弱性指标的研究基础上,选取能够反映承灾体易损性和防灾减灾能力的 12 个指标,构建了浙江省台风灾害承灾体脆弱性评价指标体系,如表 5.16 所示。

表 5.16　台风灾害承灾体易损性评价指标及权重

影响层	指标层	影响方向
易损性	人口密度(人/km²)	+
	城市人口比重(%)	+
	地均GDP(万元/km²)	+
	农作物播种面积比重/(%)	+
	单位从业人员比重(%)	+
	地均渔业产值(万元/km²)	+
防灾减灾能力	城乡居民人均年储蓄余额(万元)	−
	单位面积公路通车里程(km/km²)	−
	公共服务财政支出比重(%)	−
	中等以上教育人员比重(%)	−
	医院卫生院床位数(张)	−
	卫生技术人员比重(%)	−

在易损性指标中,在以县域为单元的区域内,人口越密集,经济发展水平越高,承灾体密度越高,脆弱性也越大。另外,单位从业人员比重越高,一旦台风造成灾害,单位停工或停产造成的经济损失也越大。对于农业来说,农业播种面积比重越大,受影响程度越深,越容易成灾。另外,针对浙江省沿海地区渔业分布较多的情况,这里选取了地均渔业产值作为指标,该指标越高,渔业较为发达的县域容易成灾。

在防灾减灾能力指标中,县域内的医疗卫生水平、医疗卫生设施可获得性、群众的受教育程度,交通通信的便捷程度以及当地用于一般公共服务的财政支出比重,都是影响台风发生后该区域恢复能力的重要因素。这些方面可以通过城乡居民人均年储蓄余额、单位面积公路通车里程、公共服务财政支出比重、中等以上教育人员比重、医院卫生院床位数、卫生技术人员比重这 6 个指标得到较好的反映。

5.6.2.2　数据获取与处理

结合 GIS 技术,绘制易损性 6 个指标和防灾减灾能力 6 个指标如图 5.21 和图 5.22 所示。

5.6.2.3　浙江省承灾体脆弱性空间分布格局

根据专家对 6 个易损性指标和 6 个防灾减灾能力的相对重要性排序,采用层次分析法(AHP),构建判断矩阵,计算得到各指标的权重分配。同时,为消除各评价指标之间的量纲差异,对各个指标值划分等级。将 12 个指标统一划分为 5 个等级,等级最高的赋 10 分,其次是 8 分、6 分、4 分、2 分。正向指标分值越高,代表承灾体脆弱性越高;负向指标分值越高,代表抵抗台风灾害的能力越强。最终确定的承灾体脆弱性评价指标权重分配和等级划分标准如表 5.17 所示。

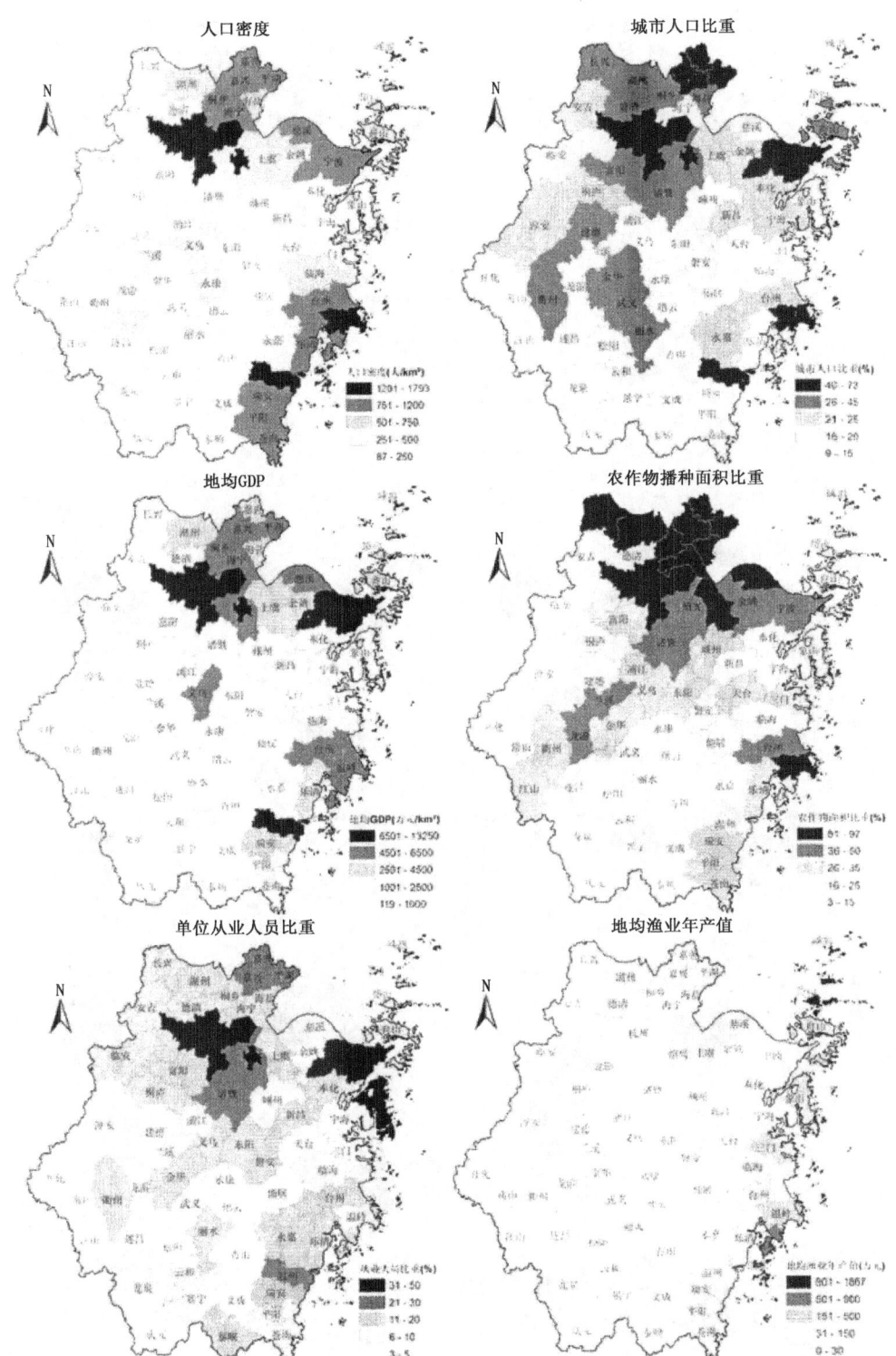

图 5.21 浙江省承灾体易损性各单项指标空间分布图

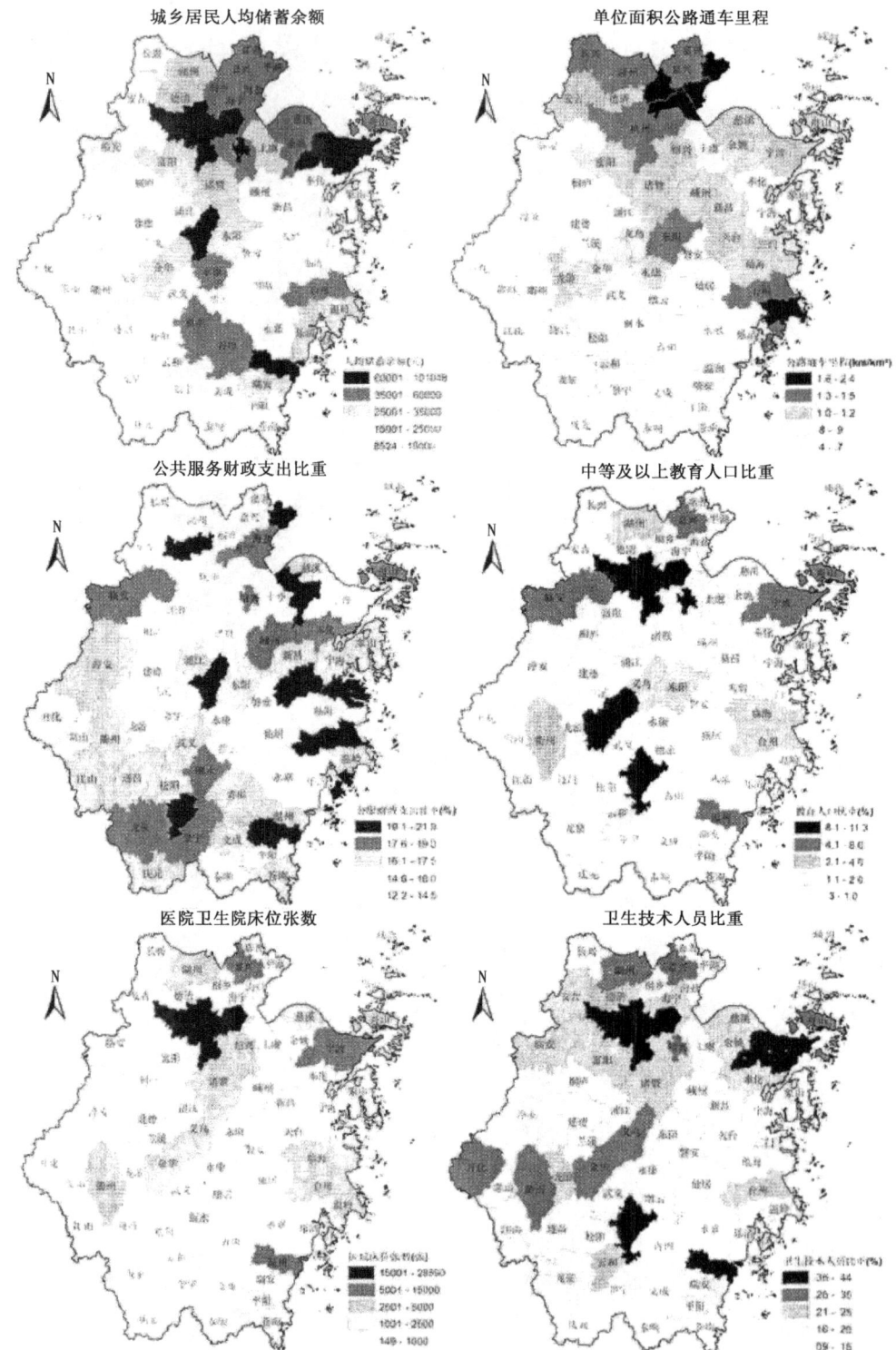

图 5.22 浙江省防灾减灾能力各单项指标空间分布图

表 5.17 浙江省台风灾害承灾体脆弱性评价指标权重和等级划分标准

指标	权重	10 分	8 分	6 分	4 分	2 分
人口密度(人/km²)	025	>1200	751～1200	501～750	25～500	<250
城市人口比重(％)	0.15	>45	26～45	21～25	16～20	<15
地均 GDP(万元/km²)	0.25	>6500	4501～6500	2501～4500	1001～2005	<1000
农作物播种面积比重/(％)	0.15	>50	36～50	26～35	16～25	<15
单位从业人员比重(％)	0.1	>30	21～30	11～20	6～10	3～5
地均渔业产值(万元/km²)	0.1	>900	501～900	151～500	31～150	<30
城乡居民人均年储蓄余额(万元)	−025	>6	3.5～6	2～3.5	15～2.5	<15
单位面积公路通车里程(km/km²)	−0.25	>1.5	1.3～1.5	1.0～1.2	0.8～0.9	<0.7
公共服务财政支出比重(％)	−0.15	>19	17.6～19	16.1～17.5	14.6～16	<14.5
中等以上教育人员比重(％)	−0.15	>8	4.1～8	2.1～4	1.1～2	<1
医院卫生院床位数(张)	−0.1	>15	5～15	2.5～5	1～2.5	<1
卫生技术人员比重(％)	−0.1	>0.35	0.26～0.35	0.2～0.25	0.16～0.2	<0.15

根据专家打分,对易损性和防灾减灾能力分别赋予 0.6 和 0.4 的比重,综合加权得到各县域最终的承灾体脆弱性数值,通过自然断裂法将脆弱性分成 5 个等级,得到浙江省台风灾害承灾体脆弱性等级分布图,如图 5.23 所示。

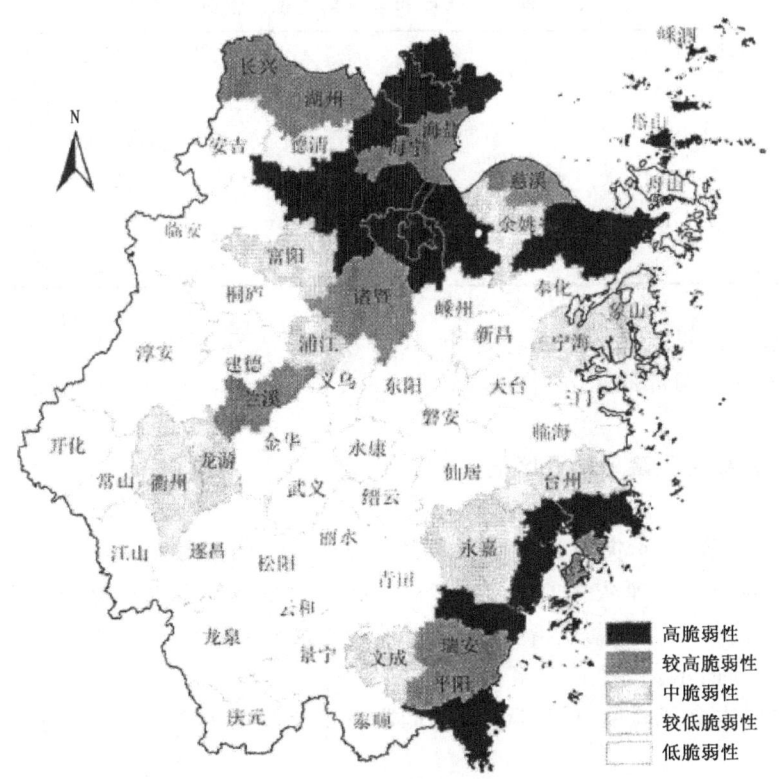

图 5.23 浙江省承灾体脆弱性空间分布格局

浙江台风灾害承灾体脆弱性分布有以下两个特点。

(1)承灾体脆弱性空间分布不均。东部及北部沿海地区,如宁波、温州、杭州等,经济发达,人口密集,人地矛盾突出,易遭受台风灾害的破坏,脆弱性高。而西部和中部大部分县市,人口稀少,经济相对落后,暴露在台风中的承灾体少,总体脆弱性较低。

(2)部分地区如富阳市、金华市和丽水市等地区,由于农民人均纯收入高、医疗卫生等防灾减灾能力高,总体也呈现低脆弱性。

5.6.3　台风孕灾环境稳定性

就台风灾害系统而言,地区海拔越低,且地形起伏越小的情况下,暴雨、大风因子越容易入侵,尤其在山区,暴雨容易回流形成较大的洪涝。因此,这里选择地形起伏度,对浙江省台风灾害的孕灾环境进行分析。

从美国 SRTM 全球数字高程模型数据中提取浙江省的 DEM 数据(90m,11×11 的网格单元),计算全省范围的地形起伏度指标。该过程的实现可描述为:选择一栅格象元,使用邻域统计工具,分别统计一该像元指定大小邻域内的高程最大值和最小值;将最大值和最小值图像进行差值计算,得到高程差值,依次划分地形起伏度,并表征风灾害孕灾环境的稳定性等级。稳定性等级越高,越容易配合致灾因子造成较大灾情。

地形起伏度和孕灾环境稳定性的划分标准如表 5.18 所示。

表 5.18　地形起伏度和孕灾环境稳定性分级标准

地形起伏度	孕灾环境稳定性等级
0～20	高稳定性
20～75	次高稳定性
75～200	中稳定性
200～600	次低稳定性
>600	低稳定性

使用 AxcGIs 中邻域统计功能(Focalstatisti),结合表 5.18 的划分标准,得到浙江省台风灾害孕灾环境稳定性分布结果,如图 5.24 所示。

5.6.4　台风灾害综合风险评价及区划

将致灾因子危险性、承灾体脆弱性和孕灾环境稳定性因子做归一化,通过专家打分确定的权重,按照致灾因子 0.5,承灾体 0.3,孕灾环境 0.2 的权重,采用加权综合评价法,算出浙江省台风灾害综合风险指数。依据该指数,采用自然断裂法,将浙江省台风灾害综合风险度分为 5 个等级,如图 5.25 所示。

对高风险度、次高风险度、中风险度、次低风险度及低风险度 5 个等级进行统计,结果如图 5.26 所示。

如图所示,浙江省台风灾害综合风险度分布有如下特征:

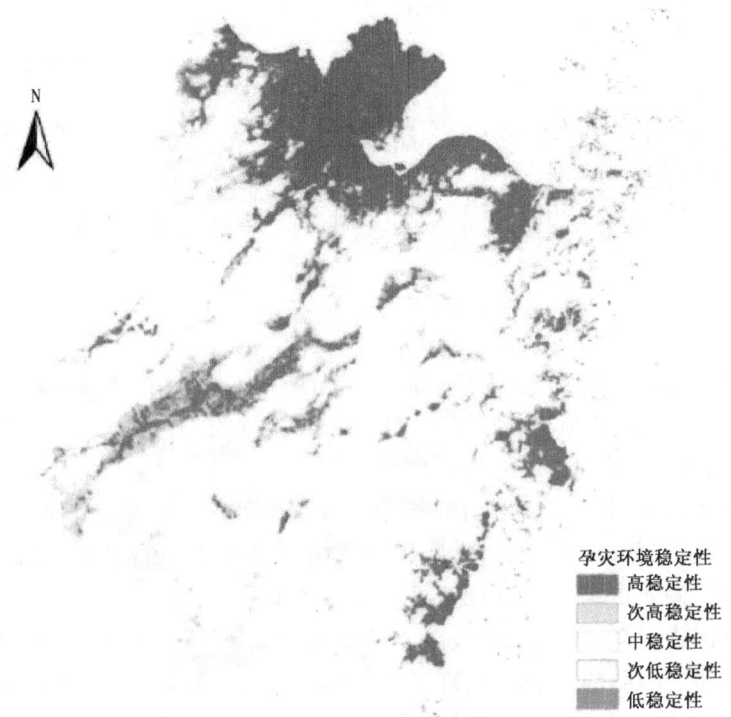

图 5.24 浙江省孕灾环境稳定性等级分布格局

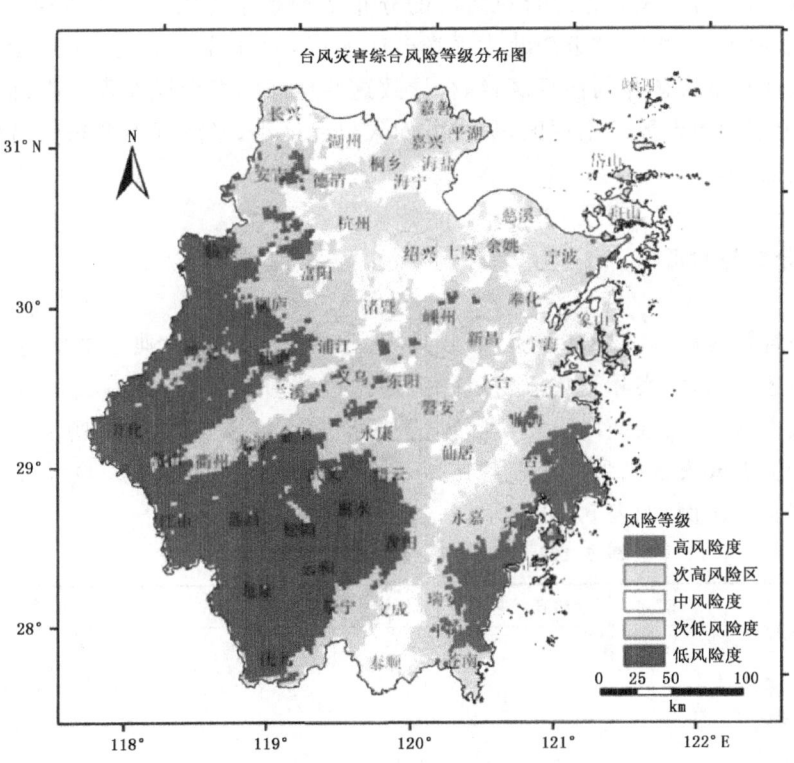

图 5.25 浙江省台风灾害综合风险分布图

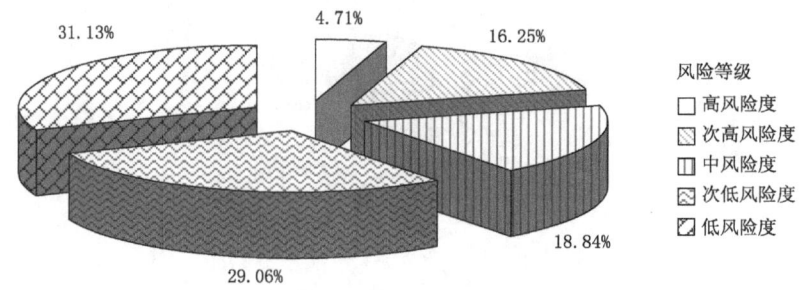

图 5.26 浙江省台风灾害风险按等级统计图

(1) 高风险区和次高风险区的地区分别占总数的 4.71% 和 16.25%，主要分布在浙东南沿海地区的大部分县市及海岛地区，如台州、温州、宁波、杭州、嘉兴、瑞安、平阳、苍南、岱山、嵊泗、玉环、洞头等地区，台州和温州风险最高。

(2) 中风险地区占 18.84%，主要分布在浙中及浙北地区部分县市，如舟山、象山、宁海、天台、三门、泰顺、慈溪、海盐、海宁、湖州市区、绍兴、诸暨等县市。仙居县、天台县、奉化市、余姚市、慈溪市、海宁县、湖州市区、富阳市、兰溪市等。

(3) 次低风险区占总数的 29.06%，主要分布在浙中大部分县市，如仙居、磐安、永康、东阳、新昌、奉化、嵊州、义乌、浦江、桐庐、富阳等，安吉、金华市区等。低风险区共 4603 个栅格，占 31.13%，主要分布在西中部和南部大部分县市，如庆元、景宁自治县、龙泉、云和、青田、丽水市区、松阳、遂昌、武义、江山、常山、开花、淳安、建德、临安等地。

总体来看，浙江省台风灾害综合风险度的分布格局是东南沿海向西北部内陆递减。究其原因：在东南沿海地区，由于靠近西北太平洋台风源区，大部分县市人口相对密集，经济发达，致灾因子危险性和承灾体脆弱性都高，综合导致这些地区的综合风险程度高；而在中部和西部内陆，一方面由于远离台风发生源区，另一方面人口密度小，经济远不及东南沿海发达，因此综合风险程度较低。

5.6.5 结果分析与验证

为了对综合风险评价结果进行验证，收集了《中国气象灾害大典·浙江卷》中对历次台风灾情范围的描述资料，将实际受灾点与风险区划图进行对比分析，考察其是否处于高风险区、次高风险区或中风险区，验证风险与实际灾情是否吻合，结果如图 5.27 所示。

分别统计历史成灾台风受灾范围落在高风险区、次高风险区、中风险区、次低风险区和低风险区内的灾次和比例，如表 5.19 所示。

表 5.19 各风险等级内实际灾情灾次统计表

风险等级	落在该风险区内的实际灾次（次）	占总灾次的比例（%）
高风险区	48	38.10
次高风险区	45	35.71
中风险区	15	11.90
次低风险区	7	5.56
低风险区	11	8.73

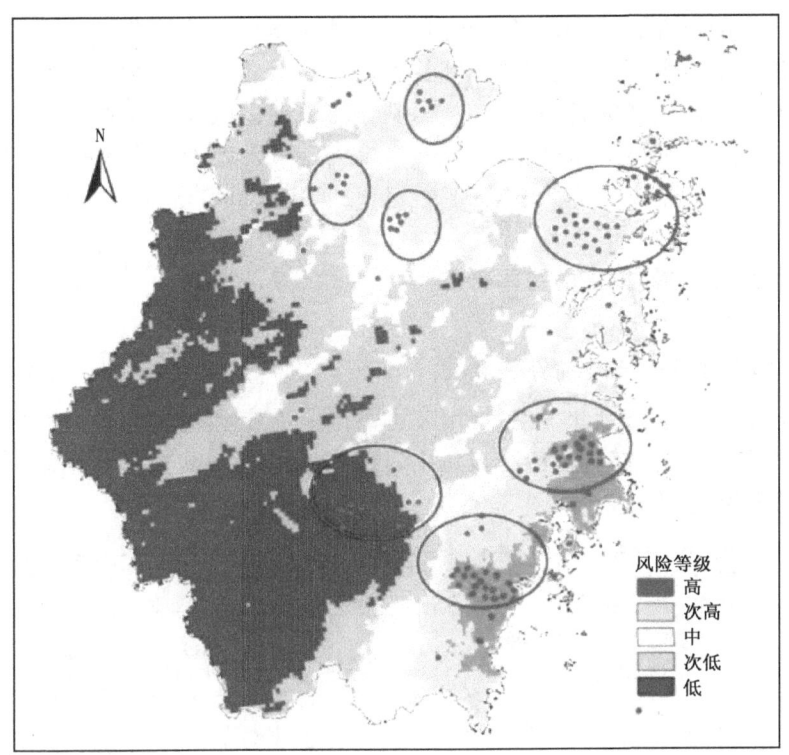

图 5.27 浙江省台风灾害风险评价结果与实际灾情验证结果

统计结果显示,在有记录的历史成灾台风灾情描述中,落在高风险区、次高风险区、中风险区范围内的灾次占总灾次的比例分别为 38.10%、35.71%、11.90%,三者之和达 85.71%;而落在次低风险区和低风险区的仅共占 14.29%。若以实际灾害点落在中风险度及以上等级的风险区代表风险与灾情吻合,则这里对浙江省台风灾害综合风险评价的正确率达 85.71%,精度较高,表明评价模型和指标体系切实可行。

5.6.6 小结

本节从自然灾害系统风险理论出发,从台风致灾因子、承灾体、孕灾环境三个方面,构建一套完整的适合浙江省的台风灾害风险评价指标体系和评价模型。结合信息扩散模型、层次分析法以及加权综合评价模型,进行了致灾因子危险性、承灾体脆弱性和孕灾环境稳定性的评价和区划,最后计算浙江省台风灾害的综合风险指数,并借助 GIS 空间分析技术,绘制了浙江省台风灾害综合风险分布图,并对风险评价结果进行验证。结果表明,若以实际灾害点落在中风险度及以上等级的风险区代表风险与灾情吻合,则这里对浙江省台风灾害综合风险评价的正确率达 85.71%,精度较高,评价模型和指标体系切实可行。

5.7 内蒙古锡林郭勒盟沙尘暴灾害风险评价及区划

2000 年以来,沙尘暴进入一个活跃期。国内外学者对沙尘暴的形成机理、发生过程和移动路径有了进一步的研究和了解,能够很好地认识沙尘暴的发生和发展。技术的普及使得大区域尺度研究沙尘暴成为可能,利用遥感和技术对沙尘暴进行各方面的研究陆续展开。本节以内蒙古锡林郭勒盟沙尘暴灾害为研究对象,基于气象灾害风险评价原理,在分析沙尘暴灾害孕灾环境、致灾因子、承灾体的基础上,建立沙尘暴灾害风险评价模型,并划定沙尘暴灾害风险区划。其成果将为沙尘暴灾害应急管理和防沙治沙工作提供科学依据。

5.7.1 锡林郭勒盟沙尘暴灾害的基本特征

5.7.1.1 锡林郭勒盟沙尘暴空间分布变化

锡林郭勒盟的沙尘暴经过北方路径(内蒙古乌兰察布市和锡林郭勒盟西部→浑善达克沙地→张家口→北京)影响首都。在沙尘天气中,扬沙日数最多,其次是沙尘暴,浮尘日数最少,且随着时间呈现逐年递减的趋势(图5.28)。

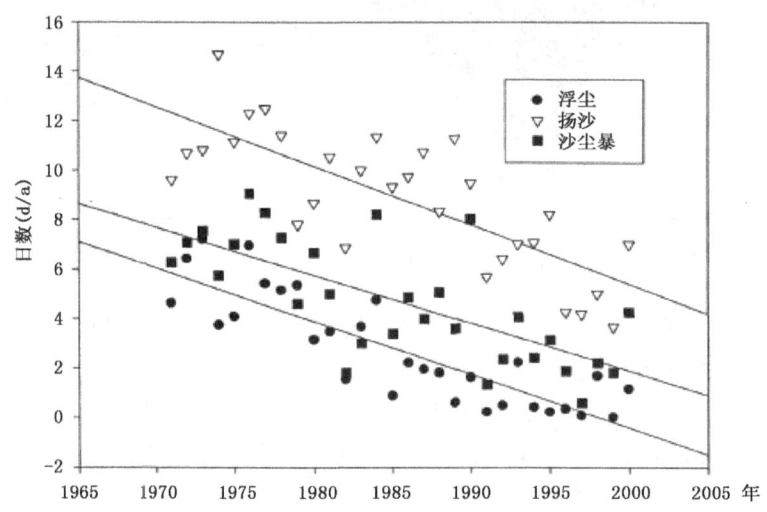

图5.28 1971—2000年锡林郭勒盟沙尘天气(浮尘、扬沙、沙尘暴)年际变化趋势图

将锡林郭勒地区1971—2010年沙尘暴发生日数,分成4个阶段(1971—1980,1981—1990,1991—2000,2001—2010)分析变化差异。统计15个气象站20世纪70年代、80年代、90年代和21世纪前十年的沙尘暴发生日数的变化,选择反向距离权重插值,经过空间差值获得其空间分布规律(图5.29至图5.32)。

由于对沙尘暴区划尚无统一标准,这里以10年平均沙尘暴年总日数为基准,做聚类分析,将其分成四个类别,暂定:$1d<D_{10}\leqslant 3d$、$3d<D_{10}\leqslant 8d$、$8d<D_{10}\leqslant 15d$、$D_{10}>15d$的地区分别为沙尘暴的影响区、易发区、多发区和高发区。三个阶段的总体空间分布趋势是西部大于东部,时间分布上沙尘暴发生频率逐渐递减,沙尘暴高发、多发中心也有所转移。

在第一阶段,苏尼特右旗是高发区,D_{10}平均达到17.1d/a;多发区:二连浩特、朱日和、太仆寺旗、正蓝旗;易发区:阿巴嘎旗、苏尼特左旗、镶黄旗、锡林浩特、正镶白旗、多伦;影响区:那仁、西乌旗、乌拉盖、东乌旗(图5.29)。第二阶段沙尘暴频率降低,苏尼特右旗在这10年内的发生降低到8 d/a,多发区:苏尼特右旗、朱日和;易发区:二连浩特、苏尼特左、正镶白旗、正蓝

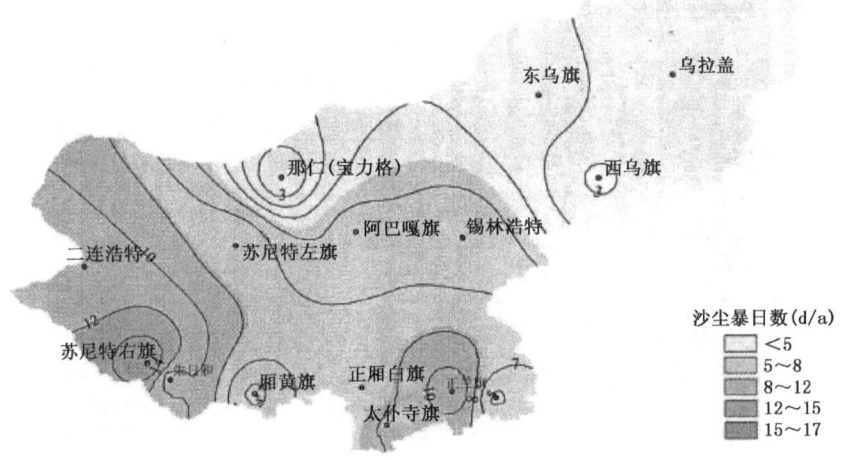

图 5.29　1971—1980 年锡林郭勒地区平均沙尘暴日数空间分布

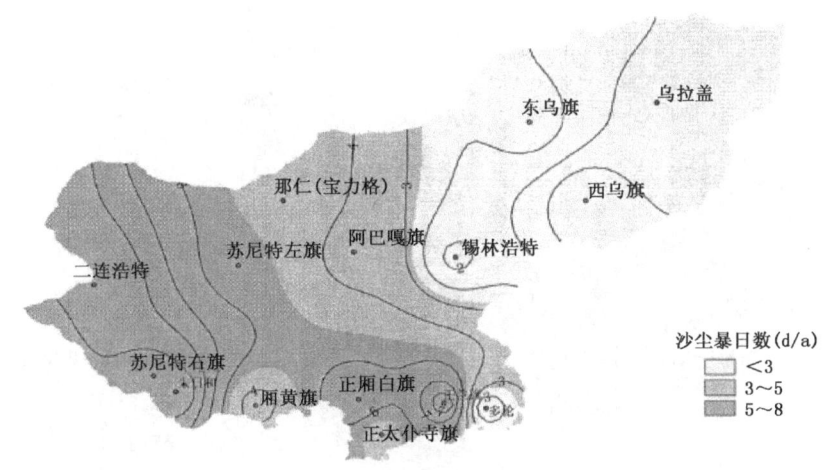

图 5.30　1981—1990 年锡林郭勒地区平均沙尘暴日数空间分布

旗；影响区：东乌旗、乌拉盖、那仁、阿巴嘎旗、镶黄旗、西乌旗、锡林浩特、多伦、太仆寺旗（图 5.30）。第三阶段，易发区：朱日和；影响区：苏尼特右旗、二连浩特、苏尼特左旗、正镶白旗、正蓝旗、东乌旗、乌拉盖、那仁、阿巴嘎旗、镶黄旗、西乌旗、锡林浩特、多伦、太仆寺旗（图 5.31）。进入 21 世纪初的前十年沙尘暴有增加趋势，苏尼特左旗、朱日和以及苏尼特右旗成为进入世纪的沙尘暴高发中心；锡林浩特市、那仁、阿巴嘎旗、二连浩特、正镶白旗、镶黄旗和正蓝旗处在易发区；乌拉盖、西乌旗、东乌旗、多伦和太仆寺旗处于影响区中，特别是乌拉盖地区，在 40 年中一直是锡林郭勒盟地区沙尘暴爆发频率最低的地区（图 5.32）。

综合 40 年的平均值看，多发区：苏尼特右旗、朱日和；易发区：苏尼特左旗、二连浩特、正镶白旗、正蓝旗；影响区：东乌旗、乌拉盖、那仁、阿巴嘎旗、镶黄旗、西乌旗、锡林浩特、多伦、太仆寺旗。从以上的多发区、易发区和影响区观察发现多发和易发区地处荒漠草原区和农牧交错区。

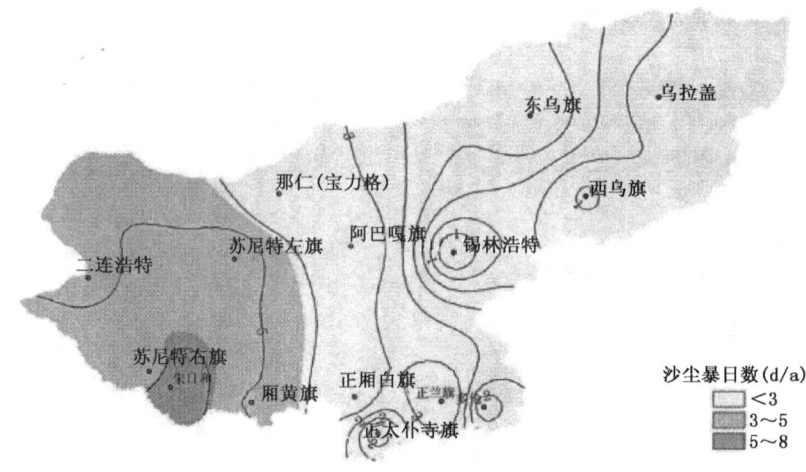

图 5.31　1991—2000 年锡林郭勒地区平均沙尘暴日数空间分布

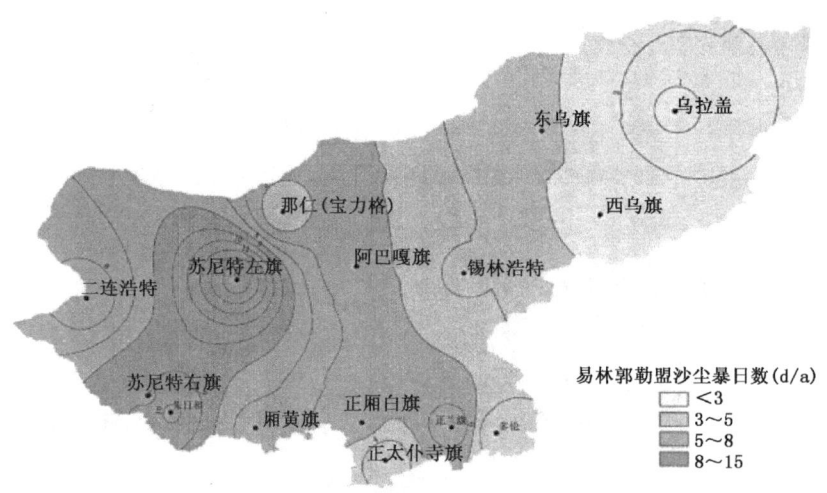

图 5.32　2001—2010 年锡林郭勒地区平均沙尘暴日数空间分布

5.7.1.2　锡林郭勒盟沙尘暴时间变化趋势

(1)锡林郭勒地区沙尘暴季节变化——春季型

对几个典型区域的沙尘暴日变化的研究结果显示,沙尘暴具有明显的日变化特征。一日之中,沙尘暴发生在午后到傍晚时段内的,约占 65.4%;其他时段的,仅占 34.6%。季节性变化总体而言,从我国西北几个主要沙尘暴多发区的统计结果看,沙尘暴的季节分布基本为春多秋少,这是因为春季我国北方地区冷暖空气活动最频繁,多大风,气温回暖解冻,大气层结不稳定性增加,地表裸露,沙尘容易被吹起。但比较而言,不同地区沙尘暴的季节分布又有一定的差异,可大致分为 4 类:

Ⅰ冬春单峰型,其特点是冬季和春季的沙尘暴相对较多,并且只有一个波峰,波峰的出现时间大致为冬末春初;

Ⅱ冬春双峰型,其特点是 1 月和 4 月各有一个波峰,4 月的波峰明显高于 1 月;

Ⅲ 春季多发型,沙尘暴主要集中在 3—5 月;
Ⅳ 春夏频繁型,沙尘暴主要集中在 1 月。

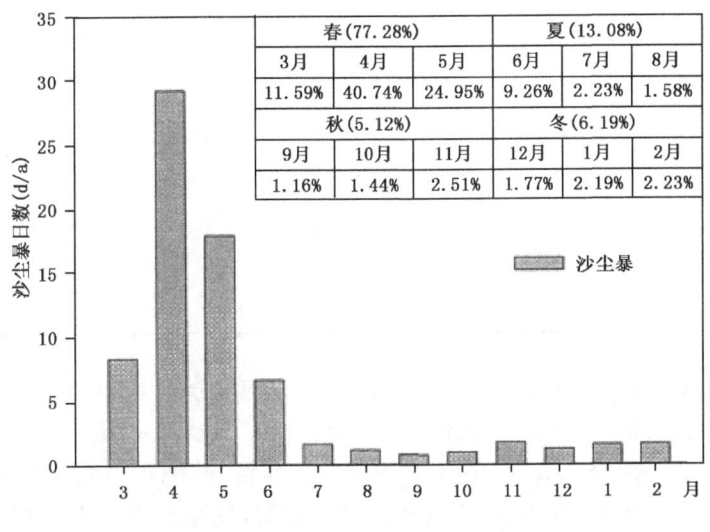

图 5.33 锡林郭勒盟沙尘暴季节变化

从 15 个站点统计的各月沙尘暴记录情况(图 5.33)可知,锡林郭勒地区一年沙尘暴的发生主要集中在 3 月、4 月和 5 月,尤其 4 月沙尘暴发生次数为全年最高(占 40.74%)。6 月以后沙尘暴发生次数急剧下降,9 月和 10 月为一年中发生频率最低(占 1.16%,1.44%)。相对其他季节,春季沙尘暴发生频率占到全年的 77.28%,属于春季多发型沙尘暴。这除了与该地区一年之中以春季风速为最大有关外,还与此时地面气温上升、表土开始解冻、土壤水分较少、植被覆盖度低,裸露的沙土结构变得疏松有关。一旦有较强的大风天气就极易使地表流沙被吹离地面带入空气中产生沙尘暴。

(2)锡林郭勒地区沙尘暴年际变化

锡林郭勒 15 个气象站点的一年沙尘暴发生日数年际变化存在显著差异($F=5.28$,sig=0.000),沙尘暴日数总体上呈递减规律。主要分为两种类型,波动递减型地区包括苏尼特右旗、西乌旗、阿巴嘎旗、锡林浩特、正镶白旗、正蓝旗、多伦和太仆寺旗;上下波动型地区包括东乌旗、乌拉盖、那仁、二连浩特、苏尼特左旗、朱日和和镶黄旗。以各气象站点的年沙尘暴日数方差为指标,分析各站点的沙尘暴年际变化见表 5.20。

表 5.20 1971—2010 年锡林郭勒地区沙尘暴年发生日数统计结果

站点	最大值	均值	方差
东乌珠穆沁旗	12	2.73	6.00
乌拉盖	12	1.53	5.69
二连浩特	17	6.63	25.01
那仁	11	3.23	9.00
阿巴嘎旗	13	4.30	10.16
苏尼特左旗	33	7.73	55.23
苏尼特右旗	28	9.53	49.79

续表

站点	最大值	均值	方差
朱日和	28	8.68	39.35
镶黄旗	16	4.88	14.37
西乌珠穆沁旗	6	1.70	3.45
锡林浩特	12	2.98	10.23
正镶白旗	13	5.35	15.87
正蓝旗	20	7.23	29.31
多伦	10	2.68	8.64
太仆寺旗	14	4.10	21.07

乌拉盖沙尘暴发生最多的两年是1980年和1987年，分别是40年平均的6.7倍和5.5倍，除了两个峰值外，其他年份发生次数均平稳变化。东乌旗发生最多一年是1984年，40年来沙尘暴发生最多的一次是东乌旗40年平均值的4.5倍，其他年份变化幅度较小。二连浩特40年沙尘暴日数上下变化较为活跃，峰值和低值对均衡，发生最多一年是在1990年，40年中，年发生天数≥10d的有12年，每隔3年左右就会出现沙尘暴多发年。那仁的多发年集中在1983—1986年这段时间，发生最多两年是1984和1985年，2000年以后又出现高发，在2006年出现40年最多的一年沙尘暴。阿巴嘎旗出现较多的两年是1976年和2006年，其他时间是以3~5a为周期，在均值上下波动。苏尼特左旗年发生天数≥10d的有5年，20世纪70年代中就有3年，均值上下波动较为频繁。2000年以后沙尘暴发生的频率显著增加，最多的一年达到33d。苏尼特右旗以1980年为界，之前沙尘暴发生日数均大于均值，1980年之后几乎均小于均值，且苏尼特右旗是锡林郭勒盟沙尘暴40年平均发生最多的地区，发生最多一年是2001年，达到28d。朱日和沙尘暴年平均值仅次于苏尼特右旗，在锡林郭勒地区居第二位，2001年和2002年沙尘暴达到40a最大，分别是28d和22d。镶黄旗沙尘暴发生最多的两年是2002年和2006年分别达到16d和15d。西乌旗是锡林郭勒盟沙尘暴爆发最少的，且发生天数递减趋势明显。正镶白旗和正蓝旗沙尘暴变化规律趋势相同，波动中递减。锡林浩特、多伦和太仆寺旗的变化趋势也很明显，波动趋势一致，且在1990年以后，沙尘暴的发生频率低于多年平均水平，但在2001—2006年间的沙尘暴天数均有显著增加的趋势，且增加迅猛，2007年开始出现减少趋势。

总体来看，锡林郭勒盟的沙尘暴有减少的趋势，但朱日和、苏尼特左右旗以及镶黄旗的减少趋势不明显。锡林郭勒盟年平均沙尘暴波动频率排序：西乌旗＜乌拉盖＜多伦＜东乌旗＜锡林浩特＜那仁＜阿巴嘎旗＜镶黄旗＜太仆寺旗＜正镶白旗＜苏尼特左旗＜朱日和＜苏尼特右旗。

(3) 锡林郭勒地区沙尘暴年代变化

从图5.34可以看出，锡林郭勒盟15个站点沙尘暴发生日数各年代变化差异较明显，总体趋势呈现递减规律，2001年后呈现增加趋势。具体来说，20世纪70年代沙尘暴平均日数6.9d/a，明显要高于80年代4.7d/a和90年代2.4d/a。进入2001年以后沙尘暴爆发次数增加，超过40年平均水平。换句话说，70年代是沙尘暴集中暴发，80年代沙尘暴日数与40年的平均值接近，到了90年代沙尘暴日数逐渐减少，进入2001年沙尘暴开始增多。各站点均不例

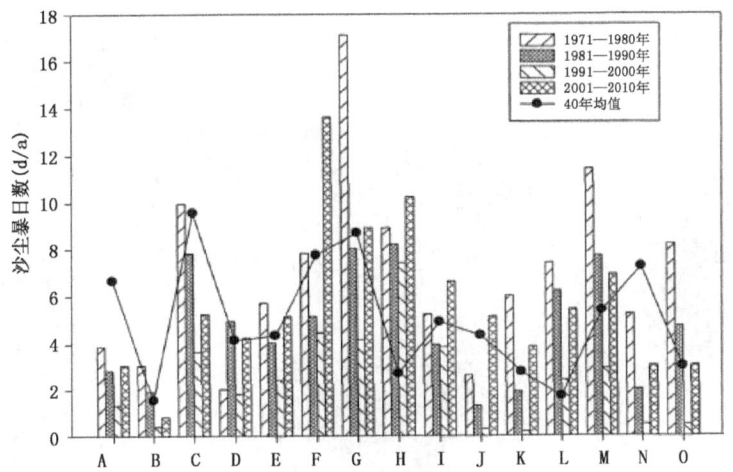

图 5.34　锡林郭勒盟各站点沙尘暴日数年代变化（单位：d/a）

A—O 分别代表：东乌珠穆沁旗，乌拉盖，二连浩特，那仁，阿巴嘎旗，苏尼特左旗，苏尼特右旗，朱日和，镶黄旗，西乌珠穆沁旗，锡林浩特，正镶白旗，正蓝旗，多伦，太仆寺旗

外，2001—2010 年沙尘暴发生次数呈现出增加趋势，均高于 20 世纪 90 年代的平均水平。

锡林郭勒盟地区 20 世纪 70 年代、80 年代、90 年代和 2001—2010 年沙尘暴距平的分布情况如图 5.35 至图 5.38 所示。

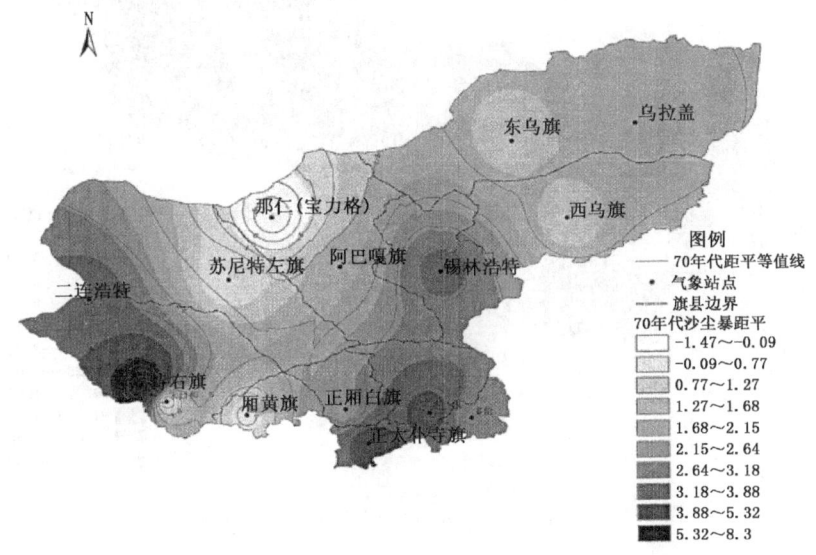

图 5.35　锡林郭勒盟 20 世纪 70 年代沙尘暴距平图

从中可以看出，锡林郭勒盟地区 20 世纪 70 年代沙尘暴日数为正距平图，仅那仁为负距平；80 年代锡林郭勒除苏尼特左旗、苏尼特右旗、镶黄旗、西乌旗、锡林浩特、多伦沙尘暴日数是负距平，其他站点沙尘暴日数为正距平图；90 年代锡林郭勒地区的沙尘暴日数是负距平图，这说明在 1970—2000 年间，前 10 年沙尘暴发生日数要多于后 10 年；中间 10 年，部分站点沙尘暴日数出现负距平，部分站点是正距平；朱日和和阿巴嘎旗是 0 距平中心。正负距平的最高

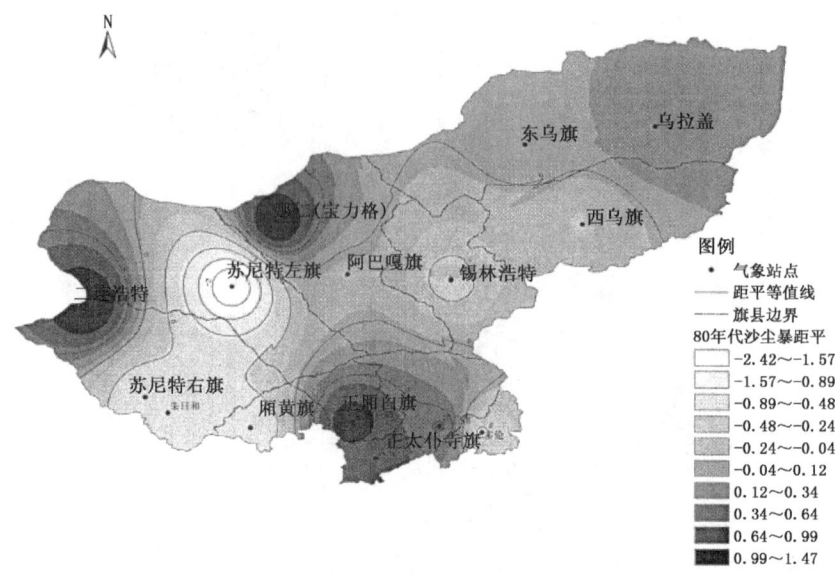

图 5.36 锡林郭勒盟 20 世纪 80 年代沙尘暴距平图

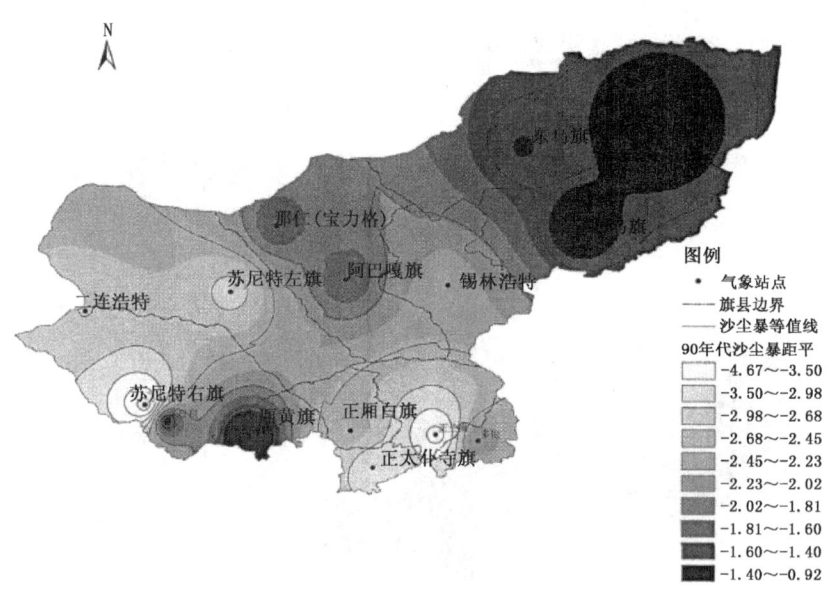

图 5.37 锡林郭勒盟 20 世纪 90 年代沙尘暴距平图

值中心都位于苏尼特右旗,另外还有二连浩特、正蓝旗、太仆寺旗和多伦。

进入到 21 世纪初的前十年,沙尘暴发生增多,但乌拉盖、太仆寺旗、二连浩特和正蓝旗沙尘暴日数是负距平,其他旗县是正距平,但距平值也相对较小,只有苏尼特左旗的沙尘暴距平值较高。一年间,苏尼特左旗沙尘暴爆发频率,达到近 40 年最高值。

纵观以上 40 年锡林郭勒盟沙尘暴的发生趋势,1970—1980 年和 2001—2010 年是该地区沙尘暴多发时期,1981—1990 年沙尘暴发生有所减少,1991—2000 年间沙尘暴发生频率是这 40 年间发生最低的 10 年。

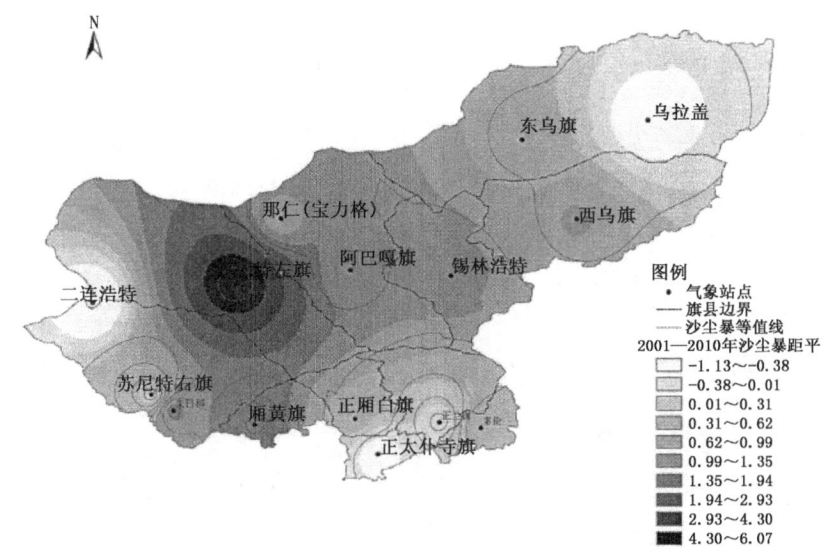

图 5.38 锡林郭勒盟 2001—2010 年沙尘暴距平图

5.7.2 锡林郭勒盟沙尘暴灾害风险评价及区划

沙尘暴灾害评价分为致灾因子危险性评价、孕灾环境稳定性评价和承灾体脆弱性评价。由于沙尘暴致灾因子和承灾体脆弱性指标数据是以行政单元尺度获得,所以沙尘暴致灾因子危险性评价和沙尘暴承灾体脆弱性评价以综合模糊评价为模型,分层次评价;而沙尘暴孕灾环境评价指标的数据是以像素为单元,考虑到数据尺度和格式大的差异,沙尘暴孕灾环境稳定性评价以像元为尺度,构建指数模型进行沙尘暴孕灾环境稳定性指数评价。在对沙尘暴致灾因子、孕灾环境和承灾体分别评价的基础上,以行政单元尺度,通过 GIS 得到锡林郭勒盟沙尘暴灾害风险区划。

5.7.2.1 沙尘暴致灾因子危险性评价

(1)沙尘暴致灾因子危险性数学模型的构建

以沙尘暴日数和大风日数构建沙尘暴灾害致灾因子危险性指数。考虑到沙尘暴致灾因子的复杂性,这里使用适合多因素综合评价方法,模糊综合评价方法建立沙尘暴灾害致灾因子指数模型。综合评判模型通过确立评判对象的因素集和评判集,建立二者间的模糊映射,得到每个单因素的评判矩阵,再通过权重集从众多的单因素评判中计算整体评价结果,即可完成针对评判对象的综合评判。综合评判模型一般分为一级模型和多层次模型。

考虑评判对象的特点和因素集的组成,这里采用多层次的二级模型进行评判。

(1)将因素集 $U=\{u_1,u_2,\cdots,u_n\}$ 分成若干组 $U=\{U_1,U_2,\cdots,U_k\}$,使得 $U=\sum_{i=1}^{k}U_i$,$U_i\times U_j=\varphi(i\neq j)$,称 $U=\{U_1,U_2,\cdots,U_k\}$ 为第一级因素集。

设 $(i=1,2,\cdots,k)$,其中 $n_1+n_2+\cdots+n_k=n$,称为第二级因素集。

(2)设评判集 $V=\{v_1,v_2,\cdots,v_m\}$,先对第二级因素集的 n_i 个因素进行单因素评判,即建立模糊映射。

$$\tilde{f}_i : U_i \to F(V)$$

$$u_1^{(i)} : \tilde{f}_i(u_1^{(i)}) = (r_{11}^{(i)}, r_{12}^{(i)}, \cdots, r_{1m}^{(i)})$$
$$u_2^{(i)} : \tilde{f}_i(u_2^{(i)}) = (r_{21}^{(i)}, r_{22}^{(i)}, \cdots, r_{2m}^{(i)}) \quad (5.21)$$
$$\vdots$$
$$u_{n_i1}^{(i)} : \tilde{f}_i(u_{n_i}^{(i)}) = (r_{n_i1}^{(i)}, r_{n_i2}^{(i)}, \cdots, r_{n_im}^{(i)})$$

得到单因素评判矩阵为

$$\boldsymbol{R}_i = \begin{bmatrix} r_{11}^{(i)} & r_{12}^{(i)} & \cdots & r_{1m}^{(i)} \\ r_{21}^{(i)} & r_{22}^{(i)} & \cdots & r_{2m}^{(i)} \\ \vdots & \vdots & \vdots & \vdots \\ r_{n_i1}^{(i)} & r_{n_i2}^{(i)} & \cdots & r_{n_im}^{(i)} \end{bmatrix}_{n_i \times m} \quad (5.22)$$

设因素集 $U_i = \{u_1^{(i)}, u_2^{(i)}, \cdots, u_m^{(i)}\}$ 的权重为 $A_i = \{a_1^{(i)}, a_2^{(i)}, \cdots, a_{ni}^{(i)}\}$，得到一级综合评判为

$$A_i \cdot R_i = \underset{\sim i}{B} \quad (i=1,2,\cdots,m) \quad (5.23)$$

(3)将每个 U_i 作为一个元素看待，用 $\underset{\sim i}{B}$ 作为它的单因素评判，于是得到单因素评判矩阵

$$\boldsymbol{R} = \begin{bmatrix} \underset{\sim 1}{B} \\ \underset{\sim 2}{B} \\ \vdots \\ \underset{\sim k}{B} \end{bmatrix} \quad (5.24)$$

设 $U = \{U_1, U_2, \cdots, U_k\}$ 的权重为 $A = \{A_1, A_2, \cdots, A_k\}$，于是有二级综合评判

$$\underset{\sim}{B} = A \cdot R \quad (5.25)$$

多层次综合评判的好处是能够反映客观事物中的各种因素的不同层次，又避免了因素多、权重难分配等问题。

(2)锡林郭勒盟沙尘暴致灾因子的计算与分析

这里以年均沙尘暴日数和年均大风日数作为沙尘暴致灾因子危险性评判因素，建立因素集 $U = \{$年均沙尘暴日数，年均大风日数$\}$，确定评判集 $V = \{0$级(无危险)，1级，2级，3级，4级(危险度最高)$\}$，经过模糊映射/模糊变换完成沙尘暴致灾因子危险性的综合评判计算。

1)构建致灾因子危险性的指数模型

根据模糊数学综合评判模型，设计沙尘暴致灾因子危险性的计算方法，首先确定参与综合评判的因素集 U，设

$$U = \{U_{dm}, U_{wm}\}$$

式中，U_{dm} 为年均沙尘暴日数因素集，U_{wm} 为年均大风日数因素集，计算样本一共包括锡林郭勒盟15个气象站数据。依据多层次二级模型将因素集分为两组，即 $U_1 = \{U_{dm}\}$，$U_2 = \{U_{wm}\}$，形成两个第二级因素集，分别进行单因素评判。

2)年均沙尘暴日数单因素评判

对于沙尘暴灾害致灾因子危险性，年均沙尘暴日数指标是最为重要的直接因素，通过分析

15个气象站30多年的数据,年均沙尘暴日数分布范围在0~25d之间。对于每一个气象站点因素集,有

$$U_1 = \{U_{dm}\}$$

其中

$$U_{dm} = \{D_{dm}\}$$

式中,D_{dm}为此站点的年均沙尘暴日数,进行此站点的单因素一级评判,其他站点以此类推进行计算。计算步骤如下:

首先必须确定隶属函数,分析各站点的年均沙尘暴日数分布情况,最大值是最小值的25倍,考虑到数据分析的平衡性,避免极值和奇异值的影响,这里确定使用对数函数作为隶属函数,对数函数可以在保持数据分布特性的基础上,有效地压缩数据高低值的分布范围。对于每个站点,其隶属函数如下

$$\mu_{dm} = \ln(D_{dm} + 1) \tag{5.26}$$

进一步得到单因素评判矩阵R_1,其形式如下

$$R_1 = [\mu_{dm}] \tag{5.27}$$

下一步确定权重集,由于因素集U_1只包括U_{dm}(年均沙尘暴日数)一个因素,因此权重$A_1 = \{1,0\}$。最后计算单因素一级评判如下

$$\underset{\sim}{B}_1 = A_1 \cdot R_1 \tag{5.28}$$

$\underset{\sim}{B}_1$即为此气象站点的年均沙尘暴日数单因素一级评判结果(表5.21)。

表5.21 锡林郭勒年均沙尘暴日数单因素评判值$\underset{\sim}{B}_1$

站点	1981—1990年	1991—2000年	2001—2010年
东乌珠穆沁旗	1.335	0.833	1.386
乌拉盖	1.065	0.336	0.588
二连浩特	2.175	1.526	1.825
那仁	1.775	1.030	1.649
阿巴嘎旗	1.609	1.224	1.808
苏尼特左旗	1.808	1.686	2.681
苏尼特右旗	2.197	1.629	2.293
朱日和	2.219	2.128	2.416
镶黄旗	1.589	1.569	2.028
西乌珠穆沁旗	0.833	0.262	1.281
锡林浩特	1.065	0.182	1.569
正镶白旗	1.974	1.224	1.856
正蓝旗	2.163	1.361	2.067
多伦	1.099	0.405	1.386
太仆寺旗	1.740	0.405	1.386

3)年均大风日数单因素评判

大风是沙尘暴发生的重要动力因子,也是形成沙尘暴灾害的重要原因,通过分析沙尘暴日数和大风日数的相关关系,可以发现在有些地区大风日数与沙尘暴日数是密切相关的,但在另一些地区是相关很差的,具体计算评判结果时需要考虑相应的限定条件。同样使用锡林郭勒盟15个气象站30年的大风记录数据,对于每一个气象站点有因素集$U_2 = \{U_{wm}\}$,其中$U_{wm} = $

$\{D_{wm}\}$，D_{wm}为此站点的年均大风日数，进行此站点的单因素一级评判，其他站点以此类推进行计算。

由于年均大风日数与沙尘暴发生不完全相关，必须通过限定条件来确定年均大风日数指标是否可以引入沙尘暴致灾因子危险性评判。本研究通过分析沙尘暴日数与大风日数的相关关系，从而确定年均大风日数指标在沙尘暴致灾因子危险性评判中的限定条件。计算每个站点的沙尘暴日数与大风日数相关系数，设相关系数为r，对r进行显著性水平检验，设$\alpha_{0.1}$为显著性水平0.1下的F分布，以平均40个样本数量可得$\alpha_{0.1}=0.263$（查相关系数临界值表）。如果$|r|>\alpha_{0.1}$则沙尘暴日数与大风日数是显著相关的，否则二者之间的变化趋势是不显著的，因此$\alpha_{0.1}$将作为年均大风日数指标在评判中的限定性条件。同时与年均沙尘暴日数一样，年均大风日数在各站点的分布也是差异较大，同样使用对数函数作为隶属函数，其形式如下

$$\mu_{wm} = \begin{cases} 0 & |r| < \alpha_{0.1} \\ \ln(D_{wm}+1) & |r| \geq \alpha_{0.1} \end{cases} \tag{5.29}$$

由于年均大风日数只能作为沙尘暴致灾因子危险性评判的间接条件，必须确定相应的权重值，这里将使用动态权重模型来计算各站点的年均大风日数权重值。对每一个气象站点，以年沙尘暴日数和年大风日数为基础，建立二者之间的一元回归分析方程，计算随大风日数变化而引起的沙尘暴日数变化的趋势倾向。设D_i为年沙尘暴日数，W_i为年大风日数，其中i代表某一年，得到一元线形回归方程如下

$$D_i = a \cdot W_i + b \quad (i=1,2,\cdots,40) \tag{5.30}$$

回归系数a表示沙尘暴日数随大风日数变化的趋势，a越大表示大风日数的增加可以显著地引起沙尘暴日数的增长，因此将回归系数a作为权重值可以比较准确地反映年均大风日数在沙尘暴致灾因子危险性评判中的贡献率。由此可以确定权重集A_2（表5.22）。

$$A_2 = \left\{\frac{2 \cdot \arctan(a)}{\pi}\right\} \tag{5.31}$$

表5.22　锡林郭勒地区年大风日数与年沙尘暴日数相关系数及回归系数

站点	相关系数r	a趋势倾向	A_2
乌拉盖	0.506	0.055	0.035
东乌旗	0.374	0.051	0.032
二连浩特	0.296	0.063	0.040
那仁	0.281	0.057	0.036
阿巴嘎旗	0.324	0.056	0.036
苏尼特左旗	0.094	0.044	0.028
苏尼特右旗	0.306	0.095	0.060
朱日和	0.168	0.055	0.035
镶黄旗	0.291	0.043	0.028
西乌旗	0.244	0.027	0.017
锡林浩特	0.415	0.076	0.048
正镶白旗	0.335	0.068	0.043
多伦	0.111	0.012	0.008
太仆寺旗	0.493	0.097	0.061
正蓝旗	0.374	0.082	0.052

注：将相关系数$\alpha_{0.1}<0.263$的大风日数取0。

年均大风日数单因素一级评判通过隶属函数进一步得到单因素评判矩阵,其形式为
$$R_2 = [\mu_{wm}] \tag{5.32}$$
最后计算单因素一级评判如下
$$\underset{\sim}{B_2} = A_2 \cdot R_2 \tag{5.33}$$
$\underset{\sim}{B_2}$ 即为此气象站点的年均大风日数单因素一级评判结果(表5.23)。

表 5.23 确锡林郭勒地区年均大风日数单因素评判 $\underset{\sim}{B_2}$

站点	1981—1990年	1991—2000年	2001—2010年
乌拉盖	0.143	0.135	0.107
东乌旗	0.131	0.118	0.109
二连浩特	0.174	0.165	0.128
那仁	0.153	0.142	0.134
阿巴嘎旗	0.144	0.142	0.121
苏尼特左旗	0.000	0.000	0.000
苏尼特右旗	0.264	0.231	0.251
朱日和	0.000	0.000	0.000
镶黄旗	0.118	0.124	0.115
西乌旗	0.000	0.000	0.000
锡林浩特	0.191	0.180	0.169
正镶白旗	0.180	0.170	0.158
多伦	0.000	0.000	0.000
太仆寺旗	0.252	0.210	0.199
正蓝旗	0.222	0.221	0.219

注:将相关系数 $\alpha_{0.1} < 0.263$ 的大风日数取 0。

4)沙尘暴致灾因子危险性二级综合评判

表 5.24 锡林郭勒地区沙尘暴致灾因子危险性综合评判 $\underset{\sim}{B}$

站点	1981—1990年	1991—2000年	2001—2010年
乌拉盖	0.604	0.236	0.348
东乌旗	0.733	0.476	0.748
二连浩特	1.175	0.846	0.977
那仁	0.964	0.586	0.892
阿巴嘎旗	0.877	0.683	0.965
苏尼特左旗	0.904	0.843	0.341
苏尼特右旗	1.231	0.930	1.272
朱日和	1.110	1.064	1.208
镶黄旗	0.854	0.847	1.072
西乌旗	0.417	0.131	0.641
锡林浩特	0.628	0.181	0.869
正镶白旗	1.077	0.697	1.007
多伦	0.550	0.203	0.693
太仆寺旗	0.996	0.308	0.793
正蓝旗	1.193	0.791	1.143

通过单因素一级评判，已经获得了沙尘暴致灾因子危险性两个单因素评判结果，即年均沙尘暴日数单因素一级评判结果 $\underset{\sim}{B}_1$，年均大风日数单因素一级评判结果 $\underset{\sim}{B}_2$。在二级评判时需确定权重集 A，由于在一级评判是已经充分考虑了单因素权重，因此对于二级权重集采用平均权重方式设定，令 $A=\{0.5,0.5\}$，则有二级评判

$$\underset{\sim}{B} = A \cdot \begin{bmatrix} \underset{\sim}{B}_1 \\ \underset{\sim}{B}_2 \end{bmatrix} \tag{5.34}$$

通过二级综合评判计算得到综合评判获得沙尘暴致灾因子危险性综合评判结果，见表 5.24。

(3) 锡林郭勒盟沙尘暴致灾因子危险性评价

通过上文的计算得到锡林郭勒地区沙尘暴致灾因子危险性综合评判数据集，建立 $\underset{\sim}{B}$ 与评判集 $V=\{0$ 级（无危险），1 级，2 级，3 级，4 级（危险度最高）$\}$ 的模糊映射，具体计算时用 $2 \cdot \underset{\sim}{B}$ 表示最终的评判值，从而得到综合评判映射表 5.25。

表 5.25 综合评判等级映射

危险性等级	1 级	2 级	3 级	4 级	5 级
评判值	<1.0	1.0~2.0	2.0~2.5	2.5~3.0	≥3.0

对每一气象站点做同样计算，最终得到锡林郭勒盟 15 个站点的模糊综合评判结果，并进一步绘制锡林郭勒盟沙尘暴致灾因子危险性等级分布图（图 5.39）。通过对锡林郭勒盟 15 个气象站点的大风日数和沙尘暴日数 30 年数据，分析得出沙尘暴致灾因子危险性等级（表 5.26）。

表 5.26 沙尘暴致灾因子危险性等级区划

站点	1981—1990 年		1991—2000 年		2001—2010 年	
	$2 \cdot \underset{\sim}{B}$	危险性等级	$2 \cdot \underset{\sim}{B}$	危险性等级	$2 \cdot \underset{\sim}{B}$	危险性等级
乌拉盖	1.208	2	0.471	1	0.695	1
东乌旗	1.466	2	0.951	1	1.495	2
二连浩特	2.349	3	1.691	2	1.953	2
那仁	1.928	2	1.172	2	1.783	2
阿巴嘎旗	1.753	2	1.366	2	1.929	2
苏尼特左旗	1.808	2	1.686	2	2.681	4
苏尼特右旗	2.461	3	1.860	2	2.544	4
朱日和	2.219	3	2.128	3	2.416	3
镶黄旗	1.707	2	1.693	2	2.143	3
西乌旗	0.833	1	0.262	1	1.281	2
锡林浩特	1.256	2	0.362	1	1.738	2
正镶白旗	2.154	3	1.394	2	2.014	3
多伦	1.099	2	0.405	1	1.386	2
太仆寺旗	1.992	2	0.615	1	1.585	2
正蓝旗	2.385	3	1.582	2	2.286	3

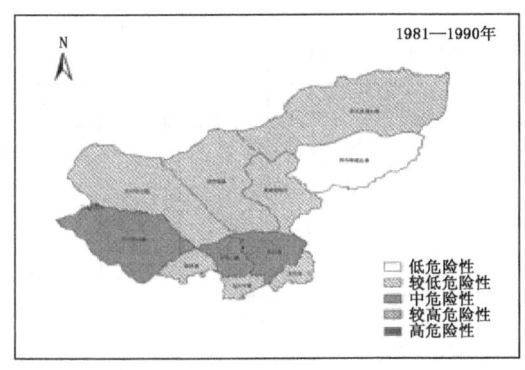
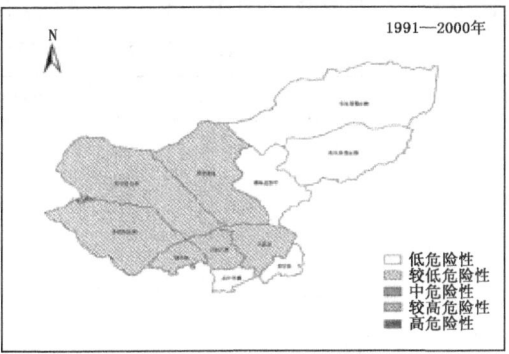
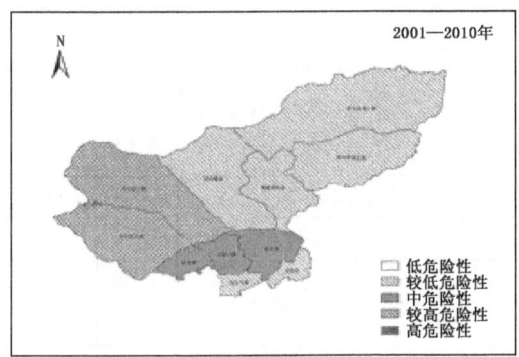

图 5.39 锡林郭勒盟沙尘暴致灾因子危险性图

通过模糊综合评判的方法以沙尘暴日数和大风日数为评判指标对锡林郭勒沙尘暴致灾因子危险性分析,结果如图 5.39 所示。总体而言,1981—1990 年和 2001—2010 年沙尘暴致灾危险性高于 1991—2000 年,在时间序列上表现出高-低-高的趋势。在 30 年间,各旗县沙尘暴致灾危险性相对而言,东部、北部乌拉盖和东乌珠穆沁旗和西乌珠穆沁旗处于低危险性和较低危险性区域。阿巴嘎旗和锡林浩特市处于较低危险区域,而西部的苏尼特左旗、右苏尼特旗、朱日和以及南部的镶黄旗、正镶白旗和多伦县在较低度、中度和较高度危险去之间徘徊。这几个旗县在同一时期致灾危险性高于其他旗县。锡林郭勒盟沙尘暴致灾危险性总体表现如下规律:在时间上呈现高-低-高的趋势,在空间上表现出西南向东北逐渐递减。

5.7.2.2 沙尘暴孕灾环境危险性评价

(1)构建孕灾环境危险性评价因素集

沙尘暴孕灾环境,从气候环境和下垫面环境两个选取指标。从气候因素(U_1)和下垫面因素(U_2)定义沙尘暴孕灾环境危险性评价集。两个评价集各自包含若干二级评价集,分别是 U_1 = {动力因子,湿润因子,热力因子},U_2 = {沙源地,土地利用,土壤可蚀性,植被盖度,积雪指数},二级评价集中的评价因子均为综合因子,每个综合因子有包括若干三级指标,具体指标体系及其分级见表 5.27。

(2)构建孕灾环危险性指数评价模型

1)权重的确定和指标的无量纲化

由于各评价因子对沙尘暴孕灾环境稳定性评价的影响程度不同,甚至有很大差别,为了正确反映各因子的实际地位和作用,主导因子权值应高一些,而次要因子权值应低一些。这里通过层次分析法,求取各个因子的相对权重(表 5.27)。

表 5.27 沙尘暴孕灾环境评价集指标及其权重

一级指标	相对权重	二级指标	相对权重	三级指标	相对权重
气候因子(U_1)	0.4013	动力因子(U_{11})	0.4267	春季风速(U_{111})	0.2542
				春季起沙风日数(U_{112})	0.2522
				全年起沙风日数(U_{113})	0.2474
				年均风速(U_{114})	0.2462
		湿润因子(U_{12})	0.2676	上年夏季气温(U_{121})	0.2841
				上年夏季降雨(U_{122})	0.2521
				春季地温(U_{123})	0.2411
				春季降雨(U_{124})	0.2227
		热力因子(U_{13})	0.3057	上年冬季气温(U_{131})	0.3825
				上年秋季气温(U_{132})	0.3351
				春季气温(U_{133})	0.2924
下垫面因子(U_2)	0.5987	沙源地(U_{21})	0.1815	—	0.1815
		土地利用类型(U_{22})	0.1216	—	0.1216
		土壤可蚀性(U_{23})	0.2307	—	0.2307
		植被盖度(U_{24})	0.3177	多年最大平均植被盖度(U_{241})	0.3576
				多年平均春季植被特征(U_{242})	0.2582
				多年平均夏季植被特征(U_{243})	0.3842
		积雪指数(U_{25})	0.1486	春季积雪指数(U_{251})	0.5987
				冬季积雪指数(U_{252})	0.4311

鉴于选取的指标较多,且量纲不统一,各指标数量大小差异较大,选用极差法标准化各指标

$$x_{ij} = \frac{x_{ij} - x_{i\min}}{x_{i\max} - x_{i\min}} (x_{ij} \text{为正向指标}) \tag{5.35}$$

$$x'_{ij} = \frac{x_{i\min} - x_{ij}}{x_{i\max} - x_{i\min}} (x_{ij} \text{为反向指标}) \tag{5.36}$$

式中,x_{ij} 和 x'_{ij} 分别为第 i 个评价指标对应的第 j 个评价单元的原始数值和标准化之后的数值。$x_{i\min}$ 和 $x_{i\max}$ 分别为第 i 个评价指标对应的所有评价单元中最小和最大的原始数值。为了便于全文分析,这里对正向指标和负向指标分别采用不同公式进行标准化。正向指标是指随着该指标值的增大,沙尘暴孕灾环境危险性增加,如沙源地面积的增加,沙尘暴孕灾环境危险性增加,负向指标是指随着该指标值的增大,孕灾环境稳定性增大,例如植被覆盖度增加,下垫面危险性减小。

标准化后得到的各指标对沙尘暴孕灾环境稳定性的影响得分均介于 0~1 之间,并且分值越高说明孕灾环境稳定性越低。在这里需要说明的是,由于沙尘暴孕灾环境稳定性评价选择的指标很多是负向指标,这样给数据计算带来很大不便,所以这里根据稳定性和危险性的关系转化数据稳定性越高,危险性越小;稳定性越低,危险性越高。

采用极差方法进行标准化处理,既有利于评价单元、评价指标之间相互比较,也避免了人为分级处理造成的原始信息丢失和数据的不连续。根据标准化之后的指标得分,通过指标乘以权重分值累加判断各评价单元稳定性大小。

2)加权综合叠加分析

$$y_i = \sum_{j=1}^{n} a_j \cdot x_{ij} \quad (5.37)$$

式中,y_i 表示第 i 个沙尘暴孕灾环境评价单元某一评价项目指标得分,a_j 表示第 j 个危险性评价指标权重赋值,x_{ij} 表示第 i 个沙尘暴孕灾环境评价单元对应的第 j 个危险性评价指标单项得分,n 为某一评价项目包含的评价指标数目。

(3)孕灾环境危险指数计算

1)气候因子的危险性计算

气候因素分为动力因子(U_{11})、湿润因子(U_{12})和热力因子(U_{13})。动力因子通过春季风速、全年风速、春季起沙日数以及全年起沙日数四个指标加权计算获得。由于动力因子的四个指标以及下面要计算的湿润因子、热力因子的数据均是在当地气象站获得的点数据,所以要通过点数据的反向距离权重插值,将点数据插值成栅格面数据,然后通过 ARCGIS10 的模糊线性化,完成指标的无量纲化,再通过 ARCGIS 的加权叠加获得动力因子危险性指数(图 5.40)。

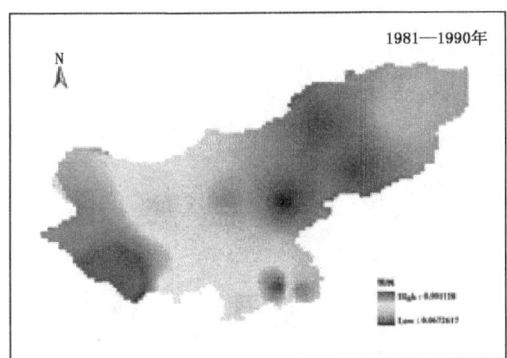
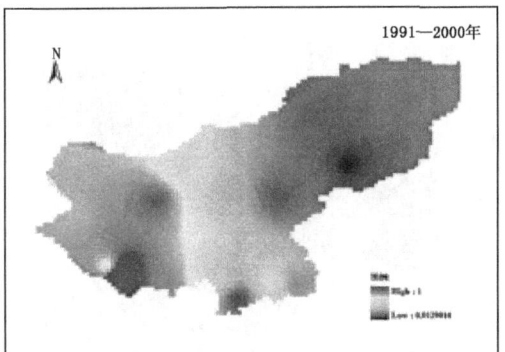
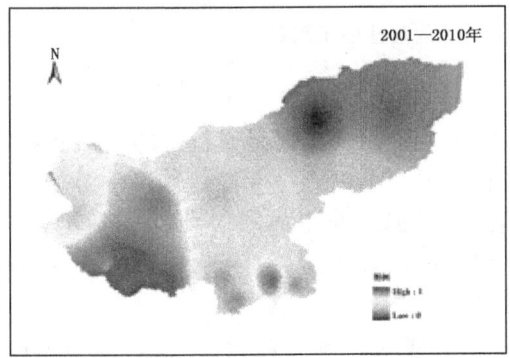

图 5.40 锡林郭勒盟动力因子危险性因子指数

动力因子在变化主要分布在锡林郭勒盟的西部地区:苏尼特右旗、朱日和、苏尼特左旗和正蓝旗。从图 5.40 来看,1981—1990 年与 1991—2000 年相对比较苏尼特左旗的动力因子危险性增强,正蓝旗和太仆寺旗的动力因子危险性减弱。1991—2000 年与 2001—2010 年相比较,正蓝旗和太仆寺旗的动力因子危险性继续增强,二连浩特和西乌珠穆沁旗的危险性出现减弱趋势。

同理可获得湿润因子和热力因子的危险子指数(图 5.41 和图 5.42)。湿润因子在 1981—2010 年空间分布发生明显变化,总体呈现西高东低的趋势。热力因子危险性在 1981—1990 年和 1991—2000 年无明显变化,2001—2010 年锡林郭勒盟南部 5 个旗县(镶黄旗、正镶白旗、正蓝旗、多伦和太仆寺旗)的热力因子危险性显著降低。

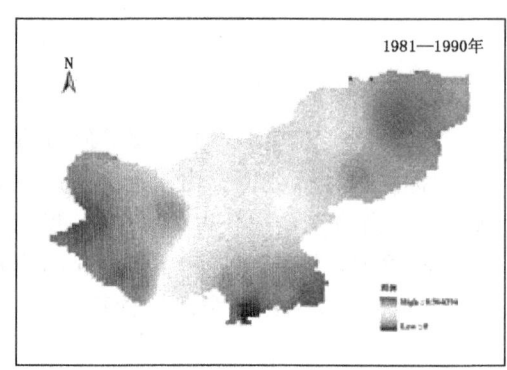
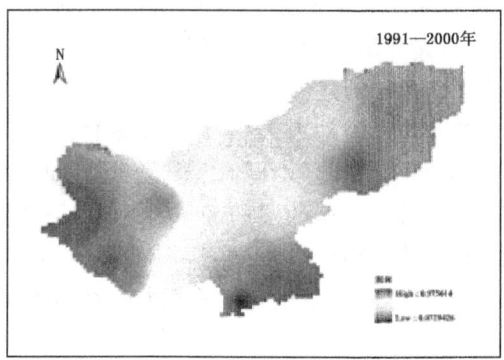
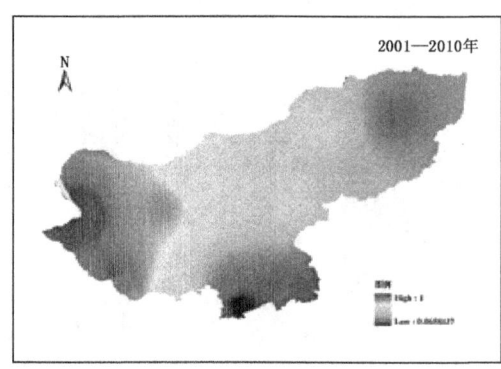

图 5.41　锡林郭勒盟湿润因子危险性因子指数

2)下垫面因子的危险性计算

下垫面因子的计算有别于气象因子的计算,由于下垫面的数据是通过遥感数据面获得的,通过加工以后得到的是栅格数据,通过简单赋值和加工就可以直接进行 GIS 叠加分析。

通过遥感解译获得沙源地数据和土地利用数据,根据不同土地类型对沙尘暴孕灾环境的危险性差异结合前人的研究,对不同土地利用类型进行危险性评分,分值范围为 0～1,分值大小代表危险性大小。各土地利用类型打分如表 5.28 所示。

在获得各自的三级指标数据后,通过表 5.27 的权重进行加权叠加分析,获得孕灾环境危险性二级数据(图 5.43—图 5.45)。

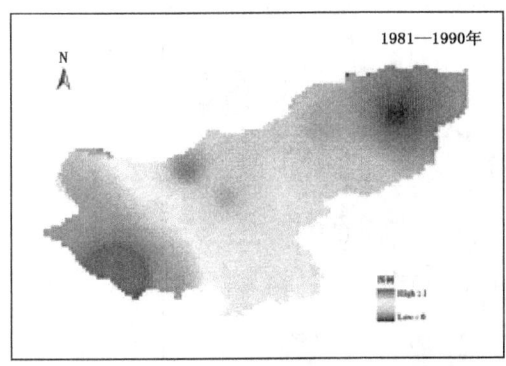
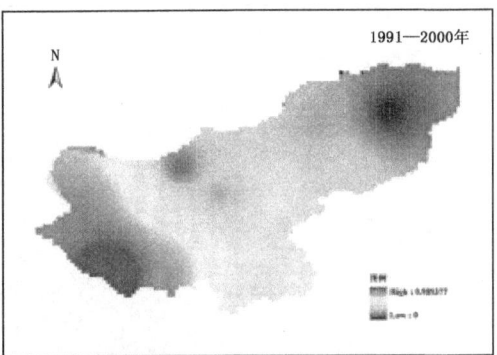
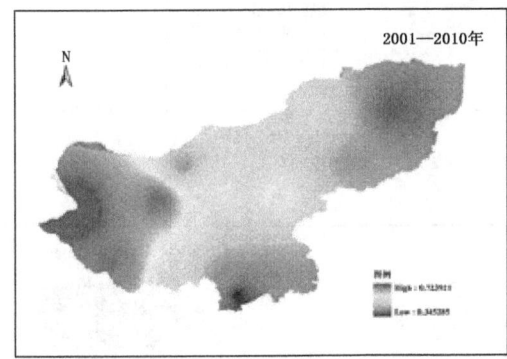

图 5.42 锡林郭勒盟热力因子危险性因子指数

表 5.28 土地利用危险性指数值

土地利用类型	危险性指数值	土地利用类型	危险性指数值
旱地	0.6	水域	0
有林地	0.2	城镇用地	0.2
灌木林	0.25	农村居民	0.3
疏林地及其他林地	0.3	其他建设用地	0.6
高覆盖度草地	0.3	沙地	1
中覆盖度草地	0.4	盐碱地	0.9
低覆盖度草地	0.5	裸土地及其他	0.8

3) 孕灾环境危险性计算

通过对气象因子和下垫面因子的计算，取二级指标的相对权重值（表 5.27）利用 ARCGIS 加权求和，获得锡林郭勒盟沙尘暴孕灾环境危险性指数。根据沙尘暴孕灾环境危险性图，提取研究区各旗县孕灾环境危险性指数均值，利用均值加减标准差方法（表 5.29），对沙尘暴孕灾环境危险性进行分级。

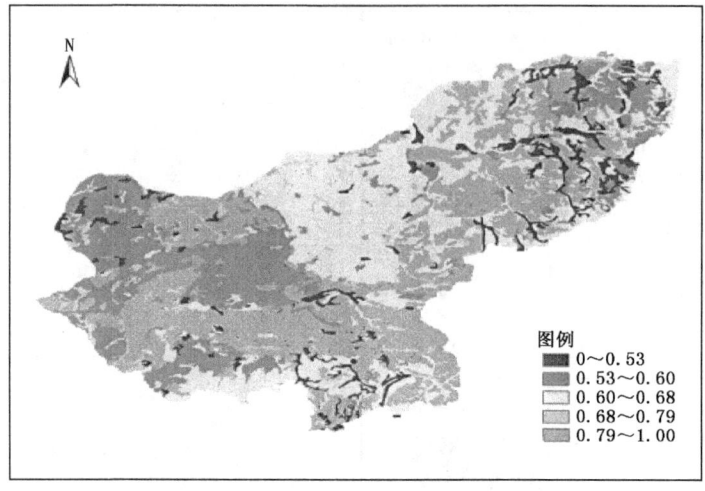

图 5.43 锡林郭勒盟土壤可蚀度危险性因子指数

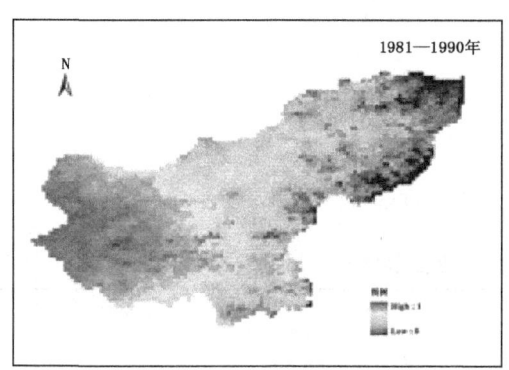
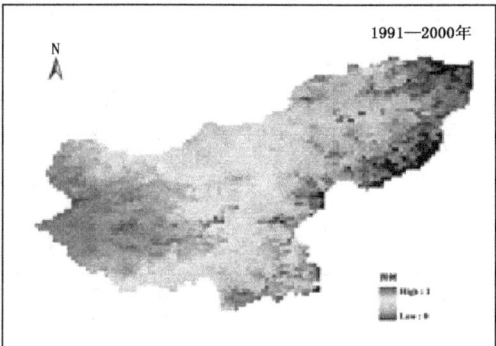
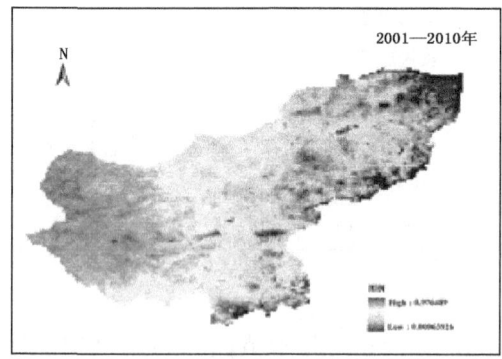

图 5.44 锡林郭勒盟植被盖度危险性因子指数

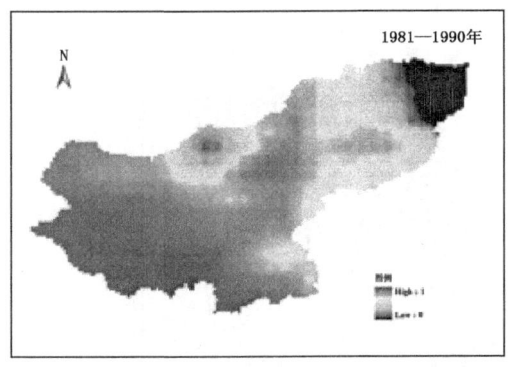
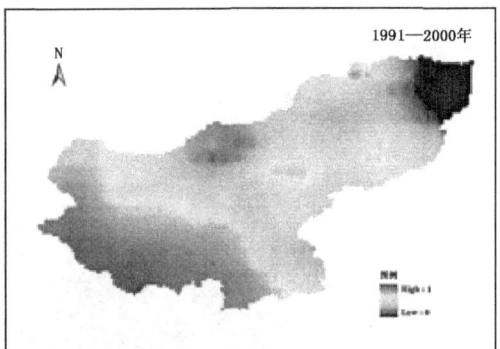
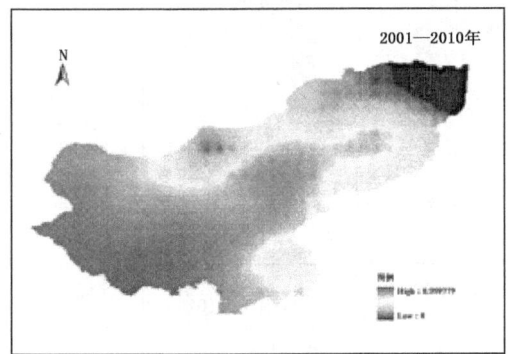

图 5.45 锡林郭勒盟积雪指数度危险性因子指数

表 5.29 锡林郭勒盟沙尘暴孕灾环境危险性分级标准

危险性等级	低危险性 1级	较低危险性 2级	中度危险性 3级	较高危险性 4级	高度危险性 5级
评判值	<0.35	0.35~0.47	0.47~0.59	0.59~0.71	≥0.71

注:Mean=0.47,SD=0.12。

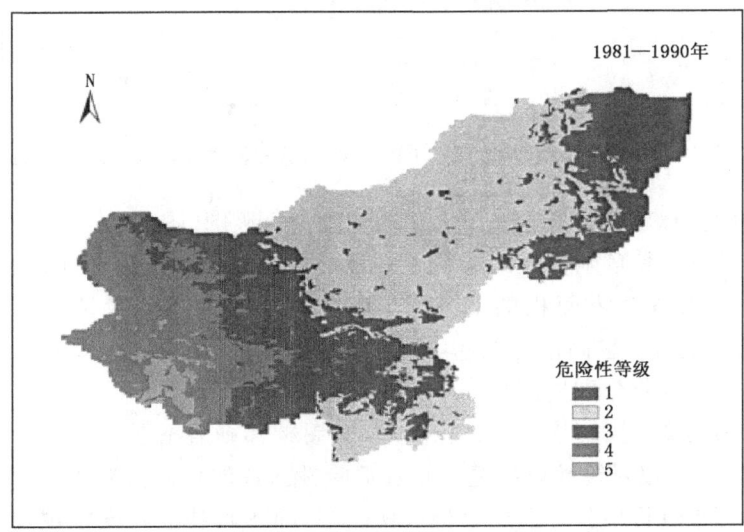

图 5.46 锡林郭勒盟 1981—1990 年沙尘暴灾害孕灾环境危险性等级

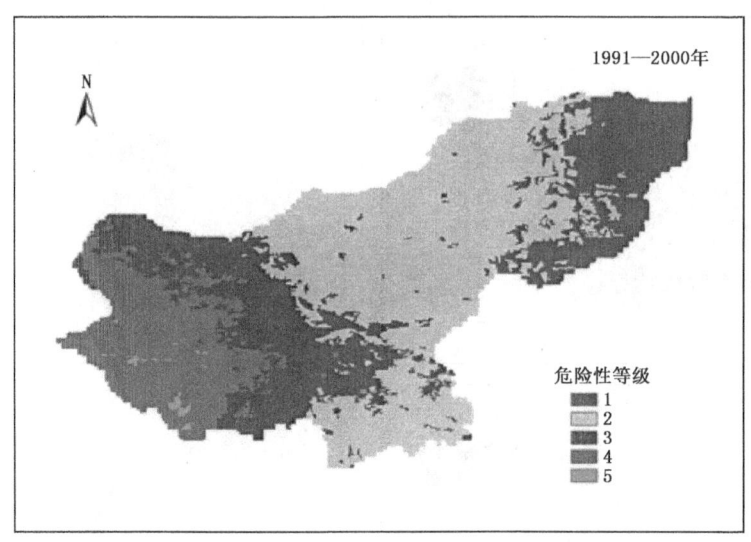

图 5.47　锡林郭勒盟 1991—2000 年沙尘暴灾害孕灾环境危险性等级

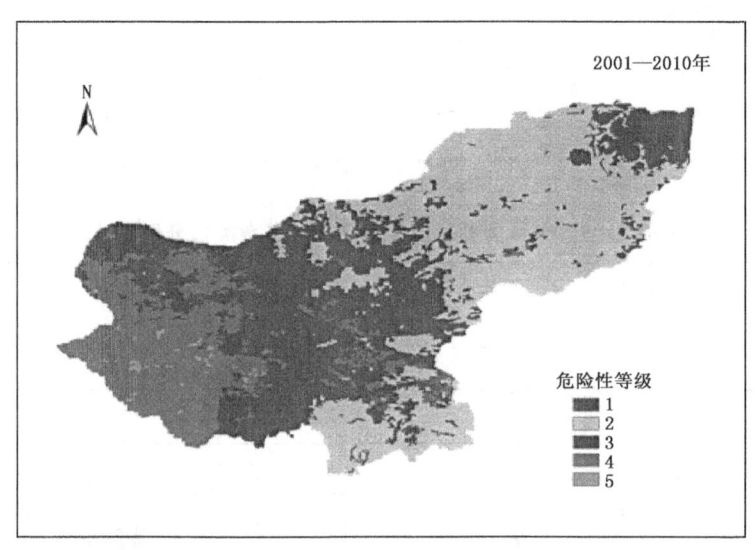

图 5.48　锡林郭勒盟 2001—2010 年沙尘暴灾害孕灾环境危险性等级

从最后获得的锡林郭勒盟沙尘暴孕灾环境危险性等级图(图 5.46—图 5.48)可以看出,锡林郭勒盟沙尘暴孕灾环境危险性最高等级主要分布在苏尼特右旗和朱日和地区,且在 1981—1990 年 10 年间面积占全盟面积的 2.02%,1991—2000 年高危险性面积下降到 0.36%;2001—2010 年略有上升。较高危险性和中度危险性的面积在 1991—2000 年分别减少 0.53% 和 1.89%,2001—2010 年分别增加 0.82%,12.07%。

在获得锡林郭勒盟孕灾环境危险性指数后,对锡林郭勒盟下属各旗县的危险性指数进行提取,结果见表 5.30。以对锡林郭勒盟各旗县危险性指数的均值为判别值,根据表 5.29 的判别标准进行危险等级进行划分。上述分析出现问题,即各旗县危险度指数均值处在划分标准的边界值上(如表 5.30 中二连浩特市的危险性指数平均值为 0.47),究竟归为哪一等级很难决定,修改划分标准也不是科学的办法。为了解决危险性等级的归属问题,根据划分标准阈值构建隶属度函数,根据最大隶属度原则决定其等级的归属问题。

表 5.30　锡林郭勒盟各旗县沙尘暴孕灾环境危险性指数及其危险性等级

旗县	1981—1990 年				1991—2000 年				2001—2010 年			
	最小	最大	平均	等级	最小	最大	平均	等级	最小	最大	平均	等级
二连浩特市	0.57	0.77	0.7	4	0.54	0.74	0.68	4	0.49	0.79	0.64	4
锡林浩特市	0.31	0.58	0.44	2	0.28	0.54	0.43	2	0.34	0.69	0.48	3
阿巴嘎旗	0.33	0.62	0.47	3	0.32	0.6	0.45	2	0.36	0.73	0.51	3
苏尼特左旗	0.38	0.74	0.59	3	0.37	0.71	0.58	3	0.38	0.80	0.59	3
苏尼特右旗	0.46	0.84	0.68	4	0.45	0.82	0.65	4	0.45	0.89	0.64	4
东乌珠穆沁旗	0.16	0.51	0.36	1	0.18	0.5	0.36	1	0.20	0.63	0.40	2
西乌珠穆沁旗	0.2	0.53	0.36	2	0.2	0.53	0.36	2	0.29	0.65	0.43	2
太仆寺旗	0.29	0.51	0.44	2	0.24	0.48	0.4	2	0.26	0.52	0.40	2
镶黄旗	0.45	0.68	0.54	3	0.44	0.68	0.54	3	0.43	0.77	0.55	4
正镶白旗	0.36	0.63	0.5	3	0.33	0.63	0.48	3	0.33	0.72	0.48	3
正蓝旗	0.3	0.61	0.48	2	0.28	0.59	0.45	2	0.31	0.69	0.49	3
多伦县	0.34	0.55	0.43	2	0.31	0.51	0.41	2	0.35	0.62	0.44	2

$$u_{i1}(x_i) = \begin{cases} 0 & x_i \leqslant V_1 \\ \dfrac{x_i - V_1}{V_2 - V_1} & V_1 < x_i < V_2 \\ 1 & x_i \geqslant V_2 \end{cases} \tag{5.38}$$

$$u_{i2}(x_i) = \begin{cases} 0 & x_i \leqslant V_1 \quad 或 x_i \geqslant V_3 \\ \dfrac{x_i - V_1}{V_2 - V_1} & V_1 < x_i < V_2 \\ 1 & x_i = V_2 \\ \dfrac{V_3 - x_i}{V_3 - V_2} & V_2 < x_i < V_3 \end{cases} \tag{5.39}$$

$$u_{i3}(x_i) = \begin{cases} 0 & x_i \leqslant V_2 \quad 或 x_i \geqslant V_4 \\ \dfrac{x_i - V_2}{V_3 - V_2} & V_2 < x_i < V_3 \\ 1 & x_i = V_3 \\ \dfrac{V_4 - x_i}{V_4 - V_3} & V_3 < x_i < V_4 \end{cases} \tag{5.40}$$

$$u_{i4}(x_i) = \begin{cases} 0 & x_i \leqslant V_3 \quad 或 x_i \geqslant V_5 \\ \dfrac{x_i - V_3}{V_4 - V_3} & V_3 < x_i < V_4 \\ 1 & x_i = V_4 \\ \dfrac{V_5 - x_i}{V_5 - V_4} & V_4 < x_i < V_5 \end{cases} \tag{5.41}$$

$$u_{i5}(x_i) = \begin{cases} 0 & x_i \leqslant V_4 \\ \dfrac{x_i - V_4}{V_5 - V_4} & V_4 < x_i < V_5 \\ 1 & x_i \geqslant V_5 \end{cases} \quad (5.42)$$

上述公式中，V_1、V_2、V_3、V_4 和 V_5 分别表示沙尘暴孕灾环境危险等级划分的 5 个阈值，即表 5.29 中的 5 个区间临界值。通过上述公式的计算，最终划定锡林郭勒盟各旗县的危险性等级（表 5.30），孕灾环境危险性等级图（图 5.49）。

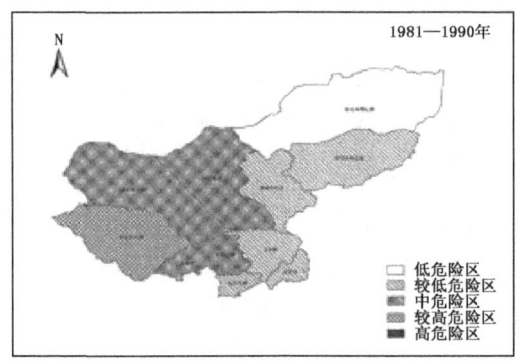
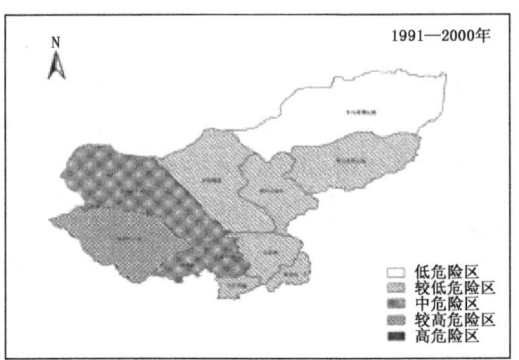
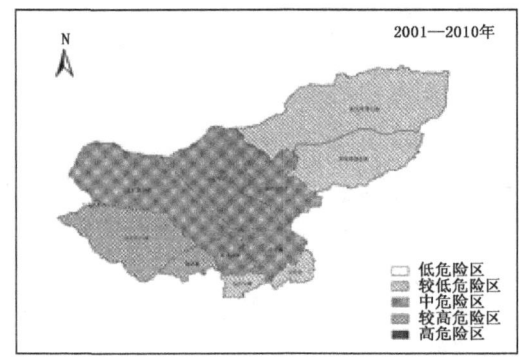

图 5.49 锡林郭勒盟沙尘暴孕灾环境危险性等级图

从孕灾环境危险性结果来看，锡林郭勒盟 1981—1990 年间，二连浩特和苏尼特右旗处于较高危险性，镶黄旗、正镶白旗、苏尼特左旗和阿巴嘎旗处于中度危险区，东乌珠穆沁旗处于低危险区，其余各旗县处于较低危险区。1991—2000 年孕灾环境危险性格局发生变化，阿巴嘎旗由中度危险区向较低危险区转变，其他旗县危险性未发生变化。2001—2010 年孕灾环境危险性持续增加，镶黄旗由中度危险性向高度危险性转移，正蓝旗和锡林浩特由较轻度危险性向中度危险性转移，东乌珠穆沁旗有轻度危险性向较轻度危险性转移，其他旗县危险性未发生变化。

5.7.2.3 沙尘暴承灾体脆弱性评价

（1）构建承灾体脆弱性评价因素集

这里从人员情况（U_1），农牧业生产（U_2），交通运输（U_3），生产总值（U_4），医疗卫生（U_5）5 个方面定义沙尘暴灾害脆弱性，则综合评价集为 $U = \{U_1, U_2, U_3, U_4, U_5\}$。为了方便表达，以上 5 个一级因素集又分成各自的二级因素：$U_1 = \{$人口密度$\}$，$U_2 = \{$耕地百分比，农牧民纯收入,超载率,大畜比例$\}$,$U_3=\{$线路密度$\}$,$U_4=\{$第一产业产值,第二产业产值,第三产业产值,人均总产值$\}$,$U_5=\{$万人拥有医院卫生院床位数,万人拥有医疗技术人员数$\}$,分别记作

$$U_1=\{u_1^1\},U_2=\{u_1^2,u_2^2,u_3^2,u_4^2\},U_3=\{u_1^3\},$$
$$U_4=\{u_1^4,u_2^4,u_3^4,u_4^4\},U_5=\{u_1^5,u_2^5,u_3^5\}$$

(2)构建承灾体脆弱性评价集

为确定所选取的指标的性状,需要建立评价集合。由于所选取的指标的单位量纲不一致,首先对原始数据进行处理。

在多指标综合评价中,有些是正向指标(或望大型指标),有些是逆向指标也称成本型指标(或望小型指标)。在综合评价时,首先必须将指标同趋势化,一般是将逆向指标转化为正向指标,所以也称为指标的正向化。不同评价指标往往具有不同的量纲和量纲单位,为了消除由此带来的不可公度性,还应将各评价指标作无量纲化处理。指标的同趋势化和无量纲化都有多种方法,应用时应根据实际情况选择合适的方法,否则将会使综合评价的准确性受到影响。参考多篇文章,这里选定

负向指标正向化:
$$X'_{ij}=X_{ij\max}-X_{ij} \tag{5.43}$$

无量钢化:
$$X''_{ij}=\frac{X'_{ij}}{\overline{X}_{ij}} \tag{5.44}$$

式中,X_{ij}表示第i个因素中第j个指标的原始数据,$\overline{X}_{ij}$、$X_{ij\max}$分别表示第i个因素中第j个指标的平均值和最大值。经过这样的处理后,将沙尘暴灾害承灾体的脆弱性程度划分为各个等级,即评价集$V=\{V_1,V_2,V_3,V_4,V_5\}=\{$低脆弱性,较低脆弱性,中度脆弱性,较高度脆弱性,高度脆弱性$\}$。V值的确定根据每个指标的均值加减标准差得到,各因子的评判标准见表5.31。

表5.31 锡林郭勒盟沙尘暴灾害承灾体脆弱性单因子分级标准

因素	V_1	V_2	V_3	V_4	V_5
人口密度	−0.37	0.32	1.68	2.37	3.05
耕地面积百分比	−0.99	0.00	2.00	2.99	3.99
超载率	−0.32	0.34	1.66	2.32	2.98
大牲畜比例	0.58	0.79	1.21	1.42	1.64
牧民纯收入	0.60	0.80	1.20	1.40	1.60
公路密度	−1.41	−0.21	2.21	3.41	4.62
第一产业比重	0.15	0.58	1.42	1.85	2.27
第二产业比重	0.73	0.87	1.13	1.27	1.40
第三产业比重	0.68	0.84	1.16	1.32	1.48
人均生产总值	0.66	0.83	1.17	1.34	1.51
万人拥有床位数	0.57	0.78	1.22	1.43	1.65
万人拥有医疗技术人员	0.51	0.75	1.25	1.49	1.74

(3)构建承灾体脆弱性评价权重集

在承灾体脆弱性的评价中,由于选择的评价因子重要性程度有差异,所以按照要求要对所选指标进行权重的确定。权重的确定方法选择层次分析法,经过层次分析法最终确定权重(表

5.32)并通过了一致性检验。

表 5.32 承灾体脆弱性权重

分类	权重	指标	权重 A
人口情况	0.1871	人口密度	0.1871
农牧业生产	0.3692	耕地百分比	0.0560
		超载率	0.1378
		大畜比例	0.0507
		牧民纯收入	0.1247
交通运输业	0.0875	公路密度	0.0875
生产总值	0.2576	第一产业比重	0.0886
		第二产业比重	0.0342
		第三产业比重	0.0462
		人均总产值	0.0886
医疗卫生	0.0986	每万人拥有医院卫生院床位数	0.0493
		万人拥有医疗技术人员	0.0493

(4)构建承灾体隶属度函数

为了便于问题分析,是各指标之间有一个统一的衡量标准,采用构造隶属度函数的方式来确定隶属度,这里参考其他文章选取升、降半梯形和三角形来确定各等级的隶属函数。将沙尘暴灾害脆弱性等级划分为 5 级,降半梯形函数描述低度脆弱性,升半梯形描述高度脆弱性,其他 3 级用三角形函数表示。相应的隶属函数为

$$u_{i1}(x_i) = \begin{cases} 0 & x_i \leqslant V_1 \\ \dfrac{x_i - V_1}{V_2 - V_1} & V_1 < x_i < V_2 \\ 1 & x_i \geqslant V_2 \end{cases} \quad (5.45)$$

$$u_{i2}(x_i) = \begin{cases} 0 & x_i \leqslant V_1 \text{ 或 } x_i \geqslant V_3 \\ \dfrac{x_i - V_1}{V_2 - V_1} & V_1 < x_i < V_2 \\ 1 & x_i = V_2 \\ \dfrac{V_3 - x_i}{V_3 - V_2} & V_2 < x_i < V_3 \end{cases} \quad (5.46)$$

$$u_{i3}(x_i) = \begin{cases} 0 & x_i \leqslant V_2 \text{ 或 } x_i \geqslant V_4 \\ \dfrac{x_i - V_2}{V_3 - V_2} & V_2 < x_i < V_3 \\ 1 & x_i = V_3 \\ \dfrac{V_4 - x_i}{V_4 - V_3} & V_3 < x_i < V_4 \end{cases} \quad (5.47)$$

$$u_{i4}(x_i) = \begin{cases} 0 & x_i \leqslant V_3 \quad \text{或} \quad x_i \geqslant V_5 \\ \dfrac{x_i - V_3}{V_4 - V_3} & V_3 < x_i < V_4 \\ 1 & x_i = V_4 \\ \dfrac{V_5 - x_i}{V_5 - V_4} & V_4 < x_i < V_5 \end{cases} \tag{5.48}$$

$$u_{i5}(x_i) = \begin{cases} 0 & x_i \leqslant V_4 \\ \dfrac{x_i - V_4}{V_5 - V_4} & V_4 < x_i < V_5 \\ 1 & x_i \geqslant V_5 \end{cases} \tag{5.49}$$

通过隶属度函数求出模糊矩阵

$$\boldsymbol{R} = \begin{bmatrix} r_{11} & r_{12} & \cdots & r_{15} \\ r_{21} & r_{22} & \cdots & r_{25} \\ \vdots & \vdots & \vdots & \vdots \\ r_{n_i 1} & r_{n_i 2} & \cdots & r_{n_i 5} \end{bmatrix} \tag{5.50}$$

以锡林郭勒盟的二连浩特(R_1)、阿巴嘎旗(R_2)和苏尼特左旗(R_3)为例,根据上述公式计算,人口密度 5 个脆弱度等级的评价向量 R_{11}(R_{ij},i 代表城市,j 代表指标),R_{11} 表示二连浩特的人口密度向量,得

$$\boldsymbol{R}_{11} = \{0.0000 \quad 0.2059 \quad 0.7941 \quad 0.0000 \quad 0.0000\} \tag{5.51}$$

同理,对阿巴嘎旗、苏尼特左旗的人口密度脆弱性等级向量计算得

$$\boldsymbol{R}_{21} = \{0.3254 \quad 0.6698 \quad 0.0000 \quad 0.0000 \quad 0.0000\} \tag{5.52}$$

$$\boldsymbol{R}_{31} = \{0.3879 \quad 0.6063 \quad 0.0000 \quad 0.0000 \quad 0.0000\} \tag{5.53}$$

接下来求解二连浩特、阿巴嘎旗和苏尼特左旗的其他指标的脆弱性等级,最终得出单因素评判矩阵

$$\boldsymbol{R}_1 = \begin{bmatrix} 0.0000 & 0.2059 & 0.7941 & 0.0000 & 0.0000 \\ 0.0048 & 0.9953 & 0.0000 & 0.0000 & 0.0000 \\ 1.0000 & 0.0000 & 0.0000 & 0.0000 & 0.0000 \\ 0.0000 & 0.7153 & 0.2847 & 0.0000 & 0.0000 \\ 0.0000 & 0.0000 & 0.0000 & 0.0000 & 1.0000 \\ 0.0000 & 0.0000 & 0.6644 & 0.3356 & 0.0000 \\ 0.0000 & 0.0000 & 0.0000 & 0.0000 & 1.0000 \\ 0.0000 & 0.1434 & 0.8566 & 0.0000 & 0.0000 \\ 1.0000 & 0.0000 & 0.0000 & 0.0000 & 0.0000 \\ 0.0000 & 0.8273 & 0.1727 & 0.0000 & 0.0000 \\ 0.0000 & 0.6061 & 0.3939 & 0.0000 & 0.0000 \\ 1.0000 & 0.0000 & 0.0000 & 0.0000 & 0.0000 \end{bmatrix} \tag{5.54}$$

$$R_2 = \begin{bmatrix} 0.3254 & 0.6698 & 0.0000 & 0.0000 & 0.0000 \\ 0.0173 & 0.9831 & 0.0000 & 0.0000 & 0.0000 \\ 0.1862 & 0.8138 & 0.0000 & 0.0000 & 0.0000 \\ 0.0000 & 0.0000 & 0.2397 & 0.7603 & 0.0000 \\ 0.0000 & 0.0000 & 0.6809 & 0.3191 & 0.0000 \\ 0.0000 & 0.8365 & 0.1635 & 0.0000 & 0.0000 \\ 0.4766 & 0.5234 & 0.0000 & 0.0000 & 0.0000 \\ 0.0000 & 0.1752 & 0.8248 & 0.0000 & 0.0000 \\ 0.0000 & 0.1494 & 0.8506 & 0.0000 & 0.0000 \\ 0.0000 & 0.2147 & 0.7853 & 0.0000 & 0.0000 \\ 0.0000 & 0.0000 & 0.8519 & 0.1481 & 0.0000 \\ 0.0000 & 0.9157 & 0.0843 & 0.0000 & 0.0000 \end{bmatrix} \quad (5.55)$$

$$R_2 = \begin{bmatrix} 0.3879 & 0.6063 & 0.0000 & 0.0000 & 0.0000 \\ 0.0201 & 0.9803 & 0.0000 & 0.0000 & 0.0000 \\ 0.0000 & 0.4908 & 0.5092 & 0.0000 & 0.0000 \\ 0.0000 & 0.0000 & 0.0000 & 0.0014 & 0.2248 \\ 0.0000 & 0.0000 & 0.4990 & 0.5010 & 0.0000 \\ 0.0000 & 0.8452 & 0.1548 & 0.0000 & 0.0000 \\ 0.8352 & 0.1648 & 0.0000 & 0.0000 & 0.0000 \\ 0.0000 & 0.1154 & 0.8846 & 0.0000 & 0.0000 \\ 0.0000 & 0.0440 & 0.9560 & 0.0000 & 0.0000 \\ 0.0000 & 0.0000 & 0.6106 & 0.3894 & 0.0000 \\ 0.0468 & 0.9532 & 0.0000 & 0.0000 & 0.0000 \\ 0.0000 & 0.6520 & 0.3480 & 0.0000 & 0.0000 \end{bmatrix} \quad (5.56)$$

(5)承灾体模糊综合评价

获得模糊矩阵 R 和权重 A 后,采用模糊矩阵变换进行综合评判 $B = AR$。几种常用的数学模型有 $M(\wedge, \vee)$,$M(\cdot, \vee)$,$M(\cdot, \oplus)$,$M(\cdot, +)$,其中模型 $M(\cdot, \vee)$ 兼顾了所有因素,同时也突出了主要因素,其评判结果比较详细,因此这里承灾体脆弱性模糊综合评价模型采用 $M(\cdot, \vee)$ 的合成运算方法,其中"·"为普通乘法运算,$\vee$ 为取大运算;最后在结果中按照最大隶属度原则获取 B 中的最大值,即 $B_k = \max\{b_1, b_2, b_3, b_4, b_5\}$;$k$ 级即为被评定单元沙尘暴灾害的脆弱性等级。由此便得到锡林郭勒盟沙尘暴灾害脆弱性模糊综合评判结果。下面以研究区个别旗县为例,说明承灾体脆弱性模糊综合评价的过程。

由 A 与 R_1 相乘得出二连浩特的综合脆弱度 B_1,同理可得 B_2,B_3。

$$B_1 = A * R_1 = \begin{bmatrix} 0.1871 \\ 0.0560 \\ 0.1378 \\ 0.0507 \\ 0.1247 \\ 0.0875 \\ 0.0886 \\ 0.0342 \\ 0.0462 \\ 0.0886 \\ 0.0493 \\ 0.0493 \end{bmatrix}^{-1} * \begin{bmatrix} 0.0000 & 0.2059 & 0.7941 & 0.0000 & 0.0000 \\ 0.0048 & 0.9953 & 0.0000 & 0.0000 & 0.0000 \\ 1.0000 & 0.0000 & 0.0000 & 0.0000 & 0.0000 \\ 0.0000 & 0.7153 & 0.2847 & 0.0000 & 0.0000 \\ 0.0000 & 0.0000 & 0.0000 & 0.0000 & 1.0000 \\ 0.0000 & 0.0000 & 0.6644 & 0.3356 & 0.0000 \\ 0.0000 & 0.0000 & 0.0000 & 0.0000 & 1.0000 \\ 0.0000 & 0.1434 & 0.8566 & 0.0000 & 0.0000 \\ 1.0000 & 0.0000 & 0.0000 & 0.0000 & 0.0000 \\ 0.0000 & 0.8273 & 0.1727 & 0.0000 & 0.0000 \\ 0.0000 & 0.6061 & 0.3939 & 0.0000 & 0.0000 \\ 1.0000 & 0.0000 & 0.0000 & 0.0000 & 0.0000 \end{bmatrix} \quad (5.57)$$

即：$B_1 = [0.2336 \quad 0.2386 \quad 0.2852 \quad 0.0294 \quad 0.2133]$ 同理，可得

$$\boldsymbol{B}_{21} = \{0.1297 \quad 0.4891 \quad 0.2946 \quad 0.0856 \quad 0.0000\} \quad (5.58)$$
$$\boldsymbol{B}_{31} = \{0.1500 \quad 0.4096 \quad 0.2916 \quad 0.0970 \quad 0.0114\} \quad (5.59)$$

根据模型最大隶属度原则，求出其中的最大值，即 $B_k = \max\{b_1 \; b_2 \; b_3 \; b_4 \; b_5\}$，$k$ 即为 $\boldsymbol{B}_1$ 的脆弱性等级。按照这个原则得到二连浩特的脆弱度为3级，阿巴嘎旗的脆弱度为2级，苏尼特左旗的脆弱度为2级。

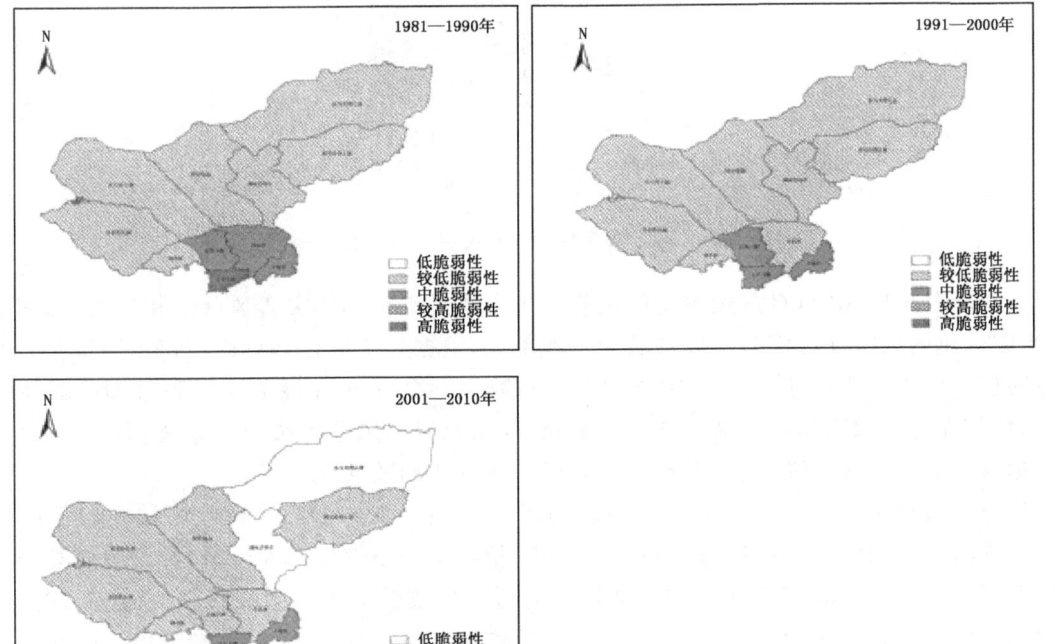

图 5.50 锡林郭勒盟沙尘暴承灾体脆弱性图

采用模糊综合评判方法对锡林郭勒盟地区各旗县进行沙尘暴承灾体的脆弱性评价，结果

见图 5.50。与 1981—1990 年相比较，1991—2000 年间锡林郭勒盟沙尘暴承灾体脆弱性空间格局发生变化，整体脆弱性呈下降趋势。二连浩特从中度脆弱性下降到低脆弱性；太仆寺旗由较高度脆弱性降低到中度脆弱性，正镶白旗、正蓝旗由中度脆弱性降低到较低度脆弱性，锡林浩特、东乌旗由较低度脆弱性降低到低脆弱性。其他地区均保持原脆弱性不变，特别是多伦县的脆弱性仍然处于中度脆弱性，与周围的正蓝旗、太仆寺旗相比较没有显示出脆弱性降低的趋势。到 2001—2010 年间，锡林郭勒盟东乌珠穆沁旗、锡林浩特承灾体脆弱性降低到低脆弱性，正镶白旗有中度脆弱性降低到较低脆弱性；其他旗县与 1991—2000 年相比较未发生变化。

5.7.2.4 锡林郭勒盟沙尘暴灾害综合风险区划

风险评价是一个重要而复杂的科学问题，为了进行风险大小的比较，人们常常用期望值替代概率分布，或选用某种或某些算子对有关的量进行数学组合。"加"和"乘"是使用频率最高的两个算子。这里采用的自然灾害风险定义及其一般表达式为

$$风险 = 危险性 \times 脆弱性 = \frac{致灾因子危险性 + 孕灾环境危险性}{2} \times 脆弱性 \qquad (5.60)$$

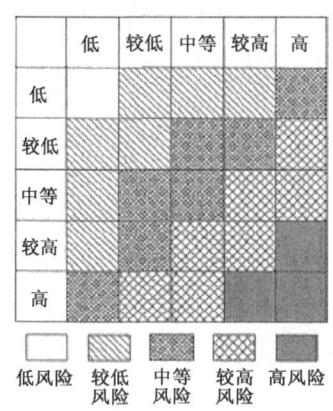

图 5.51 锡林郭勒盟沙尘暴灾害风险度分区矩阵

在实际分析应用中，对自然灾害的风险评价主要是确定自然灾害风险的相对大小，多是定性、半定量化的风险评价模型。以县域为基本单元，根据公式可以计算得到每个评价单元的综合风险度。风险等级由沙尘暴灾害致灾因子危险性等级、孕灾环境危险性等级和脆弱性等级生成，危险性等级和脆弱性等级都分为 5 个级别，由此得出风险等级分区矩阵图（图 5.51），然后根据风险等级分区矩阵，我们得到最终的风险评价图如图 5.52 所示。

研究结果显示：1981—1990 年，锡林郭勒盟各旗县主要处于中度风险区域和较低度风险区。二连浩特、锡林浩特、东乌珠穆沁旗、西乌珠穆沁旗处于较低风险区域，其余各旗县处于中度风险区。1991—2000 年阿巴嘎旗由中度风险区域向较低度风险区域转移，二连浩特由低风险向较中度风险区域转移。进入 2000 年以后，二连浩特风险度降低到较低度风险水平。通过对锡林郭勒盟各期限 30 年的沙尘暴风险区划分析，得到风险动态变化，风险度水平较为稳定，只有二连浩特和阿巴嘎旗的风险处于波动中外，其他各旗县危险性保持稳定状态。总体上锡林郭勒盟的沙尘暴灾害处于中度和较低度风险水平，中度风险面积略大于较低度风险面积。

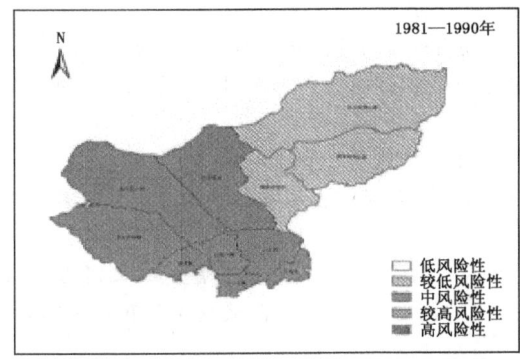
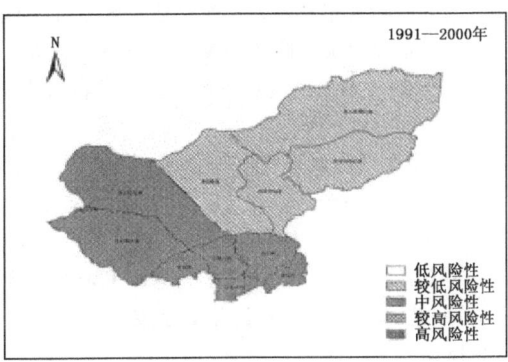
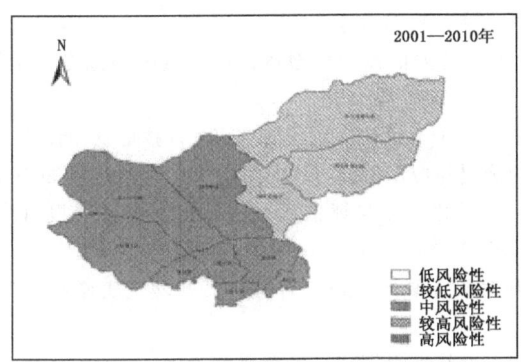

图 5.52 锡林郭勒盟沙尘暴灾害综合风险区划图

参考文献

白微.2001.城市洪水风险分析及基于的洪水淹没范围模拟方法研究[D].哈尔滨东北农业大学,1-5.
陈敏连,郭清台,徐建芬,等.1993.黑风暴天气的研究和探讨[J].甘肃气象,**11**(3):16-27.
杜继稳,等.2005.陕西省干旱监测预警评估与风险管理[M].北京:气象出版社:29-35,170.
杜鹃,何飞,史培军.2006.湘江流域洪水灾害综合风险评价[J].自然灾害学报,**15**(6):38-44.
冯学智,鲁安新.1998.我国主要牧区雪灾遥感监测与评估研究//中国气象局气象服务与气候司.牧区雪灾的分析研究[C].北京:气象出版社:95-97.
高吉喜,潘英姿,柳海英,等.2004.区域洪水灾害易损性评价[J].环境科学研究,**17**(6):30-34.
谷晓平,于飞,汤泌,罗宇翔.2009.贵州省凝冻灾害风险评估模型[J].安徽农业科学,**37**(14):6498-6500,6569.
郭虎,熊亚军,扈海波.2008.北京市雷电灾害灾情综合评估模式[J].灾害学,**23**(1):14-17.
扈海波,董鹏捷,熊亚军,轩春怡.2008.北京奥运期间冰雹灾害风险评估[J].气象,**34**(12):84-89.
扈海波,王迎春,熊亚军.2010.基于层次分析模型的北京雷电灾害风险评估[J].自然灾害学报,**19**(1):104-109.
蒋勇军,况明生,匡洪海,等.2001.区域易损性分析、评估及易损度区划——以重庆为例[J].灾害学,**16**(3):59-64.
金明一.2009.台风灾害评估模型研究及应用[D].吉林大学.
乐肯堂.1998.我国风暴潮灾害风险评估方法的基本问题[J].海洋预报,**15**(3):39-44.
李红英,李洋.2007.基于 GIS 的洪灾损失评估应用研究[J].西北水力发电,**23**(1):45-47.
李锦荣.2011.基于 RS 和 GIS 的沙尘暴灾害风险评价研究——以内蒙古锡林郭勒盟为例[D].北京林业大学.

刘小艳.2010.陕西省干旱灾害风险评估及区划[D].陕西师范大学.

刘新立.2004.区域水灾风险的相关分析与因子分析——以湖南省为例[J].经济科学,(2):94-101.

罗培.2007a.GIS支持下的气象灾害风险评估模型——以重庆地区冰雹灾害为例[J].自然灾害学报,16(1):38-44.

罗培.2007b.基于GIS的重庆市干旱灾害风险评估与区划[J].中国农业气象,28(1):100-104.

马清云,李佳英,王秀荣,等,2008.基于模糊综合评价法的登陆台风灾害影响评估模型[J].气象,34(5):20-25.

马树庆,袭祝香,王琪.2003.中国东北地区玉米低温冷害风险评估研究[J].自然灾害学报,12(3):137-141.

马晓群,陈晓艺,盛绍学.安徽省冬小麦渍涝灾害损失评估模型研究[J].自然灾害学报,2003,12(1):158-162.

孟菲.2008.上海成灾台风的气象特征及灾害风险评估[D].上海师范大学.

穆婉红,杨尚英,张清杉,等.2000.黄河流域旱灾的灰色关联度灾情预估模型探讨[J].咸阳师范专科学校学报,15(16):56-69.

沙莎,曹芸,朱晓晨.2009.基于GIS的气象灾害评估系统——干旱评估模块的研究[J].科技信息,3:5-6,13.

盛绍学,胡雯,马晓群.2001.安徽省干旱遥感监测指标的确定与应用研究[J].中国农业气象,20(4):36-39.

盛绍学,马晓群,荀尚培,等.2003.基于GIS的安徽省干旱遥感监测与评估研究[J].自然灾害学报,12(1):151-157.

苏高利,苗长明,毛裕定,等.2008.浙江省台风灾害及其对农业影响的风险评估[J].自然灾害学报,17(5):113-119.

唐丽丽.2011.基于的台风灾害灾情及风险评估研究——以浙江省为例[D].首都师范大学.

汪朝辉,王克林,熊鹰,等.2003.湖南省洪涝灾害脆弱性评估和减灾对策研究[J].长江流域资源与环境,12(6).

王清川,寿绍文,田晓飞,许敏.2009.廊坊市雷电灾害易损性分析、评估及易损度区划[J].干旱气象,27(4):402-409.

谢翠娜.2010.上海沿海地区台风风暴潮灾害情景模拟及风险评估[D].华东师范大学.

许有鹏,李立国,蔡国民,等.2004.GIS支持下中小流域洪水风险图系统研究[J].地理科学,24(4):452-457.

尹娜,肖稳安.2005.区域雷灾易损性分析、评估及易损度区划[J].热带气象学报,21(4):441-448.

张京红,田光辉,蔡大鑫,刘少军,谢瑞红,许向春.2010.基于GIS技术的海南岛暴雨洪涝灾害风险区划[J].热带作物学报,6:1014-1049.

张俊香,李平日,黄光庆,等.2007.基于信息扩散理论的中国沿海特大台风暴潮灾害风险分析[J].热带地理,27(1):11-14.

周成虎,万庆,黄诗峰,陈德清.2000.基于GIS的洪水灾害风险区划研究[J].地理学报,55(1):15-24.

周红妹,陆贤,段项锁.2001.基于遥感和GIS的华东区域洪涝灾害监测系统的研究和建立[J].自然灾害学报,10(2):84-88.

朱留军.2009.基于GIS在洪灾损失评估中的应用[J].城市勘测,(6):36-38.

Faramawi U A, Pejanovic G. 1998. Simulation of atmospheric dust over Egypt and The Eastern-Mediterranean Sea (case study). Ibid,197-216.

Franzen L G,et al. 1995. Dynamics of wind erosion and transport capacity of the wind[J]. *Soil Science*,60:475-480.

Fryrear D W,Krammes C A,Williamson D L,et al. 1994. Computing the wind erodible fraction of soils[J]. *Journal of Soil and Water Conservation*,49(2):183-188.

Garrick B J. 2002. The use of risk assessment to evaluate waste disposal facilities in the United States of America[J]. *Safety Science*,40:1-4,135-151.

Genthon C. 1992. Simulations of desert dust and sea salt aerosols in Antarctica with a general circulation model of the atmosphere[J]. *Tellus*, **44**: 371-389.

Helgren D, Prospers J M. 1987. Wind Velocities Associated with Dust Deflation Events in the Western Sahara[J]. *J Appl Meteorol Climatol*, **26**: 1147-1151.

Hope A, Boynton W, Stow D, et al. 2003. Inter-annual growth dynamics of vegetation in the Kuparuk River watershed based on the normalized difference vegetation index[J]. *International Journal of Remote Sensing*, **24**(17): 3413-3425.

Idso S. 1974. Thermal blanketing: A case for aerosol-induced climatic alteration[J]. *Science*, **186**: 50-51.

Idso S. Brazel A. 1977. Planetary radiation balance as a function of atmospheric dust: climatological consequences [J]. *Science*, **198**: 731-733.

Kaplan S, Garrick B J. On the Quantitative Definition of Risk[J]. *Risk Analysis*, **1** (1): 11-27.

Littmann T. 1991. Duststorm frequency in Asia: Climatic control and variability[J]. *Int J Climatology*, **11**: 393-412.

Maisongrande P, Duchemin B, Dedieu G. 2004. VEGETATION/SPOT: an operational mission for the Earth monitoring: prosentation of new standard products [J]. *Int J Remote Sens*, **25**(1): 9-14.

第6章 区域综合气象灾害的风险管理

内容摘要：

区域综合气象灾害风险管理是指对一定区域内的多种气象灾害风险进行综合管理。按照第4章提出的区域气象灾害风险管理的基本步骤，本章将通过大连地区农业气象灾害、黑龙江省气象灾害、江西省旱涝灾害等气象灾害风险管理实例介绍区域综合气象灾害风险管理的具体操作方法。

大连地区农业气象灾害风险管理对干旱、洪涝、台风和冰雹四种气象灾害进行了分析和评价；黑龙江省气象灾害风险评价对低温冷害、干旱和洪涝三种气象灾害进行了分析和评价；江西省旱涝灾害风险管理对干旱和洪涝两种气象灾害进行了分析和评价。

6.1 大连地区农业气象灾害风险管理

大连地区农业发展有着得天独厚的气候优势，这里温度适宜，光照充足，四季分明，气候条件对旱田作物特别是水果的生产非常有利。但是，农业气象灾害也频繁发生，几乎每年都会发生不同程度的大范围或局地性的灾害。常见的气象灾害有干旱、洪涝、台风暴雨、冰雹、寒潮和霜冻（冷害和冻害）等，对农业生产危害极大，往往造成大范围、大幅度的歉收减产。大连地区气象灾害种类繁多，影响农业生产。这里对几种严重的气象灾害（干旱、洪涝、台风和冰雹）进行风险分析和评价；冷害和冻害对北部山区影响虽然严重，但是，由于没有确切的成灾面积资料，故没有进行风险评价。

6.1.1 农业气象灾害年的确定方法

农业生产水平随着农业技术、社会投入、科技含量等的增加而提高，粮食产量呈波动式提高，而且灾年减产的绝对值也呈增大的趋势，所以不能用粮食单产来确定某一年的丰歉，也不能界定灾年和灾害程度。因此，这里对粮食产量资料进行了处理，从农业气象灾害总体上造成的农业减产出发，在此基础上确定减产率。

6.1.1.1 粮食产量资料的处理

粮食产量资料取自大连市统计局的5个县（市）区1969—2002年（5年滑动）34年粮豆量资料。将实际粮食产量（Y_i）可以看作趋势产量（Y_{ti}）与趋势离差，即气象条件影响的产量（Y_{wi}）之和，表达式为

$$Y_i = Y_{ti} + Y_{wi} \quad (i = 1,2,\cdots,n) \tag{6.1}$$

采用数学上的模拟和分解的方法，为的是逼近和滤波，使周期项（趋势产量）不过分接近实际粮食产量，更使短周期项（气象产量）能够反映粮食逐年变化情况。趋势产量是在各地平均土壤、气候条件下，农业生产逐步提高，粮食产量周期缓慢变化的结果。气象产量实际上是以

气象因子的作用为主,由每年作物生长季农业气象条件的利弊所决定。在假定农业生产水平的逐年改变是线性的情况下,将历年实际粮食产量资料进行 5a 滑动平均。经实验,5a 滑动平均比较合理,扣除了非自然因素对粮食产量的影响。图 6.1 给出了粮食实际产量与趋势产量的比较。

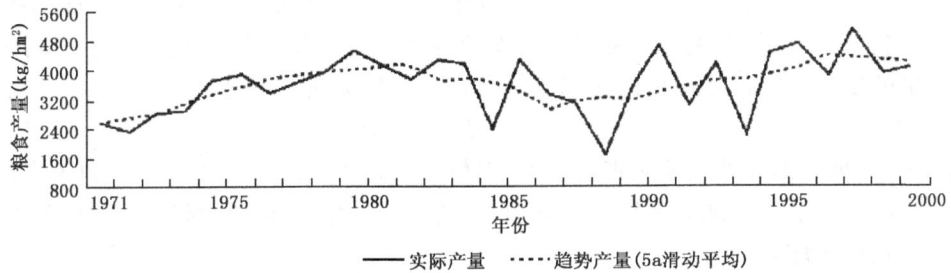

图 6.1　1971—2000 年大连地区粮食实际产量与趋势产量(5a 滑动平均)比较

6.1.1.2　减产率

根据(6.1)式,各地每年的减(增)产率按下式计算

$$P_i = Y_{wi}/Y_{ti} = (Y_i - Y_{ti})/Y_{ti} \times 100\% \tag{6.2}$$

式中,负值表示气象条件不利,减产;正值表示气象条件有利,增产。这里主要研究减产率问题,因此,减产率均不记负号。

6.1.1.3　灾年的界定

用各种农业气象灾害总体上造成粮食作物减产的幅度,即减产率的大小来界定灾年。规定:减产率≤10%为轻灾年,11%~30%为灾年,31%~50%为重灾年,51%~70%为严重灾年,≥71%为最严重灾年。

表 6.1　1971—2002 各县(市)区灾年次数分布

项目	轻灾年	灾年	重灾年	严重灾年	最严重灾年
旅　顺	3	6	3	1	—
金　州	3	6	2	2	—
瓦房店	1	7	3	—	1
普兰店	9	2	2	1	—
庄　河	11	2	2	—	—

从表 6.1 可以看出:一是减产率在 10% 以下的轻灾年最多,随着减产率增大,灾年、重灾年、严重灾年和最严重灾年数迅速减小。二是减产率的分布地区间差异较大,减产率在 10% 以下的轻灾年,中东部即普兰店和庄河发生最多,而西部和南部最少;严重灾年有 4 次,3 次发生在西部和南部,中部有 1 次;最严重灾年仅有 1 次发生在瓦房店。三是造成减产率大于等于 51% 严重灾害年的气象灾害是干旱,分别发生在 1989 和 1999 年,1989 年瓦房店因干旱减产率为 77%。

6.1.2 气象灾害强度

在农业生产的整个时间过程中,各种气象灾害都会影响作物产量,但是,在作物产量中,将各种气象灾害的影响分离开来是很困难的。这里采用某种气象灾害成灾面积与该地区播种面积之比,即灾害强度指数来表述该种气象灾害的强度。这就比较客观地反映了不同气象灾害对作物产量的影响,同时,不同地区之间也可以进行对比分析。表达式为

$$Q_{ij} = A_{ij}/B_i \times 100\% \tag{6.3}$$

式中,Q_{ij} 为第 i 地区第 j 种气象灾害的强度(单位为%),A_{ij} 为第 i 地区 j 种气象灾害的成灾面积(单位为 m²),B_i 为第 i 地区的播种面积(单位为 m²)。Q_{ij} 值越大,则受灾程度越重。各地 4 种气象灾害强度排序:

金　州:干旱(19.5%)大于风灾(4.8%)大于洪涝(3.9%)大于冰雹(1.1%);
旅　顺:干旱(20.1%)大于洪涝(6.0%)大于风灾(4.2%)大于冰雹(1.6%);
瓦房店:干旱(20.3%)大于冰雹(10.9%)大于风灾(4.9%)等于洪涝(4.9%);
普兰店:干旱(17.5%)大于冰雹(8.7%)大于洪涝(7.4%)大于风灾(4.9%);
庄　河:洪涝(10.7%)大于干旱(7.9%)大于风灾(4.2%)大于冰雹(3.4%)。

可以看出不同地区的气象灾害强度有明显差异,最严重的气象灾害是干旱,瓦房店和旅顺灾害强度最高分别为 20.3% 和 20.1%,庄河最低为 7.9%。洪涝严重地区位于庄河,强度为 10.7%。瓦房店和普兰店冰雹灾害强度仅次于干旱灾害强度,分别为 10.9% 和 8.7%。风灾是台风、气旋和强雷暴阵风造成的灾害,其灾害强度为 4.0%~5.0%。据统计,90.0% 的风灾是由台风造成的,而气旋和雷暴阵风为 10.0%(北部地区为 12.0%)。

6.1.3 农业气象灾害频率

表 6.2 给出了 5 个县(市)区灾年减产率,即按组计算的频率。从表 6.2 看出,减产率小于等于 10% 的轻灾年频率为 40.3%,相当于每年就有 1 次气象灾害;而减产率 11%~20% 的灾年频率却降到 23.9%,随着减产率的上升,频率明显降低,减产率为 61.0%~70.0% 和 71.0% 以上时,频率均降到 1.5%,即严重和最严重灾年大约 30 年发生 1 次。

表 6.2　各县(市)区不同减产率的灾年次数和频率

减产率	≤10%	11%~20%	21%~30%	31%~40%	41%~50%	51%~60%	61%~70%	≥71%
旅　顺	3	3	3	1	2	0	1	0
金　州	3	3	3	2	0	2	0	0
瓦房店	1	7	0	2	1	0	0	1
普兰店	9	2	0	1	1	1	0	0
庄　河	11	1	1	0	2	0	0	0
合　计	27	16	7	6	6	3	1	1
频率(%)	40.3	23.9	10.4	9.0	9.0	4.4	1.5	1.5

6.1.4 各县(市)区的平均减产率

为了区分各县(市)区气象灾害风险程度,本研究计算了各地的平均减产率,方法是按灾年减产率求平均值。各地平均减产率如表6.3。

表6.3 各县(市)区灾年平均减产率

地区	旅顺	金州	瓦房店	普兰店	庄河
平均减产率(%)	26.5	24.1	25.3	15.6	12.1

从表6.3中可以看出,各县(市)区的平均减产率差异明显,存在着东低西高的分布规律,东部庄河为12.1%;西部逐渐加大,普兰店为15.6%,瓦房店为25.3%,金州为24.1%,旅顺为26.5%。

6.1.5 农业气象灾害风险评价

本研究在分析农业气象灾害强度、灾害频率和平均减产率的基础上,提出灾害风险指数(K)的概念,进行综合分析。首先,将每个地区的30年减产率按表6.2的间距分组,计算每一组的灾年频数(d)和组中值(h),然后按下式计算 K 值

$$K = \sum_{m=1}^{8} d/n \times h_m \tag{6.4}$$

式中,m 为组数,n 为年数。例如庄河的灾年分布于小于等于10%,11%~20%,21%~30%,41%~50%减产率组中,灾年次数分布为11,1,1,2,对应组中间值为5,15,25,45。按式(6.4)计算,得:

$$K = (11/30 \times 5) + (1/30 \times 15) + (1/30 \times 25) + (2/30 \times 45) = 6.2$$

表6.4 农业气象灾害风险指数

地区	旅顺	金州	瓦房店	普兰店	庄河
K值	10.9	10.5	10.0	7.0	6.2

各地农业气象灾害风险指数如表6.4所示。表6.4中各地风险指数差异明显,南部旅顺、金州和西部瓦房店最高,为大于等于10.0%,农业风险最大;东南部最低,庄河为6.2,农业风险最小。

6.1.6 农业气象灾害风险管理

大连地区虽然面积不大,但特殊的地理位置和受地势地形的影响,各地农业气象灾害差异较大,因此,揭示农业气象灾害的发生、频率和危害程度的规律,进行专项风险区划,为政府及领导部门提供防灾减灾分类决策,按区域制定农业结构和布局及相关政策、决策及措施,意义重大。

6.1.6.1 区划方法

将风险指数、平均减产率和灾害强度等资料分布叠置,并参考低温冷害等研究成果,分析出不同的气象灾害风险区域。分区结果如表6.5所示。

表6.5 农业气象灾害风险分区结果

区号	地域	类型	平均减产率(%)	风险指数
I_1	瓦房店西部,旅顺西部	高风险	≥25	≥10.5
I_2	瓦房店东北部,普兰店北部	高风险	≥25	≥10.5
I_3	庄河北部山区	高风险	≥25	≥10.5
II	金州,旅顺东部	次高风险	≥20	10.0~10.5
III	瓦房店南部,普兰店中、东部	次低风险	≥15	7.0~9.0
IV	庄河中、南部,长海	低风险	≥10	6.0

6.1.6.2 高风险分区评述及防灾措施

(1) I_1 区

该区域多丘陵和台地,地势起伏不平,坡缓谷宽,年降水量为500mm,主要农业气象灾害是干旱,兼有风灾。干旱出现频率高,减产幅度大。特别是瓦房店西部,土质薄而贫瘠,土壤持水量小,易于蒸发,更加重了干旱程度。1989年严重干旱,该区粮食几乎绝收。另外,台风造成的风灾和局部洪涝也是影响农业产量的灾害之一。灾年平均减产率25%以上,农业气象灾害风险指数大于10.5,是灾害风险最大的地区。该区域粮食产量最低,比全地区平均粮食产量低230~330kg/hm^2。

该区域防灾减灾的措施是:兴建水利工程,如小型水库、方塘等,拦截地表水、河水;发展节水灌溉,喷灌、滴灌技术节水潜力很大。研究资料表明,面灌、喷灌、滴灌3种方式的用水量大致比例为1:0.5:0.3,可见,滴灌技术明显优于喷灌、面灌。1979年,大连市水利科学实验站进行灌溉实验,为合理利用水资源提供了科学依据。推广先进的灌溉技术,可显著提高水资源的利用效率,同时,粮食产量也会有较大的提高。充分利用人工增雨技术,开发云水资源;加强水资源的科学管理和调度;进行农业结构调整,适水种植。按降水时空分布特征,合理调整农业布局,选择耐旱、水分利用率高的植物品种。营建沿海防风林带,减轻海风袭击。另外,瓦房店西部多为沙质土和盐碱地,应多栽树种草,防风固沙,改善植物生长的生态环境。

(2) I_2 区

该区域是山地地貌区,为中小起伏的低山和中山,是李官河、复州河的发源地。主要气象灾害是洪涝、冰雹和冷害,尤以冰雹灾害最严重,是成灾冰雹的高发区,农业气象灾害风险指数为10.5。同样,受台风的影响也很大。该区域降水量为700mm,雨量较充沛,洪涝灾害严重,暴雨诱发山洪,常发生泥石流灾害,如:1981年7月28日,该区域出现局部特大暴雨,普兰店同益乡过程降水量为664.2mm,24h降水量为576mm,1h最大降水量为116.5 mm,大于200mm的雨量覆盖面积达830km^2。雨量集中,引起山洪暴发,发生的泥石流使17万 hm^2 农田和果园变成沙石海。该区温度偏低,年平均气温为8~9℃,9月中旬可出现初霜,终霜日最晚于5月中旬结束,平均无霜期为170d,是冷害严重的区域之一。

该区域防灾减灾的重点是:防雹、抗洪和抗低温。高炮人工消雹是减轻雹灾的重要措施,各级领导要充分认识,增加防雹资金的投入;发挥水库的蓄水功能,加强河流堤防和水土保持,减轻洪涝威胁;发挥山区优势,发展立体农业,搞好品种布局,实行不同品种的搭配。选育或引种耐寒、早熟高产品种,规避低温冷害。

(3) I_3 区

该区域是大连地区地势最高的区域,海拔大多为300m以上。山体高大,山岭陡峭,河谷多为深深的V形谷地。其中,步云山海拔为1130.7m,是辽东半岛的最高峰,地形复杂。该区域最严重的气象灾害是冷害冻害、洪涝和冰雹。年平均气温为8℃,9月中旬前期即可出现初霜,终霜日于5月中旬结束,平均无霜期为159d,最短的年份仅为128d,$\geqslant 10$℃的积温少于3300℃·d。1971年10月12—14日,该区的桂云花最低气温连续3天为-2.5℃,致使晚秋作物、秋菜冻死,尚未作茧的柞蚕受害,减产严重。降水量为1100mm,雨量充沛,暴雨常诱发山洪,洪涝灾害严重。同时,该区也是雷暴、冰雹多发区。

该区域应充分利用山区资源,发展立体农业,多种经营,引进抗寒、耐寒植物,种植经济林、果,趋利避害;加强河流堤防维修和维护,注意山体植被的保护,减轻山洪和泥石流的危害;加强高炮人工消雹工作,根据冰雹路径设置炮点。

(4) Ⅱ区

该区域年平均降水量不足600mm,灾年平均减产率为20%以上,农业气象灾害风险指数为10~11。制约农业生产的主要气象灾害是干旱、台风造成的风灾和局部洪涝,干旱最大减产率为50%以上,台风最大减产率为30%以上。

该区域防灾减灾的重点仍以抗旱防旱为主,根本措施是大力发展节水农业及开展人工增雨作业。沿海要加固海堤,近海要营建防护林,预防台风袭击海水倒灌,防御风灾,减轻洪涝的威胁。

(5) Ⅲ区

该区域地势较平坦,土质较肥沃。年平均降水量为600~700mm,属于温和湿润气候,$\geqslant 10$℃的积温为3500℃·d以上,无霜期约为180d,有利于晚熟玉米的种植。该区域灾年平均减产率为15%以上,气象灾害风险指数为7~9。在气象灾害中,干旱强度仍位于其他灾害之首。

抗旱防旱是该区域防灾的重点,在农业结构调整工作中,应侧重发展节水型农业。

(6) Ⅳ区

该区域地势平缓,海岸地带分布着狭窄裙带状的堆积平原,土质肥沃,是全区最大的粮食产区。北部以千山山脉为屏障,面临黄海,河流多,水源丰富。优越的地势条件,雨量充沛,年平均降水量为800mm,气候温和湿润,生态环境适宜。该区域灾年平均减产率为10%,农业气象灾害风险指数为6.0,是全区气象灾害风险最低区域,呈小灾不断(平均每2年1次)、大旱少见的规律。主要气象灾害是洪涝,局部有干旱发生。洪涝最大减产率为40%左右。1971年9月2日,该区域发生罕见特大暴雨,降水中心出现在小孤山到青堆子一带,日最大降水量为550.0mm,1h降水量为124.7mm。洪水冲毁堤坝,农作物受灾面积为1.46万 hm^2,损失严重。此外,受北上台风影响,出现的大风和风暴潮,对农业生产也有一定的影响。

该区域防灾的重点应该防洪排涝与抗旱并举。要加大水利工程建设的投资,修堤筑坝,并发挥上游水库蓄水、排水作用,合理调配水资源。

6.1.7 结语

综上所述,减轻气象灾害,是发展农业生产、增加粮食产量的重要措施之一。据统计,气象灾害给我国农业生产造成的损失,一般年份全国受灾农田为 4 000 万～4 600 万 hm^2,成灾约为 2 000 万 hm^2,减产粮食为 200 亿 kg,每年直接经济损失为 100 亿元以上。可见,农业气象灾害的严重性。抗御气象灾害是一项涉及面宽,时间性强,难度大的工作,因此,应建立气象灾害预警系统,这是一项投资少、效益高的工作,是增强减灾工作主动性的有力保证。系统工程应从预报、监测、防灾、救灾、援建等形成一个有机的整体。系统的建立,必将会使气象灾害所造成的损失降到最低。

6.2 黑龙江省气象灾害风险评价及区划

6.2.1 分析方法

采用黑龙江省 74 个气象站 1971—2005 年 35 年的 6—8 月的平均气温资料、5—9 月各月降水量资料,资料来源于黑龙江省气象台。

(1)灾害指标的界定标准

选用 6—8 月均温相对均方差方法,确定低温冷害级别,用中国气象局提出的降水距平比方法确定旱涝级别。

(2)分析方法

信息扩散理论是为弥补信息不足而对样本进行集值化的模糊数学处理法。信息扩散方法将一个分明值样本点,变成一个模糊集。

设灾害指数论域为

$$U = \{u_1, u_2, \cdots, u_m\}$$

一个单值观测样本点 x 依上式将其所携带的信息扩散给 U 中的所有点

$$f(u_j) = \frac{1}{h\sqrt{2\pi}} \exp{-\frac{(x-u_j)^2}{2h^2}} \tag{6.5}$$

式中,h 为扩散系数,可根据样本最大值 b 和最小值 a 及样本点个数 n 来确定。公式为

$$h = \begin{cases} 0.8146(b-a) & n=5 \\ 0.5690(b-a) & n=6 \\ 0.4560(b-a) & n=7 \\ 0.3860(b-a) & n=8 \\ 0.3362(b-a) & n=9 \\ 0.2986(b-a) & n=10 \\ 0.6851(b-a)/(n-1) & n \geq 11 \end{cases} \tag{6.6}$$

令 $C_i = \sum_{j=1}^{m} f_i(u_j)$,相应模糊子集隶属函数 $\mu_{xi}(u_j) = \frac{f_i(u_j)}{C_j}$,称 $\mu_{xi}(u_j)$ 为样本点 x_i 归一

化信息分布。对 $\mu_{xi}(u_j)$ 进行处理,得到效果较好的风险评价结果。

令 $q(u_j) = \sum_{i=1}^{n} \mu_{xi}(u_j)$,其物理意义是:由 $\{x_1, x_2, \cdots, x_n\}$,经信息扩散推断出,如果灾害观测值只能取 $u_1, u_2, \cdots, u_m$ 中的一个,在将 x_i 均看作是样本点代表时,观测值为 μ_j 样本点个数 $q(u_j)$。显然 $q(u_j)$ 通常不是一个正整数,但一定是个不小于零的数,再令 $Q = \sum_{j=1}^{m} q(u_j)$,$Q$ 事实上就是各 μ_j 点上样本点数的总和,从理论上讲,必有 $Q=n$,但由于数值计算四舍五入的误差,Q 与 n 之间略有差别。易知 $p_{u_j} = \dfrac{q(u_j)}{Q}$,样本点落在 μ_j 处的频率值,可作为概率的估计值。

超越 μ_j 的概率值是:$P(u_j) = \sum_{k=j}^{m} p(u_j)$,$P(u_j)$ 就是所要求的超越概率风险估计值。

(3) 估计灾害风险的方法修订

确定低温冷害时,计算指标位于 $\{3, \cdots, -3\}$ 间,界定低温冷害标准为 $\leqslant -1$,本研究将低温冷害论域定为:
$$U = \{u_1, u_2, \cdots, u_{16}\} = \{0, -0.5, -1.0, \cdots, -3\}$$

步长为 0.5。由于指标应在 $\{3, 2.5, \cdots, -2.5, -3\}$,信息扩散基于正态分布,所以要将计算的超越风险概率结果除以 2。

旱涝标准值域在 $0 \sim \pm 10^2$ 之间,利用信息扩散理论无法确定其论域。在不影响界定旱涝结果的前提下,本研究对旱涝标准进行了修订,用降水距平和旱涝标准分别除以 5—9 月平均降水量。这样将洪涝论域定为:$U = \{u_1, u_2, \cdots, u_{11}\} = \{0, 0.1, 0.2, \cdots, 1\}$;将干旱论域定为:$U = \{u_1, u_2, \cdots, u_{11}\} = \{0, -0.1, -0.2, \cdots, -1\}$。同理,将计算的超越风险概率结果除以 2。

6.2.2 结果与分析

6.2.2.1 计算实例

(1) 计算低温冷害的实例

以哈尔滨站为例,说明低温冷害的风险评价计算过程。哈尔滨发生严重低温冷害年份为 1971 年、1972 年、1983 年、1993 年,发生一般低温冷害的年份为 1974 年、1976 年、1977 年、1979 年、1981 年、1984 年、1985 年、1986 年、1987 年、1989 年、1992 年、2002 年。冷害指标按年份顺序分别为 -2.5875、-2.5621、-1.1896、-1.1882、-1.2074、-1.7865、-1.0498、-2.0894、-1.6859、-1.3128、-1.1729、-1.9419、-1.6125、-1.9118、-2.5795、-1.2603。

取低温冷害论域为:$U = \{u_1, u_2, \cdots, u_{16}\} = \{0, -0.5, -1.0, \cdots, -3\}$,按公式计算得:
$$h = 0.6851 \times (-0.1419 + 2.57949)/(19-1) = 0.3636$$

由于低温冷害应在 $\{+3, +2.5, \cdots, -2.5, -3\}$,将计算结果除以 2,得到哈尔滨市一般低温冷害、严重低温冷害风险为 0.2268 和 0.1983。

(2) 计算旱涝的实例

用旱涝标准计算得到哈尔滨市 1971—2005 年历年旱涝结果进行修订,旱涝结果与标准指标评定结果完全一致(表 6.6)。

表 6.6　哈尔滨市 1991—2005 年历年旱涝等级

年份(年)	ΔR_i	$\Delta R_i/R$	旱涝等级	年份(年)	ΔR_i	$\Delta R_i/R$	旱涝等级
1991	125.912	0.3086	洪涝	1999	−121.888	−0.2988	干旱
1992	−51.688	−0.1267	干旱	2000	−34.688	−0.0850	正常
1993	−77.588	−0.1902	干旱	2001	−145.488	−0.3566	强干旱
1994	212.212	0.5201	强洪涝	2002	1.412	0.0035	正常
1995	3.712	0.0091	正常	2003	−186.988	−0.4583	强干旱
1996	9.612	0.0236	正常	2004	−41.288	−0.1012	干旱
1997	−5.888	−0.0144	正常	2005	−41.588	−0.1019	干旱
1998	41.512	0.1017	洪涝				
平均降水量(R)		407.9886					
0.33σ		39.0981		$0.33\sigma/R$		0.0960	
1.17σ		138.6206		$1.17\sigma/R$		0.3398	

注：ΔR_i 为 5—9 月降水量距平(mm)，R 为多年平均降水量(mm)，i 为年份，σ 为标准差。

哈尔滨市发生干旱和强干旱的年份为 1975—1979 年、1982 年、1986 年、1988 年、1990 年、1992—1993 年、1999 年、2001 年、2003—2005 年。修订以后，相应的干旱样本为：−0.3181、−0.1027、−0.2615、−0.1218、−0.2103、−0.3083、−0.2100、−0.1097、−0.1228、−0.1267、−0.1902、−0.2988、−0.3566、−0.4583、−0.1012、−0.1019。将干旱论域定为：

$$U = \{u_1, u_2, \cdots, u_{11}\} = \{0, -0.1, -0.2, \cdots, -1\}$$

按公式，计算得到哈尔滨市发生干旱风险为 0.4682，发生强干旱风险为 0.1539。同理，得到哈尔滨市发生洪涝风险为 0.4346，发生强洪涝风险为 0.3207。

6.2.2.2　灾害风险分析与区划

(1)黑龙江省低温冷害风险

利用 GIS 将黑龙江省各县(市)的一般低温冷害风险计算结果制成低温冷害风险图并进行区划(图 6.2)。

图中可看出对于一般低温冷害而言，高风险区主要位于黑龙江省的西南部地区，主要包括齐齐哈尔地区西南部和哈尔滨地区。

(2)黑龙江省干旱和洪涝风险

利用 GIS 将黑龙江省各县(市)干旱和洪涝风险计算结果制成干旱和洪涝风险图并进行区划(图 6.3 和图 6.4)。

从图中可得，(1)黑龙江省干旱高风险区主要位于本省西南部、中部和南部，北部和东南部为干旱低风险区。黑龙江省洪涝高风险区主要位于本省西南部、中部从东到西一线和南部的几个县，东部和东南部为洪涝低风险区；(2)综合分析，黑龙江省西南部既是干旱高风险区也是洪涝高风险区；(3)比较而言，黑龙江省发生干旱风险要高于发生洪涝风险。

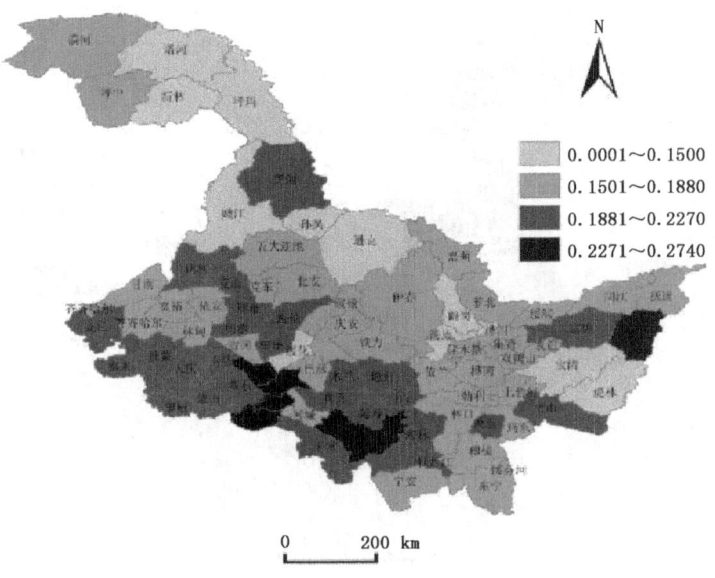

图 6.2　黑龙江省一般低温冷害风险分布

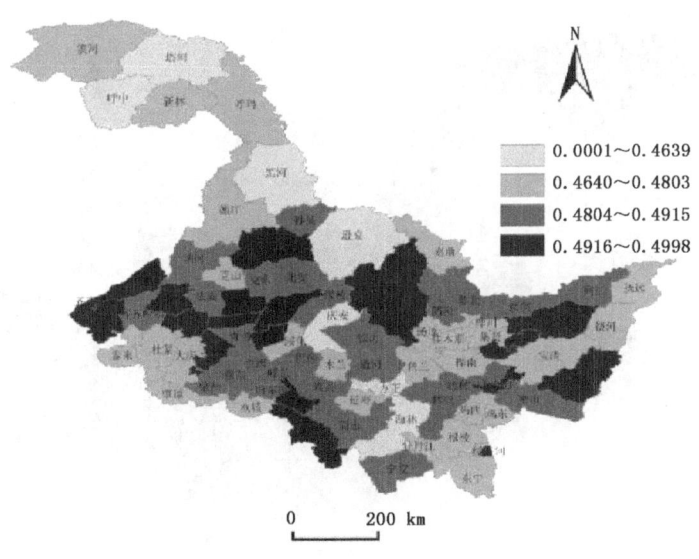

图 6.3　黑龙江省干旱风险分布

6.2.2.3　与其他风险评价方法的结果比较

(1) 与风险综合指数计算结果比较

参考张继权等(2007)提出的低温冷害风险指数,计算黑龙江省各县市低温冷害风险指数,按其提出的标准进行分级(图 6.5),本研究低温冷害风险评价结果(一般低温冷害和严重低温冷害风险之和)见图 6.6。

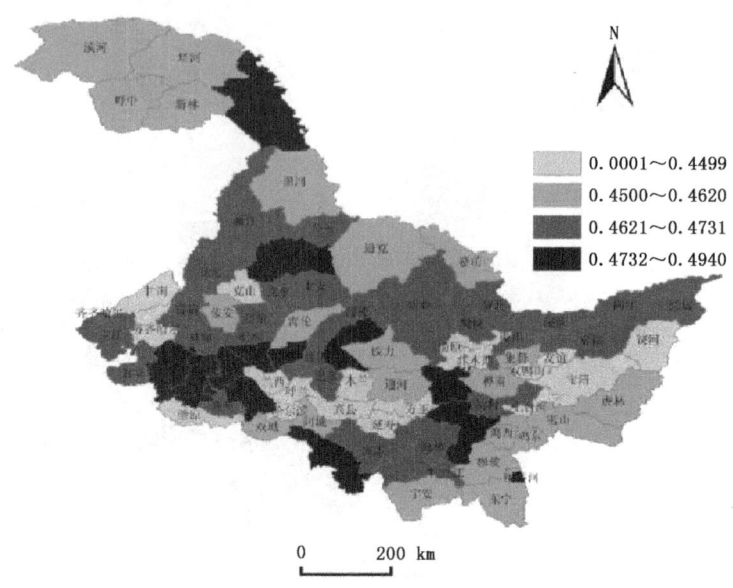

图 6.4 黑龙江省洪涝风险分布

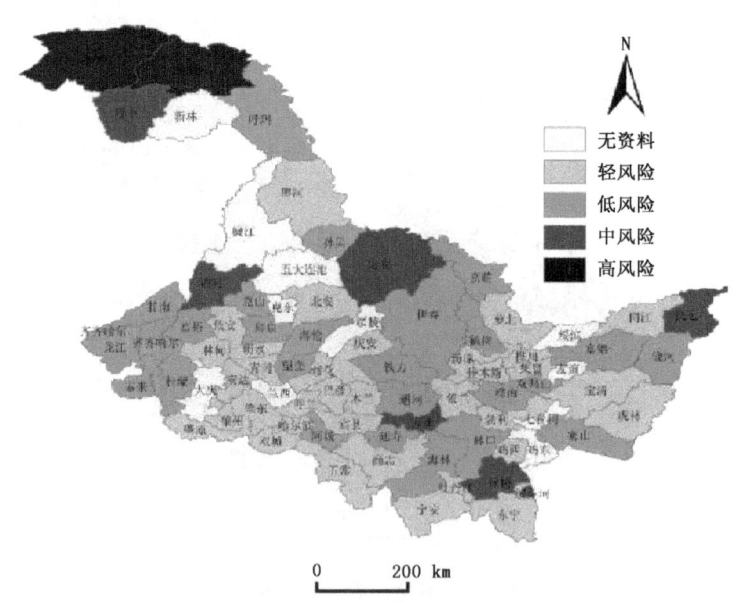

图 6.5 黑龙江省低温冷害综合风险指数区划

两图比较可看出：(1) 低温冷害风险区划结果具有相似性。高风险位于黑龙江省最北部地区，中部地区和西部为风险较高区；(2) 低温冷害风险区划地域性明显，中部及黑龙江省南部和东南部也是风险较高区，这与实际更为吻合；(3) 由于风险指数法需要 6 个社会及经济因子的资料，因此由于受到资料的限制，使更多的县(市)风险值缺省。

(2) 与频率法计算结果比较

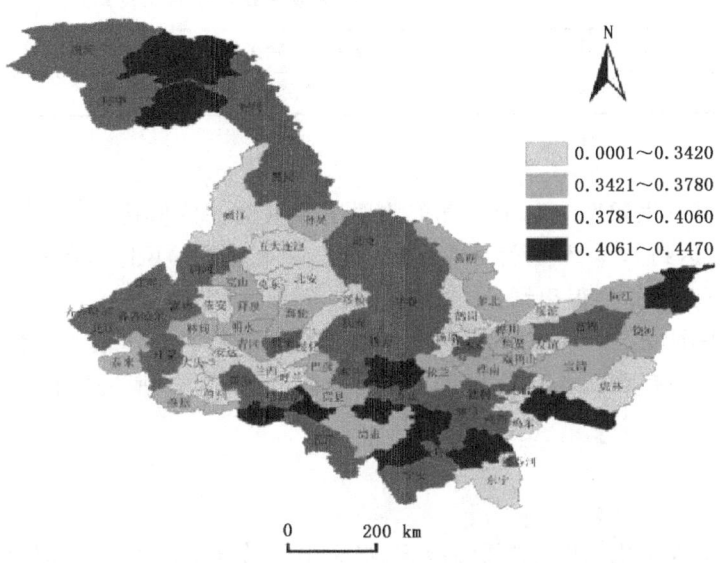

图 6.6　黑龙江省低温冷害风险分布

灾害序列较长时,用主观频率法计算灾害频率,可作为风险估计值。灾害资料时长 35 年,对基于信息扩散理论风险结果与频率法进行比较(图 6.7)。

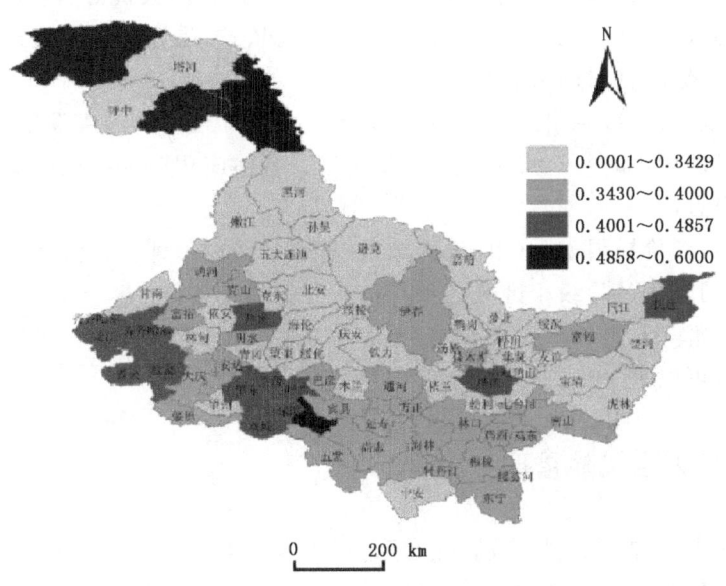

图 6.7　黑龙江省低温冷害频率分布

从频率分布图可看出,35 年中低温冷害高频率区主要位于黑龙江省的北部和西部,南部为较高区,与图 6.5 和图 6.6 相似。为更进一步比较三种方法计算结果,计算三者间相关系数(表 6.7)。

表 6.7 频率、信息扩散及风险指数计算结果的相关系数

方法	频率与信息扩散	频率与风险指数	信息扩散与风险指数
相关系数	0.425**	0.310*	0.569**

注：*、** 分别表示 $\alpha=0.05$ 和 $\alpha=0.01$。

可见，低温冷害发生频率与基于信息扩散理论的风险评价值达到 0.01 显著性水平，和综合风险指数的相关达到 0.05 显著性水平，基于信息扩散理论的风险评价值与综合风险指数也达到了显著性水平。因此可得出结论：基于信息扩散理论的风险评价法与风险指数法具有同样的物理意义，其估计值与实际频率值更为接近。这里提出的基于信息扩散理论估计灾害风险的计算方法是可以应用的，与风险指数法相比，具有计算简单、所需资料少的明显优势。

6.2.3 结论与讨论

（1）针对灾害不同级别，如一般低温冷害、严重低温冷害、干旱、强干旱、洪涝、强洪涝等直接计算灾害发生风险值，比灾害指数、受灾指数以及综合风险指数等物理意义更明确，在防灾减灾指导工作中有直接参考和应用价值。其他风险评价法不能实现对不同级别灾害发生的风险评价。

（2）与综合指数法相比，直接对致灾因子进行风险计算有两大优点：一是界定灾害的标准全国基本是统一的，因此不影响灾害风险评价和时空比较；二是直接计算灾害发生风险需要的基础资料很少，有几年的资料即可。

（3）此计算方法可以应用到任何一种自然灾害。只要知道此类灾害发生标准，能够界定出短序列的基础资料即可，如台风、火灾、地震、暴雪等。具体应用时要参照前文提出的思路对论域和标准值进行修订。

（4）现阶段风险评价局限于县（市）级区域，这里介绍的风险评价方法因为需要的灾害资料年代短，可推广应用到乡（镇）级小区域各种自然灾害的风险评价。

这里以低温冷害等几个气象灾害为例，提出计算过程，对不同气象灾害进行修订及提出计算损失风险是以后可以进一步进行的研究内容和方向。

6.3 江西省旱涝灾害风险管理

江西省气象灾害的种类多、频率高、分布广，每年都有不同程度的气象灾害发生，但旱涝灾害对农业生产威胁最大。据统计，1950—1989 年全省年平均旱涝成灾面积 50 万 hm^2。随着经济的发展，旱涝灾害的影响加剧。1990 年以来，年平均成灾面积达 80.4377 万 hm^2，比前 40 年增加了 60.9%。近 10 年来水灾最严重的是 1998 年，其灾害范围之广、时间之长、损失之重为新中国成立以来罕见。全省受灾人口 2009.79 万人，直接经济损失 380 多亿元。其中农业产值比上年下降了 4.2%。旱灾最严重的是 2003 年，因旱成灾面积 152.1353 万 hm^2，导致晚稻总产比上一年减少 105.3 万吨，减产率为 16%。因此，分析评价江西旱涝灾害的风险性，提出防灾减灾措施，对江西农业可持续发展具有重要意义。

6.3.1 江西省旱涝灾害的成因

(1)降水时空分布不匀是造成旱涝灾害的主要原因

受季风气候影响,江西降水量和降水强度存在年际、季节、地区上的明显差异。1951—2004年,全省年平均降雨量为1 616.5mm。以1975年的2 164.6mm为最多,1956年的928.6mm为最少,两者相差1 236mm。一年中以4—6月降水最多,历年平均为753.9mm,占年降雨量的46.6%。期间暴雨频繁,平均暴雨日数为4.6d,占年暴雨日数的60.5%。7—9月为江西高温少雨季节,历年蒸发量为575mm,而同期降雨量只有336.9mm。江西降雨量也存在地区差异,其年降雨量东部多于西部,南部少于北部;以德兴县的1 992mm为最多,泰和县的1 409mm为最少,两地相差583mm。加之江西省位于长江中下游地区,长江洪水倒灌现象严重,更加剧了洪涝灾害的程度。

(2)生态环境破坏导致旱涝灾害加重

由于毁林开荒、采矿、建房、修路等不注意保护生态环境的做法,造成水土流失加剧。统计资料显示,江西水土流失面积呈现增加趋势,1990年为385.991万hm^2,至2004年已达474.493万hm^2,14年间水土流失面积增加了88.502万hm^2。2004年的水土流失面积只比当年农作物播种面积少50.399万hm^2。水土流失一方面使土壤肥力下降,地力退化,出现了江南沙漠;另一方面造成河流淤塞,水利设施损坏,排灌困难,从而加重旱涝灾害程度。

(3)气候变化使极端天气、气候事件出现的机会增加

受全球气候变化的影响,近年来江西极端天气、气候事件也呈增加趋势。1998年的特大洪涝灾害,呈现出暴雨持续时间长、大暴雨日数多、强降水区域集中、过程总雨量多、均超历史的特点。2003年7月1日至8月10日,出现了罕见的高温伏旱灾害。该时段内平均气温为历史同期最高,达30.2℃;雨量全省平均只有48mm,与历年同期相比少150mm,其伏旱指数为新中国成立以来最大值。

6.3.2 江西省旱涝灾害的风险评价

目前对旱涝灾害进行风险评价主要有2种方法,一是从社会经济角度出发,利用旱、涝受灾面积、成灾面积、粮食减产率、受灾人口和经济损失等资料进行评价。这种评价方法直观,能反映灾情程度;不足之处是旱、涝灾害对农业生产的影响存在一定的滞后性,而且受人为因素的影响,获取的相关资料存在不确定性,可造成对灾情风险评价的不准确性。另一种是从气象角度出发,利用降雨量的强度、变异、旱涝指数等进行评价。由于气象资料具有及时性、连续性、科学性、可比性,且不受人为因素的干扰,使评价结果客观;不足之处是灾情程度与水利设施、土壤性质、农作物的抗灾能力等其他因素有关,因而评价结果也具有一定的片面性。为了克服以上不足之处,文中汲取以上2种方法的优点,采用旱、涝受灾面积、成灾面积、农作物播种面积、粮食减产率,4—6月降雨量、7—9月降雨量,干旱指数、洪涝指数等资料,计算受灾率、成灾率、降水变率、脆弱度、变异系数、灾害损失率等,对江西省的旱涝灾害风险进行评价。

6.3.2.1 有关概念

(1)受灾率

受灾率(P_{si})是指旱涝受灾面积(S_{si})占播种面积(S)的比率,即:

$$P_{si} = S_{si}/S \tag{6.7}$$

式中,i为灾害种类,旱灾为1,洪灾为2(下同)。

(2)成灾率

成灾率(P_{ci})是指旱涝成灾面积(S_{ci})占播种面积的比率,即:

$$P_{ci} = S_{ci}/S \tag{6.8}$$

(3)降水变率

历年4—6月降雨量、7—9月降雨量(R_i)的变率(V_i)与洪涝、干旱密切相关,因而采取降雨量与平均值之比表示变率。即:

$$V_i = R_i/\overline{R_i} \tag{6.9}$$

式中,$i=1$时为7—9月降雨量,$i=2$时为4—6月降雨量,$\overline{R_i}$为R_i的历年同期平均降雨量。

(4)灾害脆弱度

灾害脆弱度(E_i)的确定是一个十分复杂的问题,它不仅涉及农作物本身的抗灾能力,而且与当地的水利设施、种田技术、土壤性质、地形地貌等有关。为简化计算程序,文中以成灾面积与受灾面积之比表示灾害脆弱度,即

$$E_i = S_{ci}/S_{si} \tag{6.10}$$

(5)灾害损失率

灾害损失率(F_i)是旱涝灾害对农业生产造成的影响,目前主要反映在粮食减产程度上。经研究,洪涝灾害主要影响早稻产量,干旱灾害主要影响晚稻产量;洪涝、干旱受灾率与早、晚稻总产成负相关,相关系数分别为-0.5549、-0.5606(显著水平达0.01),因而可采用受灾率表示灾害损失率:

$$F_i = p_i/P_{si} \tag{6.11}$$

式中,p_i为损失系数,利用统计方法由历年旱、涝受灾率与早、晚稻总产求得。这里 $p_1 = -468.24$,$p_2 = -675.73$。

(6)旱、涝指数(Z_i)

降水时空分布不匀,是造成江西省水旱灾害的主要原因。因而采用汛期旬降雨量计算洪涝指数,伏秋期逐日降雨量的分布情况计算干旱指数。

6.3.2.2 旱涝灾害风险评价

(1)时间分布特征

为了统一量纲,对江西省历年受灾率、成灾率、降水变率、脆弱度和灾害损失率作0~1正规化处理后进行综合,并根据对灾害影响的程度确定权重系数,从而得出灾害风险度(W_i),并以此评价历年旱涝灾害的风险程度

$$W_i = aP'_{si} + bP'_{ci} + cV'_i + dE'_i + eF'_i$$

式中,a、b、c、d、e为各因素的权重系数,均为1;P'_s、P'_c、V'、E'、F'为标准化处理后的受灾率、成灾率、降水变率、脆弱度和灾害损失率。由于江西省旱、涝发生时,对农业生产的影响存在季节性的差异,在实际计算中分干旱风险、洪涝风险分别进行,均分为3级。分级指标以W_i的

大小为依据,并根据分级结果确定各级的受灾、成灾面积及粮食损失。江西省各级旱涝风险指标及受灾、成灾面积和粮食损失标准如表6.8所示。

表6.8 江西省各级旱涝风险指标及受灾成灾面积和粮食损失标准

项目	干旱风险				洪涝风险			
	W_1	受灾面积 (hm²)	成灾面积 (hm²)	晚稻损失 (万t)	W_2	受灾面积 (hm²)	成灾面积 (hm²)	早稻损失 (万t)
1级	≥2.0	≥1000	≥700	≥88	≥2.8	≥800	≥500	≥100
2级	1.0~2.0	300~1000	150~700	30~88	1.5~2.5	400~800	250~500	52~100
3级	<1.0	<300	<150	<30	<1.5	<400	<250	<52

江西省历年W_i的变化如图6.8所示。由图6.8可以看出:

1)自1983年以来,江西省每年都存在不同程度的旱涝风险。其1、2、3级风险出现的概率,干旱风险分别为18%、36%、45%,洪涝风险分别为27%、36%、36%。其中干旱风险度最大的年份为2003年,最小的年份为1984年;洪涝风险度最大的年份为1998年,最小的年份为1987年。

2)20世纪80年代旱涝风险相似,90年代洪涝风险明显重于干旱风险。

3)历年旱、涝风险平均值分别为1.375、2.106,洪涝风险大于干旱风险,且干旱风险的变异程度小于洪涝风险,其标准差分别为0.863、1.146。

4)多数年份洪涝风险大时,其干旱风险相对较轻。同样干旱风险大的年份,洪涝风险相对较轻。

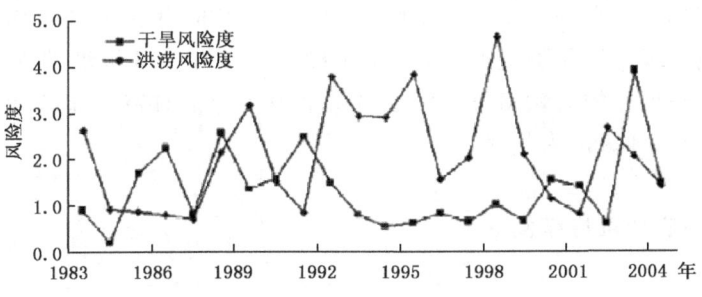

图6.8 江西省历年旱涝风险度

(2)空间分布特征

因各县市旱涝灾害面积资料不全,且全省旱、涝灾害的受灾面积、成灾面积经计算与气象部门提出的洪涝、干旱指数密切相关,其显著性水平均达0.001(表6.9)。

表6.9 江西省旱涝灾害面积与旱涝指数的关系(1983—2004年)

项目		相关系数	显著性水平
干旱指数	干旱受灾面积	0.7376	0.001
	干旱成灾面积	0.7532	0.001
洪涝指数	洪涝受灾面积	0.6961	0.001
	洪涝成灾面积	0.7079	0.001

因而采用各县市历年旱涝指数,并结合相应年份该地区的旱涝灾害脆弱度(E_i)表示各县市旱涝风险程度。为了便于比较,对旱涝指数进行 0~1 正规化处理后与相应的旱涝灾害脆弱度(E_i)进行综合,并将旱涝风险各分为 3 级:1 级风险表明该区域不仅降水时空分布不均匀,而且抗灾能力差,旱涝成灾面积可达受灾面积的 50%以上;2 级风险表明该区域降水时空分布欠均匀,且排灌设施较差,旱涝成灾面积达受灾面积的 20%~50%;3 级风险表明该区域降水时空分布较均匀,旱涝成灾面积占受灾面积的 20%以下。以此分析江西省各县市各级旱涝风险发生的概率,可以发现:

1)干旱风险北部重于南部,山区轻于平原。其中上饶市大部、南昌市北部、九江市南部、吉安市东部及广昌、南丰、丰城、萍乡等地 1 级干旱风险概率>30%,表明以上区域 10 年有 3 年以上干旱成灾面积达干旱受灾面积的 1/2 以上。全省以新建、都昌、万年、南丰 1 级干旱风险概率最高,达 55%。赣州市南部、宜春市西北部、莲花、瑞昌等地区 1 级干旱风险概率<10%,即 10 年出现 1 级干旱风险的年份不到 1 年。全南、大余、上犹、铜鼓等地未出现 1 级干旱风险年份。

2)江西省洪涝风险东部重于西部、南部轻于北部。其中上饶市大部、鹰潭市、景德镇市及黎川、南丰等县市 1 级洪涝风险概率>30%,表明以上区域 10 年有 3 年以上洪涝成灾面积达洪涝受灾面积的 1/2 以上;上饶市东部的横峰、弋阳、婺源、上饶、铅山等地 1 级洪涝风险概率达 50%以上。萍乡市、新余市、赣州市大部及吉安市、宜春市、九江市部分县市未出现 1 级洪涝风险年份。

3)全省干旱风险以 2 级概率最大,大部地区 2 级干旱风险概率为 30%~60%,即 10 年中有 3~6 年干旱成灾面积可达受灾面积的 20%~50%。

4)全省洪涝风险以 3 级概率最大,赣州市、吉安市大部,九江市东北部、上饶市西部及广昌、安义、奉新等地 3 级洪涝风险概率>60%,即 10 年有 6 年为 3 级洪涝风险年份。

5)全省旱涝风险最轻的为赣州市。由于赣州市历年降水时空分布较均匀,无论是干旱风险,还是洪涝风险都以 3 级最为频繁。

6.3.3 防灾减灾与农业可持续发展

农业可持续发展是 21 世纪国际农业发展的主流。江西是一个农业大省,旱涝灾害不仅可导致粮食减产,不利于保障食物安全,而且造成水土流失,使土层浅薄,土壤肥力衰退,破坏农业生态环境,不利农业的可持续发展。要达到农业可持续发展的目的,防御和减轻旱涝灾害是重要措施之一。根据江西省旱涝风险的评价分析,特提出以下防灾减灾对策。

(1)遵循旱涝规律合理调整农业布局

江西省旱涝风险评价结果表明,江西省历年均存在旱涝风险,虽然干旱风险小于洪涝风险,但干旱灾害的成灾率高于洪涝灾害。其中 1 级旱、涝风险年份的成灾面积分别为 700hm²、500hm² 以上,因而防涝、防旱工作同等重要。从区域分布来看,洪涝灾害东部重于西部、北部重于南部;干旱灾害中部重于东、西部,平原重于山区。因而必须遵循旱涝规律,因地制宜,因时制宜,合理调整农业布局。干旱风险大的地区应以旱作物为主,多种植需水量少的作物,选取抗旱性强的品种,采取节水灌溉的方法;洪涝灾害频繁的地区在做到疏通河道、沟渠,退田还湖,退耕还林、还草,保护地表植被,提高排水、蓄水能力,减轻水土流失的前提下,发展水产养殖,扩种双季水稻、蔬菜等需水作物。

（2）提高旱涝预报能力做好气象防灾减灾工作

降水时空分布不均是产生旱涝灾害的重要因素,准确预报旱涝灾害发生的时间、强度、区域,可提前做好防灾减灾准备。在非汛期可及时开沟排水,减轻渍害;在汛期可提前搞好水库调度,以避免或降低洪涝程度;在雨季结束前可科学增加蓄水量,缓和后期干旱;在干旱发生时可采取中耕、覆盖、滴灌等减灾应急措施。

（3）积极开发空中云水资源实施人工增雨作业

目前,人工增雨是最经济、最有效、最直接解除干旱灾害的措施。据研究,人工增雨作业可达到比自然降水增加10%~25%的效果。江西省空中水汽资源约有9000亿 m^3,而目前的开发利用率还不到总量的5%。

因此应用现代人工影响天气技术,开发空中云水资源,增加降水量,是抗旱减灾的重要措施之一。

（4）合理利用气候资源改善农业生态环境

江西省气候资源丰富,能满足水稻、棉花、油菜等喜温作物为主体的农、林、牧、渔各业发展的需要。但气象灾害频繁,只有在摸清气候资源的前提下,以气候资源为依据,建立粮食作物、经济作物、名特优稀作物、水产、畜牧等农业生产基地,并实行山、水、田、林、路综合治理,大力实施"沃土工程"、"绿化工程"、"水土保持工程"等生态环境建设工程,才能达到"既要金山银山,更要绿水青山"的目的。

（5）增强防灾减灾意识建立防灾减灾体系

防灾减灾的关键在人。人的知识化、现代化是防灾减灾的关键因素,因而要大力宣传防灾减灾的重要性,提高防灾减灾能力。各级政府应重视防灾减灾工作,加大投入,建设防灾工程,推广防灾减灾措施;加强防灾减灾的信息化建设,解决进村入户"最后一公里"的问题;建立区域性的防灾体系,其中包括旱涝监测、预警、防御和灾害评价。广大群众应及时掌握旱涝灾情信息,并采用相关措施做好防灾减灾工作,把灾害造成的损失降到最小程度。

参考文献

白美兰.2005.内蒙古地区主要气象灾害监测预警评估系统研究与设计[D].内蒙古大学.

陈思宁,申双和,刘敏,冯明,张玮玮.2010.湖北省茶树气象灾害模糊综合评价及区划[J].农业工程学报,26(12):298-303.

陈维英,肖乾广,盛永伟.1994.距平植被指数在1992年特大干旱监测中的应用[J].环境遥感,9(2):345-350.

董加瑞,王昂生.1997.干旱、洪涝灾害预测及损失评估耦合模式[J].自然灾害学报,5(2):70-77.

宫德吉,陈素华.1999.农业气象灾害损失评估方法及其在产量预报模型中的应用[J].应用气象学报,10(1):66-71.

郭虎,熊亚军,扈海波.2008.北京市奥运期间气象灾害风险承受与控制能力分析[J].气象,34(2):77-82.

侯云,先林文.1994.农业气象灾害的定量指标研究[J].河南农业科技,12(4):11-13.

蒋勇军,况明生,匡洪海,等.2001.区域易损性分析、评估及易损度区划——以重庆为例[J].灾害学,16(3):59-64.

蒋勇军.2003.基于地理信息系统的重庆市自然灾害综合区划及评价[J].西南科技大学学报(自然科学版),28(4):629-632.

孔斌,徐连封.2004.大连地区农业气象灾害风险评估及区划[J].辽宁气象,(3):20-22.

李吉顺,冯强,王昂生.1996.我国暴雨洪涝灾害的危险性评估:台风、暴雨灾害性天气监测、预报技术研究[M].北京:气象出版社.

李世奎,霍治国.2004.农业气象灾害风险评估体系及模型研究[J].自然灾害学报,13(1):77-87.

李世奎.1999.中国农业灾害风险评价对策[M].北京:气象出版社.

李文亮,张冬有,张丽娟.2009.黑龙江省气象灾害风险评估与区划[J].干旱区地理,32(5):754-760.

刘文泉,雷向杰.2002.农业生产的气候脆弱性指标及权重的确定[J].陕西气象,(3):23-27.

马晓群,张爱民,陈晓艺.2002.气候变化对安徽省淮河区域旱涝灾害的影响及适用对策[J].中国农业气象,23(4):1-4.

谭志豪,徐斌,李茂松,等.2005.我国主要农业气象灾害机理与检测研究进展[J].自然灾害学报,14(2):61-67.

谭宗琨.1997.广西农业气象灾害风险评价及灾害风险区划[J].广西气象,18(1):44-50.

王保生,刘文英,黄淑娥.2006.江西省旱涝灾害风险评估与农业可持续发展[J].气象与减灾研究,29(2):43-47.

王馥棠.2003.气候变化对农业生产的影响[M].北京:气象出版社.

王惠芳,张青珍,张明捷.2009.濮阳主要气象灾害及对粮食生产的影响[J].安徽农学通报,15(22):78-81.

吴亚玲,李辉.2009.深圳市2000年以来气象灾害及其风险评估[J].广东气象,31(3):43-46.

袁媛,王心源,雷能忠,等.2007.基于GIS的江淮分水岭地区旱涝灾害时空分析[J].水文,27(6):36-38.

张爱民,马晓群,等.1998.基于GIS技术的安徽省重大农业气象灾害测评系统总体设计[J].光电子技术与信息,11(5):48-52.

张爱民,马晓群,盛绍学,杨太明.2004.安徽省农业气象灾害定量监测评估研究[J].安徽农业科学,32(4):746-748.

张爱民,王效瑞,马晓群.2002.淮河流域气候变化及其对农业的影响[J].安徽农业科学,30(6):843-846.

张继权,李宁.2007.主要气象灾害风险评价与管理的数量化方法及其应用[M].北京:北京师范大学出版社.

周东颖,张丽娟,张利,范怀欣.2010.哈尔滨市气象灾害发生规律及风险评估[J].中国农学通报,26(8):332-336.

Defries R S, Hansen M C, Townshend J R G. 2000. Global continuous fields of vegetation characteristics: A linear mixture model applied to multi-year 8km AVHRR data[J]. *Int J Remote Sens*, **21**(6/7): 1389-1414.

Gutman Q, Ignatov A. 1998. The derivation of the green vegetation fraction from NOAA/AVHRR data for use in numerical weather prediction models[J]. *Int J Remote Sens*, **19**:1533-1543.

Hankin E H. 1921. On dust raising winds and descending currents[J]. *India Met Memoirs*, **22**: part Ⅵ.

International Decade for Natural Disaster Reduction. 1999. Final report of the international decade for natural disaster reduction[R].

Joseph P V, Raipai D K, d Deka S N. 1980. "Anali", the convective dust storms of North-West India[J]. *Mausam*, **31**:431-442.

Joussaume S. 1990. Three-dimensional simulations of the atmospheric cycle of desert dust particles using a general circulation model[J]. *J Geophys Res*, **95**:1909-1941.

Kallos Q, Nickovic S, Iovic D, et al. 1998. The regional weather forecasting system SKIKON and its capability for forecasting dust uptake and transport. WMO/TD—No. **864**:159-171.

Leggett D J, Jones A. 1996. The application of GIS for flood defense in the Anglican region: developing for the future[J]. *Int of Geographical Information Systems*, **10**(1):103-116.

第 7 章 建设项目气象灾害风险管理

内容摘要：

对建设项目进行气象灾害风险管理,可以识别出气象灾害对建设项目的影响,并根据不同影响及时调整建设方案,从而避免或减轻建设项目实施后可能受气象灾害、气候变化的影响。对建设项目进行气象灾害风险管理,首先要详细了解建设项目的基本情况和项目所属地区的地理、环境、气候特征,然后将上述两方面信息综合分析,对建设项目的气象灾害风险进行识别和评价,最后根据风险评估的结果提出处置对策。雷电灾害是建设项目气象灾害风险管理的重点,因此本章重点叙述了雷电灾害风险评价的五种方法,并举例予以具体说明。

本章以世纪新城项目为例,利用历史数据对其进行气象灾害风险识别,可以发现世纪新城项目的所在地会出现雷电、暴雨(雪)、热带气旋(含台风)和大风等气象灾害风险。

7.1 建设项目气象灾害风险管理的依据

通过对建设项目进行气象灾害风险管理,可以识别出气象灾害对建设项目的影响,并根据不同影响及时调整建设方案,从而避免或减轻建设项目实施后可能受气象灾害、气候变化的影响。因此,对建设项目进行气象灾害风险管理是十分必要的。

建设项目气象灾害风险管理在《中华人民共和国气象法》、《气象灾害防御条例》、《气候可行性论证管理办法》(中国气象局第 18 号令)和《防雷减灾管理办法》(中国气象局第 24 号令)等法律法规中都有相关的规定,主要规定是对城市规划编制、重大工程建设、重大区域性经济开发项目进行气候可行性论证,对气象灾害风险做出评价,主要依据如下。

(1)《中华人民共和国气象法》第三十四条

各级气象主管机构应当组织对城市规划、国家重点建设工程、重大区域性经济开发项目和大型太阳能、风能等气候资源开发利用项目进行气候可行性论证。

具有大气环境影响评价资格的单位进行工程建设项目大气环境影响评价时,应当使用气象主管机构提供或者经其审查的气象资料。

(2)《气象灾害防御条例》第十条

县级以上地方人民政府应当组织气象等有关部门对本行政区域内发生的气象灾害的种类、次数、强度和造成的损失等情况开展气象灾害普查,建立气象灾害数据库,按照气象灾害的种类进行气象灾害风险评估,并根据气象灾害分布情况和气象灾害风险评估结果,划定气象灾害风险区域。

(3)中国气象局第 18 号令《气候可行性论证管理办法》第四条

与气候条件密切相关的下列规划和建设项目应当进行气候可行性论证：

(一)城乡规划、重点领域或者区域发展建设规划；

(二)重大基础设施、公共工程和大型工程建设项目；

(三)重大区域性经济开发、区域农(牧)业结构调整建设项目；

(四)大型太阳能、风能等气候资源开发利用建设项目;

(五)其他依法应当进行气候可行性论证的规划和建设项目。

(4)中国气象局第 24 号令《防雷减灾管理办法》第五章第二十七条

大型建设工程、重点工程、爆炸和火灾危险环境、人员密集场所等建设项目应当进行雷电灾害风险评估,以确保公共安全。

各级地方气象主管机构按照有关规定组织进行本行政区域内的雷电灾害风险评估工作。

(5)各地区关于气象灾害防御、气象灾害风险评估的条例办法等

如《江苏省气象灾害防御条例》第二章第十条规定:气象主管机构应当依法组织对城市规划编制、重大工程建设、重大区域性经济开发项目进行气候可行性论证,对气象灾害风险做出评估。《重庆市气象条例》第十三条规定:县级以上人民政府应当编制合理开发利用和保护气候资源的规划,并组织有关部门实施。同级气象主管部门参与规划的制定和实施,负责气候影响评价的发布和管理,对城市总体规划、国家重点建设工程、重大区域性经济开发项目等,组织气候可行性论证。《泰州市防雷减灾管理办法》(泰政发〔2006〕161 号文件)第二章第七条:市、县(市)气象主管机构应当组织对本行政区域内的大型建设工程、重点工程、爆炸危险环境等建设项目进行雷击风险评估,以确保公共安全。

在建设项目的气象灾害风险管理过程中,主要采用分级管理,即:省级评估机构主要对区域性气候可行性论证、重大区域性经济开发或农业调整及重大基础设施公共设施建设项目等进行气候评价或风险评估;市级评估机构主要对行政区域内的重大项目进行风险评估,不承担气候评价;县级不设置评估机构,主要是当地气象主管部门承接风险评估业务,送上级进行风险评估,不进行气候评价及风险评估。

这种分级管理主要考虑区域性与技术性,对于省级评估机构有详细的基础气候相关的资料,有先进的气候评价及风险评估平台,有专业的气候评价的专家,所以省级评估机构承担区域性重大项目的气候评价及风险评估;对于市级评估机构只掌握本区域的气象资料,对于区域的气候评价分析的就比较单一,也没有专业的气候评价专家,所以不能承担气候评价,当有气候评价项目时应报送省级评估机构,由省级评估机构进行气候评价,市级评估机构做好相应的协调配合工作;县级由于技术达不到要求,所以不进行风险评估,有评估业务报送上级评估机构进行评估,县级主要是做好评估项目的报送及相关的配合协调工作。

7.2 建设项目气象灾害风险管理的基本框架

对建设项目进行气象灾害风险管理,首先要详细了解建设项目的基本情况和项目所属地区的地理、环境、气候特征,然后将上述两方面信息综合分析,对建设项目的气象灾害风险进行识别和评价,最后根据风险评价的结果提出处置对策。建设项目气象灾害风险管理的基本框架如图 7.1 所示。

根据建设项目的性质及特点,应进行相应的气象灾害风险评价,如对暴雨洪涝、干旱、台风、雷电、大雾、雪灾、高低温等气象灾害进行风险评价。

(1)能见度(雾、沙尘暴、雨雪)对高速公路建设的评价

能见度主要表现为大雾,因大雾受地形、水汽条件等因素易形成局部大雾,高速公路线路进行气象灾害风险评价,对于特殊地段可以采取改变线路方法来避免气象灾害带来的不必要影响。

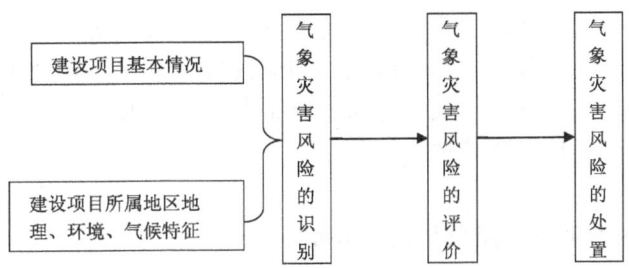

图 7.1 建设项目气象灾害风险管理的基本框架

(2) 降水量及降水强度分布对城市排水设施建设的评价

由于城市建设飞速发展,排水系统的建设也不断扩大与改善,排水系统规划设计之初应进行气象灾害风险评价是必要的,根据当地的降水量及降水强度来规划设计城市排水系统是很有参考价值的。

(3) 建(构)筑物、电子信息系统及特殊场所的雷电灾害风险评价

根据项目所在地雷电活动时空分布特征及其灾害特征,结合现场情况进行分析,对雷电可能导致的人员伤亡、财产损失程度与危害范围等方面的综合风险计算,从而为项目选址、功能分区布局、防雷类别(等级)与防雷措施确定、雷灾事故应急方案等提出建设性意见的一种评价方法,在大型的易燃易爆场所、电子信息系统大楼、人员密集型环境(如体育馆、水上运动场所)等具有很高的参考价值。通常雷电灾害风险评价主要分为项目预评价、方案评价、现状评价三种。

项目预评价是根据建设项目的使用性质和所在地雷电活动时空分布特征及雷电流散流情况等,分析建设项目的雷电灾害易损性和所在地大气雷电环境状况,对项目的选址及功能分区布局从雷电防护的角度提出意见,为城市规划和项目选址提供重要依据。

项目方案评价是针对建设项目初步设计,对该项目可能存在的雷电危险(有害)因素的种类、雷电危险性和危险度进行分析,提出合理科学的安全对策措施及建议,为施工图防雷设计提供依据。

项目现状评价通过对既有建设项目的防雷安全现状进行安全评价,查找其存在的雷电危险、有害因素并确定其危害程度,提出合理可行的建议及安全对策措施,为安全监督管理提供技术依据。

根据评价的等级进行相应级别的防雷设计。对高度集中的电子信息系统大楼或对雷电安全要求比较高的如发电场等,通过对雷电的风险评价,可以促进合理的选址和进行相应的防雷设计。

(4) 风能、太阳能利用可行性评价

随着世界能源的短缺,对能源的开发正逐步向节能、环保型的自然能源方向发展。对于风能、太阳能发电等项目要进行当地气象资源是否满足需要的可行性评价,如果当地的风能、太阳能等自然资源不能满足项目规划的需要,盲目开发将引起不可预料的损失,所以在项目建设之初应进行气象灾害的风险评价。

(5) 大型特色水产、园林开发项目的气象灾害风险评价

水产养殖、园林种植对气象条件(如临界温度、积温、光照等)都有一定的限制要求,只有进行气象灾害的风险评价才能把风险降到最低。

建设项目气象灾害风险管理过程中的评价不仅限于这几个方面,只要气象条件对建设项目产生重要影响的或对气象条件有特殊限制的都应进行气象灾害风险评价。对于气象灾害风险评价工作,在部分地区已经开展,如雷电风险评价与大型电场选址对气象条件要求的评价,评价给项目建设提供了充足的科学依据。

7.2.1 建设项目的基本情况及所属地区气候特征

建设项目的基本情况包括所处的位置、建设用途、总用地面积、地上和地下总建筑面积、人防建筑面积、项目总投资额及工程规划平面图等建设主体信息。同时,还包括供电系统和弱电系统等配套系统情况。

建设项目所属地区的气候特征分析,在综合考虑地势地貌、植被分布等地表情况的基础上,根据地面气象站的观测数据对建设项目所属地区的气候特点进行分析。采用的气候特征值主要包括气温、气压、降水、水汽压、云、天气现象、蒸发、积雪、风、地面温度、冻土、日照等。

7.2.2 建设项目气象灾害风险的识别

对于建设项目来说,气象灾害风险管理过程中涉及的气象灾害主要包括雷电、暴雨(雪)、热带气旋(含台风)和大风,下面将对这4种气象灾害的危害进行分析,从而为灾害风险识别提供依据。

(1)雷电

雷电是发生在大气中的声、光、电物理现象,雷电流的大小与许多因素有关,各地区有很大区别。一般来说平原比山地雷电流大,通常其放电电流可达数十千安培至数百千安培。放电瞬间,雷电流会产生巨大的破坏力和很强的电磁干扰作用,容易引起灾害。雷电灾害是自然界十大灾害之一。

雷云对地放电,能够对地面上的建筑物和设施构成严重危害,其危害主要分为两类:直接危害和间接危害。直接危害主要表现为雷电引起的热效应、机械效应和冲击波等;间接危害主要表现为雷电引起的静电感应、电磁感应和暂态过电压等。

雷云对地放电时,强大的雷电流从雷击点注入被击物体,将瞬间产生大量热,又来不及散发,以致物体内部的水分大量变成蒸汽,并迅速膨胀,产生巨大的爆炸力,造成破坏。如果金属体的截面积不够大时,其雷电的热效应甚至可使雷击点周围局部金属熔化,当雷电击中草堆和树木时,能将草堆和树枝引燃;当雷电击中输电线路时,可将其熔断。这些都属热效应,如果防护不当,就会酿成火灾,带来更大的损失和灾难。

雷电机械效应所产生的破坏作用主要表现为两种形式:电动力和内压力。众所周知,载流导体周围的空间存在着电磁场,在电磁场中的载流导体会受到电磁力的作用。雷击建筑物时,在电动力作用下,建筑物内的导体之间会相互吸引或排斥,引起变形,甚至会被折断。在被击物体的内部产生内压力是雷电机械效应破坏作用的另一种表现形式。由于雷电流幅值很高,作用时间很短,击中树木或建筑构件时,在其内部瞬时产生大量热量,在短时间内热量来不及散发出去,致使物体内部的水分被大量蒸发成水蒸汽,并迅速膨胀,产生巨大的爆炸力,能够使被击树木劈裂、建筑构件崩塌。

雷电产生的冲击波类似于爆炸产生的冲击波。在雷云对地放电过程的回击阶段，放电通道中既有强烈的空气游离又有强烈的异性电荷中和，通道中瞬时温度很高，可以达到几千至几万摄氏度，使得通道周围的空气受热急剧膨胀，并以超声波向四周扩散，从而形成冲击波。同时，通道外围附近的冷空气被严重压缩，在冲击波波前到达的地方，空气的密度、气压和温度都会突然增大，产生剧烈振动，可以使其附近的建筑物遭到破坏，人、畜受到伤害。

雷电的静电感应和电磁感应作用均属于雷电的间接危害。当空间有带电的雷云出现时，雷云下的地面及建筑物等，都因静电感应而带上相反的电荷。从雷云的出现到发生雷击（主放电）所需时间相对于主放电过程的时间要长得多，雷云下的地面及建筑物等有充分的时间累积大量电荷。当雷击发生后，局部地区的感应电荷不能在同样短的时间内消失，形成局部高电压，该电压从雷击开始随着时间的推移而下降。这种由静电感应产生的过电压对接地不良的电气系统有很强破坏作用，使接地不良的金属器件之间发生火花，这对易燃易爆场所而言，是非常危险的。

雷电流具有很高的峰值和波前上升陡度，能在所流过的路径周围产生很强的暂态脉冲电磁场，处在该电磁场中的导体会产生感应过电压(流)。建筑物内通常敷设着各种电源线、信号线和金属管道(如供水管、供热管和供气管等)，这些线路和管道常常会在建筑物内的不同空间构成环路。当建筑物遭受雷击时，雷电流沿建筑物防雷装置中各分支导体入地，流过分支导体的雷电流会在建筑物内部空间产生暂态脉冲电磁场，脉冲电磁场交连不同空间的导体回路，会在这些回路中感应出过电压和过电流，导致设备接口损坏。雷电流产生的暂态脉冲电磁场不仅能在建筑物内的导体回路中感应过电压和过电流，而且也能在建筑物之间的通信线路中感应出过电压和过电流。

随着城市现代化的不断发展，科学技术的不断进步，智能建筑迅猛发展，各类信息系统得到广泛应用，特别是超大规模集成电路的应用，极大提高了工作效率。但是，这些电子设备普遍存在着绝缘强度低、过电压和过电流耐受能力差、对电磁干扰敏感等弱点，一旦建筑物受到直接雷击或其附近区域发生雷击，雷电过电压、过电流和脉冲电磁场会通过供电线、通信线、接收天线、金属管道和空间辐射等途径侵入建筑物内，威胁室内电子设备的正常工作和安全运行。如防护不当，这些雷害轻则使电子设备误动作，重则造成电子设备永久性损坏，严重时还可能造成人员伤亡。为保障经济建设，保障国家财产和人身安全，避免和减轻雷电灾害，将损失减少到最低程度，雷电防御已成为日常安全工作的重要组成部分。

（2）暴雨（雪）

暴雨往往是引起洪涝灾害的直接原因。连续的暴雨天气，致使水位快速上涨，从而使城市出现不同程度的内涝和洪涝，造成了农田被淹，高秆作物玉米、棉花、大豆等机械性受损甚至绝收，果树、苗树等不同程度受损，家禽死亡、水产养殖类受灾，城市积水，民房倒塌等。据统计，暴雨洪涝造成的人员伤亡和经济损失，在各种气象灾害中居第一位。影响严重的暴雨会给人民的生命财产带来重大损失。不同量级、不同范围的暴雨，其灾害程度也不同。

暴雪对交通和施工带来影响甚至危害。降雪一般出现在11月至翌年3月，暴雪出现前后一般温度均很低，道路上的积雪经碾压转为积冰，对交通危害严重；施工过程中建筑材料因气温过低而无法搅拌，致使施工被迫中止。另外，由于积雪过后，暴雪还将造成房屋坍塌。民房倒塌将导致人们无家可归甚至造成伤亡；农贸用房、蔬菜大棚、养殖业用房倒塌将对农业生产造成影响；工业用房倒塌将使生产中断，造成直接经济损失。

(3)热带气旋(含台风)

热带气旋是产生于热带海洋上的强大而深厚的大气旋涡,其半径达数百千米,经过的路径周围地区常有狂风暴雨。热带气旋的危害性在于不仅风大,而且强风持续的时间长;不仅雨量大,而且在大风暴雨的共同作用下,使危害加剧具有很强的破坏力。热带气旋过境将使该地区遭受强风和暴雨的袭击,造成区域内农田受淹,农作物受损,树木倒伏,鱼塘养殖受损,禽畜死亡,甚至房屋倒塌。

(4)大风

气象上将瞬时极大风速达到或超过17.2m/s(或目测风力达到或超过8级)的风称为大风,大风的主要天气系统有:气旋大风、强雷雨大风、热带气旋大风、寒潮大风等。大风多伴随寒潮、暴雨和台风出现,大风刮倒园林大树、大型广告牌、电线杆,从而造成人员伤亡的事时有发生。

7.2.3 建设项目雷电灾害风险的评价

7.2.3.1 基于灰色动态GM模型的雷电灾害风险评价

基于灰色动态GM模型的预测称为灰色预测。灰色预测是针对灰色系统所做的预测,具体指一种通过建立GM(1,1)动态模型对一定范围内变化的、与时间有关的不确定的信息系统进行预测的数学方法。

GM(1,1)的基本原理是:当一时间序列无明显趋势时,采用累加的方法可生成一趋势明显的时间序列。如时间序列$X^{(0)}=\{32,38,36,35,40,42\}$的趋势并不明显,但将其元素进行"累加"所生成的时间序列$X^{(1)}=\{32,70,106,141,181,223\}$则是一趋势明显的数列,按该数列的增长趋势可建立预测模型并考虑灰色因子的影响进行预测,然后采用"累减"的方法进行逆运算,恢复原时间序列,得到预测结果。

灰色预测是对既含有已知信息又含有不确定信息的系统进行预测,是通过原始数据的处理和灰色模型的建立,发现、掌握系统发展的规律,对未来状态做出科学的定量预测。由于灰色预测不需要大量历史数据,而是根据实际情况选择适量的数据,进行累加生成,将杂乱无章的数据理出规律,且计算方法简单,预测精度高。利用历史雷电灾害统计数据,对原始数据进行处理建立相应的灰色模型,可以预测雷电风险。这种方法虽然建立在较深的数学基础上,但它的计算步骤却不烦琐,借助计算机可以迅速地处理数据,且计算精度较高。但是雷电造成的损失与评估对象及社会结构密切相关,要对未来的雷电灾害后果做出判断,必须对相关的结构和致灾机制进行充分研究,需要得到雷电致灾因子的关键数据,目前雷电风险分析的理论仍有许多不确定性,还不能得到能充分反映雷电灾害风险的原始数据,使得利用这种方法预测的结果真实性较差。

这里利用2001—2010年江苏省张家港市雷灾数据可以对未来几年内的雷灾次数做出相应的预测。

经过对2001—2010年的雷灾次数的分析,分别通过建立5维、6维、7维、8维双优化灰色预测模型,力求找出最符合未来2012—2014年张家港市雷灾次数的模型方程。其中,5维、6维、7维、8维分别为自2008年向后推至2年、3年、4年、5年的所选数据而建立的预测模型,经对比验证后发现6维、7维和8维预测结果的均方差比值均未通过检验,故选取2006—2010

年的数据建立 5 维双优化灰色模型通过对数据的生成和开发弱化随机因素的干扰,来实现 2012—2014 年的雷灾次数的有效预测。

设 2006—2010 年的雷灾次数的原始序列为 $X^{(0)}$,并有
$$X^{(0)} = \{X^{(0)}(1), X^{(0)}(2), X^{(0)}(3), X^{(0)}(4), X^{(0)}(5)\}$$

把近 5 年的雷灾次数与以上 $X^{(0)}(1) - X^{(0)}(5)$ 分别对应后得到如下序列
$$X(0) = \{76, 82, 87, 94, 105\}$$

构造累加生成列
$$X^{(1)}(1) = \{X^{(1)}(1), X^{(1)}(2), X^{(1)}(3), X^{(1)}(4), X^{(1)}(5)\}$$

其中
$$X^{(1)}(k) = \sum X^{(0)}(i) \quad (k=1,2,3,\cdots,n)$$

构造背景序列
$$Z^{(1)}(k) = [X^{(1)}(k) - X^{(1)}(k-1)]/[\ln X^{(1)}(k) - \ln X^{(1)}(k-1)] \quad (k=2,3,\cdots,n)$$

构造矩阵
$$B = \begin{bmatrix} -Z^{(1)}(2) & 1 \\ -Z^{(1)}(3) & 1 \\ -Z^{(1)}(4) & 1 \\ -Z^{(1)}(5) & 1 \end{bmatrix} = \begin{bmatrix} -\left[\dfrac{X^{(1)}(2) - X^{(1)}(1)}{\ln X^{(1)}(2) - \ln X^{(1)}(1)}\right] & 1 \\ -\left[\dfrac{X^{(1)}(3) - X^{(1)}(2)}{\ln X^{(1)}(3) - \ln X^{(1)}(2)}\right] & 1 \\ -\left[\dfrac{X^{(1)}(4) - X^{(1)}(3)}{\ln X^{(1)}(4) - \ln X^{(1)}(3)}\right] & 1 \\ -\left[\dfrac{X^{(1)}(5) - X^{(1)}(4)}{\ln X^{(1)}(5) - \ln X^{(1)}(4)}\right] & 1 \end{bmatrix} \quad (7.1)$$

构造数据向量
$$\boldsymbol{Y}_n = [X^{(0)}(2), X^{(0)}(3), X^{(0)}(4), X^{(0)}(5)]^\mathrm{T}$$

依据微分方程
$$\mathrm{d}X(1)/\mathrm{d}t + aX(1) = \mu$$

式中,a, μ 为待估参数,通过计算 $\boldsymbol{B}^\mathrm{T}\boldsymbol{B}$, $(\boldsymbol{B}^\mathrm{T}\boldsymbol{B})^{-1}$, $\boldsymbol{B}^\mathrm{T}\boldsymbol{Y}_n$ 后得到 $A = (\boldsymbol{B}^\mathrm{T}\boldsymbol{B})^{-1}\boldsymbol{B}^\mathrm{T}\boldsymbol{Y}_n$ 的结果后进而推出参数 a, μ 的值。在此基础上建立的双优化灰色预测模型为
$$\hat{x}^{(1)}(k) = [X^{(0)}(1) - \mu/a] \exp[-a(k-5)] + \mu/a$$

经上式的预测模型运用累减还原得到的值即为预测值
$$\hat{x}^{(0)}(k) = \hat{x}^{(1)}(k) - \hat{x}^{(1)}(k-1)$$

式中,$\hat{x}^{(0)}(k)$ 即为预测值,$\hat{x}^{(1)}(k)$、$\hat{x}^{(1)}(k-1)$ 是经预测模型方程计算得到的值,按上述原理把张家港市 2006—2010 年的雷灾次数构造原始数列经 Matlab 程序运算后得到图 7.2。

由预测数据可知,随着经济的发展,高耸建筑物不断出现,电子微电子设备在各个领域的应用数量不断增加,在 2012—2014 年,雷灾灾害呈不断增加的态势。为验证预测的可靠性,对 2012 年预测的数据与实际统计数据进行了对比,结果显示,实际雷灾次数与预测次数大致相符。

7.2.3.2 基于层次分析法的雷电灾害风险评价

层次分析法是将决策问题按总目标、各层子目标、评价准则直至具体方案的顺序分解为不同的层次结构,然后用求解判断矩阵特征向量的办法,求得每一层次各元素对上一层次某元素的优先权重,最后再用加权和的方法递阶归并各备择方案对总目标的最终权重,此最终权重最

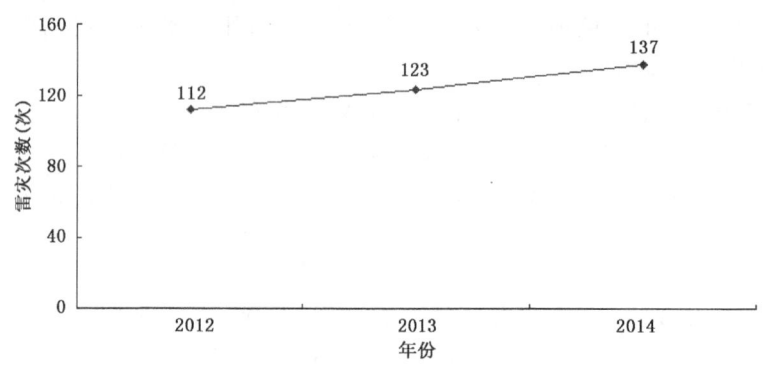

图 7.2　2012—2014 张家港市雷灾次数趋势图

大者即为最优方案。

这里所谓"优先权重"是一种相对的量度,它表明各方案在某一特点的评价准则或子目标下优越程度的相对量度,以及各子目标对上一层目标而言重要程度的相对量度。层次分析法比较适合于具有分层交错评价指标的目标系统,而且目标值又难于定量描述的决策问题。其用法是构造判断矩阵,求出其最大特征值,及其所对应的特征向量 W,归一化后,即为某一层次指标对于上一层次某相关指标的相对重要性权值。

利用历史雷电灾害资料,借助统计手段对雷电灾害发生概率、造成的经济损失等进行统计,利用风险评价模型得到灾害风险度;然后从雷电灾害发生机理出发,利用指标选取建立雷电灾害风险评价模型。例如通过对某地历史雷暴灾害调查分析,结合雷暴孕灾环境和成灾特点,认为雷电灾害风险主要由雷电危险性、暴露性、承灾体易损性和防灾减灾能力决定,选取恰当的要素作为指标,建立雷灾脆弱度计算模型,利用层次分析法确定权重,并借助 GIS 分析工具对某地雷暴灾害脆弱性进行定量评估。这种评估方法适用于固定区域内的雷电灾害风险评估,其结果能清晰地展现区域间雷电风险的差异大小和来源。

雷电灾害风险是由雷电危险性、暴露性、承灾体的脆弱性以及防灾减灾能力 4 个因素相互交链作用形成的,用公式表达为:$R = H \cdot E \cdot V \cdot C$。由于 4 个风险因素为比较笼统的抽象概念,需要结合雷电灾害的成灾机制,利用层次分析法对其量化,如利用雷击大地密度、雷电流强度、雷电流陡度描述雷电危险性,利用建筑物材料、建筑物高度、建筑物属性和电磁环境描述承灾体的易损性等,然后分析各个因子对风险因素的影响,利用层次分析法计算各个因子的权重系数,最后得到这个区域雷电灾害风险评估的计算公式。这种评估方法能反映地域特征,评估流程清晰,操作简便,得出的结果能较好地反映区域内雷电风险的分布。

层次分析的关键是指标和权重的确定。一般的"经验法"、"专家打分法"操作简便,但实用性可靠性差。Saaty(1980)提出的层次分析法对多层指标的权重按对比矩阵的特征向量收敛,可靠性强,适合于量化分析。

层次分析法是对一些较为复杂较为模糊的问题做出决策的简易方法,适合那些难于完全定量分析的问题。运用层次分析法建模,大体上可按照下面几个步骤进行。

(1)递阶层次结构的建立

应用层次分析法分析决策问题时,首先明确要分析的问题,把问题条理化、层次化,构造出一个有层次的结构模型。在这个模型下,复杂问题被分解为元素的组成部分,这些元素又按其属性及关系形成若干层次。上一层次的元素作为准则对下一层次有关元素起支配作用。这些层次可以分为三类:一是最高层,这层中只有一个元素,一般是分析问题的预定目标或者理想结果,也叫目标层;二是中间层,这一层次中包含了为实现目标所涉及的中间环节,它可以由若干层次组成,包括所需考虑的准则、子准则;三是最底层,这一层次包括了为了实现目标可供选择的各种措施、决策方案等。

明确各个层次的因素和位置,构建递阶层次结构。递阶层次结构的层次数与问题的复杂程度以及需要分析的详尽程度有关,一般的层次数不受限制。每一层次中各元素所支配的元素一般不用超过9个,这是因为支配的元素过多会给两两比较判断带来困难。

(2)构造判断矩阵

层次结构反映的是因素之间的关系,但准则层中的各准则在目标衡量中所占的比重并不一定相同。在确定影响某因素的诸因子在该因素中所占的比重时,遇到的主要困难是这些比重常常不易定量化。此外,当影响某因素的因子较多时,直接考虑各因子对该因素有多大程度的影响时,常常会因考虑不周全、顾此失彼而得到与实际不一致的数据,甚至有可能得到一组隐含矛盾的数据。

设现在要比较 n 个因子 $X=\{x_1,\cdots,x_n\}$ 对某因素 Z 的影响大小。为了得到可信的数据比较结果,可以采取对因子进行两两比较建立成对比较矩阵的办法,即每次取两个因子 x_i 和 x_j,以 a_{ij} 表示 x_i 和 x_j 对 Z 的影响大小之比,全部比较结果用矩阵 $A=(a_{ij})_{n\times n}$ 表示,称 A 为 Z—X 之间的成对比较判断矩阵。显然判断矩阵具有下述性质:

$$a_{ij}>0; a_{ji}\times a_{ij}=1; a_{ii}=1$$

满足上述性质的矩阵 A 称为正负反矩阵,因此,对一个有 n 个元素的判断矩阵,只需给出其上(或下)三角 $\frac{n(n-1)}{2}$ 个元素就可以了,也就是说只需要作 $\frac{n(n-1)}{2}$ 次判断即可。关于如何确定 a_{ij} 的值,一般引用数字 1—9 及其倒数作为标度。实验结果也表明,采用 1—9 标度最为合适。

(3)层次单排序及一次性检验

判断矩阵 A 对应于最大特征值 λ_{max} 的特征向量 W,经归一化后即为同一层次相应因素对于上一层次某因素相对重要性的排序权值,这一过程称为层次单排序。解判断矩阵的方法一般使用合积法。其原理是,对于一致性判断矩阵,每一列归一化后就是相应的权重。对于非一致性判断矩阵,每一列归一化后近似其相应的权重,再对这 n 个列向量求取算术平均值作为最后的权重。大致步骤如下。

1)将判断矩阵每一列归一化:

$$\overline{a_{ij}} = \frac{a_{ij}}{\sum_{k=1}^{n} a_{kj}} \quad (i,j=1,2,\cdots,n) \tag{7.2}$$

2)每一列经归一化后的判断矩阵按行相加:

$$\overline{W} = \sum_{j=1}^{n} \overline{a_{ij}} \quad (i,j=1,2,\cdots,n) \tag{7.3}$$

3)对向量归一化:

$$W_i = \frac{\overline{W_i}}{\sum_{j=1}^{n} \overline{W_j}} \quad (i,j=1,2,\cdots,n) \tag{7.4}$$

所得到的 $W=(W_1,W_2,\cdots,W_n)^\mathrm{T}$ 即为所求的特征向量。

4）计算判断矩阵最大特征根 $\lambda_{\max}$：

$$\lambda_{\max} = \sum_{i=1}^{n} \frac{(AW)_i}{nW_i} \tag{7.5}$$

式中，$(AW)_i$ 表示 AW 的第 i 个元素。

从人类认识规律看，一个正确的判断矩阵，重要性序列是有一定逻辑规律的，例如若 a 比 b 重要，b 比 c 重要，则从逻辑上讲，a 应该比 c 重要，如果两两比较时出现 c 比 a 重要的结果，则该判断矩阵违反了一致性准则，在逻辑上是不合理的。因此在实际中要求判断矩阵满足大体上的一致性，需要进行一致性检验。对判断矩阵的一致性检验的步骤如下。

1）计算一致性指标 CI：

$$CI = \frac{\lambda_{\max} - n}{n-1} \tag{7.6}$$

2）RI 的值是这样得到的，用随机方法构造 500 个样本矩阵：随机地从 1—9 及其倒数中抽取数字构造正互反矩阵，求得最大特征根的平均值，并定义：

$$RI = \frac{\lambda'_{\max} - n}{n-1} \tag{7.7}$$

3）计算一致性比例 CR：

$$CR = \frac{CI}{RI} \tag{7.8}$$

当 $CR<0.10$ 时，认为判断矩阵的一致性是可以接受的，否则应对判断矩阵作适当修正。

上面得到的是一组元素对其上一层中某元素的权重向量。而最终要得到各元素，特别是最底层中各方案对于目标的排序权重，从而进行方案选择。总排序权重要自上而下地将单准则下的权重进行合成。设上一层次包含 $A_1\sim A_m$ 共 m 个因素，它们的层次总排序权重分别为 $a_1,\cdots,a_m$；又设其后的下一层次包含 n 个因素 $B_1,\cdots,B_n$，它们关于 A_j 的层次单排序权重分别为 $b_{1j},\cdots,b_{nj}$（当 B_i 与 A_j 无关联时，$b_{ij}=0$）。现求 B 层中各因素关于总目标的权重，即求 B 层各因素的层次总排序权重 $b_1,\cdots,b_n$，即

$$b_i = \sum_{j=1}^{m} b_{ij} a_j \quad (i=1,\cdots,n) \tag{7.9}$$

对层次总排序也需要作一致性检验，检验仍像层次总排序那样由高层到低层逐层进行。这是因为虽然各层次均已经过层次单排序的一致性检验，各成对比较判断矩阵都已具备较为满意的一致性。但当综合考察时，各层次的非一致性仍有可能积累起来引起最终分析结果较严重的非一致性。

设 B 层中与 A_j 相关的因素的成对比较判断矩阵在单排序中经一致性检验，求得单排序一致性指标为 $CI(j)(j=1,\cdots,m)$，相应的平均随机一致性指标为 $RI(j)$，

则 B 层总排序随机一致性比例为

$$CR = \frac{\sum_{j=1}^{m} CI(j) a_j}{\sum_{j=1}^{m} RI(j) a_j} \tag{7.10}$$

当 $CR<0.10$ 时，认为层次总排序结果具有满意的一致性并接受该分析结果。

(4) 计算实例

这里以江苏省为例，通过对江苏省近十年闪电统计资料的分析，结合雷暴孕灾环境和成灾机制，量化 $R = H \cdot E \cdot V \cdot C$ 的各个参数，对江苏省雷电灾害进行全面分析。

① 雷电灾害风险因素和评估指标

1) 危险性

挑选年雷击大地密度(X_1)，年总闪电密度(X_2)，年雷暴日(X_3)，闪电电流平均幅值(X_4)4个因子描述雷电灾害的自然危险性。地闪次数是导致人员生命损失的首要因素，每次闪电通过的电流大小对人员损失的影响不如地闪次数权重大。对于经济损失的风险，特别是电子电气系统失效，距离不远的云闪产生的电磁干扰也能造成设备系统失效。此外闪电的电流大小是判断电子系统是否受到干扰的重要指标，雷击大地密度对经济损失的影响权重最小。

2) 暴露性

综合雷灾风险暴露性的定义，对于人员生命损失的风险，选取人口密度(X_5)，单位面积上的农业 GDP 量(X_6)，年平均公路旅客人数(X_7)描述承灾体。对于经济损失的风险，选取单位面积的 GDP 量(X'_5)，单位面积的非农业 GDP 量(X'_6)，年平均公路货运量(X'_7)描述承灾体。

3) 易损性

综合夏热期持续天数(X_8)和气温 $T>30$℃ 的最长持续时间(X_9)来反映因为地域的差异导致的局地雷暴频率。

江苏省位于江淮下游，湖河密布，水域面积很大，水陆交接处受到雷击的可能性大于陆地，可以看出水域面积(X_{10})也是反映易损性的重要因子。

根据近10年的雷电灾害统计，雷击人员伤亡事故多发生在开阔偏远的地区，年农业经济量(X_{11})能很好反映人身伤亡的易损性，这里使用总的年农业经济量作为表现因经济结构差异造成的人员损失风险的易损因子。

对于江苏省经济发达的地区，大都是电子工业发达，或者是金融业占重要地位的工业城市，大量的微电子设备在雷暴发生时很容易受到影响甚至损坏，这里使用总的年非农经济总量(X'_{11})作为表现经济损失风险的易损因子。此外，因为雷击产生的暂态电流和因雷电流入地产生的地电位抬升，即使建筑物外部防雷措施已经足够安全，建筑物内数目众多的用电设备也面临着一定损坏风险，这里使用人均可支配收入(X'_{12})代表这类情况下经济损失风险的易损因子。

4) 防灾减灾能力

实际中很难找出能够精确反映防灾减灾能力的因子，但是某些社会指标有体现防灾减灾能力的成分，现选取地方人均可支配收入(X_{13})、年 GDP 总量(X_{14})、城镇职工医保人数(X_{15})和每年领取最低生活保障救助的人数比率(X_{16})4个指标，利用主成分分析法，将复杂的数据集简化得出其中蕴藏的综合指标作为反映防灾减灾能力的因子。此外气象灾害风险具有不确定性，其不确定性与气象因子自身变化有关，也与认识评价气象灾害的方法不精确有关，使用以往的年平均典型雷灾次数(X_{17})修正防灾减灾能力，使量化更加精确。

② 风险评价

对雷电灾害风险因子采用 Saaty 标度的方法，构建各个对比矩阵 T，计算出矩阵的最大特征根 λ，利用公式

$$CI = (\lambda - n)/(n-1) \tag{7.11}$$

计算出的 CI 为一致性指标,再通过公式

$$CR = CI/RI \tag{7.12}$$

计算出对比矩阵 T 的随机一致性比率,式中 RI 为随机一致性指标。若 $CR<0.1$,说明对比矩阵具有满意的一致性,否则就需要对对比矩阵进行调整。

对于第一个对比矩阵 T_1,有

$$T_1 = \begin{bmatrix} 1 & 3 & 3 & 5 \\ 1/3 & 1 & 1 & 2 \\ 1/3 & 1 & 1 & 2 \\ 1/5 & 1/2 & 1/2 & 1 \end{bmatrix}$$

计算得出 $CI<0.1$,此时最大特征根对应的归一化特征向量 $W_1=[0.532, 0.185, 0.185, 0.097]^T$ 即为权重值。此时,对于人身伤亡风险的自然灾害危险性公式可以确定为

$$H(人身伤亡) = 0.532X_1 + 0.185X_2 + 0.185X_3 + 0.097X_4 \tag{7.13}$$

继续计算对比矩阵,可以依次确定各个权重的大小,归一化的特征向量如下:

$$W_2 = [0.088, 0.483, 0.157, 0.272]^T$$
$$W_3 = [0.648, 0.229, 0.122]^T$$
$$W_4 = [0.648, 0.229, 0.122]^T$$
$$W_5 = [0.177, 0.177, 0.263, 0.455]^T$$
$$W_6 = [0.109, 0.109, 0.267, 0.369, 0.261]^T$$

对于防灾减灾能力因子,利用主成分分析,得到

$$Z = 0.4732X_{13} + 0.4818X_{14} + 0.4835X_{15} + 0.415X_{16} + 0.3712X_{17} \tag{7.14}$$

Z 的特征值达到 3.848,贡献率为 77%,包含足够多的信息量,可以使用 Z 作为表现防灾减灾能力的因子。

对于人身伤亡的雷电风险,有

$$R = (a \cdot X_1 + b \cdot X_2 + c \cdot X_3 + d \cdot X_4)(e \cdot X_5 + f \cdot X_6 + g \cdot X_7)$$
$$(h \cdot X_8 + i \cdot X_9 + j \cdot X_{10} + k \cdot X_{11})/Z \tag{7.15}$$

对于经济损失的雷电风险,有

$$R = (a' \cdot X_1 + b' \cdot X_2 + c' \cdot X_3 + d' \cdot X_4)(e' \cdot X_5 + f' \cdot X_6 + g' \cdot X_7)$$
$$(h' \cdot X_8 + i' \cdot X_9 + j' \cdot X_{10} + k' \cdot X_{11} + l' \cdot X_{12})/Z \tag{7.16}$$

确定权重后,使用 2006—2010 年江苏省闪电统计数据,各社会统计数据来与于江苏省年鉴 2006—2010,依次处理各风险因素数据,可以确定雷电灾害风险各组成部分大小,结果如表 7.1。

表 7.1 江苏各市雷电灾害风险分量

地点	危险性(人身)	危险性(经济)	暴露(人身)	暴露(经济)	易损性(人身)	易损性(经济)	防灾减灾能力
南京	0.912	0.892	0.868	0.662	0.502	0.675	1.47
镇江	0.736	0.673	0.615	0.4	0.644	0.74	1.09
扬州	0.960	0.917	0.653	0.264	0.527	0.498	0.96
淮安	0.788	0.699	0.540	0.099	0.542	0.41	0.87

续表

地点	危险性（人身）	危险性（经济）	暴露（人身）	暴露（经济）	易损性（人身）	易损性（经济）	防灾减灾能力
宿迁	0.760	0.739	0.576	0.091	0.618	0.465	0.77
徐州	0.681	0.705	0.787	0.259	0.596	0.466	0.95
连云港	0.748	0.689	0.607	0.163	0.441	0.334	0.88
盐城	0.797	0.785	0.601	0.120	0.800	0.437	0.96
南通	0.810	0.832	0.871	0.383	0.595	0.538	1.15
常州	0.764	0.732	0.754	0.557	0.408	0.553	1.18
无锡	0.846	0.798	0.815	0.964	0.484	0.768	1.49
苏州	0.818	0.808	0.878	0.842	0.699	1.000	1.86
泰州	0.875	0.842	0.774	0.245	0.476	0.464	0.97

最后将数值代入风险计算公式，可以得到江苏省各市的雷电风险大小，结果如表7.2所示。

表7.2　江苏省各市雷电灾害风险大小

地点	人身伤亡的雷电灾害风险	经济损失的雷电灾害风险
南京	0.270	0.271
镇江	0.267	0.182
扬州	0.344	0.126
淮安	0.265	0.032
宿迁	0.351	0.040
徐州	0.336	0.089
连云港	0.267	0.042
盐城	0.399	0.043
南通	0.364	0.149
常州	0.199	0.191
无锡	0.224	0.396
苏州	0.269	0.388
泰州	0.332	0.098

7.2.3.3　基于模糊综合评判法的雷电灾害风险评价

基于模糊集表述方法推断出来的风险结论，称为模糊风险。模糊集方法是在信息条件不完备情况下评估自然风险的数学手段。雷电灾害发生的可能性只可能是一种粗糙的估计，把本质上是粗糙的估计理所当然地认为其来自科学方法而视为精确的估计，并盲目使用，必然导致不必要的损失。风险分析的模糊系统方法为解决这类问题提供了一条重要的途径。承灾体的特性往往十分复杂，不可能也没必要估计出一旦施加灾害打击力 m，承灾体一定会出现什么样的精细破坏程度 d。通过物理模型计算出来的破坏程度数值 d，一般不能直接使用，而是要用某种经验系数进行调整，表征承灾体脆弱性的输入—输出关系本质上大多是复杂的非线性关系,仅利用经验参数的计算通常很不可靠。使用模糊数学关系来表述灾害和破坏程度之间的关系时,不用人为假设输入-输出形式,模糊关系矩阵内元素的数值间也没有严格的约束。综合分析雷电灾害风险的各个输入因素,以及评估环境和评估对象的特性以后确定相应的隶属函数,建立模糊关系矩阵来表达雷电风险的输入输出之间的关系,能得到较为真实的雷电灾害风险评估。目前存在的问题是,在实际系统中确定隶属函数的方法尚有许多争议,远没有概率分布那样有较强的共识性。事实上确定隶属函数的问题并没有从根本上得到解决,这也是模糊集理论和技术发展的瓶颈之一。

模糊综合评判的基本原理和步骤如下:

一个系统中如果指标体系的指标较少且较容易确定每个指标的权重,一般采用一级模糊综合评判,但对于一个复杂系统,影响系统稳定性的指标较多且权重的分配较难,为了克服这一难点,经常采用二级或多级模糊综合评判模型。

(1)一级模糊综合评判模型

构建评估体系的指标集 U

$$U = \{u_1, u_2, \cdots, u_n\} \tag{7.17}$$

这一过程就是要构建评估指标体系,选取科学、合理的评估指标。

确定指标的评价等级 V

$$V = \{v_1, v_2, \cdots, v_n\} \tag{7.18}$$

评价等级即为评估指标的危险等级,它们是确定指标隶属度的参考标准,指标隶属度的确定是结合指标的评价等级与指标参量的计算结果。

确定评估指标的隶属度矩阵 R

对评估指标体系的最底层指标建立一个从 U 到 V 的模糊映射,第 i 个指标的评判隶属度向量为 $R_i = \{r_{i1}, r_{i2}, \cdots, r_{in}\}$,则具有 m 个评估指标的隶属度矩阵为:

$$R = \begin{bmatrix} R_1 \\ R_2 \\ \vdots \\ R_m \end{bmatrix} = \begin{bmatrix} r_{11} & r_{12} & \cdots & r_{1n} \\ r_{21} & r_{22} & \cdots & r_{2n} \\ \vdots & \vdots & \vdots & \vdots \\ r_{m1} & r_{m2} & \cdots & r_{mn} \end{bmatrix} \tag{7.19}$$

确定评估指标的权重 W

由于不同指标对目标的重要程度不同,因此需要对每个指标赋予权重,即 m 个评估指标的权重向量为: $W = \{w_1, w_2, \cdots, w_n\}$。

选择合成算法,进行综合评价

模糊综合评判结果 B 是评价等级 V 上的一个模糊子集,应用模糊变换的合成运算公式为:

$$B = W \cdot R = (w_1, w_2, \cdots, w_n) \cdot \begin{bmatrix} r_{11} & r_{12} & \cdots & r_{1n} \\ r_{21} & r_{22} & \cdots & r_{2n} \\ \vdots & \vdots & \vdots & \vdots \\ r_{m1} & r_{m2} & \cdots & r_{mn} \end{bmatrix} = [b_1, b_2, \cdots, b_n] \tag{7.20}$$

其中,·代表合成算子。

(2)二级模糊综合评判模型

对评估体系的指标集 U 按指标属性划分成 m 个指标子集,它们必须满足以下条件:

$$\begin{cases} \sum_{i=1}^{m} U_i = U \\ U_i \cap U_j = \varnothing \end{cases} \quad (7.21)$$

因此,第二级评判指标集为:

$$U = \{U_1, U_2, \cdots, U_n\} \quad (7.22)$$

其中 $U_i = \{u_{ik}\}$ $(i=1,2,\cdots,m; k=1,2,\cdots,n)$

表示指标子集 U_i 含有 n 个评估指标。

对每个指标子集 U_i 按一级模糊综合评估模型进行综合评价,设指标子集 U_i 中每个指标的权重为 R_i,指标子集 U_i 的模糊综合评判结果为 B_i,则得到第个指标子集 U_i 的评级结果为:

$$B_i = W_i \cdot R_i = [b_{i1}, b_{i2}, \cdots, b_{in}] \quad (i=1,2,\cdots,m) \quad (7.23)$$

对评估指标体系的 m 个评估指标子集 $U_i = \{u_i\}$ $(i=1,2,\cdots,m)$,进行综合评判得到隶属度矩阵为:

$$\widetilde{R} = \begin{bmatrix} B_1 \\ B_2 \\ \vdots \\ B_m \end{bmatrix} = \begin{bmatrix} b_{11} & b_{12} & \cdots & b_{1n} \\ b_{21} & b_{22} & \cdots & b_{2n} \\ \vdots & \vdots & \vdots & \vdots \\ b_{m1} & b_{m2} & \cdots & b_{mn} \end{bmatrix} \quad (7.24)$$

计算得出 m 个评估指标子集 U_i 的权重为,因此,二级模糊综合评判结果为:

$$\widetilde{B} = \widetilde{W} \cdot \widetilde{R} = [b_1, b_2, \cdots, b_n] \quad (7.25)$$

(3)多级模糊综合评判模型

综上所述,多级模糊综合评判模型是二级模糊综合评判过程的延伸,根据具体指标体系的层次数目进行多次循环。一般区域雷电风险评估是基于多层次模糊综合评判的数学模型,其具体步骤如下。

1)首先对三级指标 u_{3i} 的隶属度矩阵 R_{3i} 做模糊评估运算,得到二级指标 u_{2i} 对评估等级的隶属度向量 R_{2i},即

$$B_{2i} = W_{3i} \cdot R_{3i} = (w_{3i1}, w_{3i2}, \cdots, w_{3in}) \cdot \begin{bmatrix} r_{3i11} & r_{3i12} & \cdots & r_{3i15} \\ r_{3i21} & r_{3i12} & \cdots & r_{3i25} \\ \vdots & \vdots & \vdots & \vdots \\ r_{3im1} & r_{3im2} & \cdots & r_{3im5} \end{bmatrix} = (b_{2i1}, b_{2i2}, b_{2i3}, b_{2i4}, b_{2i5})$$

$$(7.26)$$

综上所述,隶属度向量 R_{2i} 即为第三层综合评估的结果。

2)通过对第三层指标的综合评估计算,得到的隶属度矩阵

$$R_{2i} = \begin{bmatrix} B_{21} \\ B_{22} \\ \vdots \\ B_{2N} \end{bmatrix} \cdot \begin{bmatrix} b_{211} & b_{212} & \cdots & b_{215} \\ b_{221} & b_{222} & \cdots & b_{225} \\ \vdots & \vdots & \vdots & \vdots \\ b_{2n1} & b_{2n2} & \cdots & b_{2n5} \end{bmatrix} \quad (7.27)$$

按照模糊综合评判模型对 R_{2i} 再次进行模糊综合计算,得到一级指标 U 与评估等级的隶属度向量 R_i,即

$$B_I = W_{2i} \cdot R_{2i} = (w_{2i1}, w_{2i2}, \cdots, w_{2iM}) \cdot \begin{bmatrix} r_{2i11} & r_{2i12} & \cdots & r_{2i15} \\ r_{2i21} & r_{2i12} & \cdots & r_{2i25} \\ \vdots & \vdots & \vdots & \vdots \\ r_{2im1} & r_{2im2} & \cdots & r_{2im5} \end{bmatrix} = (b_{i1}, b_{i2}, b_{i3}, b_{i4}, b_{i5}) \tag{7.28}$$

综上所述,隶属度向量 B_i 即为第二层综合评估的结果。

3)通过对第二层指标的综合评估计算,得到的隶属度矩阵

$$R = \begin{bmatrix} B_1 \\ B_2 \\ B_3 \end{bmatrix} \cdot \begin{bmatrix} b_{11} & b_{12} & \cdots & b_{15} \\ b_{21} & b_{22} & \cdots & b_2 \\ b_{31} & b_{32} & \cdots & b_{35} \end{bmatrix} \tag{7.29}$$

按照模糊综合评判模型对 R_i 再次进行模糊综合计算,得到目标指标即区域雷击风险与评估等级的隶属度向量 B_i,即

$$B = W \cdot R = (w_1, w_2, w_3) \cdot \begin{bmatrix} b_{11} & b_{12} & \cdots & b_{15} \\ b_{21} & b_{22} & \cdots & b_2 \\ b_{31} & b_{32} & \cdots & b_{35} \end{bmatrix} = (b_1, b_2, b_3, b_4, b_5) \tag{7.30}$$

4)综合评价

$B = (b_1, b_2, b_3, b_4, b_5)$ 中 b_1, b_2, b_3, b_4, b_5 的分别表示目标与评估等级Ⅰ、Ⅱ、Ⅲ、Ⅳ、Ⅴ五个等级的隶属度。实际中最常用的方法是最大隶属度原则确定风险等级,但在某些情况下难免牵强,损失信息很多,因此得出不合理的风险等级结果,使用加权平均求风险等级的方法得到综合评价结果,将评估目标的Ⅰ、Ⅱ、Ⅲ、Ⅳ、Ⅴ五个等级语义学标度进行量化,则综合评价结果为

$$g = 1 \times b_1 + 3 \times b_2 + 5 \times b_3 + 7 \times b_4 + 9 \times b_5 \tag{7.31}$$

(4)评价实例

某国际会展中心属于城市公共建筑与服务区域,现对该区域进行模糊层次综合评估法的雷电灾害风险评估。

首先计算各指标因素相对权重,把对权重的判断定量化。对国际会展中心安全评估指标因素体系各指标因素相对权重进行确定。由国际会展中心的安全状况属性的3个对象,建立综合因素评估集 $V = (V_1, V_2, V_3)$,同理由雷电成灾危险环境因素 V_1 状况属性的4个对象可以建立1个次级综合因素评估集 $V_1 = (C_1, C_2, C_3)$;雷电危险度因素 V_2 状况的次级综合因素评估集 $V_2 = (C_4, C_5, C_6, C_7, C_8)$;雷电易损性因素 V_3 状况的次级综合因素评估集 $V_3 = (C_9, C_{10}, C_{11}, C_{12})$。

1)确定评估集 V 中各因素对系统 S 的权重

递阶层次结构的构成,确定了上下之间元素关系,可对同一层次的各个元素关于上一层次中某一准则的重要性进行两两比较,构造出判断矩阵。对国际会展中心来说,通过对国际会展中心的可行性报告、阶段性防雷检测报告和深入实地的调研,应用1—9标度方法,对 V 中的各因素的比较进行评估打分,得出 $S-V$ 判断矩阵,如表7.3所示。

表 7.3 $S-V$ 判断矩阵

S	V_1	V_2	V_3
V_1	1	2	3
V_2	1/2	1	2
V_3	1/3	1/2	1

用方根法求因素权重向量近似值 W'_i：

$$W'_1=(1\times2\times3)1/3=1.82, W'_2=1, W'_3=0.55$$

将权重向量近似值作归一化处理：

$$W_1=W'_1/(W'_1+W'_2+W'_3)=0.54, W_2=0.30, W_3=0.16$$

即权重集为 $\boldsymbol{W}=(0.54,0.30,0.16)$，$\boldsymbol{A}=(0.54,0.30,0.16)$。

2）确定评估集 V_1、V_2、V_3 中各因素对风险等级 S 的权重

建立 V_1, V_2, V_3 判断矩阵如表 7.4、表 7.5、表 7.6 所示，求出各因素权 A_1, A_2, A_3。

表 7.4 $V_1-(C_1、C_2、C_3)$ 判断矩阵

V_1	C_1	C_2	C_3
C_1	1	5	2
C_2	1/5	1	2
C_3	1/2	1/2	1

表 7.5 $V_2-(C_4、C_5、C_6、C_7、C_8)$ 判断矩阵

V_2	C_4	C_5	C_6	C_7	C_8
C_4	1	3	3	4	5
C_5	1/3	1	2	1	3
C_6	1/3	1/2	1	2	3
C_7	1/4	1	1/2	1	1
C_8	1/5	1/3	1/3	1	1

表 7.6 $V_3-(C_9、C_{10}、C_{11}、C_{12})$ 判断矩阵

V_3	C_9	C_{10}	C_{11}	C_{12}
C_9	1	3	3	3
C_{10}	1/3	1	3	3
C_{11}	1/3	1/3	1	2
C_{12}	1/3	1/3	1/2	1

最后求得：

$\boldsymbol{A}_1=(0.61,0.21,0.18)$，

$\boldsymbol{A}_2=(0.46,0.19,0.16,0.11,0.08)$，

$\boldsymbol{A}_3=(0.48,0.28,0.14,0.10)$。

3）建立总评估矩阵 $\boldsymbol{B}$

将 A_i 与 R_i 这 2 个模糊子集合成得相应的各因素综合评估矩阵，即 $B'_i = A_i \cdot R_i$，结果为：
$B'_1 = (0.343, 0.361, 0.218, 0.078, 0)$，
$B'_2 = (0.3, 0.4, 0.273, 0.027, 0)$，
$B'_3 = (0.552, 0.296, 0.152, 0, 0)$。

将 B_i 组合建立总评估矩阵 B，即
$$B = (B_1, B_2, B_3)^T$$

4）求国际会展中心雷电风险评估矩阵 C

由 $C = A \cdot B$，而 $A = (0.54, 0.30, 0.16)$，则归一化后得：
$$C = A \cdot B = (0.37, 0.36, 0.22, 0.05, 0)$$

5）求国际会展中心雷电风险总得分

如对各等级都按百分制给分，可求系统的总得分
$$F = C \cdot S^T = 0.37 \times 95 + 0.36 \times 80 + 0.22 \times 65 + 0.05 \times 45 = 80.5$$

6）确定国际会展中心雷电风险等级

参照上面公式，该国际会展中心雷电风险总得分为 80.5 分，属 ≥80 范围内，因此，风险等级为"很好"。通过对国际会展中心雷电灾害风险评估，该评估结果和现实情况基本相符。

7）各因素对国际会展中心雷电灾害风险的影响程度

各因素影响程度的公式为 $B_i \times C_i$，经计算得出该国际会展中心雷电灾害风险的影响程度，并按大到小的顺序排名。从计算结果如表 7.7 所示，可知雷电密度 C_1 与人员活动影响 C_2 对国际会展中心雷电风险的影响程度最大。

表 7.7 各因素对国际会展中心雷电灾害风险的影响程度

子因素	C_1	C_2	C_3	C_4	C_5	C_6	C_7	C_8	C_9	C_{10}	C_{11}	C_{12}
影响程度	0.33	0.11	0.10	0.14	0.06	0.05	0.03	0.02	0.08	0.04	0.02	0.02
排名	1	3	4	2	6	7	9	10	5	8	11	12

7.2.3.4 基于物理仿真的雷电灾害风险评估

运用物理模型，结合雷电成灾机制，在特定情况下建立具有针对性的模型可以准确地分析雷电对评估对象的影响，以及确定雷击导致内部系统的失效概率，从而使得在特定环境下的雷电灾害风险评估更加真实有效。例如，建立暂态电流模型计算钢筋回路中过电流和电磁场分析雷电击中建筑物对周围环境造成的影响。通过对过电流和电磁场的分析，能够更加准确地计算出雷电对评估对象以及周围物体造成的影响，还能定量地计算出雷电击中建筑物时内部系统的失效概率。这种建立物理模型分析雷电造成各种影响的方法更加客观准确。

建立暂态电流模型模拟高层建筑物或者桥梁遭受雷击时雷电流的分布情况，通过对过电流和电磁场的分析，能够更加准确地计算出雷电对评估对象以及周围物体造成的影响。例如计算钢筋结构建筑物遭受雷击直接击中后，暂态电流的分布可以得出感应过电压的分布从而分析是否会造成损失，以及造成这样损失的概率。

现代建筑物通常利用自身的钢筋框架和墙壁、楼板中的钢筋相互等电位连接在一起，组成雷电防护系统的泄流系统。当雷电击中建筑物时，金属框架上就有雷电流流过产生电压降。利用等效电路法，能比较容易地计算出雷电流在各钢筋中的分布。因为雷电流在钢架中的传播是波过程，必须等效为分布参数模型，把钢筋离散分割成多个 π 型电路，如图 7.3 所示。

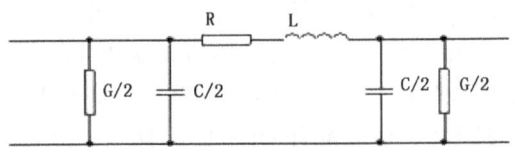

图 7.3 等效 π 型电路图

图 7.3 中,R,L,C,G 分别表示每段钢筋的结构电阻、自电感、自电容和电导(导体处于导电时可以忽略空气介质,故 G 可忽略不计)。

根据基尔霍夫电流定理和电网络理论得到方程组:

$$\begin{bmatrix} A & Y \\ Z & G \end{bmatrix} \begin{bmatrix} \dot{i} \\ \dot{U} \end{bmatrix} = \begin{bmatrix} \dot{I} \\ 0 \end{bmatrix} \quad (7.32)$$

式中,A 是节点关联矩阵,Y 是节点导纳矩阵,Z 是复阻抗矩阵,G 是电压系数矩阵,$\dot{i}$ 是支路电流列向量,$\dot{U}$ 是节点电位列向量,$\dot{I}$ 是电流源列向量。

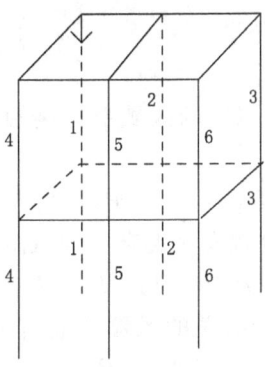

图 7.4 2 层钢筋结构建筑物示意图

图 7.4 为 2 层钢筋结构建筑物,通过等效电路法可以计算出每一根钢筋中的电流,假设雷电流的参数后,可以得出各钢筋中雷电流的分布,见表 7.8。

表 7.8 各钢筋中雷电流的分布(%)

	1#	2#	3#	4#	5#	6#
二层	35.07	12.21	10.33	15.72	9.84	9.97
一层	23.24	12.65	13.40	17.89	13.42	12.88

再通过计算钢筋导体对回路、电信线路的影响,可以计算出不同位置处危险过电压的大小,从而较为客观地分析雷电灾害风险。

7.2.3.5 基于 LEC 评价法的雷电灾害风险评价

人间生存环境风险评价方法(LEC 评价法)是一种评价具有潜在危险性环境中作业的危险性半定量评价方法。它是用与系统风险率有关的三种因素指标之积来评价系统人员伤亡风险大小,这三种因素是:L 为发生灾害事故的可能性大小;E 为暴露在这种危险环境中的频繁程度;C 为一旦发生灾害事故会造成的损失后果。这种方法以被评价环境与某些作为参考环境之比为基础。为了简化评价过程,采取半定量"分级赋值法",给三种因素的不同等级分别确定不同的分值,再以三个分值的乘积 R 来评价危险性的大小,即 $R=LEC$。因此,该方法也称为"LEC 评价法"。雷电灾害风险评估标准 IEC62305-2 即采用的此类方法,为了达到定量化,其中包含大量参数和经验取值,难免带有局限性,不能普遍适用,应用时需要根据实际情况予以修正。

(1)评价方法

首先确定建筑物中可能需要计算的风险。

R_1 为人员生命损失风险;R_2 为公众服务损失风险;R_3 为文化遗产损失风险;R_4 为经济损失风险。

每种风险都是其对应风险分量的总和,在计算风险值时,可以按照损害源和损害类型对风险分量进行分组。各个风险分量计算可以用下式表示

$$R_X = N_X \cdot P_X \cdot L_X \tag{7.33}$$

式中,N_X 为危险事件的次数;P_X 为损害概率;L_X 为损失后果。

各种风险分量如下:

1)直接雷击引起的建筑物风险分量

N_D:建筑物的年预计雷击次数。

R_A:建筑物户外距离建筑物 3m 以内的区域中与接触和跨步电压造成生物伤害有关的风险分量,表达式为

$$R_A = N_D \cdot P_A \cdot L_A \tag{7.34}$$

R_B:与建筑物内因危险火花放电触发火灾有关的风险分量,表达式为

$$R_B = N_D \cdot P_B \cdot L_B \tag{7.35}$$

R_C:与 LEMP 造成内部系统失效有关的风险分量,表达式为

$$R_C = N_D \cdot P_C \cdot L_C \tag{7.36}$$

2)邻近雷击引起的建筑物风险分量

R_M:与 LEMP 引起内部系统失效有关的风险分量,表达式为

$$R_M = N_M \cdot P_M \cdot L_M \tag{7.37}$$

3)雷击相连服务设施引起的建筑物风险分量

N_L:线路的年预计雷击次数。

N_{Da}:服务设施 a 端的年预计雷击次数。

R_U:与建筑物内雷电流注入入户线路产生的接触电压造成人身伤害有关的风险分量,表达式为

$$R_U = (N_L + N_{Da}) \cdot P_U \cdot L_U \tag{7.38}$$

R_V:与雷电流经过入户服务设施产生的物理损害(入户设施和金属部件之间的危险火花放电触发火灾或爆炸,通常位于线路入户处)有关的风险分量,表达式为

$$R_V = (N_L + N_{Da}) \cdot P_V \cdot L_V \tag{7.39}$$

R_W:与入户线路上感应出的并传导进入建筑物内的过电压引起内部系统失效有关的风险分量,表达式为

$$R_W = (N_L + N_{Da}) \cdot P_W \cdot L_W \tag{7.40}$$

如果线路不止一个区段,R_U,R_V 和 R_W 的值是各区段线路的 R_U,R_V 和 R_W 值的和。只需

考虑建筑物和第一个配线节点之间的各个区段。

如果建筑物有着多于一条并且布线方式不同的线路,应当对各条线路分别进行计算。

4)雷击相连服务设施附近引起的建筑物风险分量

N_I:雷击线路附近的年预计雷击次数。

R_Z:与入户线路上感应出的以及传导进入建筑物内的过电压引起内部系统失效有关的风险分量,表达式为

$$R_Z = (N_I - N_L) \cdot P_Z \cdot L_Z \tag{7.41}$$

如果线路不止一个区段,R_Z的值是各区段线路的R_Z值的总和。只需考虑建筑物与第一个配线节点之间的各个区段。

最后将计算的风险值同风险允许值(R_T)对比,如果小于R_T则说明此评估对象的雷电风险属于可接受水平,超出则要进行相应的防雷保护。

对于一般的民用建筑,利用IEC62305-2能计算出雷电截闪系统的有效保护范围,评估对象的年预计雷击次数,以及在一定的经验基础上定量得出雷电风险的来源和各个风险分量大小。不仅可以较为全面地评估雷电灾害风险,还能更好地指导雷电防护和进行雷电风险管理。对于易燃易爆场所和电力设施的雷电风险评估,不能直接套用IEC62305-2模型,要根据实际情况,结合过电压理论修改IEC62305-2中的某些公式,使其能更好地应用到这些特殊场合。

(2)评估实例

现在以一新建建筑物为例,使用IEC62305-2对该项目各个分区内的损害类型开展评估。该过程需要确定针对不同损害类型的各个雷击风险分量R_x,比如因直接雷击项目各分区在雷电流泄放过程中发生接触电压或跨步电压的风险分量R_A或者雷击服务线路产生接触电压R_U,内部系统失效风险分量R_C、R_M、R_Z、R_W以及雷击着火、机械性损坏甚至爆炸风险R_B、R_V。详细的评估过程如下。

1)雷电危害因素分析

雷电危害识别就是识别雷电危害的存在并确定其性质的过程,主要包括以下内容:

工程地址:从工程地质、地形、雷电参数、周围环境、气候条件、交通、抢险救灾的支持条件等方面进行分析。

工程平面布局:总图,包括建筑物、构筑物布置、风向、雷电活动主要方向等。

建(构)筑物:包括结构、高度、建筑占地、屋面材料、外墙材料、防雷装置设置等。

根据项目的结构特性分析,将其可能遭受到的雷击和损坏情况归纳如下。

①直接雷击下的灾害分析

雷击是严重的自然灾害之一,当雷电击中建筑物时,由于雷电是具有高电压、大电流,作用时间极短的瞬变过程,通常在瞬间释放出巨大的能量,把被击中的金属熔化,使物体水分受热膨胀,产生强大的机械力,或分解成氢气和氧气,产生爆炸,使建筑物遭到破坏。雷击产生的高温引起建筑物燃烧构成火灾和产生高压引起触电。根据目前的防雷理论,无论采取哪种保护方法,都需要使用接闪器接闪,通过引下线将雷电流引下至接地装置,由接地装置散入大地中。在此过程中存在以下雷击安全隐患:

雷电流沿引下线传导过程中,在其周围存在很强的电磁场,可能引起感应过电压和过电流。

雷电流由散流装置入地过程中形成的电位梯度过大会导致行人因跨步电压而发生人身伤

亡事故。

直接雷击时,雷电流在泄放和散流过程中因电阻压降和电感压降导致高电位通过静电感应在水平布设的信号线路和电源线路上产生的过电压损坏设备接口,并有可能导致反击及人身触电伤亡事故。

②感应雷击下的灾害分析

散流时引起的过流(压)损坏。当雷电击中建筑物散流时,分流到配电系统、信号线路、其他金属管道中的雷电流引起设备过压(流)损坏或人身触电导致伤亡事故。

发生直接雷击,雷电流泄放时,建筑物内部分布着暂态电磁场,尤其以引下线周围最为强烈。此电磁场将会对建筑物内各个系统产生作用,引起设备误动作或损坏。

室内暂态磁场作用在信息系统环路上,将会产生感应过电压(流),导致设备接口或设备本身损坏。

雷雨云(积雨云)引起的感应雷击而发生损坏。当有雷雨云经过沿线上空或附近时,由于静电感应会在电源线路、信号线路、控制线路上感应出极性相反的静电荷,当雷云放电后,这些静电荷由于不能及时入地会产生过电压(流)损坏设备。

云内闪和云际闪对信息系统设备的影响。云内闪和云际闪产生的雷电电磁脉冲(LEMP)可引起内部设备因感应过电压(流)损坏。

2)大气雷电环境风险评估

①闪电总体特征

以××有限公司××项目所在地为圆心,10km 范围之内 2011 年、2012 年两年闪电总数分别为 1749 和 897,平均每天闪电次数分别为 4.79 和 2.46。2011 年闪电强度大于 100kA 的正闪 3 次,最大值+116.6kA,负闪 22 次,最大值−292.6kA;2012 年闪电强度大于 100kA 的正闪 1 次,最大值+195.7kA,负闪 6 次,最大值−124.3kA。

②闪电的年变化

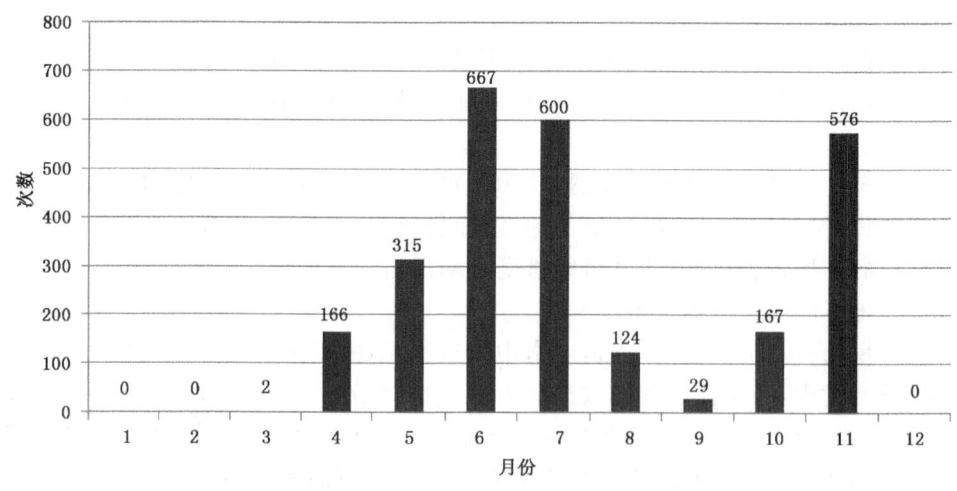

图 7.5　2011—2012 年各月闪电总数的平均值

图 7.5 是项目所在地 10km 范围内,2011—2012 年各月闪电总数的平均值,从上图可见,闪电次数存在着明显的波动性季节变化。一年中,雷电活动的多发期为 4—8 月、10 月、11 月,

其中6月最高,而在1—3月、9月、12月极少发生。

③闪电平均日变化

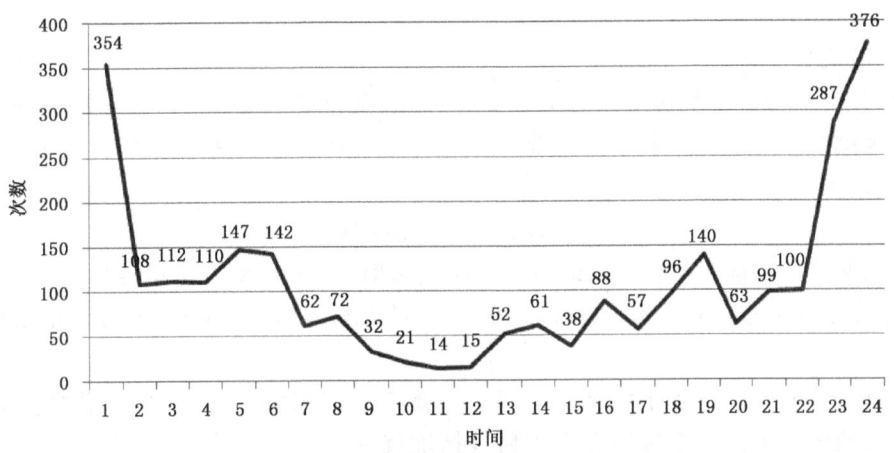

图7.6 2011—2012年闪电平均日变化

图7.6是项目所在地10km范围内2011—2012年闪电平均日变化。通过分析表明,闪电的发生存在着明显的日变化。其中,峰值出现在24:00,极大值为376次,23:00、24:00为高值区。谷值出现在11:00左右,极小值为14次。

④项目所在区地闪密度分布图

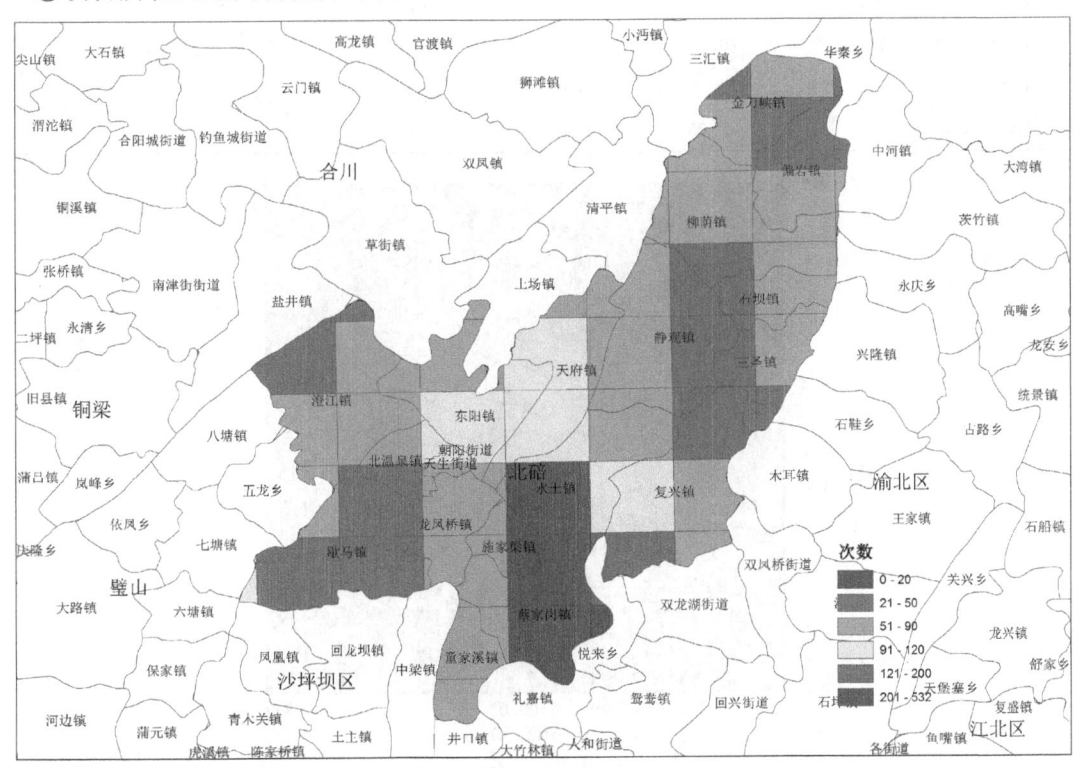

图7.7 北碚雷电密度分布图

(单位:次/(a·25km²);网格5km×5km)

图 7.7 红色区域为高雷电密度地区。××有限公司××项目位于重庆市北碚(分布特点：南部乡镇雷电密度较高)，所在地 25km² 范围内雷电密度为 71.42，在所处地区属于中等雷电密度地区。

⑤雷电散流分布特征

无论是直击雷防护还是雷电的静电感应、电磁感应和雷电波入侵防护，最终都需要将雷电泄流入地，因此接地是防雷工程最为重要的组成部分。而接地效果的好坏与接地网的防雷响应时间密切相关，有如下公式

$$T = R\Delta t/Z = \rho\Delta t(2\pi rZ) \tag{7.42}$$

式中，T 为地网防雷响应时间(ns)；Δt 为雷电流波头时间(μs)；R 为防雷地网接地电阻(Ω)；Z 为雷电流在接地线的波阻抗(Ω)；r 为接地极周围同心球体的半径(m)；ρ 为土壤电阻率($\Omega \cdot$m)。

根据接地网的防雷响应时间的公式(7.42)知道响应时间 T 与土壤电阻率 ρ 成正比，因此，项目所在地土壤电阻率直接决定采用何种接地技术。

通过对××有限公司××项目的现场勘测，对其土壤电阻率数据进行处理得到表 7.9。

表 7.9 测试点土壤电阻率情况($\Omega \cdot$m)

测试深度(m)	测试点				
	1	2	3	4	5
$AB=1.5, MN=0.6$	48.27	70.48	81.25	94.16	118.56
$AB=2.0, MN=0.8$	62.53	76.55	98.77	107.32	140.37
$AB=2.5, MN=1.0$	70.04	89.38	123.96	135.48	162.21
$AB=3.0, MN=1.2$	76.32	103.67	155.3	165.83	189.23
$AB=4.0, MN=1.5$	87.65	114.29	176.84	192.15	213.76

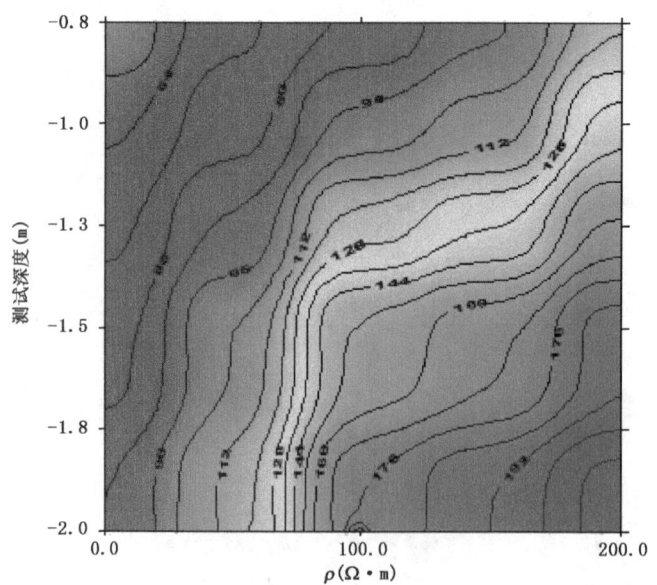

图 7.8 土壤电阻率断面图

根据土壤电阻率断面图 7.8 可以看出,项目所在地土壤电阻率水平方向分布不均,变化明显,右侧边沿的土壤电阻率较大,左侧部分的土壤电阻率较小;垂直方向随着深度的增加土壤电阻率呈增加趋势。总体来说,项目所在地地下 0~2m 范围内的表层土壤电阻率值较大,土壤电阻率平均值为 118.17Ω·m。

3) 雷电灾害易损性风险综合评价

雷电灾害易损性主要体现了该区域未来因雷电造成的可能损失量的高低,区域综合易损度采用极高、高、中、低、极低五个等级来描述,等级标准如表 7.10、表 7.11 所示。

表 7.10 雷电灾害易损性风险综合评价指标等级

评估指标	极高(1.0)	高(0.8)	中(0.5)	低(0.2)	极低(0.0)
雷击密度	>9.0	9.0~8.0	8.0~7.0	7.0~6.0	<6.0
雷电灾害频数	>200	200~150	150~100	100~50	<50
经济损失模数	0.10	0.10~0.08	0.08~0.05	0.05~0.03	<0.03
生命易损模数	>400	400~300	300~200	200~100	<100

表 7.11 项目所在区雷电灾害易损性分析指标

地点	易损性指标			
	雷击密度(d/a)	雷电灾害频度(次/a)	经济损失模数(万元/km)	生命易损模数(人/km)
项目所在地	6.73	70	0.04	356.3

根据雷电灾害易损性风险分析指标、综合易损性风险指标等各种雷电灾害要素,该项目在雷电灾害易损性风险综合评估结果为表 7.12 所示。

表 7.12 项目雷电灾害易损性风险综合评价结果

地点	易损性指标				
	雷击密度指标	雷电灾害频度指标	经济损失模数指标	生命易损模数指标	雷电灾害综合易损性
项目所在地	0.2	0.2	0.2	0.8	0.350

根据上述综合易损度的评估结果,采用 5 级分区法将所在地区划分为雷电灾害极低易损区、低易损区、中易损区、高易损区和极高易损区 5 个不同易损区域,各区域的雷电灾害综合易损值分别为 0.00~0.10,0.10~0.29,0.29~0.49,0.49~0.69,0.69~1.00。因此,该项目所在的区域属于中易损区。

4) 雷击损害风险评估计算

计算××有限公司××项目可能存在的雷击损害风险,其主要内容包括:新建建筑物年预计雷击次数(N_D)、雷击建筑物附近的年预计雷击次数(N_M)、雷击损害概率(P)、雷击风险分量(R)、损失后果(L)、雷电防护等级。

①雷击损害风险评估方法及公式

雷电流是根本的损害源。损害源根据雷击点的位置可以划分为:S_1 雷击建筑物;S_2 雷击建筑物附近;S_3 雷击服务设施;S_4 雷击服务设施附近。

根据需保护对象特性的不同,雷击可能会引起各种损害。其中最重要的特性包括:建筑物的结构类型、内存物、用途、服务设施的类型以及所采取的保护措施。在实际的风险评估中,将雷击引起的基本损害类型划分为以下三种:D_1 人畜伤害;D_2 物理损害;D_3 电气和电子系统故障。

每种单独发生或共同发生的损害类型,可以在需保护对象中导致不同的损失后果。可能出现的损失类型取决于需保护对象的特性及其内存物。建筑物中的损失类型包括:L_1 人身伤亡损失;L_2 公众服务损失;L_3 文化遗产损失;L_4 经济损失(建筑物及其内存物的损失)。

识别建筑物的损失类型,计算建筑物无防护措施时的人员生命损失的风险 R_1、公众服务损失的风险 R_2、文化遗产的风险 R_3,确定建筑物所能容许的风险值 R_T,将 R_1、R_2、R_3 与各自对应的 R_T 比较,若 $R_1 > R_T$,$R_2 > R_T$,$R_3 > R_T$,则说明建筑物需要采取防护措施。计算采取防护措施后的 R_1、R_2、R_3 新值,再与 R_T 比较,直至满足 $R_1 < R_T$,$R_2 < R_T$,$R_3 < R_T$。

风险分量计算公式为

$$R_X = N_X \cdot P_X \cdot L_X$$

式中,R_X 为风险分量,取决于雷电能量和雷电危害类型形成的不同的雷击风险;N_X 为危险事件的次数;P_X 为损害概率;L_X 为损失后果。

损害源对应的风险分量:$R = R_D + R_I$

直击雷产生的风险分量:$R_D = R_A + R_B + R_C$

间接雷击产生的风险分量:$R_I = R_M + R_U + R_V + R_W + R_Z$

综上,可以得到建筑物中各种损失类型对应的风险分量如表 7.13 所示。

表 7.13 建筑物中各种损失类型对应的风险分量

风险分量	雷击建筑物 S1			雷击建筑物附近 S2	雷击连接到建筑物的线路 S3			雷击连接到建筑物的线路附近 S4
	RA	RB	RC	RM	RU	RV	RW	RZ
R_1	*	*	* 1)	* 1)	*	*	* 1)	* 1)
R_2		*	*	*	*	*	*	*
R_3		*				*		
R_4	* 2)	*	*	*	* 2)	*	*	*

1) 仅对于具有爆炸危险的建筑物或医院以及其他内部系统的失效马上会危及人员生命的建筑物。
2) 仅对于可能出现牲畜损失的情况。

R_1:人员生命损失的风险,计算公式为

$$R_1 = R_A + R_B + R_C^{1)} + R_M^{1)} + R_U + R_V + R_W^{1)} + R_Z^{1)} \tag{7.43}$$

R_2:公众服务损失的风险,计算公式为

$$R_2 = R_B + R_C + R_M + R_V + R_W + R_Z \tag{7.44}$$

R_3:文化遗产损失的风险,计算公式为

$$R_3 = R_B + R_V \tag{7.45}$$

R_4:经济价值损失的风险,计算公式为

$$R_4 = R_A^{2)} + R_B + R_C + R_M + R_U^{2)} + R_V + R_W + R_Z \tag{7.46}$$

②项目基本情况

根据对××有限公司××项目的测量、调查、计算及统计结果得出如下数据和信息：

总体情况：××有限公司××项目位于重庆市北碚区组团 A72 地块，总建筑面积 51858.64 m²（1#楼—4#楼，地下车库）。

电气消防：本工程火灾自动报警及联动系统按二级设防，设置一个消防控制室。火灾自动报警及联动系统为智能化总线控制中心报警系统。

供电系统：一路 10kV 市政电源从市政道路引入。设有一个柴油发电机房，提供整个工程的二级负荷备用电源。

弱电系统：供电话系统、计算机信息系统用的电话及数据网络之进线采用单模光纤从市政管线引入。有线电视管线采用单模光纤将从市政管线引入至办公楼有线电视接入机房。

③建筑物区 Z_S 划分

为评估每项风险的组成，建筑物可划分为区 Z_S。区 Z_S 主要由下列条件进行定义：土壤或地面类型（风险组成 R_A 和 R_U）；防火仓室（风险组成 R_B 和 R_V）；空间屏蔽（风险组成 R_C，R_M，R_W 和 R_Z）。

进一步的分区可根据下列条件确定：内部系统的布局；现有的或即将应用的防护措施；损失数值 L。

在建筑物划分为区 Z_S 的过程中，应考虑最适合的防护措施的可行性。如若在一个区中一个参数的值不止一个，那么应选取导致最大风险的那个值。对任一区 Z_S，每一风险组成都应加以评估。任一区 Z_S 的风险 R 是相关风险组成的总和。建筑物的总风险 R 是构成建筑物的分区相关的局部风险的总和。

根据建筑物特征，将建筑物划分为以下两个区：Z_1 区：建筑物入口区域；Z_2 区：建筑物内部区域。

④人员生命损失评估

建筑物年预计雷击次数 N_D

项目所在地区属高雷暴地区，根据气象资料得 $T_d=49.33$ d，则 $N_g=0.1T_d=0.1\times49.33\approx4.93$ [次/(km²·a)]，计算得：$Ae/b\approx3.23\times10^{-2}$ (km²)，$Ae/a\approx0.037$ (km²)。

则
$$N_D=k\times N_g\times Ae/b\approx2.49\times10^{-2}（次/a）$$
$$N_{Da}=k\times N_g\times Ae/a\approx2.58\times10^{-2}（次/a）$$

雷击建筑物附近引起的年预计雷击次数 N_M

由于 $A_M=3.27\times10^{-2}$，因此 $N_M=2.06\times10^{-5}$。

雷击入户设施及入户设施附近引起的年预计雷击次数 N_L 和 N_I

项目××号楼有埋地电源电缆、埋地电话通信线、埋地网络通信线、埋地电视信号线。由于网络通信线采用光纤引入，有效截收面积为 0，因此不予考虑。雷击电源线、电话通信线、电视信号线的截收面积为

$$A_{l1}=A_{l2}=A_{l3}=\sqrt{\rho}[L_c-3(H_a+H_b)]\times10^{-6}=2.19\times10^{-2}（km²）$$

雷击电源线、电话通信线、电视信号线附近大地的截收面积为

$$A_{i1}=A_{i2}=A_{i3}=25\sqrt{\rho}L_c\times10^{-6}=2.72\times10^{-1}（km²）$$

则，作用于各个入户设施上的雷电闪击次数为

$$N_{L1} = N_g A_{l1} C_d C_{t1} = 2.08 \times 10^{-5} (\text{次/a})$$
$$N_{L2} = N_g A_{l2} C_d C_{t2} = 1.39 \times 10^{-5} (\text{次/a})$$
$$N_{L3} = N_g A_{l3} C_d C_{t3} = 1.39 \times 10^{-5} (\text{次/a})$$
$$N_{I1} = N_g A_i C_e C_{t1} = 0$$

同理,$N_{I2} = N_{I3} = 0$。

对应于 R_1 人员生命损失的雷击损害概率的数值为:$P_A = 1$;$P_B = 1$;$P_U = P_V = P_{\text{SPD}} = 1$。

损失量:$L_A = R_a L_t = 10^{-2} \times 10^{-2} = 10^{-4}$;$L_B = L_V = R_p h r_f L_f = 0.2 \times 5 \times 10^{-2} \times 10^{-1} = 10^{-3}$;$L_U = R_u L_t = 10^{-2} \times 10^{-4} = 10^{-6}$。

雷击风险分量:$R_A = N_D P_A L_A = 2.49 \times 10^{-6}$;$R_B = N_D P_B L_B = 2.49 \times 10^{-5}$;$R_{U1} = 2.58 \times 10^{-8}$;$R_{V1} = 2.58 \times 10^{-5}$;$R_{U2} = 2.58 \times 10^{-8}$;$R_{V2} = 2.58 \times 10^{-5}$;$R_{U3} = 2.58 \times 10^{-8}$;$R_{V3} = 2.58 \times 10^{-5}$。

因此,得到风险 R_1 在不同分区内的风险组成如表 7.14 所示。

表 7.14　风险 R_1 在不同分区内的风险组成

	Z_1 区	Z_2 区
R_A	2.49×10^{-6}	
R_B		2.49×10^{-5}
R_{U1}		2.58×10^{-8}
R_{V1}		2.58×10^{-5}
R_{U2}		2.58×10^{-8}
R_{V2}		2.58×10^{-5}
R_{U3}		2.58×10^{-8}
R_{V3}		2.58×10^{-5}

风险计算结果如下:

Z_1 区:$R_1 = R_A = 2.49 \times 10^{-6}$

Z_2 区:$R_1 = R_B + R_U + R_V = 2.49 \times 10^{-5} + 7.74 \times 10^{-8} + 7.74 \times 10^{-5} \approx 1.02 \times 10^{-4}$

其中
$$R_U = \sum_{k=1}^{3} R_{Uk} = 2.58 \times 10^{-8} + 2.58 \times 10^{-8} \times 2 = 7.74 \times 10^{-8}$$
$$R_V = \sum_{k=1}^{3} R_{Vk} = 2.58 \times 10^{-5} + 2.58 \times 10^{-5} \times 2 = 7.74 \times 10^{-5}$$

取典型的人员生命损失的风险容许值 $R_T = 10^{-5}$,在此情况下,Z_1 区 $R_1 > R_T (2.49 \times 10^{-6} > 10^{-5})$、$Z_2$ 区 $R_1 > R_T (1.02 \times 10^{-4} > 10^{-5})$,因此,应对××号楼提供雷电防护措施。当选择保护级别为Ⅲ级的 LPS 时,雷击损害概率减小为:$P_A = 0.01$;$P_B = 0.1$;$P_U = P_V = P_{\text{SPD}} = 0.03$。

所以,相对应的雷击风险分量的新值为:

$$R_A = N_D P_A L_A = 2.49 \times 10^{-8}$$
$$R_B = N_D P_B L_B = 2.49 \times 10^{-6}$$
$$R_{U1} = (N_{L1} + N_{Da}) P_U L_U = 7.75 \times 10^{-10}$$
$$R_{V1} = (N_{L1} + N_{Da}) P_V L_V = 7.75 \times 10^{-7}$$

$$R_{U2} = (N_{L2} + N_{Da})P_U L_U = 7.74 \times 10^{-10}$$
$$R_{V2} = (N_{L2} + N_{Da})P_V L_V = 7.74 \times 10^{-7}$$
$$R_{U3} = R_{U2} = 7.74 \times 10^{-10}$$
$$R_{V3} = R_{V2} = 7.74 \times 10^{-7}$$

所以,Z_2 区:$R_1 = R_B + R_U + R_V \approx 4.81 \times 10^{-6}$

其中
$$R_U = \sum_{k=1}^{3} R_{Uk} = 2.32 \times 10^{-9}; R_V = \sum_{k=1}^{3} R_{Vk} = 2.32 \times 10^{-6}$$

在此情况下,Z_1 区 $R_1 < R_T (2.49 \times 10^{-8} < 10^{-5})$、$Z_2$ 区 $R_1 < R_T (4.81 \times 10^{-6} < 10^{-5})$,从而实现了对××号楼的人员生命损失的保护。

⑤经济价值损失

Z_2 区为避免 R_1 人员生命损失而安装了保护级别为Ⅲ级的 LPS,所以,R_4 经济价值损失的风险的值为:

$$R_4 = R_B + R_C + R_M + R_V + R_W + R_Z$$
$$= 2.49 \times 10^{-6} + 7.47 \times 10^{-8} + 6.18 \times 10^{-11} + 2.32 \times 10^{-6} + 2.32 \times 10^{-7} + 0$$
$$\approx 5.12 \times 10^{-6}$$

其中
$$R_C = N_D P_C L_C = 7.47 \times 10^{-8}$$
$$R_M = N_M P_M L_M = 6.18 \times 10^{-11}$$
$$R_V = \sum_{k=1}^{3} R_{Vk} = 2.32 \times 10^{-6}$$
$$R_W = \sum_{k=1}^{3} R_{Vk} = \sum_{k=1}^{3} (N_{Lk} + N_{Da})P_W L_W = 7.74 \times 10^{-2} \times 0.03 \times 10^{-4} = 2.32 \times 10^{-7}$$
$$R_Z = (N_I - N_L)P_Z L_Z = \left(\sum_{k=1}^{3} N_{Ik} - \sum_{k=1}^{3} N_{Lk}\right) P_Z L_Z$$
$$= 0 (因为结果为负数所以取值为 0)$$

在此情况下,满足 $R_4 < R_T (5.12 \times 10^{-6} < 10^{-3})$,说明 Z_2 区为了避免 R_1 人员生命损失而安装保护级别为Ⅲ级的 LPS 以及其他防护措施后,也实现了对××号楼 R_4 经济价值损失的保护。

⑥评估结论及建议

根据 GB 50057—2010、IEC62305 系列标准,通过对数据的计算及比较最终确定××有限公司××项目××号楼应选择保护级别为Ⅲ级或以上级别的防雷装置(表7.15)。

表 7.15　××项目 Z_2 区相关的风险分量值

××有限公司××项目	未采取防雷保护的人员生命损失 R_1	保护级别为Ⅲ级的人员生命损失 R_1	保护级别为Ⅲ级的经济价值损失 R_4
××号楼	1.02×10^{-4}	4.81×10^{-6}	5.12×10^{-6}

注:典型的人员生命损失的风险容许值 $R_T = 10^{-5}$
　　典型的经济价值损失的风险容许值 $R_T = 10^{-3}$

项目所在地土壤电阻率水平方向分布不均,变化明显,右侧边沿的土壤电阻率较大,左侧部分的土壤电阻率较小;垂直方向随着深度的增加土壤电阻率呈增加趋势。总体来说,项目所在地地下 0~2m 范围内的表层土壤电阻率值较大,土壤电阻率平均值为 118.17Ω·m。

对于该项目总体的防雷设计及施工,应充分运用接闪、屏蔽、等电位、接地、分流等防雷技术进行综合防护。

根据重庆市地方标准《DB 50/214—2006 雷电灾害风险评估技术规范》要求:"对既有建筑物应定期实行现状评估,易燃易爆场所每两年评估一次,其他场所每四年评估一次"。建议该项目按照规范要求每四年进行一次雷电灾害风险评估。

7.2.4 建设项目其他气象灾害风险的评价

7.2.4.1 暴雨(雪)灾害风险评价

(1)施工阶段危险性评价

1)对施工运行及建筑质量的影响

出现暴雨(雪)时,对工程施工中的材料(运输、现场保护)、机械、施工工艺、技术措施、施工进度等,均会直接或间接造成影响,进而影响施工项目的质量,具体来看,对于正在施工墙体可能造成倒塌或质量隐患,对于正在浇铸或刚刚完工的水泥工事可能造成损坏或质量隐患,对于水电线路的架设、裸露电线等均可造成直接损坏。

2)对施工人员安全造成的隐患

出现暴雨(雪)时,造成施工现场作业面湿滑、墙体易坍塌、塔吊坚固性能下降、漏电等均可能对施工人员的人身安全带极大的隐患。

(2)交付使用后危险性评价

出现雨(雪)时,特别是暴雨(雪),短时间内会形成积水(积雪),排水系统(降水量和降水强度关系到屋面、地面和地下排水系统的设计)要能及时将屋面雨水、雪水排除,以免四处溢流或屋面漏水造成水患,影响人们正常的生产和生活;另外,雨水通过墙壁上的缝隙向室内渗透时导致墙体内部发潮,从而降低热工性能,会使屋面油毡鼓泡、变形、裂缝,造成渗漏,致使墙面出现斑迹,影响美观,甚至使面层剥落的损坏;如有暴雪天气出现时,堆积在建筑物表面的积雪,因每平方米雪压超过建筑物结构荷载范围规定的荷载标准,以致压塌房屋、建筑物造成损坏。

7.2.4.2 热带气旋(含台风)和大风灾害风险评价

台风的危害性不仅体现在风大,而且强风持续的时间长;不仅雨量大,而且在大风暴雨的共同作用下,危害加剧,具有很强的破坏力。由于台风出现时往往伴有暴雨天气出现,其中有关暴雨方面的危险性评价参考暴雨(雪)的危险性评价。

(1)施工阶段危险性评价

1)对施工运行及建筑质量的影响

风对建筑的影响表现在风荷载,是建筑设计中的主要荷载之一,直接影响到建筑物的经济、安全和适用;风向和风速关系到建筑物的布局、自然通风效果;风速驱使大雨冲刷建筑物的外壁,造成风化侵蚀等影响。

2)对施工人员安全造成的隐患

台风天气出现时,造成的墙体坍塌、工棚倒塌、飞石等均可能造成施工人员伤亡,应当重点防范。

(2)交付使用后危险性评价

台风天气出现时均可能造成门窗、幕墙、室外设施等不同程度的损坏,同时也对工程区内的居民或商户生命和财产安全造成严重的威胁。

除台风以外的大风天气(雷雨大风、寒潮大风等)危险性评价参考台风天气的大风风险性评价和防范。

7.2.5 建设项目气象灾害风险的处置对策

针对识别和评价出的建设项目气象灾害风险,应给出相应的处置对策。一方面,应根据评价出的危险点,综合考虑建设项目内部和外部各项影响因素,制定出系统性的应对策略。另一方面,应根据评价项目不同的建设阶段,提出相应的设计、建设和维护意见。

7.3 世纪新城项目气象灾害风险管理

7.3.1 世纪新城一期工程基本情况

(1)工程基本情况

世纪新城一期工程为二类居住用地住宅小区,由 6 幢 11 层点式小高层,30 幢 5 层商住楼、4 幢 4 层住宅楼、一幢三层会所及 6 个地下车库组成。工程地上总建筑面积 122452.2m^2,其中住宅 100634.3m^2,商业、会所及配套用房 21818.2m^2,另有地下车库与设备用房约 16307.9m^2。该项目总投资 16 亿元,将建设一座集购物、娱乐、餐饮、服务、商务办公、居民住宅为一体的城市标志性精品工程。该项目一期工程的建设用地位于此区地块的居中位置,四面临城市规划道路。用地面积 87166m^2,场地现状为 1~2 层的居民房,集中布置于地块西侧,其他为农田用地,场地平整(图 7.9)。

(2)供电系统情况

工程供电设计为二级负荷,要求引入两路 10kV 独立高压供电(一用一备),低压配电保护采用 TN-S 制式。

(3)弱电系统情况

小区采用了智能化系统设计,小区的整个弱电的控制中心设在物业管理处,集中管理整个小区所有弱电线路。根据所采用的网络物理基础不同,分结构化布线系统和有线电视系统,结构化布线系统包括通信系统、计算机网络系统、可视安全对讲系统、防盗报警系统、三表出户系统、监控保安系统等;有线电视系统包括有线电视系统、卫星电视系统。

图 7.9 世纪新城一期工程规划平面图

7.3.2 建设项目处与观测站同步气象观测资料的相关分析

根据实地考察和测量,世纪新城一期工程建设项目处距离国家二级气象观测站姜堰站约为 2.2km。为分析世纪新城一期工程项目建设处和姜堰气象观测站气象要素的相关性,项目处连续三天在该项目建设处通过移动气象站进行了实地气象要素观测,并和姜堰气象观测站同步观测资料进行对比分析(见表 7.16—表 7.18)。

表 7.16 第 1 天移动气象站实测气象要素和姜堰站同步观测资料对比表

时间	姜堰站风速(m/s)	移动气象站风速(m/s)	时间	姜堰站风速(m/s)	移动气象站风速(m/s)
10 时	2.6	2.5	14 时	1.7	1.6
11 时	2.3	2.2	15 时	1.7	1.5
12 时	2.9	2.0	16 时	1.2	1.3
13 时	1.7	1.5	17 时	1.3	1.5

续表

时间	姜堰站 湿度(%)	移动气象站 湿度(%)	时间	姜堰站 湿度(%)	移动气象站 湿度(%)
10时	37	36	14时	24	22
11时	30	30	15时	25	26
12时	26	27	16时	24	27
13时	24	23	17时	24	28
时间	姜堰站 温度(℃)	移动气象站 温度(℃)	时间	姜堰站 温度(℃)	移动气象站 温度(℃)
10时	2.0	2.1	14时	5.8	5.7
11时	3.3	3.2	15时	6.0	6.1
12时	4.6	4.6	16时	6.0	6.0
13时	5.4	5.3	17时	5.4	5.3

表7.17 第2天移动气象站实测气象要素和姜堰站同步观测资料对比表

时间	姜堰站 风速(m/s)	移动气象站 风速(m/s)	时间	姜堰站 风速(m/s)	移动气象站 风速(m/s)
10时	1.6	1.5	14时	2.3	2.5
11时	1.6	1.4	15时	1.6	1.6
12时	1.6	1.3	16时	2.5	2.7
13时	1.3	1.3	17时	2.4	2.5
时间	姜堰站 湿度(%)	移动气象站 湿度(%)	时间	姜堰站 湿度(%)	移动气象站 湿度(%)
10时	50	48	14时	27	25
11时	47	46	15时	27	25
12时	43	43	16时	36	37
13时	36	33	17时	41	40
时间	姜堰站 温度(℃)	移动气象站 温度(℃)	时间	姜堰站 温度(℃)	移动气象站 温度(℃)
10时	4.1	4.2	14时	8.3	8.5
11时	5.4	5.5	15时	9.0	9.1
12时	6.6	6.4	16时	8.3	8.3
13时	7.8	7.6	17时	6.9	7.0

表 7.18　第 3 天移动气象站实测气象要素和姜堰站同步观测资料对比表

时间	姜堰站 风速(m/s)	移动气象站 风速(m/s)	时间	姜堰站 风速(m/s)	移动气象站 风速(m/s)
10 时	1.2	1.3	14 时	1.2	1.1
11 时	1.7	1.8	15 时	2.3	2.5
12 时	2.0	2.1	16 时	1.1	0.9
13 时	1.0	0.9	17 时	1.6	1.7
时间	姜堰站 湿度(%)	移动气象站 湿度(%)	时间	姜堰站 湿度(%)	移动气象站 湿度(%)
10 时	85	84	14 时	31	28
11 时	65	66	15 时	32	28
12 时	49	45	16 时	31	32
13 时	37	35	17 时	36	40
时间	姜堰站 温度(℃)	移动气象站 温度(℃)	时间	姜堰站 温度(℃)	移动气象站 温度(℃)
10 时	3.2	3.1	14 时	9.6	9.8
11 时	5.4	5.6	15 时	9.5	9.6
12 时	7.6	7.7	16 时	9.7	9.6
13 时	9.3	9.2	17 时	8.9	8.5

通过以上同步气象观测资料的对比分析,新建项目处风速与姜堰站风速日变化规律基本一致,从温度和湿度的变化情况来看,项目处观测值与国家二级站姜堰站观测值基本相近,变化趋势一致,因此国家二级站姜堰站气象观测值可以很好地代表项目建设处的天气气候特征。

7.3.3　建设项目所属地区地理、环境、气候特征

姜堰市地处长江三角洲经济圈,是江苏省沿江经济开发带经济发展较快的城市之一。市内宁靖盐高速公路纵跨南北,328 国道横贯东西;内河航运与泰州港、南通港、上海港等直接相连。全市面积 1051km², 人口 92 万左右。

姜堰季风环流气候影响显著,四季分明,冬夏较长,春秋较短。冬季受极地变性大陆气团控制,盛行西北气流,天气寒冷干燥,夏季受副热带高压影响,盛行低纬太平洋的东南风,温高湿润,雨热同季,在该季节中每年的 5—7 月中有气象学上的连阴雨天气出现,由于此时又是梅子成熟的季节,俗称梅雨季节,春秋两季为冬夏季风交替时期,春季冷暖、干湿多变,天气变化无常,秋季则秋高气爽。

7.3.3.1　姜堰气候特征

(1)季风盛行,四季分明,雨量丰沛

秋冬盛行东北偏北风,春夏盛行东南风,平均年雨量 1005.8mm,但年际变化大,最多年 1991 年 1671.6mm,最少年 1978 年 514.8mm,旱涝不均。

(2) 光照充足、热量丰富、雨热同季

平均年日照 2078.1h，年平均气温 14.9℃，平均无霜期 220d，6—8 月雨量占年降水量的 46.6%，最长连续降水日数 20d。

(3) 冬冷夏热，春温多变，秋高气爽

最热月（7 月）平均气温 27.1℃，极端最高气温 39.4℃；最冷月（1 月）平均气温 2.1℃，极端最低气温 −14.5℃，春秋宜人但时间短暂。

(4) 灾害性天气频繁

一年四季均有灾害性天气发生，姜堰主要灾害性天气有：暴雨、大风、连阴雨、雷暴、台风、雷电、龙卷风、冰雹、飑线、寒潮、霜冻、暴雪、雾、高温、洪涝等。

7.3.3.2 姜堰地区主要气候特征值

根据工程需要，选取 1963—2007 年姜堰地区气温、气压、降水、水汽压、云、天气现象、蒸发、积雪、风、地面温度、冻土、日照等要素的数据进行分析，供设计、施工过程中参考，具体结果如下。

(1) 气温

姜堰地区极端最高温度 39.4℃，出现在 1966 年 8 月 8 日，极端最低为 −14.5℃，出现在 1969 年 2 月 6 日，年平均温度为 14.9℃，1 月份平均温度 2.1℃，7 月份平均温度为 27.1℃。高温日≥35℃最多年份出现了 19d，出现在 1966 年，年最高（≥35℃）平均日数 5.5d，从气候概率角度来看，姜堰地区出现高温日数的频率较多，高温极值偏大，无论在设计、施工、交付使用后都应重点防范。

(2) 降水

姜堰地区最多年降水量 1671.6mm，出现在 1991 年，最少年降水量 514.8mm，出现在 1978 年，平均年降水量为 1005.8mm，年平均降水日数（≥0.1mm）126.7d，日最大降水量（人工）192.2mm，出现在 1993 年 6 月 22 日，降水日数最多年 235d，出现在 1965 年，最长连续降水日数 20d，出现在 1963 年 8 月 9—28 日，从降水情况来看姜堰地区出现的暴雨日数较多，最大降水量较大，极值偏大，应重点防范。

(3) 蒸发量

姜堰地区最多年蒸发量 1522.5mm，出现在 1966 年，最少年蒸发量 1091.0mm，出现在 2006 年，平均年蒸发量 1377.6mm。

(4) 日照

最多年日照时数 2504.0h，出现在 1966 年，最少年日照时数 1734.3h，出现在 1970 年，平均年日照时数 2078.1h，日照正常。

(5) 霜期

姜堰地区初霜日期最早出现在 1968 年 10 月 20 日，初霜日期最晚出现在 1983 年 12 月 29 日，初霜日期平均在每年的 11 月 12 日出现，终霜日期最早在 2002 年 2 月 25 日，终霜日期最晚在 1974 年 5 月 2 日，终霜日期平均在每年的 3 月 23 日，霜期最短长度 49d，出现在 2006—2007 年，霜期最长长度为 191d，出现在 1973—1974 年，霜期平均长度 145d。

(6) 雾日

姜堰地区最多年雾日 79d，出现在 1980 年，最少年雾日 14d，出现在 2003 年，平均年雾日 41.1d。

(7) 相对湿度

姜堰地区1月平均相对湿度为76%,7月平均相对湿度为85%,年平均相对湿度为79%。

(8) 雷暴日

姜堰地区最多年雷暴日为61d,出现在1963年,最少年雷暴日15d,出现在1978年,年平均34.2d。

(9) 最大积雪深度

姜堰地区按月分布的最大积雪深度情况为,11月2cm,出现在1999年11月27日,12月11cm,出现在1991年12月27日,1月27cm,出现在1984年1月19日和2008年1月29日,2月12cm,出现在1981年2月1日,3月7cm,出现在1998年3月21日。

(10) 风

姜堰地区历年最大风速(10min平均)17.6m/s,风向NNW,出现在1979年6月8日,历年极大风速(瞬时)31.0m/s,风向ENE,出现在2005年9月12日。春季主导风向为ESE、SE、SSE,出现频率分别为10、12、14,夏季主导风向为ESE、SSE、SE,出现频率为14、14、11,秋季主导风向为N、NNE、NNW,出现频率分别为13、11、10,冬季主导风向为NNW、N、NNE,出现频率分别为12、11、11。(注:上述历年极大风速(瞬时)为31m/s,风向ENE,发生在2005年9月12日,采用维尔达式测风仪观测。)

(11) 台风

姜堰地区台风影响最早时间为1960年6月9—11,编号为6001号台风,台风影响最晚时间为1972年11月8—10,台风编号为7220号,受台风影响月份为每年的6—11月,台风年最多影响4次,台风年最少影响0次。

7.3.3.3 姜堰各季的气候特点

春季(3—5月)是由冬到夏的过渡季节,冷暖空气交替频繁,温度变化大,降水开始增多,大风和雾日也较多。春季太阳辐射增强,晴朗天气温度迅速上升,但冷空气仍频繁南下,影响时有偏北大风,温度骤降,往往会形成降水过程。冷暖空气对峙在长江流域则出现春季连阴雨。春季降水量平均230.7mm,占全年的22.9%,平均降水日数34.3d,占全年雨日的27.1%,平均大风天数2.4d,雾日10.3d。3—5月月平均气温分别为7.8℃、13.8℃、19.3℃。3月是全年寒潮频率最高的月份,寒潮带来大风、急剧降温、雨雪和冰冻。

夏季(6—8月)可分为初夏的梅雨期和盛夏两个阶段。梅雨前往往有一段初夏旱,当副热带高压在北抬的过程中,若稳定在广东、台湾一带,其西北侧的暖湿气流与北方冷空气在长江中下游交汇,形成梅雨天气。梅雨期内降水特别丰富,相对湿度大,云量多日照少,风力弱,时有暴雨发生。梅雨期作为一个天气阶段几乎年年都有,但梅雨的早迟、长短、丰歉年际间差异悬殊,梅雨的多少大体决定了夏季的旱涝,也主要决定着全年雨量的多寡,因而备受人们关注。平均梅雨期为6月20日—7月14日,出梅后进入晴热高温少雨阶段。姜堰7月份平均气温达27.1℃,最高气温≥35℃的高温日数平均5.5d,1966年达19d,1966年8月7日的极端最高气温达39.4℃,高温又常与伏旱相伴。夏季平均降雨量468.5mm,占全年的46.6%,平均雨日37.8d,占全年雨日的29.8%。5—8月常出现暴雨、雷暴、冰雹、阵性大风等强对流天气造成危害,夏秋季节(主要是7—9月)台风影响也是一种致灾因素。

秋季(9—11月)地面与高空均受高压控制,天高云淡、秋高气爽、温湿皆宜,多为人体感觉舒适的天气。秋季也会出现俗称"秋老虎"的高温天气,但较短暂,有的年份会出现秋季连阴雨。秋季平均雨量 201.5mm,占全年 20%,降水日数 29.1d,占全年雨日的 23.0%。10 月是全年雾日最多的月份,平均雾日 5.1d,最多 9 月份为 15d。

冬季(12 月至翌年 2 月)的特点是冷而干。日最低气温≤0.0℃的平均日数为 63.7d。冬季平均降水量 105.1mm,占全年降水量的 10.4%,降水日数平均 25.5d,占全年雨日的 20.1%,最冷月 1 月的平均气温 2.1℃,最大雪深 27cm。

姜堰冬季和秋季盛行东北偏北风,春季和夏季多吹东南风,全年以东南偏东风出现的频率最高(图 7.10)。偏北风的风速明显大于偏南风,每个季节的风速统计中均有此特征表现。年平均风速 3.1m/s,以 3 月的平均风速 3.7m/s 最大,4 月的平均风速次之。

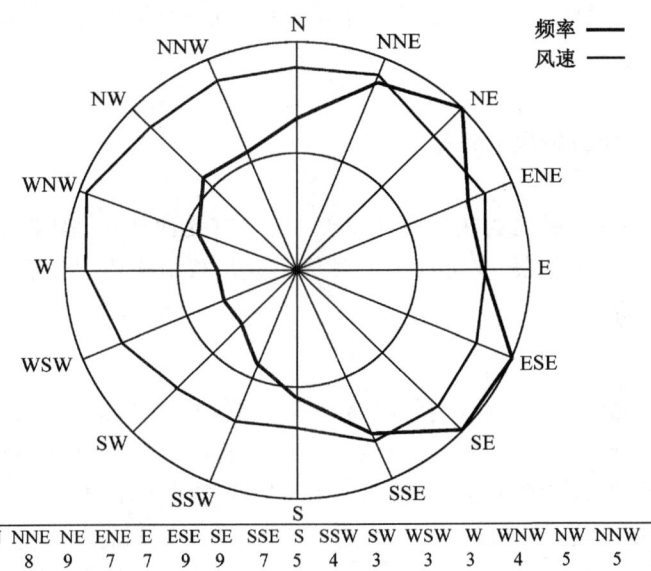

图 7.10 姜堰站 1963—2007 年全年风向频率及平均风速玫瑰图

秋冬季节强寒潮爆发,春季的江淮气旋,春夏季的强对流天气和夏秋季的台风都会形成大风,所以姜堰一年四季均会出现 8 级以上的大风,姜堰年平均大风日数为 7.2d,最多的年份为 27d。春季大风日数最多,平均为 2.4d(表 7.19)。

表 7.19 姜堰累年大风日数(≥8 级,1963—2007 年)(单位:d)

月份	1	2	3	4	5	6	7	8	9	10	11	12	全年
平均	0.5	0.4	1	0.8	0.6	0.7	1	0.7	0.5	0.2	0.5	0.3	7.2
最多	8	4	6	5	3	4	8	4	2	1	5	3	27

姜堰地区累年极大风速(瞬时)为 31m/s。从各个季节来看,冬季(12 月至翌年 2 月)最大风速(10min 平均)极值为 15.7m/s(1981 年 2 月 16 日),春季(3—5 月)最大风速(10min 平均)极值为 17.5m/s(1978 年 5 月 8 日)。夏季(6—8 月)最大风速(10min 平均)极值为 17.6m/s(1979 年 6 月 8 日),秋季(9—11 月)最大风速(10min 平均)极值为 16m/s(2005 年 9 月 12 日)(表 7.20)。

表 7.20　姜堰累年各月最大风速(1963—2007 年)(单位:m/s)

月份	1	2	3	4	5	6	7	8	9	10	11	12	全年
风速	14	15.7	15.2	16.7	17.5	17.6	16	14.7	16	14.0	14.0	13.0	17.6
风向	NW,WNW	ENE	NW	NW	NNW	NNW	SE	WNW	ENE	WNW	NNW	NNW	NNW
年份	1963	1981	1975	1983	1978	1979	1963	1986	2005	1980	1980	1975	1979
日期	6,29	16	31	28	8	8	19	1	12	25	25	22	8/6

可见,姜堰最大风速和极大风速极值是由强对流天气造成的,此类大风持续时间不长,但短时间的风速很大,寒潮、台风、江淮气旋等天气系统形成的大风虽不及强对流造成的大风猛烈,但持续时间都较长。

7.3.4　姜堰地区气象灾害风险识别

姜堰地处长江下游,属北亚热带季风气候,上空兼受西风带、副热带高压和热带辐合带天气系统的影响,天气气候复杂,灾害性天气频繁。这里仅对雷电、暴雨(雪)、热带气旋(含台风)和大风进行分析评价。

7.3.4.1　雷电

姜堰地处长江北岸,由于冷暖空气时常在此交汇,所以姜堰为多雷区。据不完全统计,姜堰平均每年被雷击死亡有 1~2 人。根据对姜堰地区人工观测资料统计分析(表 7.21),1963—2007 年姜堰平均年雷暴日数 34.2d,最多年份多达 61d(1963 年),最少年份 15d(1978 年)。雷暴集中在夏季,占 69.3%,春季次之,占 20.5%,冬季最少。雷暴初日:平均 3 月 9 日,最早 1 月 1 日,最晚 5 月 30 日。雷暴终日:平均 10 月 4 日,最早 8 月 26 日,最晚 12 月 31 日。表 7.21 为姜堰的雷暴日数分布情况。

表 7.21　姜堰雷暴日数(1963—2007 年)(单位:d)

月份	1	2	3	4	5	6	7	8	9	10	11	12	全年
平均	0.2	0.3	1.6	2.4	3	4.4	10.6	8.3	2.8	0.4	0.2	0.1	34.2
最多	2	3	6	11	11	11	21	22	11	3	2	2	61

2006 年人工观测雷暴日 31d,2007 年人工观测雷暴日 33d,雷暴日数发生呈上升趋势,闪电定位仪观测 2007 年出现雷暴日数 45d,说明实际发生雷暴日数大于人工观测次数。另外从"0707 雷雨大风"过程的闪电定位仪观测的闪电强度变化来看(图 7.11),闪电出现最强时段在 12:00—15:58(其余时段的闪电强度受篇幅限制从略),其中在 15:06:36 瞬间闪电强度达到了 −219.1kA,由此可见姜堰地区闪电强度极值大,在局部地区的某个时段很有可能造成严重的危害。

7.3.4.2　暴雨(雪)

暴雨是姜堰市的主要灾害性天气过程之一,也往往是引起洪涝灾害的直接原因。暴雨洪涝造成的人员伤亡和经济损失,在各种气象灾害中居第一位。影响严重的暴雨会给人民的生命财产带来重大损失。不同量级、不同范围的暴雨,其灾害程度也不同。根据中国气象局气象业务技术规范,暴雨的强度按表7.22标准划分。

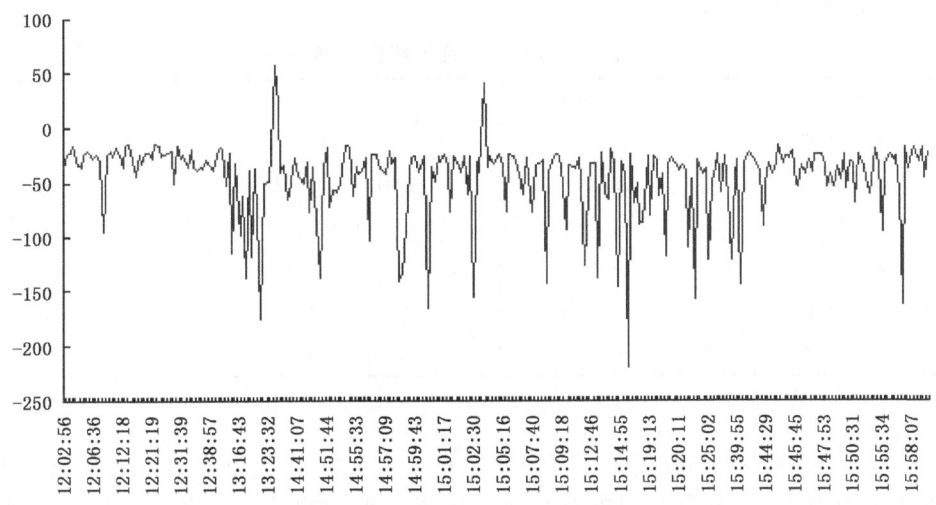

图 7.11　2007 年 7 月 7 日姜堰地区闪电定位仪观测闪电强度变化曲线(kA)

表 7.22　暴雨划分标准

用　语	12 小时降雨量(mm)	24 小时降雨量(mm)
暴　雨	30～69.9	50～99.9
大 暴 雨	70～139.9	100.0～250.0
特大暴雨	≥140	>250.0

姜堰的平均年暴雨日 2.9d,夏季暴雨日占全年 71.8%。最多的年份是 1980 年、1991 年 6d。其次是 1972 年 5d;1974 年、1979 年、1986 年、1989 年、1997 年 4d。1967 年、1971 年、1973 年、1978 年、1994 年、2001 年没有暴雨。≥100mm 的大暴雨平均全年 0.4d,1969 年、1970 年、1974 年、1975 年、1980 年、1993 年、2003 年各有 1d,1972 年、1990 年、1991 年、1995 年、2007 年各有 2d。≥150mm 的特大暴雨 45 年来共 6d,主要出现在 6—9 月。具体见表 7.23 和表 7.24。

表 7.23　姜堰市历年各月暴雨日数平均分布(d)(1963—2007 年)

雨量	3月	4月	5月	6月	7月	8月	9月	10月	11月	全年
≥50mm	0	0.1	0.2	0.6	0.8	0.6	0.4	0.1	0.1	2.9
≥100mm	0	0	0	0.1	0.2	0.1	0	0	0	0.4
≥150mm				1		1				

2007 年 7 月 7—9 日,姜堰连续的暴雨天气,致使水位快速上涨,出现了不同程度的内涝和洪涝,造成了农田被淹、城市积水、民房倒塌等。到 9 日下午溱潼水位达到 2.97m,超过警戒线 1.17m。住房倒塌 164 间,直接经济损失 248.45 万元。水稻受灾 6.9 万亩*,高秆作物玉米、棉花、大豆等机械性受损 5.8 万亩,其中绝收 0.8 万亩,其他果树、苗树等不同程度受损。

---

* 1 亩=1/15hm^2

据统计,死亡家禽1.1万只,水产养殖类受灾1.18万亩,农牧水产业合计损失6897万元。估计全市受灾造成直接经济损失9860万元。

表7.24 姜堰市各月日降水强度极值(1963—2007年)

日期	雨量(mm)	日期	雨量(mm)
2006年1月19日	35.4	1975年7月24日	135.3
1981年2月16日	23.2	1991年8月8日	123.0
1991年3月21日	54.3	1995年9月8日	153.1
1970年4月29日	64.4	1998年10月7日	67.3
2006年5月19日	134.4	1982年11月28日	61.4
2007年6月7日	141.4	1974年12月10日	30.3

说明:1980年以后安装了遥测雨量计,以上资料取自雨量自记纸。

姜堰冬季雨雪较少,寒潮入侵时出现降水的概率为88%,2月和3月寒潮影响时降水概率>90%,4月则为100%。暴雪与积雪对交通和施工带来影响甚至危害。降雪一般出现在11月至翌年3月份,平均每年10.9d,最多的是1月和2月,但积雪最深出现在12月和1月,其中以1984年1月19日和2008年1月29日为最大,积雪深度为27cm(表7.25)。暴雪出现前后一般温度均很低,道路上的积雪经碾压转为积冰,对交通危害严重。

表7.25 姜堰降雪与积雪(1963—2007年)

月份	降雪天数		积雪天数		最大积雪深度(cm)
	平均	最多	平均	最多	
11月	0.2	2	0.1	2	1
12月	1.6	6	0.6	6	12
1月	3.9	16	2.8	15	27
2月	3.8	14	2.6	11	11
3月	1.3	7	0.5	3	7
4月	0.1	2			

2008年1月25—29日,姜堰地区遭受历史罕见的暴雪冰冻灾害,全市受灾严重。25日08时到29日08时累计降雪量达到33.4mm,最大积雪深度达到27cm,达到历史最大积雪深度极值。据不完全统计,全市倒塌民房51户,73间,各镇已疏散人员63人,无人员伤亡;压塌农贸用房5000m^2、蔬菜大棚2600亩;压塌养殖业用房15000m^2、畜禽死亡6000余头(只);压塌工业用房15000m^2。初步统计直接经济损失约3520万元。

7.3.4.3 热带气旋(含台风)

热带气旋是产生于热带海洋上的强大而深厚的大气旋涡,其半径达数百千米,经过的路径周围地区常有狂风暴雨。其等级见表7.26。

影响姜堰的台风平均每年1次,最多年4次,影响多集中在7—9月,各月所占比率分别为18.8%,45.8%,30.0%,以8月最多,近45年来影响姜堰地区最早的台风出现在1960年6月9—11日,最晚的台风出现在1972年11月8—10日。影响时极大风速40m/s(1965年8月19—22日"6513"号台风),影响过程最大降水量202.2mm(1990年8月31日—9月1日

"9015"号台风)(表7.27)。

表 7.26 热带气旋等级表

名称	风速(m/s)	风力
热带低压	10.8～17.1	6～7 级
热带风暴	17.2～24.4	8～9 级
强热带风暴	24.5～32.6	10～11 级
台风	32.7～41.4	12～13 级
强台风	41.5～50.9	14～15 级
超强台风	≥51.0	≥16 级

台风的危害性在于不仅风大,而且强风持续的时间长;不仅雨量大,而且在大风暴雨的共同作用下,使危害加剧具有很强的破坏力。

表 7.27 姜堰地区台风影响平均影响概况(1955—2006 年)

月	6	7	8	9	10	11	合计
次数	1	11	26	17	1	1	57
占全年比	0.018	0.188	0.458	0.300	0.018	0.018	

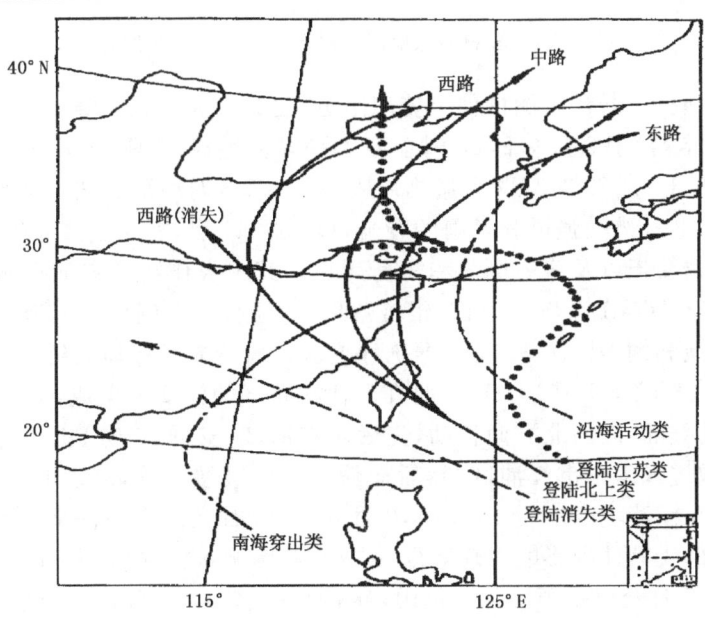

图 7.12 各类影响姜堰台风路径示意图

影响姜堰的台风路径大体可以归纳为五类(图7.12),显然路径距姜堰越近的台风影响危害越大。图7.13中给出了影响姜堰地区风雨严重的几个台风的具体路径,其共同点是:登陆地点在25°～32°N,登陆后向姜堰逼近。

台风的风向是逆时针向中心吹,影响姜堰的台风总体上是由东向西及由南向北移动的,且来临时的速度迟缓,离去时速度加快,故台风影响姜堰时的主要风向是东北—东风,风力最大时的风向则为北—东北风。台风会带来暴雨、大暴雨,过程总雨量大。需要指出的是,即使台

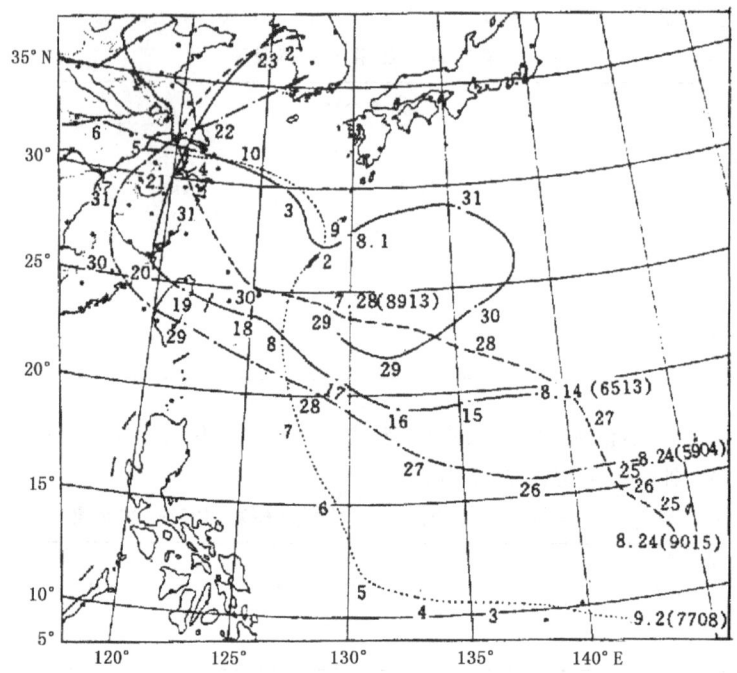

图 7.13 影响姜堰地区风雨严重的几个台风路径

风不直接途经姜堰附近,若台风倒槽伸至姜堰附近,也会形成较大的降水。

0515 号台风"卡努"于 9 月 7 日 08 时在西太平洋上生成,9 月 11 日 14 时 50 分在浙江省台州市路桥区登陆,11 日 23 时减弱为强热带风暴,12 日 8 时减弱为热带风暴。因受台风卡努影响,姜堰市境内 12 日遭受强风和暴雨的袭击,风力达 11 级,普遍造成各镇区农田受淹,农作物受损,部分镇鱼塘受损以及房屋倒塌和禽畜死亡。其中农作物受灾面积水稻 20 万亩,棉花 3.6 万亩,大豆 1.2 万亩,蔬菜 0.6 万亩,银杏落果 350 顿,树木倒伏 4.6 万株,折断 1.4 万株,鱼塘 0.5 万亩,受损和倒塌民房 304 间,据统计这次台风造成经济损失约 7365 万元。

0509 号台风"麦莎"于 7 月 31 日 20 时在菲律宾东部的洋面上生成,8 月 6 日凌晨 03 时 40 分在浙江省玉环县登陆,向西北方向移动,先后影响浙江、安徽、江苏、山东等省。8 月 7 日 15 时台风中心从安徽进入南京市江浦区,然后向偏北方向缓慢移动,8 月 8 日 07 时台风中心从赣榆县移入山东,在江苏境内历时 16 小时,8 月 8 日 21 时在渤海湾减弱为低气压。8 月 5 日下午起,姜堰市南部受其外围影响出现阵雨;6 日受其影响,全市中到大雨局部暴雨,伴有 7~8 级大风,阵风 9 级;7 日全市暴雨局部大暴雨,伴有 8~9 级大风,阵风 10 级。姜堰市的主要强降水和强风时段出现在 7 日凌晨至上午。8 月 7 日日降水量全市达暴雨,降水量 101.6mm,最大 1h 降水量姜堰 24.5mm(7 日 06:46—07:46),姜堰 7 日 04—08 时降水量达 71.8mm,姜堰罡扬镇极大风速 25.1m/s(10 级)。受该台风袭击,姜堰城区部分街道积水、农田受淹。据市民政局统计,全市农作物受灾 127026hm²,成灾 56826hm²,绝收 4317hm²;倒塌房屋 368 间,损坏房屋 635 间;倒断树木 71099 棵,倒断三线杆 198 根。紧急转移 1360 人,无人员伤亡。全市直接经济损失 1.6 亿元。

7.3.4.4 大风

气象上将瞬时极大风速达到或超过 17.2m/s(或目测风力达到或超过 8 级)的风称为大

风,大风的主要天气系统有:气旋大风、强雷雨大风、热带气旋大风、寒潮大风等。姜堰累年最大风速 17.6m/s(10min 平均),极大风速 31m/s(瞬时),大风多伴随寒潮、暴雨和台风出现。大风刮倒园林大树、大型广告牌、电线杆,从而造成人员伤亡的事时有发生,是姜堰地区常见的灾害性天气之一。

2007 年 7 月 30 日 18 时左右,姜堰市出现局地强对流天气,部分地区遭受短时大风、强降水袭击,灾害涉及桥头、淤溪、苏陈、大泗 4 个乡镇。全市民房严重受损 52 户,366 间,其中倒塌 15 间。桥头镇状元村一人重伤。姜溱路边电线杆断倒 29 根,造成局部地区断电。桥头镇三沙村倒塌鸡棚 16 间,全镇鸡死亡 6100 只。以棉花为主的高秆植物损失严重,仅淤溪镇棉花就受损 400 余亩。

由于各地气候背景的差异,加之近地层风受地理和地表状况的影响很大,单纯依靠邻近气象站观测资料直接推算高层建筑物的抗风参数,或者利用粗分辨率的全国风压图通过内插反推高层建筑物的抗风参数,都不能较为准确地反映实际风的特征。合理有效地开展梯度风观测,掌握本地区边界层内自然风的特征,对于地区高层建筑物抗风参数的设计具有十分重要的意义。这里利用新建梯度风观测场收集的 3 个月数据(梯度风观测 9 月份正式投入业务运行,故在本次分析中数据选取资料最完整的月份 10—12 月),考虑该建设项目的最高建筑高度为 35m,故选择 35m 处的梯度风观测资料,结合项目邻近国家二级气象观测站姜堰站开展数据统计分析(表 7.28,表 7.29;图 7.14,图 7.15)。

表 7.28　2007 年 10 月 1 日到 12 月 31 日 10min 日平均风速观测表(m/s)

时间	10m	35m	时间	10m	35m
2007 年 12 月 31 日	2.8	3.8	2007 年 11 月 15 日	1.8	3
2007 年 12 月 30 日	3.3	4.5	2007 年 11 月 14 日	1	2
2007 年 12 月 29 日	2.1	2.4	2007 年 11 月 13 日	1.3	2.2
2007 年 12 月 28 日	1.9	2.1	2007 年 11 月 12 日	1.1	1.8
2007 年 12 月 27 日	1.5	2.2	2007 年 11 月 11 日	1.8	2
2007 年 12 月 26 日	1.8	3.2	2007 年 11 月 10 日	2	2.4
2007 年 12 月 25 日	1.7	2.4	2007 年 11 月 9 日	1.6	1.8
2007 年 12 月 24 日	1.9	2.9	2007 年 11 月 8 日	0.7	1.3
2007 年 12 月 23 日	2	2.8	2007 年 11 月 7 日	0.8	1.4
2007 年 12 月 22 日	2.2	2.7	2007 年 11 月 6 日	1.9	2.4
2007 年 12 月 21 日	2.4	3.1	2007 年 11 月 5 日	2	3.5
2007 年 12 月 20 日	1.6	2.4	2007 年 11 月 4 日	1.3	2
2007 年 12 月 19 日	1	1.7	2007 年 11 月 3 日	1.3	1.8
2007 年 12 月 18 日	0.9	1.4	2007 年 11 月 2 日	1.4	2.2
2007 年 12 月 17 日	0.9	1.2	2007 年 11 月 1 日	2.3	2.4
2007 年 12 月 16 日	1.1	2.5	2007 年 10 月 31 日	1.3	1.7
2007 年 12 月 15 日	1.3	2	2007 年 10 月 30 日	1.3	1.7
2007 年 12 月 14 日	1.2	1.6	2007 年 10 月 29 日	2.4	2.4
2007 年 12 月 13 日	2.3	3.4	2007 年 10 月 28 日	1.9	2.4

续表

时间	10m	35m	时间	10m	35m
2007年12月12日	2.2	2.1	2007年10月27日	1.2	1.8
2007年12月11日	1.4	1.9	2007年10月26日	1	1.1
2007年12月10日	2.2	2.8	2007年10月25日	1.3	2.4
2007年12月9日	2.1	3.7	2007年10月24日	1.6	3.3
2007年12月8日	1	1.7	2007年10月23日	2.1	3.4
2007年12月7日	2.1	2.1	2007年10月22日	1.3	1.9
2007年12月6日	1.6	2.5	2007年10月21日	1	2.1
2007年12月5日	1.4	2.3	2007年10月20日	1.4	1.6
2007年12月4日	2.1	2.4	2007年10月19日	1.8	2.1
2007年12月3日	2.1	2.6	2007年10月18日	0.9	1.7
2007年12月2日	2.3	3.6	2007年10月17日	0.9	1.5
2007年12月1日	1.7	3	2007年10月16日	1.4	1.5
2007年11月30日	1.7	2.4	2007年10月15日	1.8	1.8
2007年11月29日	1.4	1.3	2007年10月14日	1.9	1.6
2007年11月28日	1.4	1.3	2007年10月13日	1.5	2
2007年11月27日	2.4	1.8	2007年10月12日	1.6	2.3
2007年11月26日	2.4	2.2	2007年10月11日	0.8	1.1
2007年11月25日	1.5	2.6	2007年10月10日	1.6	1.5
2007年11月24日	0.8	1.4	2007年10月9日	3	2.5
2007年11月23日	1.2	2	2007年10月8日	5.1	6.2
2007年11月22日	1.1	2.4	2007年10月7日	3.4	4.6
2007年11月21日	0.9	1.7	2007年10月6日	2.1	3.3
2007年11月20日	1.3	2.1	2007年10月5日	1.8	2.8
2007年11月19日	1.6	2.8	2007年10月4日	1.8	2.7
2007年11月18日	2.8	3	2007年10月3日	1.7	2.9
2007年11月17日	1.2	1.2	2007年10月2日	1.6	2.5
2007年11月16日	2.8	3.4	2007年10月1日	1.9	3

表7.29 2007年10月1日到12月31日10min日最大风速观测表(m/s)

时间	10m	35m	时间	10m	35m
2007年12月31日	5.4	5.7	2007年11月15日	5.1	4.8
2007年12月30日	5.8	7.1	2007年11月14日	2.5	3.6
2007年12月29日	3.5	4.2	2007年11月13日	2.3	3.7
2007年12月28日	3.1	4.6	2007年11月12日	2.5	3.6
2007年12月27日	3.4	3.8	2007年11月11日	4	3.4
2007年12月26日	4.1	4.5	2007年11月10日	3.9	4.3

续表

时间	10m	35m	时间	10m	35m
2007年12月25日	3.2	3.3	2007年11月9日	4.2	4.6
2007年12月24日	4.2	4.9	2007年11月8日	2	2.1
2007年12月23日	5.2	5.3	2007年11月7日	1.8	3.5
2007年12月22日	4.4	3.8	2007年11月6日	4	3.7
2007年12月21日	5	4.4	2007年11月5日	5	6.3
2007年12月20日	2.7	4.2	2007年11月4日	3.6	4.1
2007年12月19日	3.3	3.6	2007年11月3日	2.9	3.4
2007年12月18日	2.1	3.5	2007年11月2日	3.3	3.4
2007年12月17日	2.2	2.8	2007年11月1日	5.4	4
2007年12月16日	2.6	3.6	2007年10月31日	3	3.4
2007年12月15日	3.3	3.7	2007年10月30日	2.9	3.5
2007年12月14日	2.3	3.2	2007年10月29日	4.8	4.8
2007年12月13日	4.2	4.9	2007年10月28日	5.6	6.4
2007年12月12日	4.9	3.3	2007年10月27日	3.7	3.5
2007年12月11日	2.9	4.5	2007年10月26日	2.5	2.7
2007年12月10日	4	4.2	2007年10月25日	4.2	6.2
2007年12月9日	4.4	5.3	2007年10月24日	3.2	4.3
2007年12月8日	2.3	3.7	2007年10月23日	3.9	5
2007年12月7日	3.3	3.5	2007年10月22日	2.5	3.3
2007年12月6日	4.3	5.3	2007年10月21日	2.8	3.9
2007年12月5日	2.5	4.2	2007年10月20日	3.1	3.6
2007年12月4日	4.9	4.5	2007年10月19日	4.7	4.1
2007年12月3日	3.7	4.7	2007年10月18日	2.6	2.5
2007年12月2日	6.3	7.4	2007年10月17日	2.8	3.3
2007年12月1日	3.1	4.3	2007年10月16日	3.2	2.3
2007年11月30日	3.2	3.8	2007年10月15日	4.2	3.4
2007年11月29日	3.5	2.4	2007年10月14日	3.7	2.9
2007年11月28日	3.1	2.5	2007年10月13日	3.2	3
2007年11月27日	3.7	3.2	2007年10月12日	4.1	3.7
2007年11月26日	4.8	4.2	2007年10月11日	2.3	3.2
2007年11月25日	5.1	6	2007年10月10日	2.7	2.9
2007年11月24日	2	4.1	2007年10月9日	4.4	4.5
2007年11月23日	3.5	4.4	2007年10月8日	8.1	7.9
2007年11月22日	3.4	5	2007年10月7日	6.8	8.3
2007年11月21日	2.5	3.6	2007年10月6日	3.9	5.1
2007年11月20日	2.7	3.6	2007年10月5日	2.8	4.2
2007年11月19日	4.2	5	2007年10月4日	3.2	4.9
2007年11月18日	4.7	5.2	2007年10月3日	3.8	4.4
2007年11月17日	2.3	2.6	2007年10月2日	2.3	3.9
2007年11月16日	4.7	5	2007年10月1日	3.6	3.6

从图 7.15 可以看出，从 10m 处到 35m 处风速基本呈上升变化的一个趋势，日变化表现基本一致。

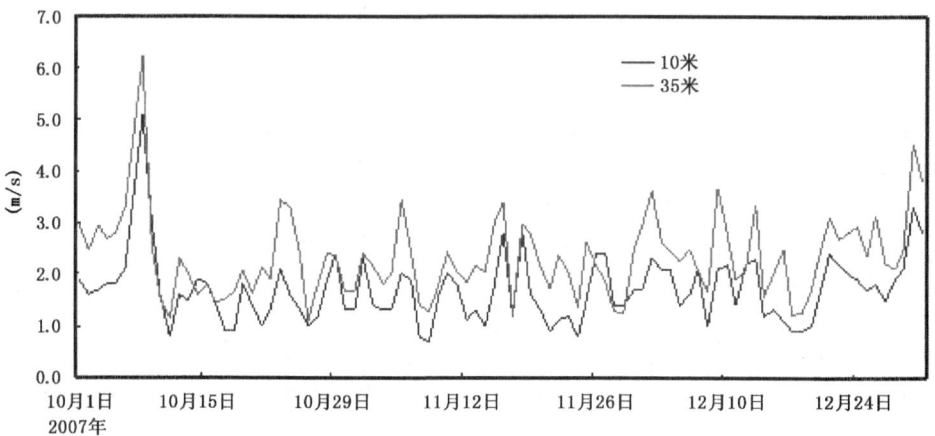

图 7.14　2007 年 10 月 1 日到 12 月 31 日梯度风观测站实况分析图

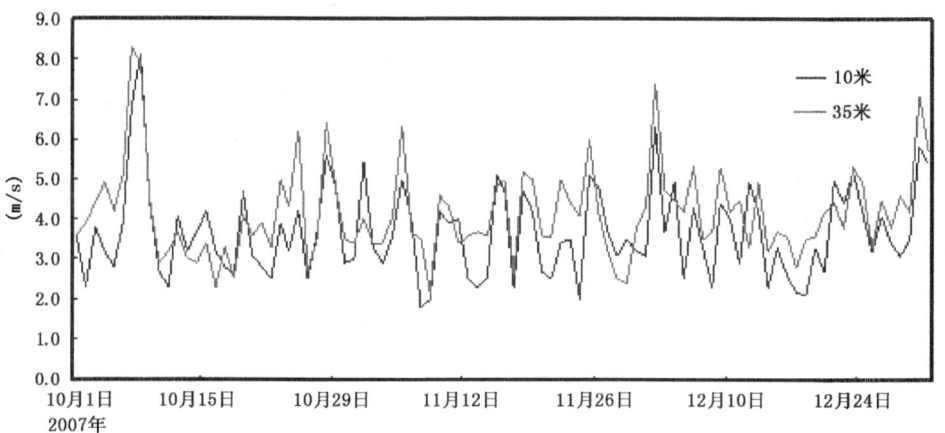

图 7.15　2007 年 10 月 1 日到 12 月 31 日姜堰地区梯度风观测站实况分析图

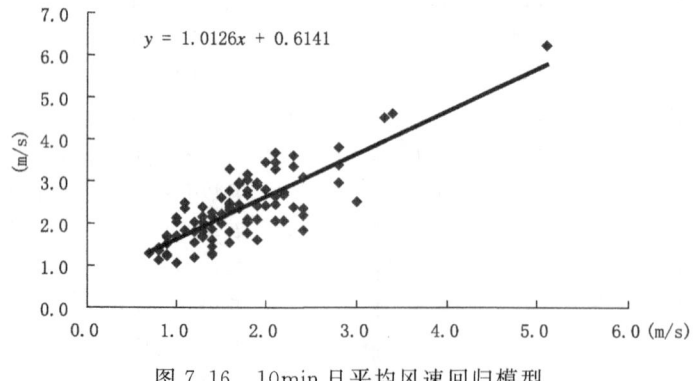

图 7.16　10min 日平均风速回归模型

（x 轴为 10m 高度处 10min 日平均风速，y 轴为 35m 高度处 10min 日平均风速）

为了更加准确、精准地进行梯度风分析,在世纪新城一期工程建设项目气象灾害风险评价的梯度风分析过程中,同时采用了直线和曲线回归分析,具体分析结果如下。

10min 日平均风速和最大风速回归分析结果如图 7.16 和图 7.17。

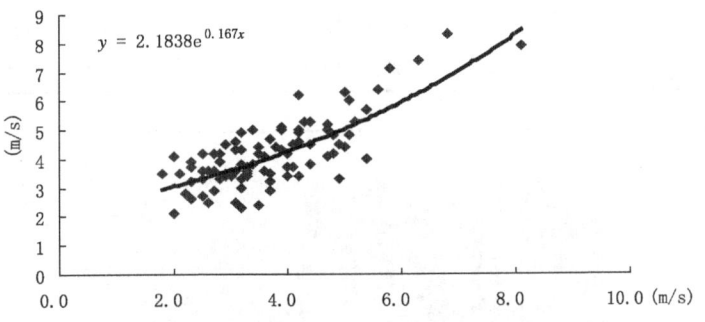

图 7.17　10min 平均日最大风速回归模型

(x 轴为 10m 高度处 10min 平均风速日最大,y 轴为 35m 高度处 10min 平均风速日最大)

10min 日平均风速预报方程为

$$Y_{aver} = 1.0126 X_{aver} + 0.6141$$

式中,X_{aver} 为 10m 高度处 10min 日平均风速,Y_{aver} 为 35m 高度处 10min 日平均风速。

10m 高度处 10min 年平均风速:$X_{aver}=3.1 \text{m/s}$,由此计算出 35m 高度处 10min 年平均风速:$Y_{aver}=3.8 \text{m/s}$。

10min 平均风速日最大风速预报方程为

$$Y_{max0} = 2.1838 \exp(0.167 X_{max0})$$

式中,X_{max0} 为 10m 高度处 10min 平均风速日最大值,Y_{max0} 为 35m 高度处 10min 平均风速日最大值。

经统计,姜堰地区 45 年历史资料中 10min 平均风速的最大值:$X_{max0}=17.6 \text{m/s}$,代入以上预报方程,由此计算出了姜堰地区 35m 高度处 10min 平均风速的最大值为:$Y_{max0}=39.7 \text{m/s}$。该值即为估算的 35m 处 10min 平均风速可能出现的最大值。

通过高低空的梯度风风速对比分析,为项目设计提供一定的参考依据。但由于梯度风观测数据序列较短,以上统计分析结果仅供建设设计单位参考。

7.3.5　建设项目气象灾害风险评价

7.3.5.1　雷电

(1)地理位置参数

以下是用 ETREX 系列 GPS 定位仪在姜堰新城建设项目一期工程所在位置采集的地理位置参数(表 7.30),误差范围为 5~10m。

(2)地闪密度等级

地闪密度——每平方千米年平均落雷次数,是表征雷云对地放电的频繁程度的量,是估算建筑物年预计雷击次数时重要的参数。用 N_g 表示,单位为:次/(km² • a)。图 7.18 为姜堰新城建设工程 3km 范围地闪密度等级分布图。

表 7.30　姜堰新城建设工程地理位置坐标

项目名称	纬度(N)	经度(E)
姜堰新城建设工程	32°29′859″	120°08′320″
	32°29′200″	120°08′425″
	32°29′559″	120°08′405″

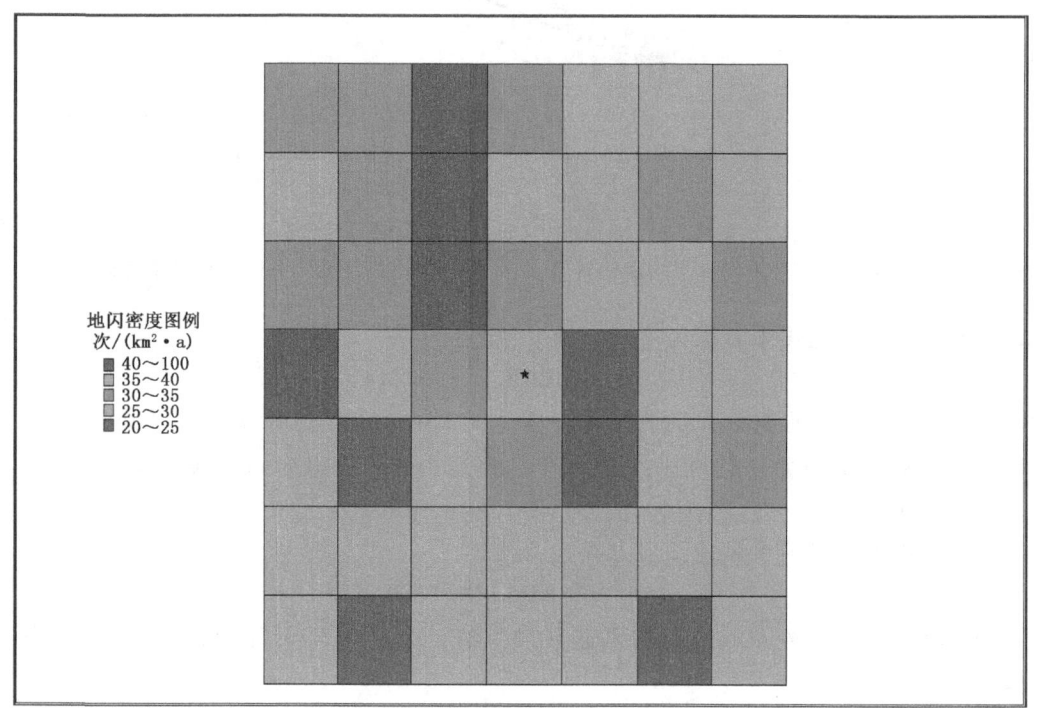

图 7.18　姜堰新城建设工程 3km 范围地闪密度等级图

(3)雷电流强度

根据姜堰新城建设工程位置地理参数,得出 3km 范围雷电流累积概率分布曲线图(图 7.19),由分布曲线得出雷电流累积概率分别为 1%、2%、3%、10% 时对应的雷电流强度值和平均雷电流强度值见表 7.31。

表 7.31　姜堰新城建设工程雷电地闪参数表

项目名称	地闪密度 次/(km²·a)	雷电流累积概率(kA)				平均电流强度(kA)	拦截效率		
		1%	2%	3%	10%		一类	二类	三类
姜堰新城	34.40	275.0	84.0	62.0	45.1	26.00	95.55%	78.85%	64.05%
备注	1. 上述雷电参数是江苏省闪电定位(2004—2006)资料; 2. 姜堰新城建设工程处雷电参数; 3. 拦截效率是指一、二、三类防雷装置对雷电流的拦截效率。								

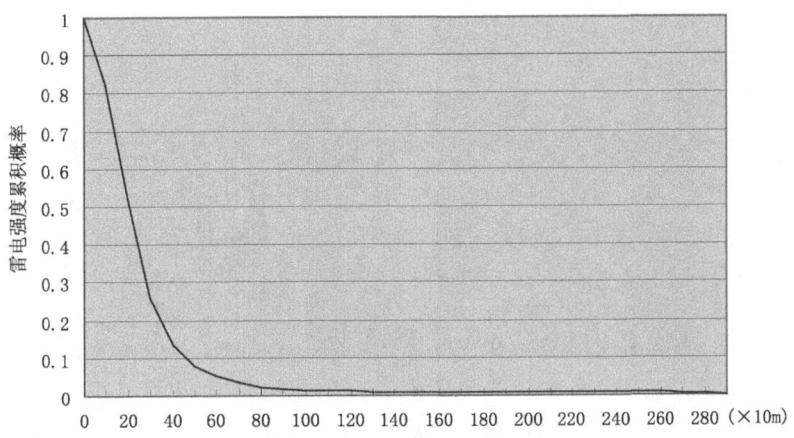

图 7.19　姜堰新城建设工程 3km 范围地闪雷电流强度累积概率曲线图

根据图 7.19 可知,姜堰新城建设工程(3km 半径)区域范围内 3 年雷电流幅值:

平均值为:26kA;

1%→275.0kA,即雷电流幅值大于 275.0kA 的地闪概率为 1%;

2%→84.0kA,即雷电流幅值大于 84.0kA 的地闪概率为 2%;

3%→62.0kA,即雷电流幅值大于 62.0kA 的地闪概率为 3%;

10%→45.1kA,即雷电流幅值大于 45.1kA 的地闪概率为 10%。

(4)地闪季节变化规律

统计得到地闪季节变化规律,如图 7.20 所示。

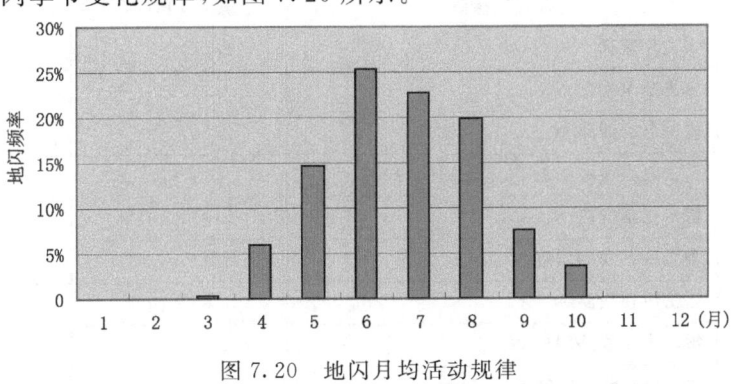

图 7.20　地闪月均活动规律

由图 7.20 可以看出:该地域地闪主要活动期为 4—10 月,其中 6 月、7 月、8 月为地闪高发期,72% 以上的地闪都发生在这三个月份;4 月、5 月、9 月、10 月为地闪多发期,约 26% 的地闪发生在这三个月;约 2% 的地闪发生在其余月份,主要集中在 3 月,1 月、2 月、11 月、12 月基本没有地闪发生。

(5)地闪日变化规律

统计得到地闪日变化规律,如图 7.21 所示。

由图 7.21 可以看出:该地域地闪主要活跃在 13—21 时,75% 以上的地闪都发生在这个时段,午后 15—20 时为地闪高发时段,其中 18 时段雷电活动最为强烈;晚 10 时至次日 12 时地闪相对较少,约 23% 的地闪发生在这个时段。

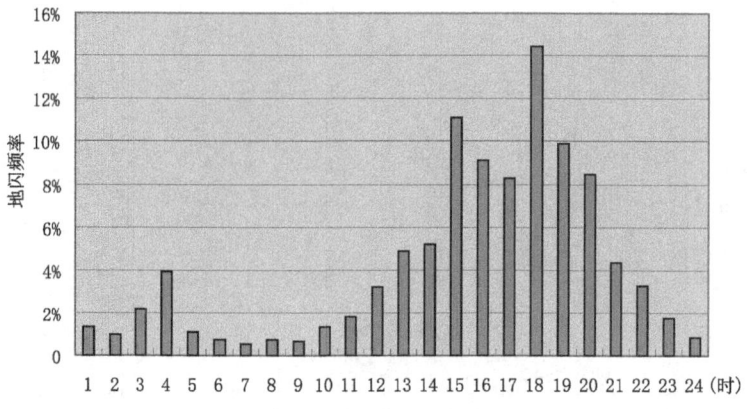

图 7.21　地闪日月均活动规律

世纪新城一期工程项目由 6 幢 11 层点式小高层、30 幢 5 层商住楼、4 幢 4 层住宅楼、1 幢 3 层会所等 4 种类型建筑组成，每一类型其长、宽、高基本相同，入户设施一致，分别取 1♯、3♯、6♯、42♯ 楼进行雷击风险评价。

根据以上程序，世纪新城一期工程项目的雷击风险评价结果如表 7.32—表 7.35 所示。

(1) 世纪新城一期工程项目 1♯ 楼长 47.84m，宽 14.94m，高 19.5m。入户设施取两路高压埋地电缆，两路埋地信号线，入户设施 L 取 1000m。雷暴日数 T_d 取值 61d/a，土壤电阻率 ρ 取值 200Ω·m，计算结果见表 7.32。

表 7.32　1♯ 楼雷击损害风险评价计算结果

名称	各有关参数	安装 LPS 前	安装 LPS 后
雷击引起的年均危险事件次数	雷击建筑物 N_D	1.17×10^{-1}	1.17×10^{-1}
	雷击建筑物附近 N_M	1.33	1.33
	雷击电力线路 $N_{L(Power)}$	7.20×10^{-3}	7.20×10^{-3}
	雷击电力线路附近 $N_{I(Power)}$	0	0
	雷击通信线路 $N_{L(Telecom)}$	3.60×10^{-2}	3.60×10^{-2}
	雷击通信线路附近 $N_{I(Telecom)}$	0	0
	雷击电视线路 $N_{L(TV)}$	3.60×10^{-2}	3.60×10^{-2}
	雷击电视线路附近 $N_{I(TV)}$	0	0
	雷击处于线路 "a" 端的建筑物 N_{Da}	1.64×10^{-1}	1.64×10^{-1}
雷击建筑物造成损害的概率	人身伤害 P_A	1	0.01
	物理损害 P_B	1	0.1
	内部系统的失效 P_C	1	0.03
雷击建筑物附近造成损害的概率	内部系统的失效 P_M	1	0.03
雷击线路导致损害的概率	人身伤害 P_U	1	0.03
	物理损害 P_V	1	0.03
	内部系统的失效 P_W	1	0.03

续表

名称	各有关参数	安装 LPS 前	安装 LPS 后
雷击线路附近导致损害的概率	内部系统的失效 P_Z	1	0.03
损失类型对应的风险分量	人员生命损失的风险 R_1	6.94×10^{-5}	2.90×10^{-6}
	经济价值损失的风险 R_4	2.02×10^{-2}	6.08×10^{-4}

(2) 世纪新城一期工程项目 3#楼长 31.82m,宽 21.30m,高 35.07m。入户设施取两路高压埋地电缆,两路埋地信号线,设施 L 取 1000m。雷暴日数 T_d 取值 61d/a,土壤电阻率 ρ 取值 200Ω·m,计算结果如表 7.33 所示。

表 7.33 3#楼雷击损害风险评价计算结果

名称	各有关参数	安装 LPS 前	安装 LPS 后
雷击引起的年均危险事件次数	雷击建筑物 N_D	1.64×10^{-1}	1.64×10^{-1}
	雷击建筑物附近 N_M	1.28	1.28
	雷击电力线路 $N_{L(Power)}$	7.20×10^{-3}	7.20×10^{-3}
	雷击电力线路附近 $N_{I(Power)}$	0	0
	雷击通信线路 $N_{L(Telecom)}$	3.60×10^{-2}	3.60×10^{-2}
	雷击通信线路附近 $N_{I(Telecom)}$	0	0
	雷击电视线路 $N_{L(TV)}$	3.60×10^{-2}	3.60×10^{-2}
	雷击电视线路附近 $N_{I(TV)}$	0	0
	雷击处于线路"a"端的建筑物 N_{Da}	1.17×10^{-1}	1.17×10^{-1}
雷击建筑物造成损害的概率	人身伤害 P_A	1	0.01
	物理损害 P_B	1	0.1
	内部系统的失效 P_C	1	0.03
雷击建筑物附近造成损害的概率	内部系统的失效 P_M	1	0.03
雷击线路导致损害的概率	人身伤害 P_U	1	0.03
	物理损害 P_V	1	0.03
	内部系统的失效 P_W	1	0.03
雷击线路附近导致损害的概率	内部系统的失效 P_Z	1	0.03
损失类型对应的风险分量	人员生命损失的风险 R_1	5.98×10^{-5}	2.94×10^{-6}
	经济价值损失的风险 R_4	1.88×10^{-2}	5.65×10^{-4}

(3) 世纪新城一期工程项目 6#楼长 48.44m,宽 11.44m,高 16.4m。入户设施取两路高压埋地电缆,两路埋地信号线,设施 L 取 1000m。雷暴日数 T_d 取值 61d/a,土壤电阻率 ρ 取值 200Ω·m,计算结果如表 7.34 所示。

表 7.34 6♯楼雷击损害风险评价计算结果

名称	各有关参数	安装 LPS 前	安装 LPS 后
雷击引起的年均危险事件次数	雷击建筑物 N_D	1.01×10^{-1}	1.01×10^{-1}
	雷击建筑物附近 N_M	1.33	1.33
	雷击电力线路 $N_{L(Power)}$	7.32×10^{-3}	7.20×10^{-3}
	雷击电力线路附近 $N_{I(Power)}$	0	0
	雷击通信线路 $N_{L(Telecom)}$	3.66×10^{-2}	3.60×10^{-2}
	雷击通信线路附近 $N_{I(Telecom)}$	0	0
	雷击电视线路 $N_{L(TV)}$	3.60×10^{-2}	3.60×10^{-2}
	雷击电视线路附近 $N_{I(TV)}$	0	0
	雷击处于线路"a"端的建筑物 N_{Da}	1.64×10^{-1}	1.64×10^{-1}
雷击建筑物造成损害的概率	人身伤害 P_A	1	0.01
	物理损害 P_B	1	0.1
	内部系统的失效 P_C	1	0.03
雷击建筑物附近造成损害的概率	内部系统的失效 P_M	1	0.03
雷击线路导致损害的概率	人身伤害 P_U	1	0.03
	物理损害 P_V	1	0.03
	内部系统的失效 P_W	1	0.03
雷击线路附近导致损害的概率	内部系统的失效 P_Z	1	0.03
损失类型对应的风险分量	人员生命损失的风险 R_1	6.80×10^{-5}	2.74×10^{-6}
	经济价值损失的风险 R_4	2.01×10^{-2}	6.04×10^{-4}

(4)世纪新城一期工程项目 42♯楼长约 64m,宽约 15m,高约 12m。入户设施取两路高压埋地电缆,两路埋地信号线,设施 L 取 1000m。雷暴日数 Td 取值 61d/a,土壤电阻率 ρ 取值 200Ω·m,计算结果如表 7.35 所示。

表 7.35 42♯楼雷击损害风险评价计算结果

名称	各有关参数	安装 LPS 前	安装 LPS 后
雷击引起的年均危险事件次数	雷击建筑物 N_D	9.46×10^{-2}	9.46×10^{-2}
	雷击建筑物附近 N_M	1.40	1.40
	雷击电力线路 $N_{L(Power)}$	7.38×10^{-3}	7.38×10^{-3}
	雷击电力线路附近 $N_{I(Power)}$	0	0
	雷击通信线路 $N_{L(Telecom)}$	3.69×10^{-2}	3.69×10^{-2}
	雷击通信线路附近 $N_{I(Telecom)}$	0	0
	雷击电视线路 $N_{L(TV)}$	3.60×10^{-2}	3.60×10^{-2}
	雷击电视线路附近 $N_{I(TV)}$	0	0
	雷击处于线路"a"端的建筑物 N_{Da}	1.64×10^{-1}	1.64×10^{-1}

续表

名称	各有关参数	安装LPS前	安装LPS后
雷击建筑物造成损害的概率	人身伤害 P_A	1	0.01
	物理损害 P_B	1	0.1
	内部系统的失效 P_C	1	0.03
雷击建筑物附近造成损害的概率	内部系统的失效 P_M	1	0.03
雷击线路导致损害的概率	人身伤害 P_U	1	0.03
	物理损害 P_V	1	0.03
	内部系统的失效 P_W	1	0.03
雷击线路附近导致损害的概率	内部系统的失效 P_Z	1	0.03
损失类型对应的风险分量	人员生命损失的风险 R_1	6.73×10^{-5}	2.68×10^{-6}
	经济价值损失的风险 R_4	2.07×10^{-2}	6.23×10^{-4}

由表7.35可见，世纪新城一期工程项目所处位置直接雷击概率除小高层3#楼外均不太高，但间接雷击引入概率均较高，根据现行防雷设计规范和其使用性质及其后果等综合考虑，世纪新城一期工程项目的6幢11层点式小高层应按二类防雷建筑要求采取防直击雷措施，建筑内重要的电子设备应采取防雷击电磁脉冲措施。世纪新城一期工程项目的其他多层建筑物应按三类防雷建筑的要求采取防雷措施，经有效防护后，其遭受雷击的可能性变为很小。

7.3.5.2 暴雨（雪）

姜堰的平均年暴雨日2.9d，夏季暴雨日占全年71.8%。≥150mm的大暴雨45年来共6d，主要出现在6—8月。冬季当强冷空气来临时会带来暴雪，如1984年1月17—19日和2008年1月25—29日的大暴雪，最大积雪深度为27cm，对工农业生产造成极其严重的影响。但总体上姜堰市冬季的降雪较少。

（1）施工阶段危险性评价

1）对施工运行及建筑质量的影响

出现暴雨（雪）时，对工程施工中的材料（运输、现场保护）、机械、施工工艺、技术措施、施工进度等，均会直接或间接造成影响，进而影响施工项目的质量，具体来看，对于正在施工墙体可能造成倒塌或质量隐患，对于正在浇铸或刚刚完工的水泥工事可能造成损坏或质量隐患，对于水电线路的架设、裸露电线等均可造成直接损坏。

2）对施工人员安全造成的隐患

出现暴雨（雪）时，造成施工现场作业面湿滑、墙体易坍塌、塔吊坚固性能下降、漏电等均可能对施工人员的人身安全带极大的隐患。

（2）交付使用后危险性评价

出现雨（雪）时，特别是暴雨（雪），短时间内会形成积水（积雪），排水系统（降水量和降水强度关系到屋面、地面和地下排水系统的设计）要能及时将屋面雨水、雪水排除，以免四处溢流或屋面漏水造成水患，影响人们正常的生产和生活；另外，雨水通过墙壁上的缝隙向室内渗透时导致墙体内部发潮,从而降低热工性能,会使屋面油毡鼓泡、变形、裂缝,造成渗漏,致使墙面出现斑迹,影响美观,甚至使面层剥落的损坏;如有暴雪天气出现时,堆积在建筑物表面的积雪,因每平方米雪压超过建筑物结构荷载范围规定的荷载标准,以致压塌房屋、建筑物造成损坏。

由此可以看出世纪新城一期工程建设项目在建设过程和交付使用后受暴雨袭击的风险可能性很大,相对来说暴雪袭击的可能性比较低,但是也不排除遭受袭击的可能性。

7.3.5.3 热带气旋(含台风)和大风

台风的危害性不仅体现在风大,而且强风持续的时间长;不仅雨量大,而且在大风暴雨的共同作用下,危害加剧,具有很强的破坏力。

影响姜堰的热带气旋共57次,平均每年1次,最多年4次,其中严重影响的热带气旋就接近31.6%,影响风向主要风向是东北—东风。

由于台风出现时往往伴有暴雨天气出现,其中有关暴雨方面的危险性评价参考暴雨(雪)的危险性评价。

(1)施工阶段危险性评价

1)对施工运行及建筑质量的影响

风对建筑的影响表现在风荷载,是建筑设计中的主要荷载之一,直接影响到建筑物的经济、安全和适用;风向和风速关系到建筑物的布局、自然通风效果;风速驱使大雨冲刷建筑物的外壁,造成风化、侵蚀等影响。

当台风天气出现时,对施工现场的施工材料、塔吊、脚手架、孤立墙体等均可能造成毁灭性的损坏,对于世纪新城一期工程如正在进行建设的绿化项目会造成破坏。

2)对施工人员安全造成的隐患

台风天气出现时,造成的墙体坍塌、工棚倒塌、飞石等均可能造成施工人员伤亡,应当重点防范。

(2)交付使用后危险性评价

由于世纪新城一期工程建设项目包括有多层、小高层住宅、商铺等,多属于人员密集、建筑种类繁多的场所,台风天气出现时均可能造成门窗、幕墙、室外设施等不同程度的损坏,同时也对工程区内的居民或商户生命和财产安全造成严重的威胁。

以此来看世纪新城一期工程建设项目在建设过程和工程交付使用后遭受热带气旋影响的风险性很大,为重点影响的气象灾害之一。

除台风以外的大风天气(雷雨大风、寒潮大风等)危险性评价参考台风天气的大风风险性评价和防范。

7.3.6 建设项目气象灾害风险的应对措施

7.3.6.1 雷电

现代防雷技术要求实施系统防雷工程,即躲避(Avoiding)、均压(Bonding)、接地(Grounding)、分流(Dividing)、屏蔽(Shielding)、保护(Protecting)六项技术加之有效的防护设备的综合,达到全方位、立体化的防雷目的(图7.22)。

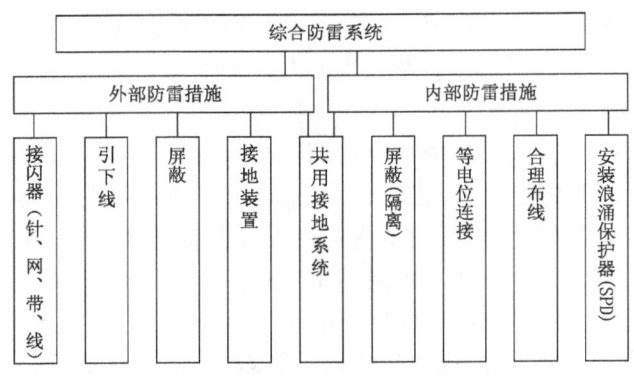

图 7.22　综合防雷系统结构图

(1)直击雷防护设计

直击雷击防护是系统防雷工程的基础,是防雷工作的首要任务。根据本工程建筑物结构特点,应直接利用建筑结构钢筋(或金属板楼面)构成"法拉第笼",以达到良好防雷效果。

1)接闪器的设计

接闪器为避雷针、避雷带(线)、避雷网,以及用作接闪的金属屋面(厚度必须大于、等于4mm)。

2)引下线的设计

引下线是连接接闪器与接地装置的金属导体。引下线一般利用建筑物的主钢筋自然引下,如需单独敷设,应沿建筑物外墙明敷,并经最短的路径接地。

3)接地装置的设计

接地装置是接地体和接地线的总和。接地体主要分为垂直接地体和水平接地体。垂直接地体一般采 50mm×50mm×5mm 热镀锌角钢,1.5~2.5m/根,水平间距应为垂直长度的 2 倍。水平接地体一般采用 40mm×4mm 热镀锌扁钢。接地线指从引下线断接卡或换线至接地体的连接导体;或从接地端子、总等电位连接带至接地装置的连接导体。

(2)内部防雷(感应雷及雷电波侵入)设计

防雷电感应及雷电波侵入的基本措施是加装电涌保护器(也称过电压保护器,简称 SPD)。目的在于限制瞬态过电压和分走电涌电流的器件。它至少含有一个非线性元件。SPD 主要分为电源 SPD 和信号 SPD。

(3)屏蔽、接地与均压等电位连接

一套完善的防雷系统,除了具有防直击雷、感应雷措施外,还要具有良好的接地系统并实施均压等电位连接及屏蔽措施。

关于屏蔽措施,主要有以下三点:一是建筑物和房间的屏蔽;二是合理化布线,线路的屏蔽;三是设备的屏蔽(本项目仅考虑线路的屏蔽)。

关于接地问题,主要经历了独立接地、联合接地和共用接地三个阶段。独立地网虽然在一定程度上的抑制了干扰,但对于设备的安全并不可靠,因为雷击时防雷地、交流工作地、安全保护地、信号工作地(逻辑地)、屏蔽接地等各接地体之间也会产生很高的电压差,造成地电位的"反击",从而损坏设备,甚至威胁人身安全。现行国标及国际规范中均提倡共用接地系统,即(构)建筑物防直击雷地网、供电系统交流工作地(N 线)、保护地(PE 线)、计算机机房设备接地(信号地、保护地、防静电接地、屏蔽接地)等应共用一个接地体,以避免雷击时同一个设备的不同接地之间出现电位差,以保障设备及人身安全。接地母线就近从各楼层主钢筋多点引出,在各房间内形成S型或M型局部均压等电位连接网络。

关于均压等电位措施,主要是室外和室内两部分。室外等电位连接措施要求楼面的金属设施应就近与楼面避雷带相连,室外金属管道在进入室内前应可靠接地,金属门窗可靠接地。机房内部局部等电位接地措施要求在机房内应敷设等电位连接网络。等电位连接网络主要有S型、M型和混合型三种。S型连接网络主要用于低频接地系统($f<1MHz$),M型连接网络主要适用于高频系统($f>10MHz$),混合型则能很好地适用于高、低频同时存在的接地系统。室内所有金属桥架、设备金属外壳、电缆进线的外屏蔽层、静电地板等均应就近接到该环型闭合均压环上,使机房内最大限度地满足均压等电位的要求。关于接地、等电位连接及共用接地系统的构成可参考图7.23。

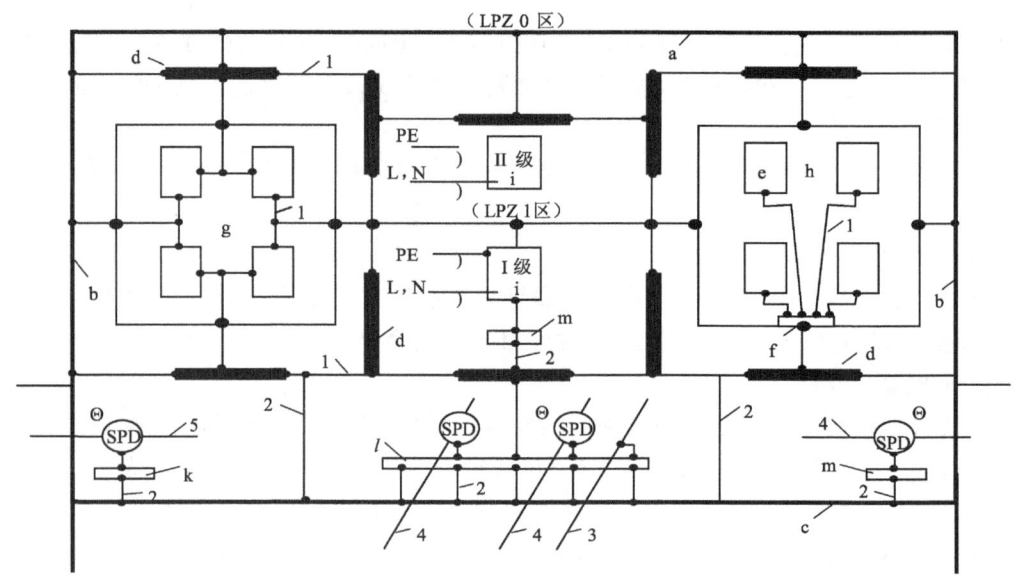

图7.23 接地、等电位连接及共用接地系统构成图

(4)施工过程防雷安全指导意见

1)施工现场办公板房、宿舍板房等应有直击雷防护设施,防雷接地电阻应不大于10Ω。

2)设于施工现场的交流电源工作接地、各类施工机械电气保护接地、防雷接地宜共用接地装置,接地电阻应不大于4Ω,可利用基础接地装置作为此共用接地装置。

3)可利用塔吊等作为施工作业区直击雷防护的接闪装置,但必须保证塔吊的接地可靠,塔吊可直接连接在预留电气接地端子上,每台塔吊连接点不少于两处,连接线宜采用40mm×4mm热镀锌扁钢或φ12热镀锌圆钢。

4)塔吊等各机械设备可利用其金属结构体作为防雷引下线,无需另外敷设引下线,但应保证其良好电气连接导通性。

5)塔吊等机械设备,操作人员乘坐室宜采取直击雷防护措施,可设置1~3m的避雷针,避雷针与金属箱体应进行等电位连接。

6)大型钢模板和设备就位后应及时与预留的接地端子等电位连接;施工过程中使用的临

时支撑就位后,应及时与预留接地端子等电位连接。

7)施工现场临时用电主干线宜采用屏蔽电缆,屏蔽层两端应做等电位连接和接地处理。

8)塔吊的电力电缆、信号控制电缆应采用屏蔽电缆,屏蔽层两端应做等电位连接和接地处理;当采用非屏蔽电缆时,应穿金属管敷设,金属管两端应做等电位连接和接地处理。

(5)建立健全防雷安全工作制度

姜堰地区世纪新城项目在建设过程中要落实防范雷电灾害的应急措施,注意做好雷电灾害各项防御工作,切实保障施工安全。

(6)建立健全防雷装置维护制度

世纪新城建设项目建成投入使用后,建设单位委托的物业管理部门应加强对各建筑单体防雷装置的定期检测工作,定期请有资质的检测单位对防雷装置进行年检。

7.3.6.2 暴雨(雪)

(1)项目设计阶段

1)在世纪新城一期工程建设项目设计时,应充分考虑到暴雨对工程区域内的影响,特别是工程区域内排水系统建议按防范不低于姜堰市降水强度极值图中的不同统计时段最大降水强度的标准设计,以保证工程区域内遭遇暴雨时能及时排涝。

2)在世纪新城一期工程建设项目设计时,应考虑建筑物对暴雪(姜堰市最大积雪深度为27cm)产生的积雪的承载能力。

3)设计人员还应充分考虑暴雨(雪)对水电系统带来的影响。

4)应当按照提供的相关暴雨强度图表,参照有关建筑规范做好五金等材料的选型工作。

(2)项目建设阶段

1)在项目建设过程中,对易出现内涝的地段应及时修筑防洪挡水墙,疏通排水下水道,同时备好抽水设备。

2)在暴雨发生时工程区域内应暂停户外施工作业,施工人员尽可能停留在室内或者安全场所,并及时转移危险地带的小区配套设备到安全场所避雨。

3)如有积雪出现,应当对施工现场及时进行清理。

(3)项目建成交付使用后

1)应建立小区内预防暴雨灾害的各项应急措施,及时告之居民暴雨预警信息,定期疏通排水下水道,保证小区内防范暴雨措施落实到位。

(2)世纪新城一期工程管理部门应当及时了解姜堰市气象台发布的暴雨(雪)预警信息并及时告之居民。

7.3.6.3 热带气旋(含台风)

(1)设计阶段

1)在工程项目设计过程中的所有建筑物近地层设计抗风能力至少应在12级以上(仅供参考,实际抗风参数设计应当以建筑设计单位的为准),同时小区的排水设备的瞬间排水能力也要能将热带气旋带来的短时强降水及时排除。

2)小高层建筑的抗风能力应该比普通建筑物更高,小高层建筑的周围尽量避免设计其他建筑物,特别是小高层建筑的南边。

(2)施工阶段

当热带气旋(含台风)影响时,应注意:

1)立即对施工工地内的施工材料、塔吊、脚手架、孤立墙体等采取相应的加固和保护措施。

2)立即停止工程区域内的室内外一切活动,施工人员应当撤离施工现场,特别是远离容易坍塌的墙体、工棚等危险地带,疏散作业人员进入安全房屋中避险。

(3)交付使用后

1)工程区域内应建立防台抗台应急预案。当受台风严重影响时工程区域内管理部门应及时告之居民台风预警信息,及时通知居民到室内避险,及时加固广告牌、门窗、幕墙、室外设施等,将小区内的遮阳棚、室外天线、围板、棚架、临时搭建物、花盆等易被风吹动的物品以及杂物等应加固或移入室内,并关好门窗。

2)及时疏散世纪新城一期工程内密集场所人员到安全地带。

7.3.6.4 大风

(1)在世纪新城一期工程项目设计时,应根据对大风的统计分析,充分考虑小区建筑物的抗风能力,建议所有建筑物设计抗风能力至少应在12级以上,特别是小高层建筑的抗风能力应该比普通建筑物的标准更高,同时要充分考虑玻璃幕墙的抗风压性能。

(2)在项目建设过程中,应注意及时和姜堰市气象台联系,关注最新大风预警信息,及时采取有效防风措施。当遇有大风时,应及时加固所有建筑设施、工棚等,立即撤离高空及危险地带施工作业人员,停止室内外施工活动,疏散施工人员到安全地方。

(3)在项目建成交付使用后,工程区域内应建立防大风应急预案,当遇有大风灾害时,应及时将大风预警信息告之工程区域内居民,立即通知居民停止工程区域内集体活动到室内避风,将工程区域内的遮阳棚、室外天线、棚架、临时搭建物、花盆等易被风吹动的各类物品及时加固或移入室内,并关好门窗,保障安全。

(4)其余情况参照台风(热带气旋)的应对措施。

7.3.7 建设项目气象灾害风险评价结论及建设建议

(1)拟建的世纪新城一期工程在建设和运行过程中可能遭受雷电灾害风险较高,产生的可能后果也较严重。根据计算和评价,世纪新城一期工程项目的6幢11层点式小高层应按二类防雷建筑要求采取防直击雷措施,建筑内重要的电子设备应采取防雷击电磁脉冲措施,世纪新城一期工程项目的其他建筑物应按三类防雷建筑的要求采取防雷措施,通过必要的工程和非工程手段合理布设防雷装置,可以避免或减轻影响。

(2)世纪新城一期工程在项目设计时要充分考虑暴雨(强降水)的影响,所有排水系统设计时应按防范不低于24小时最大降水量192.2mm,以及不低于姜堰市降水强度极值图中的不同统计时段最大降水强度的标准设计,以保证工程区域内遭遇暴雨时能及时排涝。在最大雪压设计时应充分考虑姜堰地区最大积雪深度27cm的极值情况。在该项目施工过程中和工程建成投入使用后需加强与气象部门联系,做好暴雨气象灾害的防御及应急措施,做好内部排涝。在台风活动季节注意收听灾害性天气信息,做好防台、抗台工作。

(3)世纪新城一期工程在设计时应考虑大风对建筑结构的影响,建议按防范不低于12级大风的标准设计(姜堰历年瞬时极大风速为31m/s)。历年极大风速(瞬时)31m/s和建议防范12级以上大风都指在近地面层10.5m处的风速。

参考文献

丁旻,等.2011.模糊层次综合法在区域雷电灾害风险评估中的应用[J].成都信息工程学院学报,(5).
付艳丽,王基才,龚昌云.2001.灰色关联度分析法在城市环境噪声分析中的应用[J].辽宁工程技术大学学报（自然科学版）,(4).
戈尔德.1983.雷电[M].北京:电力工业出版社.
郭虎,熊亚军,扈海波.2008.北京市雷电灾害灾情综合评估模式[J].灾害学,23(1):14-17.
黄崇福.2005.自然灾害风险评价——理论与实践[M].北京:科学出版社.
李彩莲,赵西社,赵东,等.2008.陕西省雷电灾害易损性分析、评估及易损度区划[J].灾害学,23(4):49-53.
李清泉,袁鹏,李彦明.2002.雷击建筑物时的雷电流分布研究[J].中国电力,(7):52-55.
刘引鸽.2005.气象气候灾害与对策[M].北京:中国环境科学出版社.
马宏达.2004.学习和引用IEC建筑物防雷规范中值得商榷的几个问题[J].建筑电气,2:11-13.
梅卫群.2008.建筑物防雷工程与设计[M].北京:气象出版社.
陕振沛,等.2010.灰色预测GM(1,1)模型的研究与应用[J].甘肃联合大学学报(自然科学版),(9).
史培军.2005.四论灾害系统研究的理论与实践[J].自然灾害学报,14(6):1-7.
史培军,等.2011.综合风险防范[M].北京:科学出版社.
孙金华.2013.张家港市雷灾分析及未来预测[C]//第十一届防雷减灾论坛——雷电灾害与风险评估.
万钟强.2004.雷电灾害风险评估的参数研究与模型设计[D].南京:南京气象学院.
王惠,邓勇,尹丽云,等.2007.云南省雷电灾害易损性分析及区划[J].气象,33(12):83-87.
许小峰.2002.国家雷电检测网的建设与技术分析[J].中国工程科学,5(5):7-13.
许小峰.2004.雷电灾害与监测预报[J].气象,30(12):17-21.
严春银,吴高学,朱建章.2007.区域雷灾易损性及其区划的实证分析[J].气象与环境学报,23(1):17-21.
杨仲江,余蜀豫.2011.暂态电流和电位抬升对雷电风险参数 Pc 的影响[J].科技导报,29(26):57-60.
杨仲江.2008.防雷工程检测审核与验收[M].北京:气象出版社.
杨仲江.2009.雷电灾害风险评估与管理基础[M].北京:气象出版社.
尹娜,肖稳安.2005.区域雷灾易损性分析、评估及易损度区划[J].热带气象学报,21(4):441-448.
余蜀豫.2012.雷电风险评估方法和参数研究及实践[D].南京:南京信息工程大学.
张继权,李宁.2007.主要气象灾害风险评价与管理的数量化方法及其应用[M].北京:北京师范大学出版社.
张旭晖,吴洪颜,许祥,等.2007.江苏省雷暴灾害脆弱性分析[J].气象科学,27(5):536-541.
赵军,郭在华.2007.雷击风险评估方法综合应用研究[J].成都信息工程学院学报,22(增刊):48-50.
周歧斌.2008.使用EMTP计算建筑物金属构架上的暂态电流分布[J].低压电器,(24):45-48.
Petak W J, Atkisson A A. 1982. Natural hazard risk assessment and public policy: anticipating the unexpected[M]. New York: Springer-Verlag.
Saaty T L. 1980. The Analytic Hierarchy Process[M]. New York: McGraw Hill.

第三编 气象灾害风险管理的立法保障

第8章 气象灾害风险管理立法的基本问题

内容摘要：

本章主要探讨了国内外气象灾害风险管理立法现状及我国气象灾害风险管理立法需求和思路。

气象灾害风险管理立法是转变政府职能、创新管理方式和健全公共安全体系的需求，是积极应对气候变化和促进经济社会可持续发展的需求，是加快我国气象灾害防御法律体系建设步伐的需求。

联合国提出的21世纪国际防灾减灾的重点任务，即把防灾减灾的重点从灾后应对转向灾前预防、从重视硬件设施建设转向强化灾害风险管理、从强调政府的作用转向推进社会灾害应对能力建设。政府间气候变化专门委员会进一步提出了管理灾害风险的各种政策选项。美国、日本、英国、巴西和澳大利亚在气象灾害风险评估、灾害预警、灾害信息传播、防灾减灾教育、灾害保险等方面的立法经验均值得我国学习借鉴。

目前，我国已经初步形成适合中国国情、具有中国特色的气象防灾减灾体制、机制和法制，但"风险管理"的理念在气象灾害防御立法中体现尚不充分、相关制度还不够健全。气象灾害防御立法落后于气象灾害防御工作实践，已经不能满足和适应气象防灾减灾发展新要求，建议加快推进相关立法修订进程。

8.1 气象灾害风险管理的立法需求

8.1.1 转变政府职能、创新管理方式和健全公共安全体系的需求

我国《突发事件应对法》(2007)将自然灾害与事故灾难、公共卫生事件和社会安全事件并列为我国四大危害公共安全的突发事件。其中气象灾害占我国各种自然灾害71%左右，种类多、分布广、频率高、强度大、损失重。近10年，全国平均每年因气象灾害死亡2000人左右，经济损失2000亿元左右，给国家和人民生命财产安全造成巨大的损失，对社会公共安全造成严重威胁与挑战。

公共安全是政府向公民所提供的公共服务中最基本的服务，也是政府所承担的最基本的

职责。气象防灾减灾工作关系到国家安全和人民群众生命财产安全,减轻各种灾害问题和提升公众稳定的安全预期,客观上已经成为维系国家长治久安和顺应民生安全诉求的重大战略问题,国家采取综合防灾减灾的应对之策以增强公众对安全问题的信心已经刻不容缓。党中央、国务院高度重视气象防灾减灾,将气象防灾减灾写入十八大报告,将气象防灾减灾工作作为政府社会管理和公共服务的重要组成部分并纳入经济社会发展规划,将减轻灾害风险列为政府工作的优先事项。十八大报告提出要"加强防灾减灾体系建设,提高气象、地质、地震灾害防御能力"、"加快健全基本公共服务体系,加强和创新社会管理"、"加快形成源头治理、动态管理、应急处置相结合的社会管理机制"以及"强化公共安全体系"。

实践证明,风险管理作为一种创新的科学管理手段,是深化科学发展观,实现城乡安全协调发展的必然要求;是维护公共安全,完善政府社会管理和公共服务职能的重要方面;是落实预防为主,常态与非常态管理相结合原则的具体体现;是创新公共安全管理理念,做好突发事件预防与应急准备工作的重要抓手。通过实施气象灾害风险管理,使气象灾害防御的端口前移,可以变被动防灾为主动应对,实现气象防灾减灾工作由减轻气象灾害损失向降低气象灾害风险转变。通过加强气象灾害风险管理立法,将有助于构建一套科学、规范和制度化的气象灾害风险防范体系,把气象灾害的风险识别、监测预报预警、影响评估、灾害适应和风险转移等作为灾害风险管理能力建设的重要内容,促进部门合作和学科交叉融合的科学研究,从整体上提高气象灾害防御的预见性和应对的主动性,提高气象灾害防御能力,健全气象防灾减灾公共安全体系。

8.1.2 积极应对气候变化和促进经济社会可持续发展的需求

我国幅员辽阔,东部位于东亚季风区,西部地处内陆,天气和气候系统复杂,地形地貌多样,又有青藏高原大地形的作用,是世界上受气象灾害影响最为严重的国家之一。我国气象灾害种类多、分布地域广、发生频率高、造成损失重,并且由气象灾害引发或衍生的其他灾害,如山洪灾害、地质灾害、海洋灾害、生物灾害以及森林草原火灾等,也都对国家经济建设、人民生命财产安全构成极大威胁。随着我国经济社会的不断发展,尽管每年气象灾害造成的经济损失占国内生产总值的比例已从20世纪90年代的3‰~6‰下降到目前的1‰~3‰,但是气象灾害造成损失的绝对值越来越大。

同时,在全球气候变暖的背景下,我国极端天气气候事件发生的概率进一步增大,气象灾害的突发性、反常性和不可预见性日益突出,气象灾害的风险日益增大。流域性特大洪涝、城市内涝、区域性严重干旱、高温热浪、极端低温、特大雪灾和冰冻等灾害频繁发生,对我国防灾减灾工作带来十分严峻的挑战。此外,随着我国经济社会的快速发展,工业化、信息化、城镇化进程加快,社会孕灾环境更加脆弱敏感、承灾体暴露易损程度更高、致灾因子也更加复杂多样,气象灾害脆弱区域越来越广,敏感行业越来越多,气象灾害造成的经济损失越来越大,越来越多的国民经济行业的安全运行受到气象灾害的严重威胁,同样强度的气象灾害事件所造成的经济损失和社会影响比过去大得多,气象灾害已经成为影响经济社会稳定和发展的重要因素。

2011年11月18日,政府间气候变化专门委员会(IPCC)发布的《管理极端事件和灾害风险促进气候变化适应特别报告决策者摘要》(SREX)将气象灾害风险管理与适应气候变化和可持续发展紧密联系在一起。加强气象灾害风险管理,尤其是通过立法,让气象灾害风险管理工作常态化、制度化、法制化,是我国积极应对气候变化和保障经济社会可持续发展的必经之路。

8.1.3 加快我国气象灾害防御法律体系建设步伐的需求

我国气象灾害防御法律体系已经逐步形成,包括《气象法》《突发公共事件应对法》《防洪法》《防沙治沙法》、《防震减灾法》等多部法律,《人工影响天气条例》《气象灾害防御条例》《气象设施和气象探测环境保护条例》《防汛条例》和《抗旱条例》等多部行政法规,《气象灾害预警信号发布与传播办法》《气象预报发布与刊播管理办法》《防雷减灾管理办法》和《气候可行性论证管理办法》等多部部门规章。综观我国气象灾害防御立法,虽然有"预防"气象灾害的理念和相关制度,但是,"风险"管理的理念和制度还是比较欠缺和薄弱的。

《国家气象灾害防御规划》(2009—2020年)提出要加强气象灾害防御法规建设,建立内容完善、科学配套的气象灾害防御法律法规体系,建立健全《气象灾害防御条例》、《气象灾害风险评估办法》等气象灾害防御法律法规体系。中国气象局《气象立法规划(2011—2020年)》(气发〔2011〕66号)提出了要制订《气象灾害风险管理条例》,规划指出:为了加强气象灾害风险管理,避免和减轻气象灾害风险对经济建设、社会发展的影响,需要制定《气象灾害风险管理条例》。要明确气象灾害风险管理的内涵、基本原则,建立气象灾害风险管理的组织体系,建立气象灾害调查和风险区划制度,建立气象灾害风险评估和风险预警制度,建立气象灾害风险应急处置和灾后重建制度等,对推进气象灾害风险管理立法提出了需求。

8.2 气象灾害风险管理的立法现状

8.2.1 国际气象灾害风险管理立法现状和实践动态

8.2.1.1 联合国

联合国减灾署(UNISDR)在联合国系统内协调减灾事务。最近二十来年,联合国大会在减灾领域通过了一系列重要的纲领性文件,这些文件虽然还不具有法律约束力,但是已经成为国际社会普遍遵守的行动战略和指导方针。如《横滨声明》和《建设一个更安全世界的横滨战略和行动计划:自然灾害防灾、备灾和抗灾方针》(1994年5月27日联合国世界减灾10年(横滨)会议通过)、《二十一世纪更安全的世界:减轻风险与灾害》(1999年7月9日国际减灾十年活动(日内瓦)论坛通过)、《兵库宣言》和《2005—2015年兵库行动框架:加强国家和社区的抗灾能力》(HFA)(2005年1月22日减少灾害问题世界(神户)会议通过)等。其中《2005—2015兵库行动框架》(HFA)是目前全球减灾计划实施的指南。联合国减灾署通过HFA监控工具对HFA的实施进行监控,定期发布各区域和国家执行HFA情况的评估报告。2013年5月19—23日在瑞士日内瓦召开的"减轻灾害风险全球平台第四次会议"对《后兵库行动框架》((HFA2))(建议稿)进行了磋商,HFA2将于2015年后接替HFA。

联合国21世纪国际防灾减灾活动的共同目标是:"提高人类社会自然、技术和环境灾害的防御能力,从而减轻施加于当今脆弱的社会和经济之上的综合风险;通过将风险防御战略全面纳入可持续发展活动,促进从抵御灾害向风险管理转变"。联合国提出的"国际防灾战略"把防灾的重点从灾后的应对转向灾前的预防;从重视防灾硬件设施的建设转向强化对灾害的风险管理;从强调政府的作用转向推进社会灾害应对能力建设。

(1) 防灾减灾战略目的

使所有社区对于自然、技术和环境灾害更具有承受力,减轻由于现代社会中社会、经济脆弱性导致的复合风险,从灾害防护出发到风险管理。增加公众对现代社会所面临的自然、技术和环境灾害的风险意识;得到政府对公众、公众生活、社会和经济基础设施以及环境资源减少风险的承诺;通过扩大合作在所有层次上实现公众参与,以创造抗灾社区;减少灾害造成的经济和社会损失。

(2) 防灾减灾行动重点

确保减灾成为各国政府部门工作重心之一;识别、评估和监测灾害风险,增强早期预警能力;在各个层面上营造注重安全,减少潜在的灾害危险因素;增强防灾减灾能力,确保对灾害做出有效反应。

(3) 防灾减灾战略的实施方法

为了减轻和预防严重的多发性的灾害影响,应当鼓励研究和应用,提供知识、传递经验,增强能力以及分配必需的资源,尤其是对于脆弱人群更应该如此;各种组织应加强合作和多学科联系以促进其在灾难、风险和灾害预防等公共决策过程中的科学和技术贡献力度;在自然资源管理和减灾实践之间建立更好的交流机制;完成综合的风险评价,并且将其贯彻到发展计划中;制定和应用降低风险的战略,以使灾害预防获得资源和计划安排上的支持;将建立风险监测能力和早期预警系统作为一个整体过程;建立一个公认的、国际通用的、专业化的标准和方法,来评价和分析灾害对社会和经济的影响;寻求一个新的资助机制,以开展持续的风险和灾害预防活动。

(4) 联合国防灾减灾战略实施步骤

制定国家级的对已有系统进行审查和评估的体系,以支持建立5~10年和20年的综合灾害风险和减灾战略;对人口增长、城市化以及在自然、技术和环境因子之间相互作用进行动态风险分析;建立国家之间的合作性组织,以增强应对灾害的防御能力;提倡和鼓励国家之间的经验交流,特别是那些高风险国家之间的经验交流;建立协调机制以便在所有相关层次上提升灾害风险和灾害预防策略的有效性和协调性;将长期减灾战略的重点放在城市和特大城市环境上;在有灾害倾向的环境和地区建立综合土地利用规划和方案;努力将防灾减灾与21世纪议程的实施联系起来;对各项减灾行动的进展进行定期检查;制定和使用能较好地反映风险、灾害影响的经济指标体系;研究特定的资金和资源分配模式,使风险和灾害减灾战略持续地得到保证;在风险和灾害预防方面,建立全球信息交换网。

8.2.1.2 政府间气候变化专门委员会

2011年11月18日,政府间气候变化专门委员会(IPCC)第一工作组和第二工作组在乌干达首都坎帕拉联合发布了《管理极端事件和灾害风险促进气候变化适应特别报告决策者摘要》(以下简称"特别报告")。该报告由来自62个国家的220位作者和编审历时两年半时间完成,它从"极端气候事件+脆弱性+暴露程度"的角度剖析了灾害风险的根源,综合考虑了气候、环境、社会经济条件等因素,提出了管理灾害风险和适应气候变化的各种政策选项,对于我国把风险管理纳入应对气候变化行动的整体框架提供了重要的科学依据。基于过去全球灾害风险管理的经验教训,特别报告将应对风险的基本方法归为六大类,这些方法相互交叉,互为补充,可以组合使用。

(1)减少风险的直接对策:"降低暴露程度"和"降低脆弱性"

灾害风险管理的第一层次的目标是全力减少灾害风险,降低灾害发生的可能性。"降低暴露程度"和"降低脆弱性"是特别报告提出的灾害风险管理的核心着力点。暴露程度和脆弱性总是动态变化的,呈现出不同的时空特点,取决于经济、社会、地理、人口、文化、治理和环境的因素。不同人群的暴露程度和脆弱性也很不相同,这取决于收入、教育水平以及其他的社会和文化特征。相对而言,减少暴露在技术上比较容易实现,可以通过加强防护、科学规划、合理的人口布局等途径得以实现。但是降低脆弱性相对比较困难,需要通过改变和调整系统的内部结构得以实现。

(2)减少损害的处置方法:"风险转移及风险共担"和"准备、应对和恢复"

这两项是比较传统的应对风险的方法,"风险转移和风险共担"可以借助市场机制实现,"准备、应对和恢复"更多地依靠国家或地区的总体规划和预案建设,还需要借助先进的预报和预警技术的支持。从世界范围的实践来看,灾害的准备和应对是当前灾害风险管理的各个环节中发展最为完善的一部分,大部分国家建立了针对各种气象灾害的应急管理预案,预案的内容包含了预防准备、监测预警、处置救援和恢复重建等全过程的危机管理,尽管各国的制定和实施预案的水平不尽相同,但是从全球减灾战略行动来看,准备和应对方面的努力仍可以认为是启动最早、成效最为显著的领域之一。

(3)减少损害的能力建设:"增强对变化风险的恢复力"和"重构"

"增强对变化风险的恢复力"和"重构"是两个涵盖面极其广泛的范畴,涉及社会经济系统的调整和变迁,是20世纪70年代以后逐渐发展成熟起来的灾害风险管理的重要理念。"恢复力(resilience)"借鉴了力学中的一个专业术语,描述了某些材料在没有断裂或完全破坏的情况下的复原能力,与"弹性"的概念十分类似,在灾害学研究中,这一概念引申为承受压力或遭受损害的系统在遭受扰动后恢复初始状态的能力。IPCC认为系统的恢复力来自于以下三个方面:功能持续、自组织和社会学习。恢复力是由系统本身的结构和功能所决定的,增加灾害恢复力的努力往往是通过改变自然系统和社会经济系统的结构和功能而实现的,而这种改变正是"重构(transformation)"的一种表现形式。在过去的减灾方案中虽然也出现了与"重构"这一观念类似的政策建议,比如"兵库行动框架"提出的三大战略目标之一"通过发展和加强制度、机制和能力以建设对灾害的恢复力",实际上就是一个重构的过程,但是将"重构"这一极为宏大的范畴作为应对灾害风险的政策选项的一个类别还不多见。特别报告将"重构"界定为"系统的基本特征的改变(包括价值观系统;管制、立法和科层体制;筹资制度;以及技术系统和生态系统)",这种涵盖了技术、生态、制度乃至价值观变化的定义十分宽泛,可以将更广泛的政策工具容纳进来。很显然,"增强恢复力"和"重构"是两个相互交织、相互影响的过程,增强恢复力是系统重构的目的,而重构可以理解为增强恢复力的过程。

综合来看,特别报告虽然强调应对灾害风险必须依靠相互补充的一系列政策组合,但是在所推荐的政策选项中非常明显地倾向于社会经济政策的运用,暴露程度和脆弱性本身就是由社会经济发展水平所决定的,也可以通过加快经济发展得以改善。而"增强恢复力"和"重构"等理念的提出则强调抵御灾害风险不仅需要较高程度的经济发展水平,还需要辅之以社会结构的调整和变革,改变人类的认知水平和行为模式,从根本上提升应对灾害风险的能力。这些目标涉及深层次的社会变迁,需要经过很长时期的努力。对人类社会经济系统的特别强调是该项报告的一个重要特点,这不同于"兵库行动框架"中对自然变化、技术系统、社会发展等方方面面俱到的建议,使得行动的优先顺序更为明确。

8.2.2 国外气象灾害风险管理立法现状和实践探索

8.2.2.1 美国

美国建立了较为完备的气象灾害防御法律体系。其中包括防灾基本法律,如《灾害救助法》《联邦灾害法》《罗伯特·斯坦福救灾与应急救助法》《美国联邦灾害紧急救援法案》《沿海区域管理法》等;以及气象衍生灾害防御的特别法,如《防洪法》《洪水灾害防御法》《国家洪水保险法》《大坝监测法》《沿海防洪紧急法案》等。通过这些立法,美国确立了一整套气象灾害防御制度,其中加强灾害预防以及风险管理是重要内容,比如1974年通过的新《灾害救助法》(Disaster Relief Act)明确了联邦政府的公共安全管理从灾害发生时的应对和灾后恢复性政策,拓展到减轻灾害和准备的预防性政策。《罗伯特·斯坦福救灾与应急救助法》强调了准备职责的重要性。《全国洪水保险法》限制在易涝和低洼地区修建住宅区,将保险引进救灾领域等。美国气象防灾和风险管理有关理念与制度如下:

防灾策略:美国政府把气象灾害防治工作纳入"国家防灾战略"及"国家气象服务系统现代化计划"的框架,主要项目包括气象灾害危险评估计划、定期公布灾情及发展趋势、建立减灾信息网等。制定了诸如气象灾害应变、洪水保险、飓风防治等国家级政策,以减少气象灾害的冲击。

防灾目标与重点:气象灾害防灾目标是大幅度提高公众对气象灾害的风险意识;减少气象灾害造成的人员伤亡、经济损失。重点是将气象灾害潜在趋势与风险评估作为防灾、减灾的依据;鼓励防灾、减灾的应用研究与科研成果转化;加强防灾宣传与教育;政府和各界协调,通力搞好防灾、减灾工作。

气象灾害防治工作基本理念:软件重于硬件、平时重于灾时、地方重于中央。

防洪涝灾害:洪涝灾害是美国最严重的气象灾害。每年有960个家庭、3900亿美元财产受到洪水威胁。美国防洪工程的突出特点是重视前期工作。确定防洪工程标准一般为50年一遇。防洪抢险原则是:首先是由地方政府组织自救,如地方政府力量不足,向上级政府求援。

防旱灾:在美国,旱灾造成的经济损失高达几十亿美元。旱灾与其他气象灾害不同,发生的过程缓慢、受灾面积大。成立了减灾、抗旱委员会,进行风险评估,科学和政策相结合,进行防灾、抗旱。

美国政府在人类与自然协调发展的前提下,不断改善防灾工程措施,同时强调非工程措施,采取工程措施和非工程措施相结合的方式,强化其气象灾害防灾、减灾政策。

8.2.2.2 日本

日本以《灾害对策基本法》为中心形成了一个庞大的气象灾害防御法律体系,主要包括《灾害对策基本法》《气候变暖对策法》《防洪法》《森林法》《气象业务法》《灾害资助法》《海岸法》等与预防、减轻气象灾害有关的法律。在《灾害对策基本法》中,对洪水灾害、台风灾害、雪灾等气象灾害的预报、警报、灾害预防、灾害应急对策、防灾计划、救灾援助、灾后重建等都有明文规定。立法确保了日本防灾工作法制化、规范化,使气象灾害防灾工作有法可依,行之有效。

日本是一个充满危机意识的国家,为了应对包括气象灾害的各种危机,从20世纪90年代起,日本政府从中央到地方建立了危机管理体制、防灾体系;成立了以首相为主任的防灾委员会,指导和部署日本全国的应急防灾工作。日本政府用于防灾、减灾的预算约占国民收入的5%。政府各部门都设有专门的防灾机构,发生灾害时既可各自为战又可统一行动。危机意识使日本人在气象灾害来临之前便预先采取措施,有备无患。为了加速灾后重建,日本政府对受灾的公共设施及农田、农业设施等给予灾害补贴。

近年来,气候变暖等原因导致日本洪涝灾害频发。日本的洪水灾害具有源短流急、暴涨暴落的特点,为有效预防洪灾,日本政府选用高标准防洪工程体系,辅以灾害应急管理体制的模式。针对洪水风险区人口密度高、资产密集,日本预防洪灾对策主要是实施堤防、河道展宽、泄洪和防洪设施工程。日本防洪措施十分周全,如政府规定在城市每开发$1hm^2$土地,必须附设$500m^3$的雨洪调蓄区,调蓄区的土地由政府出钱购买作为防洪专用,不容许在该区内建房、居住。此外,日本气象厅等部门还设有覆盖日本全国的雷达雨量观测网,向社会公布洪水防灾图,发布洪水预报、警报,帮助政府和民众防灾、减灾。

日本政府对防灾减灾宣传普及活动非常重视,有许多制度化而又丰富多彩的形式。日本将每年的9月1日定为"防灾日",8月30日—9月5日为"防灾周"。此外,还有每年两次的"全国火灾预防运动"(3月1日和11月9日)、"水防月"(5月或6月)、"雪崩防灾周"(12月1—7日)等等。采取的活动形式有展览、媒体宣传、标语、讲演会、模拟体验等。

8.2.2.3 英国

英国由于国土面积较小,所遭受气象灾害的种类和影响程度都要次于美、日等国家。英国议会2004年通过的《英国突发事件应对法》是规范和指导英国政府处理包括气象灾害在内的突发事件的综合减灾基本法。随后又出台了《2005年国内紧急状态法案执行规章草案》。虽然目前没有出台针对某种气象灾害的特别防灾法,但是对气象灾害防御工作仍很重视,在《英国突发事件应对法》中,规定了气象部门有制定气象灾害防御规划的义务。

伴随气候变暖,英国洪涝等气象灾害增多。英国政府对待气象灾害的防范原则是灾难发生后,一般由灾区地方政府主要负责处理,而不是依赖国家层面的处理。因为地方政府能最便利快捷地提供救护、提供防灾物资、提供人力和信息。当气象灾害过于严重,超出当地政府承受能力时,通常从邻近地区就近调度支援。中央政府设有防灾紧急事务委员会,成员由各部部长组成,负责全国应急政策的制定,全国面上的灾害对策,进行全局的防灾、减灾协调、指挥、督导。进入21世纪,英国建立了由政府各部门组成的灾害预警和防范系统,为公众和政府及时、准确地提供预警和提供防灾、减灾服务。

近年来英国在气象灾害中洪涝灾害较为突出。据有关估计,英国大约有170万户家庭可能遭受洪水灾害的侵袭,水灾造成的经济损失多达2000亿英镑。英国环境、食品与农村事务部全权负责英国洪水灾害和海岸侵蚀等气象灾害防灾、减灾政策的制定,通过洪水预警和应急反应一体化服务计划、洪水区域管理计划、海岸管理计划等计划实施应急防灾工作。英国防洪涝灾害工程防洪措施(主要由堤防、河道整治、蓄滞洪区、分洪道等措施组成)与非工程防护措施(主要由设立洪水损失补偿基金和救灾基金、洪水保险、规范洪泛区的土地开发和利用、建立洪水预警系统等措施组成)并举。近年来对非工程防灾措施更为重视。洪水预警系统是非工程防灾措施的核心,其目标是利用现代化技术对洪水进行及时、准确的预警,尽可能减少灾害损失。

英国政府利用各种手段,增强社会、民众对气象灾害事件的从容应对能力。各地都根据本地区、本部门的情况相应制定具体的应对各种气象灾害的小册子,作为气象灾害应急指南,分给民众,帮助民众预防气象灾害。英国还建有完善的灾害应急管理培训体系,由三部分组成:一是国民紧急事务秘书处所属的紧急事务规划学院,主要培训如何协同应对突发灾害;二是政府部门设立的专业培训学院,主要培训本系统内如何应对突发灾害;三是私立培训机构。作为学生素质教育的一项重要内容,学校里设有应对突发灾害课。

8.2.2.4 巴西

巴西政府十分重视有关气象灾害的法律建设,建立健全《环境法》《森林法》《亚马孙地区生态保护法》等与气象灾害有关的法律、法规,依法防治气象灾害。近年来因气候变暖的影响,巴西东北部半干旱地区多发旱涝灾害。巴西政府根据联合国的要求,建立健全的包括气象灾害在内的灾害应急系统。国家建立专门机构,制定灾害应急计划和对策,完善灾害管理体制,加强减灾、防灾的基础建设,建立灾害管理网络和以民众为基础的灾害防御网,综合进行灾害治理。如巴西政府利用"中巴地球资源卫星",有效地进行防灾、减灾;巴西政府对农业防治气象灾害提供补贴,受灾农民可以获得政府100%的投资成本和65%生产净收入赔偿等。

巴西政府对待旱灾的整体措施是:以保护管理为基础,增加旱地作物,合理地利用水资源,科学地调用水资源。具体通过实施"与半干旱地区共同生活计划"等,推广先进的灌溉技术,加强修建地下蓄水池、建立地下管道滴灌系统等。巴西政府总的防洪灾害措施是:制定防灾方案,加强基础建设,改进排水与防洪系统设计;在技术方面要加强能力建设,提高洪水管理能力;改进排水与防洪系统设计;建设雨、污分流系统,进行总量控制等。管理方面制定综合排水、防洪与污水处理规划;完善管理体制;建立规范化管理程序;加强宣传、教育,呼吁公众参与防灾、减灾。

8.2.2.5 澳大利亚

澳大利亚各州、区域的立法均有特定的灾害应急管理立法,以有效地应对灾害,如首都《1999年紧急事务管理法案》、昆士兰州《救灾组织法》等。其主要制度包括:

国家—州—地方三级管理。气象灾害应急管理机构为国家应急管理委员会,其执行机构为应急管理署。各州设立灾害应急管理委员会,负责向州政府提出减灾专业方面的建议。各地方政府设立应急管理委员会,负责编制灾害规划。

"防灾型社区"建设。编制社区应急预案。社区相关部门了解各自的职责并提供居民的防灾安全意识。大约有50万训练有素的志愿者是抗灾的生力军。

国民防灾教育。澳大利亚各级中学都设有防灾减灾方面的专业课程,不少地方设立了防灾减灾专业学院。同时,防灾减灾的宣传教育纳入社区建设的范畴。

8.2.3 我国气象灾害风险管理立法现状和实践探索

如前所述,我国目前已逐渐形成具有中国特色的气象灾害防御法律体系,该体系包括《中华人民共和国气象法》《中华人民共和国突发事件应对法》《防洪法》《防沙治沙法》《防震减灾法》等多部法律,《人工影响天气条例》《气象灾害防御条例》《气象设施和气象探测环境保护条例》《防汛条例》和《抗旱条例》等多部行政法规,《气象灾害预警信号发布与传播办法》《气象预报发布与刊播管理办法》《防雷减灾管理办法》和《气候可行性论证管理办法》等多部部门规章。此外,该体系还包括一系列气象灾害防御法规性文件、规划和预案,如《国务院关于加快气象事业发展的若干意见》(国发〔2006〕3号),《国务院办公厅关于加强气象灾害监测预警及信息发布工作的意见》(国办发〔2011〕33号),《国务院办公厅关于进一步加强人工影响天气工作的意见》(国办发〔2012〕44号),《国家气象灾害防御规划》(2009—2020)和《国家气象灾害应急预案》(2010)等。通过这些法律法规、规划预案和政策文件,我国气象防灾减灾工作逐步进入法制化轨道。我国气象灾害预防与风险管理理念、制度及实践主要如下:

防灾减灾工作方针:一直以来,我国气象防灾减灾遵循"以人为本、预防为主、防治结合"的工作方针,立法和实践中都注重灾害的预防准备工作,近年来,开始重视气象灾害风险管理,致力于推进气象灾害的应急管理与风险管理并重发展。

防灾减灾机制:初步建立了"政府主导、部门联动、社会参与"的气象防灾减灾机制(图8.1)。

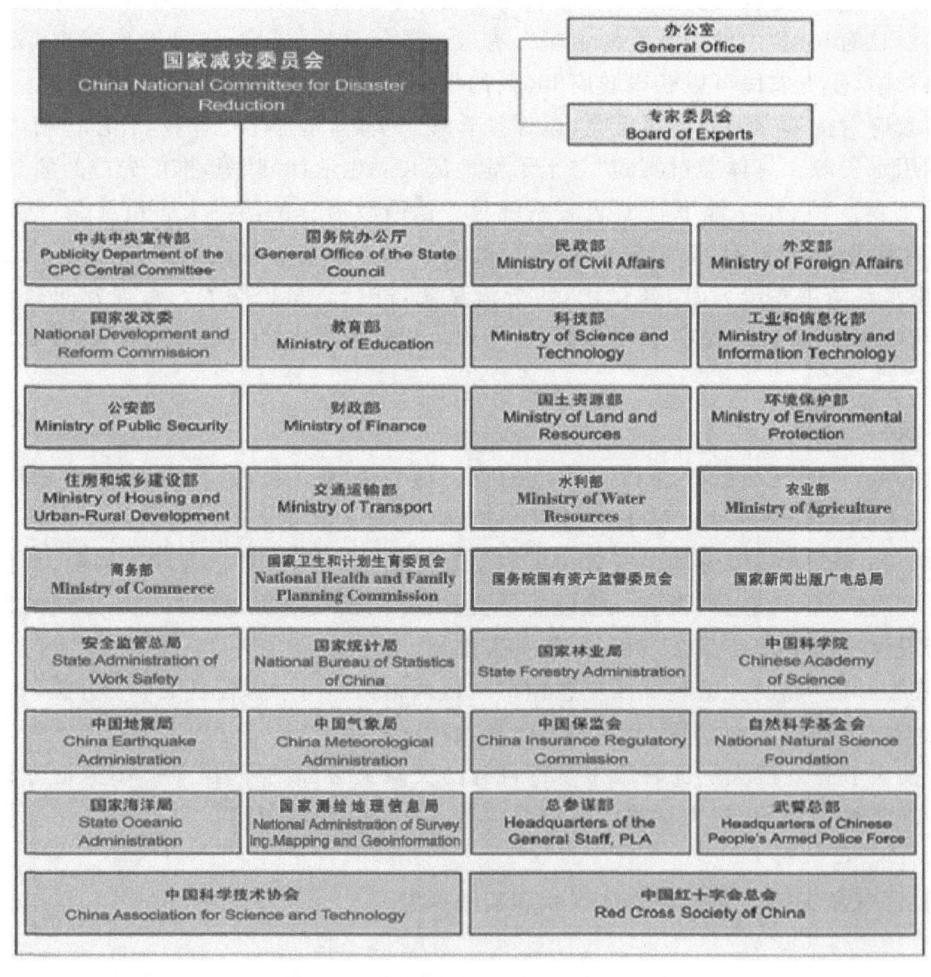

图 8.1 国家减灾委员会组织图

气象灾害预防制度:以《气象灾害防御条例》为核心确立了一系列的灾害预防制度,包括开展气象灾害普查,建立气象灾害数据库,进行气象灾害风险评估和区划,编制气象灾害防御规划和应急预案,开展气候可行性论证,开展气象灾害应急演练,做好气象灾害防御知识的宣传,进行气象灾害监测、预报和预警、加强气象灾害防御设施建设等。

气象灾害监测:目前,我国已经初步建立了天基、空基和地基一体化的气象综合探测系统,能较为严密地监测气象灾害。

气象灾害预报预警:我国是世界上少数几个能够制作气候预测产品的国家之一;我国中期数值天气预报可用时效已经延长至7天;2012年,全国24小时晴雨预报准确率达到86.5%,汛期短期气候预测准确率约68%,与世界先进水平相当。今后我国的气象灾害预报预测要从灾害性天气预报向气象灾害风险预报转变。

气象灾害预警信息发布。我国已经建立了国家突发公共事件预警信息发布系统,政府主导、部门联动的预警信息发布和传播机制得到加强,预警信息覆盖面更广。

气象灾害风险管理:完善了气象灾害防御规划和预案建设;建成了国家、省、市、县四级灾情上报系统和灾情信息共享平台,完成了以县为单位的全国历史气象灾情普查和暴雨洪涝、干旱、台风等气象灾害风险区划;开展气象灾害风险预警实验;探索开展各种气象灾害风险评估,如为各种重大社会活动开展气象风险评估,开展暴雨洪涝风险评估、公路交通内涝灾害风险评估、城市重点区域精细化风险评估等;开展各种重大工程和建设项目的气候可行性论证,主要集中于风能和太阳能电站选址、核电、城乡规划、交通设施和火电空冷等领域;建立巨灾保险制度,重点推行政策性农业保险,探索建立适合我国国情的农业气象灾害风险分散和转移途径,提高农业抗气象灾害风险能力;开展气象灾害应急准备认证,截至2013年,全国有987个县、4327个乡镇和2458个村开展了认证工作;加大气象科普宣传力度,向社会宣传防灾减灾知识,提高公众防灾意识等。

暴雨诱发中小河流洪水、山洪地质灾害风险管理:近年来暴雨诱发中小河流洪水、山洪地质灾害对我国人民生命财产安全造成了严重的威胁,比如2010年8月,甘肃舟曲县遭受强降水袭击,造成特大山洪泥石流灾害,4.7万人受灾,1492人死亡,273人失踪。我国从2011年开始逐步开展全国暴雨洪涝灾害风险评估、灾害风险调查以及灾害气象风险预警,在实践中取得了很好效果。

雷电灾害风险防范:我国广大农村是雷电灾害的多发地区,缺乏必要的雷电灾害防护措施,给我国很多地方造成重大安全事故,如2007年5月23日重庆开县义和镇兴业村小学雷击事故,7名小学生因遭受雷击死亡,44名小学生受伤,其中5人重伤。而据统计仅仅2007年上半年5个多月,全国因雷击导致56人死亡,雷击还对电力、石化、通信、交通等行业造成危害,导致直接经济损失约1097万元,间接经济损失约453万元。为了防范雷电灾害风险,我国加强了防雷管理工作,制定了专门的《防雷减灾管理办法》,确立了雷击风险评估制度,让防雷工作常态化、制度化。结合行政手段,在全国10个省100个雷电灾害高危村、频发村建设防雷减灾示范工程,在全国开展中小学防雷减灾工程建设,有效减少了雷击伤亡人数。

气象防灾减灾科普与教育:我国一直重视气象防灾减灾科普宣传,已初步建立起国家、省、市、县四级气象科普工作体系,形成了世界气象日气象台对外开放、气象科普场馆(基地)、气象夏令营、气象防灾减灾宣传志愿者中国行、气象书报期刊及影视作品、气象科普网页等独具特色的系列气象科普品牌或载体,积极推进气象防灾减灾科普宣传进学校、进农村、进社区、进机关,形成了常态化的气象防灾减灾科普格局。建立起气象防灾减灾培训体系,包括气象类大专院校、科研院所以及气象部门内部专门的培训学院等。

防灾减灾发展方向：更加重视防灾减灾的非工程性措施建设，推进防灾减灾的工程性措施与非工程性措施并重发展；更加重视气象灾害的风险管理，推进气象灾害的应急管理与风险管理并重发展；更加重视综合气象防灾减灾，推进由部门单项防灾减灾向部门间协同的综合防灾减灾转变；更加重视气象防灾减灾知识的普及，提升全民科学素质和气象防灾减灾能力。

8.3 气象灾害风险管理的立法思路

8.3.1 国外气象灾害风险管理立法对我国的启示

总体来看，我国目前已经初步形成适合中国国情、具有中国特色的气象防灾减灾体制、机制和法制，但对比国际防灾减灾战略要求、发展趋势以及国外防灾减灾方面的立法实践和成功经验，我国气象灾害防御立法方面还存在着一些不足，其中比较突出的一个问题就是"风险管理"的理念在气象灾害防御立法中体现尚不充分，"风险管理"的相关制度还不够健全。气象灾害防御立法落后于气象灾害防御工作实践，已经不能满足和适应气象防灾减灾发展新要求。

我国气象灾害防御现有立法中体现了灾害"预防"的理念与方法，但是灾害"预防"并不等同于"风险管理"。对于灾害"预防"与"风险管理"的区别，薛澜等（2008,2013）、钟开斌等（2006,2007)有很精辟的阐述，他们认为：

应急管理的主要目标是"预防和减小事件发生所造成的损失"。全过程的应急管理工作应当囊括事前、事发、事中、事后所有的应急管理环节，即包括预测预警、信息报告、应急响应、应急处置、恢复重建及调查评估等多个部分。由此可见，预测预警是应急管理工作的起点。目前，我国一直强调的"预防为主、关口前移"的问题，也就是要做好"预测预警"工作，而预测预警工作的主要目的在于防止已经存在的"潜在的危害"转化为"突发事件"。虽然目前应急管理的工作范畴已经向"预防"环节延伸，但管理对象的侧重点仍是突发公共事件。从这个意义上来说，应急管理仍是相对被动的。因此，要推动应急管理从"被动应对型"到"主动保障型"的转变，就应当从更基础、更根本的层面开展，也就是在"风险管理"上下足功夫。

风险管理是应急管理工作的"关口再前移"。"风险"包括两个基本要素：不利后果与可能性。其中，"不利后果"包括主观和客观两个方面，即可能产生的客观损失（人员伤亡、经济损失、环境影响等）和可能造成的主观影响（人群心理影响、社会影响、政治影响等）。风险管理的对象是"风险"，其主要特性是对不确定性和可能性（风险）进行管理。因此要实现应急管理活动的向前延伸，就需要实现从更基础的层面对"能带来损失的不确定性"（风险）进行超前预防与处置，从而实现应急管理工作真正意义上的"关口前移"、"防患于未然"。具体地说：第一，从功效上来讲，风险管理比应急管理更能从根本层面（基础规划、制度、城市软硬件建设）避免损失的产生。风险管理的最佳功效是"超前预防"，即尽量避免和减少人类活动与"灾害性"环境之间的互动，也就是尽量降低"致灾因子"产生的可能性，由此达到从最根本的层面上防止损失的产生；而一旦出现了"风险源"，风险管理的主要任务则变为评估和分析风险产生的可能性以及造成损失的概率，从而通过相应手段减少、降低、消灭这些可能性和概率的程度，达到预防损失的目的。但是"风险"一旦转化为"事件"，损失便不可避免，此时就需要采取应急管理的手段将损失减少到最低。第二,从管理层面上来看,风险管理的本质是战略管理,而应急管理则更多地倾向于是一种行动策略,因此风险管理能够在更基础层面实现管理的优化。风险管理通过对环境和"风险源"的仔细分析与评估,制定出处理"潜在损失"的系统性规划,从根本上杜绝和防止危害的产生,由此实现整体管理的优化。而应急管理是在"事件"发生后,按照既定预案或方案重新组合资源来进行应对,这通常导致在有限的时间和信息压力之下做出决策,因此很难保证资源配置的科学性和最优。风险管理工作的终点包括两个部分:其一,如果风险源被成功消除或控制,则重新进入常态管理和风险管理的起点(也就是风险管理准备阶段);其二,如果风险处置失败,"潜在的危害"转化为"突发事件",则立刻进入应急管理过程。因此,风险管理工作的终点就是应急管理工作的起点。由此可见,要实现应急管理工作"关口前移"的目标,不应当仅限于满足做好"预测预警"工作,而应当将关口"再前移",实现从根本上防止和减少风险源、致灾因子的产生。所以,在管理工作中有必要建立相应的机制与规则,确保应急管理与风险管理的有效衔接。

根据本书第1章的分析,风险管理是一个连续的、循环的、动态的过程。澳大利亚风险管理标准将风险管理定义为应对各种潜在风险(或危害)和不利影响的有效管理的文化、过程和结构,将风险管理过程定义为系统地应用各种管理政策、过程和实践来确定背景、识别风险、分析风险、评估风险、处置风险、监测风险和交流风险的过程。气象灾害风险管理是研究气象灾害风险发生规律和控制技术的一门管理科学。它通过风险识别、风险估测、风险评价,并在此基础上优化组合各种风险管理技术措施,对气象灾害风险实施有效的控制和妥善处理风险所致损失后果,期望达到以最少的成本获得最大安全保障的目标。

根据以上分析,审视我国气象灾害防御立法,目前《气象灾害防御条例》中确立的气象灾害普查、建立气象灾害数据库、进行气象灾害风险评估和区划、编制气象灾害防御规划和应急预案、开展气候可行性论证、做好气象灾害防御知识的宣传、加强气象灾害防御设施建设等都属于气象灾害风险管理的措施和方法,但是这些制度目前仍然停留在原则性的规定,除了气候可行性论证制订了有部门规章外,其他制度都还只是原则性规定,缺乏具体的实施细则和配套法规,从原则性规定到社会化规范还有很多工作要做。此外,对于气象灾害风险的全过程管理,目前的法律制度也还不太完善,比如风险监测、预报与预警,风险信息共享、沟通、发布与传播,应急准备认证,风险教育培训,风险转移等法律规范仍比较欠缺。从法律体系来看,由于我国自然灾害防御基本法缺失,我国突发事件应对基本法目前仍然停留在"应急管理"阶段而未向"风险管理"延伸,因此,气象灾害风险管理上位法缺失,我国气象灾害风险管理法律体系亟待健全。

8.3.2 完善我国气象灾害风险管理立法的思路

风险管理是一项系统性、专业性、科学性和综合性很强的工作,是应急管理实现"预防为主、关口前移"的一项重要基础性工作。"有备未必无患,无备必有大患"。建立科学、规范、系统、动态的风险管理机制,制定有效的风险控制措施,切实做到预防与处置并重、评估与控制相结合,是进一步从更基础的层面提升应急管理工作水平的必然要求。总体而言,我国的气象灾害风险管理工作刚刚起步,面对严峻的极端天气、气候事件以及各地频发的各种气象灾害,必须进一步推动我国气象灾害防御从过去的以事件管理为主向事件管理与风险管理并重转变,按照预防与应急并重、常态管理与非常态管理结合的原则,从源头抓起,通过标本兼治真正实现我国气象灾害防御工作从事后被动应付到事前主动保障的战略转变,从而为保障公共安全和人民生命财产安全,应对气候变化,保障我国经济社会可持续发展奠定坚实的基础。

"国际防灾战略"提出灾害防御要把防灾的重点从灾后的应对转向灾前的预防,从重视防灾硬件设施的建设转向强化对灾害的风险管理。国家综合防灾减灾规划(2011—2015年)提出灾害防御坚持"预防为主、综合减灾"的原则,强调要"加强自然灾害监测预警、风险调查、工程防御、宣传教育等预防工作,坚持防灾、抗灾和救灾相结合,综合推进灾害管理各个方面和各个环节的工作";《国家气象灾害防御规划(2009—2020年)》提出气象灾害防御坚持"预防为主,防抗结合"原则,强调"气象灾害防御以预防为主,防抗结合,实现综合防御"。我国气象灾害防御立法要充分贯彻和体现以上精神和原则,完善我国气象灾害风险管理立法。以下尝试提出完善我国气象灾害风险管理立法的一些思路。

(1) 在上位法中引入灾害风险管理理念及原则

气象灾害风险管理上位法有国家公共安全事件应对基本法、自然灾害防御基本法和气象事业发展基本法。国家公共安全事件应对基本法为《中华人民共和国突发事件应对法》(2007),气象事业发展基本法为《中华人民共和国气象法》(2000),自然灾害防御基本法目前仍然缺位。建议在这三个法律中,引入灾害风险管理理念,并提出基本原则,为气象灾害风险管理立法提供上位法律依据。

(2) 在气象灾害防御法中融入气象灾害风险管理的理念与制度

将加强气象灾害风险管理的理念与制度融入气象灾害防御基本法,在《气象灾害防御条例》上升为《气象灾害防御法》的立法修订中补充和完善气象灾害风险管理的内容。

1) 修订立法理念。在全社会推行和贯彻气象灾害风险预防文化和风险防范意识,提高全社会气象灾害风险管理能力和水平,预防和减轻气象灾害风险,让社会处于较低风险和可接受风险水平,保障公共安全和人民生命财产安全,保障我国经济社会可持续发展。

2) 修订立法指导思想。将气象灾害风险管理理念引入气象灾害防御全过程,强调和突出气象灾害风险防范的重要作用和地位,贯彻全过程气象灾害风险管理理念,从重视气象灾害危机应对转变为重视气象灾害风险管理,从重视减轻气象灾害损失转变为重视降低气象灾害风险,变被动防灾为主动应对。

3) 修订立法目的。在气象灾害防御立法目的中补充"为了加强气象灾害风险管理,预防和减轻气象灾害风险,保障公共安全和人民生命财产安全,应对气候变化,保障我国经济社会可持续发展"等内容。

4) 修订基本原则。目前《气象灾害防御条例》中确立的灾害防御工作基本原则是"以人为本、科学防御、部门联动、社会参与",建议再增加一条基本原则,即:"气象灾害防御工作坚持风险管理与应急管理并重,以风险管理为主原则"。

5) 补充、完善法律制度。增加或者完善气象灾害风险评估制度,气候可行性论证制度,气象灾害风险监测、预报与预警制度,气象灾害风险信息共享、沟通、发布与传播制度,应急准备认证制度,气象灾害灾后评估制度,气象灾害风险转移制度、气象灾害风险知识教育培训制度等。

(3) 制订专门的气象灾害风险管理方面的行政法规或者部门规章

将一些重要的气象灾害风险管理法律制度制订为行政法规,如《气象灾害风险评估条例》

《气象信息共享、发布与传播条例》《气候可行性论证条例》等;将气象灾害风险管理其他有关重要事项制订为部门规章,如《空间天气监测与预报预警管理办法》《雷电灾害风险评估办法》《风能太阳能监测预报管理办法》等。

(4)用气象灾害风险管理的理念修订完善其他相关法律法规

如修订和完善《中华人民共和国防洪法》《中华人民共和国防沙治沙法》《中华人民共和国防震减灾法》等法律,修订和完善《抗旱条例》《防汛条例》《人工影响天气条例》等行政法规,修订和完善《气象预报发布与刊播管理办法》《防雷减灾管理办法》《气象资料共享管理办法》等部门规章。

参考文献

陈振林.2013.我国气象防灾减灾能力建设与实践[J].阅江学刊,5(3):23.
郭起豪,张永,谈媛.灾害风险管理 任重而道远——写在"5·12"防灾减灾日.北京:中国气象报社.2013-5-13.
国务院法制办公室,中国气象局.2010.气象灾害防御条例释义[M].北京:中国法制出版社:26.
刘冰,薛澜.2012."管理极端气候事件和灾害风险特别报告"对我国的启示[J].中国行政管理,(3):92-95.
毛德华.2011.灾害学[M].北京:科学出版社.
米切尔·K. 林德尔,卡拉·普拉特,罗纳德·W. 佩里.2011.应急管理概论[M].王宏伟,译.北京:中国人民大学出版社.
乔治·D. 哈岛,琼·A. 布洛克,达蒙·P. 科波拉.2013.应急管理概论[M].龚晶,等,译.北京:知识产权出版社.
闪淳昌,薛澜.2012.应急管理概论——理论与实践[M].北京:高等教育出版社.
史培军,耶格·卡罗,叶谦.2012.综合风险防范:IHDP综合风险防范核心科学计划与综合巨灾风险防范研究[M].北京:北京师范大学出版社.
史培军.2008.制定国家综合减灾战略 提高巨灾风险防范能力[J].自然灾害学报,**17**(1):1-8.
史培军,等.2011.综合风险防范:科学、技术与示范[M].北京:科学出版社.
王炜,权循刚,魏华.2011.从气象灾害防御到气象灾害风险管理的管理方法转变[J].气象与环境学报,**27**(1):7-13.
王志强.2013.有效防御气象灾害的法制建设研究[J].阅江学刊,5(3):30.
吴绍洪,戴尔阜,葛全胜.2011.综合风险防范:中国综合气候变化风险[M].北京:科学出版社.
夏保成,张平吾.2012.公共安全管理概论[M].北京:当代中国出版社.
许小峰.2012.气象防灾减灾[M].北京:气象出版社.
薛澜,刘冰.2013.应急管理体系新挑战及其顶层设计[J].国家行政学院学报,(1):10-14.
薛澜,张强,钟开斌.2013.危机管理[M].北京:清华大学出版社.
薛澜,周玲,朱琴.2008.风险治理:完善与提升国家公共安全管理的基石[J].江苏社会科学,(6):7-11.
袁琳.2009.气象灾害应急管理研究[D].天津大学.
张继权,冈田宪夫,多多纳裕一.2005.综合自然灾害风险管理[J].城市与减灾,(2):2-5.
张继权,李宁.2007.主要气象灾害风险评价与管理的数量化方法及其应用[M].北京:北京师范大学出版社.
张继权,赵万智,多多纳裕一.2006.综合自然灾害风险管理——全面整合的模式与中国的战略选择[J].自然灾害学报,**15**(1):29-37.
张继权,赵万智,冈田宪夫,等.2004.综合自然灾害风险管理的理论、对策与途径[J].应用基础与工程科学学报,**14**(增刊):263-271.
珍妮特·V. 登哈特,罗伯特·B. 登哈特.2013.新公共服务:服务,而不是掌舵[M].方兴,丁煌,译.北京:中国人民大学出版社.

钟开斌.2007a.风险管理:应急管理的重要基础[J].中国减灾,(12):24-25.
钟开斌.2007b.风险管理:从被动反应到主动保障[J].中国行政管理,(11):99-103.
钟开斌.2006.国家应急管理体系建设战略转变:以制度建设为中心[J].经济体制改革,(5):5-11.
祝燕德,胡爱军,何逸,等.2009.重大气象灾害风险防范——2008年湖南冰灾启示[M].北京:中国财政经济出版社.
邹铭,范一大,杨思全,等.2010.自然灾害风险管理与预警体系[M].北京:科学出版社.
邹铭,袁艺,廖永丰.2011.综合风险防范:中国综合自然灾害救助保障体系[M].北京:科学出版社.

第9章　气象灾害风险评估的立法保障

内容摘要：

气象灾害风险评估制度指的是对气象灾害风险评估管理、监督、技术服务、科技开发以及公众参与等过程中的社会关系进行调整的法律规范体系。通过对灾害发生的可能风险、可能造成影响进行估算与测算，预判灾害的等级和可能造成的危害，可以为当地政府采取有效的气象灾害应急防御部署和措施提出合理化建议，也可为经济社会发展布局和编制气象灾害防御规划、应急预案、救灾及灾后重建方案、工程建设标准等提供科学依据。

最近二十来年，国际防灾减灾领域将灾害风险评估提高到一个很重要的位置，并且在文件中提出了要求。美国、英国和日本自然灾害风险评估法律制度建设比较成熟和完备。我国的灾害评估工作在实践中已经打下了一定的基础，但与气象灾害风险管理社会化需求相比仍有很大的差距，亟须通过立法手段，加快气象灾害风险评估社会化进程。建议将气象灾害风险评估设计成为一项基础和核心的法律制度，完善以《气象灾害风险评估条例》为核心的法律和技术规范体系及内容。

9.1　气象灾害风险评估的立法概念

9.1.1　气象灾害风险概念及特点

根据本书"2.2气象灾害风险"一节中关于气象灾害风险定义及特性分析，我们可以知道，气象灾害风险是指一定条件下和一定时期内气象灾害发生及由其造成伤害、损失或不利影响的可能性，具有危害广泛性、风险可变性、结构复杂性、发生必然性等特点。

气象灾害风险危害的广泛性和结构复杂性要求人们应该加强对潜在气象灾害风险的认知、识别与评价，建立风险监测预报预警系统，完善风险防范机制，进行灾害风险管理，主动预防和减轻灾害风险。另一方面，气象灾害风险可变性中隐含着发生的必然性，这就意味着人们能够通过科学和技术的手段，客观认识和评估风险水平，并能够根据致险可能性和风险损失的大小和级别，采取科学的预防、应急和处置措施，防灾于未然，确保社会处于较低或者可接受的风险水平。

9.1.2　气象灾害风险评估概念及内涵

气象灾害风险评估有广义与狭义两种内涵理解。狭义的气象灾害风险评估主要是针对气象灾害致灾因子进行风险评估，即从对危险的识辨，到对危险性的认识，进而开展风险评估，通常是对气象灾害致灾因子及其可能造成的灾情之超越概率的估算；而广义的气象灾害风险评估，是对气象灾害系统进行风险评估，即在对气象灾害的孕灾环境、致灾因子、承灾体分别进行风险评估的基础上，对气象灾害系统进行风险评估。

气象灾害风险评估的广义理解更具有科学性和完整性，也是国际上灾害评估工作的发展趋势。但我国目前立法中并未完全明确规定气象灾害风险评估的定义及内涵，《〈气象灾害防御条例〉释义》中对气象灾害风险评估是这样解释的：气象灾害风险评估是一项综合研究气象灾害危险性、承载体脆弱性的工作，它以气象灾害普查数据为基础，通过确定气象灾害损失指标，建立灾情序列，制定出致灾因子等级指标，构建致灾因子概率分布函数，建立起气象灾害风险评估模型。该释义接近气象灾害风险评估广义理解，但是对于孕灾环境和承灾体因素考虑仍然不够充分，为了在今后气象灾害风险评估实践中统一和明确评估内容、范围和方式方法，建议在立法中明确规定气象灾害风险评估概念。

9.1.3 气象灾害风险评估法律制度概念及意义

气象灾害风险评估法律制度是气象灾害风险管理法律制度中一项不可或缺的重要制度，与气象灾害防御应急准备措施评估、灾害损失评估、防灾备灾减灾措施效果评估等一起构成气象灾害评估制度体系。其中气象灾害风险评估主要指灾前预评估，是对未来气象灾害发生的可能性，以及可能造成的人员伤亡、经济损失、社会影响及减灾的社会经济效益的一种综合预测评价。通过对灾害发生的可能风险、可能造成影响进行估算与测算，预判灾害的等级和可能造成的危害，可以为当地政府采取有效的气象灾害应急防御部署和措施提出合理化建议，也可为经济社会发展布局和编制气象灾害防御规划、应急预案、救灾及灾后重建方案、工程建设标准等提供科学依据。

气象灾害风险评估法律制度与气象灾害风险评估技术规范有联系又有区别。气象灾害风险评估技术规范是指气象灾害风险评估工作的主要指导性文件和标准，是法律制度的技术基础和实践来源，也是制度建设的重要内容和目的之一。建设风险评估法律制度的目的和任务也是为了规范风险评估技术规范，并确保评估工作制度化、规范化、常态化，使风险评估对于预防和减少灾害风险的作用得到充分发挥。但是，法律制度不等同于技术规范。法律意义上的气象灾害风险评估制度指的是对气象灾害风险评估管理、监督、技术服务、科技开发以及公众参与等过程中的社会关系进行调整的法律规范体系，涉及调整与评估相关的政府及相关部门和机构、企事业单位、各社会团队、公众等主体在评估中的各项权利、义务和责任。气象灾害风险评估技术规范在性质上只是指导气象灾害风险评估工作的技术指南和科学准则，必须经立法确认并由气象灾害风险评估行政主管部门决定适用后才具有相应的法律拘束力；而气象灾害风险评估法律制度是由国家强制力保证实施的社会规范，凡在我国领域和我国管辖的其他海域从事气象灾害风险评估活动的均应遵守。我国实践中已制订有气象灾害风险评估技术规范，但是并不完整、统一与规范，需要通过立法使其更健全，并具有法律拘束力。

9.2 气象灾害风险评估的立法现状

9.2.1 国际气象灾害风险评估纲领性文件要求

最近二十来年，国际防灾减灾领域将灾害风险评估提高到一个很重要的位置，并且在国际防灾减灾纲领性文件中对各国开展灾害风险评估工作提出了要求,如《建设一个更安全世界的横滨战略和行动计划:自然灾害防灾、备灾和抗灾方针》(1994 年 5 月 27 日联合国世界减灾 10 年(横滨)会议通过)提出:"危险度评价是制订适当而有效的减灾政策和措施的必要步骤,要将减灾、防灾和抗灾工作纳入基于灾害评估的社会经济发展规划工作之中";《二十一世纪更安全的世界:减轻风险与灾害》(1999)提出必须由灾害应急文化向预防文化转变,从灾害防护过渡到风险管理,要完成综合的风险评价,并且将其贯彻到发展计划中;《兵库宣言》(2005)声明必须进一步加强国家和社区的抗灾能力,开展风险评估;《2005—2015 年兵库行动纲领:加强国家和社区的抗灾能力》(2005 年 1 月 22 日减少灾害问题世界(神户)会议通过)更为具体地指出:"更有效地将灾害风险因素纳入各级的可持续发展政策、规划和方案,同时特别强调防灾、减灾、备灾和降低脆弱性;风险评估是非常重要的投资,能够保护和拯救生命、财产和生计,促进可持续发展。与主要依靠灾后应对和恢复相比,它们在加强处理机制方面的成本效益要高得多"。

9.2.2　国外气象灾害风险评估立法及实践探索

美国、英国和日本等国家都建立了自然灾害风险评估法律制度。这些国家关于自然灾害风险评估的相关立法有:美国《斯坦福减灾和应急救助法》《地震减灾法》《关键基础设施信息保护法》《减灾规划》;英国《民事紧急状态法》《国内紧急状态法案执行规章草案》;日本《东京都震灾对策条例》等。虽然各国国情不同,所遭受的自然灾害种类不同,各国自然灾害风险评估对象和范围不尽相同,立法调整对象有所差异,但其灾害评估法律制度中的共性部分可以供我国气象灾害风险评估立法参考。下面重点介绍美国纽约和英国伦敦气象灾害风险评估开展情况,希望以一斑窥全豹,给我国气象灾害风险评估提供一些参考和借鉴。

9.2.2.1　美国纽约

在应对突发事件的过程中,纽约逐渐探索建立了一套规范有序、综合协调、依靠科技、公开透明的风险评估体系,不断推动整个城市安全、平稳、有序运行。总的来看,纽约市灾害风险评估具有如下突出特点:

一是规范有序,将风险评估与减灾规划、应急预案编制有机结合。纽约市的防灾减灾规划和应急预案编制遵循全国统一规范的标准,以危险源辨识和风险评估为基础,评估结果成为政府制定减灾决策的依据。根据《减灾规划》(DMA2000),美国联邦应急管理署(FEMA)制定了州和地方的灾后减灾规划项目指南、风险识别与损失评估指南,作为各州和地方进行风险评估和减灾规划的重要指导。根据联邦政府的规范要求,2009 年 3 月,纽约市应急办发布了《纽约市减灾规划》。通过开展风险隐患普查工作,纽约市全面掌握本行政区域、本行业和领域各类风险隐患情况,为防灾减灾规划和应急预案编制提供科学基础。

二是综合协调,由纽约市应急办牵头、相关政府部门和社会机构积极参与。为了加强地区、部门之间的协调配合,实现对各级各类风险的综合评估和协调应对,纽约建立了减灾规划委员会,下设规划小组、指导委员会、全体成员大会三个机构,纽约市应急办为牵头单位和协调机构,30 多家联邦、州和县机构以及地方社区、私人社团、美国红十字会及宗教慈善组织等参与。

三是依靠科技,依托各种灾害损失评估模型进行全过程风险评估。联邦应急管理署(FE-

MA)、国家气象服务中心(NWS)、环保署(EPA)、美国国家海洋和大气管理局(NOAA)、国家建筑科学学院(NIBS)、Oak Ridge 国家实验室(ORNL)等开发了 SLOSH 风暴潮预报、ALOHA 危化品扩散、HAZUSMH 灾害损失预测等灾害评估和损失预测模拟软件,实现对各级各类风险的动态跟踪、监测和研判。同时,美国非常重视吸引多学科交叉的科技力量进行相关研究。例如,美国国家海洋与大气管理局飓风中心开发飓风损失模型时,召集了气象学、风与结构工程学、计算机科学、地理信息系统学、统计学、财会学和保险学等方面的专家,模型涉及风灾模型(气象学)、易损模型(工程学)和保险损失模型(保险统计学)等。

四是公开透明,建立社会各界有序参与风险评估和减灾规划编制的平台。在开展风险评估和减灾规划编制的过程中,纽约市制定了综合性社区参与战略,推动私人部门、研究机构、社会组织以及市民积极参与。减灾规划草案在纽约市应急办网站公示 30 天(2008 年 11 月 1 日至 30 日),并在纽约市 9 个公共图书馆提供印制版本,学术机构、专业组织、社区组织、私人部门及相邻地区应邀对纽约市风险评估和减灾规划编制工作提供各种意见和建议。纽约市应急办还给纽约市的社区应急小组(CERT)成员、市民梯队委员会(Citizen Corps Council)、政治家、私人部门、学术界、非政府组织等相关部门和人员发送电子邮件,请他们反馈意见和建议。纽约市风险评估结果也及时告知公众,让公众提前做好防范和应急准备。纽约市应急办专门在其网站上公布了该市平时可能遭遇到的包括飓风、雷暴等在内的灾害,说明应采取的应对措施,告知从住宅、地铁、高楼等地撤离时应注意的事项。

9.2.2.2 英国伦敦

风险管理是当前英国应急管理工作的基础和关键,用科学的方法发现风险、测量风险、登记风险、处置风险,是英国各地区各部门应急管理的重点工作。伦敦风险管理工作以风险登记为核心,突出地具有规范化、制度化、标准化、程序化、精细化等特征。

一是风险评估在应急管理工作中具有核心地位。风险管理是一项具有日常性、基础性、前瞻性的工作,是实现预防为主、标本兼治的重要途径。在 2004 年之前,面对各种突发事件,英国政府注重的主要是事后第一时间的抢险救援工作。2004 年《民事紧急状态法》的颁布,促使英国应急管理实现了从注重事后应对向注重事前预防的重大转变,风险监测、评估、登记等成为英国各地区各部门开展应急管理工作的核心任务。

二是风险评估具有法律保障。英国《民事紧急状态法》对各地的风险管理工作提出了统一、明确的法律要求,要求第一类应急响应者必须编制完成当地的风险登记册。同时,风险评估结果还成为第一类应急响应者编制各部门应急预案的基础。英国《国内紧急状态法案执行规章草案》第三部分,对各地开展风险评估工作提出了明确的法律要求:第一类应急响应者必须相互合作,编制完成当地的社区风险登记册。

三是中央与地方有效整合、相互兼容。英国《国内紧急状态法案执行规章草案》第四章的应急准备指南及其附录,提供了各地开展风险评估的基本流程与方法。国民紧急事务秘书处负责牵头制定《地方风险评估指南》等规程,作为各地区开展风险评估工作的基本指导。该指南明确了从中央到地方的风险评估工作要求、全国统一规范的各级各类风险名录、风险评估的基本程序与方法、风险评估结果的运用等。

四是风险评估结果和登记情况实时更新、及时发布。伦敦地区、地方和区县根据风险态势变化、新一次复原力论坛会商结果以及新版《地方风险评估指南》的要求,对本地的风险进行动态更新。在风险评估结果的公开方面,伦敦遵循"公开是原则、不公开是例外"的原则,除了恐怖袭击类人为风险等不宜公开敏感信息外,风险源、风险发生的概率与后果、风险的地域分布、风险等级矩阵图、预警信息、风险态势及发展情况等都及时对社会公开,政府还提供有关个人和组织如何应对风险的各种对策建议,不断提高社会各界的风险防范意识和应急能力。

9.2.3 我国气象灾害风险评估立法及实践探索

"以防为主"一直是我国灾害防御中的重要指导思想,我国今年的"5·12"防灾减灾日也将主题确立为"识别灾害风险,掌握减灾技能",体现出我国经济社会发展对灾害风险评估的高度重视。从工作实践来看,我国目前已经建成全国气象灾害影响评估业务系统,结合地方实际,开展了一些风险评估工作,如安徽省暴雨洪涝定量化风险评估、广东省公路交通内涝灾害风险评估和城市重点区域精细化风险评估等;同时,也配合政府的决策工作,为一些重大社会活动提供了气象风险评估。因此,我国的灾害评估工作在实践中已经打下了一定的基础,但与气象灾害风险管理社会化需求相比,目前的气象灾害风险评估工作还只是刚刚起步,离风险评估工作的规范化、制度化、常态化仍有很大的差距,亟须通过立法手段,加快气象灾害风险评估社会化进程,规范政府、企事业单位、科研机构、社会团体和公众等在气象灾害风险评估中的权利、义务与责任。我国目前立法以及国家和地方政策中已经制订了一些气象灾害风险评估相关规定,这些规定主要如下:

1999年颁布的《中华人民共和国气象法》是对我国气象工作进行规范的法律,为了加强气象灾害防御,第28条第1款规定:"各级气象主管机构应当组织对重大灾害性天气的跨地区、跨部门的联合监测、预报工作,及时提出气象灾害防御措施,并对重大气象灾害做出评估,为本级人民政府组织防御气象灾害提供决策依据"。该条款可以看作是气象灾害风险评估的最早立法。

2007年我国出台了《中华人民共和国突发事件应对法》,这是我国公共应急法制建设的重要里程碑。在自然灾害应对方面,这是目前唯一的一部基本法或者说一般法。该法制定中体现了灾害应对"预防为主、预防与应急相结合"的原则,并确立了风险评估制度。如第5条:"国家建立重大突发事件风险评估体系,对可能发生的突发事件进行综合性评估,减少重大突发事件的发生,最大限度地减轻重大突发事件的影响"。第20条:"县级人民政府应当对本行政区域内容易引发自然灾害、事故灾难和公共卫生事件的危险源、危险区域进行调查、登记、风险评估,定期进行检查、监控,并责令有关单位采取安全防范措施。省级和设区的市级人民政府应当对本行政区域内容易引发特别重大、重大突发事件的危险源、危险区域进行调查、登记、风险评估,组织进行检查、监控,并责令有关单位采取安全防范措施。县级以上地方各级人民政府按照本法规定登记的危险源、危险区域,应当按照国家规定及时向社会公布。"其中第5条确立了我国风险评估法律制度,第20条对风险评估的责任主体、分类管理以及结果公布等进行了规定。

2010年颁布施行的《气象灾害防御条例》是根据《中华人民共和国气象法》的相关规定,在总结我国多年来气象灾害防御实践经验的基础上,针对气象灾害防御制订的一部专门性的行政法规。该法规从气象灾害的预防、监测、预报和预警、应急处置、法律责任等方面进行了全面而具体的规定,是我国目前开展气象灾害风险管理的重要法律依据。该法第一次明确提出了气象灾害风险评估法律制度的概念并就评估组织、管理和实施的主体,评估范围、内容、流程、方式、对象及结果运用的目的和意义等给予了规定,如第 10 条:"县级以上地方人民政府应当组织气象等有关部门对本行政区域内发生的气象灾害的种类、次数、强度和造成的损失等情况开展气象灾害普查,建立气象灾害数据库,按照气象灾害的种类进行气象灾害风险评估,并根据气象灾害分布情况和气象灾害风险评估结果,划定气象灾害风险区域"。第 11 条:"国务院气象主管机构应当会同国务院有关部门,根据气象灾害风险评估结果和气象灾害风险区域,编制国家气象灾害防御规划,报国务院批准后组织实施"。第 27 条:"县级以上人民政府有关部门在国家重大建设工程、重大区域性经济开发项目和大型太阳能、风能等气候资源开发利用项目以及城乡规划编制中,应当统筹考虑气候可行性和气象灾害的风险性,避免、减轻气象灾害的影响"。《气象灾害防御条例》中的以上规定是我国目前进行气象灾害风险评估活动的主要法律依据。

我国很多省(区、市)在其地方性法规和规章中确立了气象灾害风险评估法律制度。地方法规如《甘肃省气象灾害防御条例》第 22 条规定:"在气象灾害易发区进行重大基础设施建设、公共工程建设,在可行性研究阶段应当进行气象灾害风险评估。可行性研究报告未包含气象灾害风险评估内容的,有关审批机关不得审批"。《湖南省雷电灾害防御条例》、《浙江省气象灾害防御办法》等也对气象灾害风险评估工作提出了明确要求。这些地方性法规和规章是各地贯彻落实《气象灾害防御条例》的具体体现。《江苏省气象灾害评估管理办法》是目前对气象灾害风险评估规定得最为详细和具体的地方政府规章,该办法中的气象灾害评估实质上主要是指气象灾害风险评估。该办法对于气象灾害风险评估立法进行了积极的探索,可供参考和借鉴。

在部门规章中对雷电灾害风险评估管理有更加明确的界定和要求。如中国气象局依据相关法律法规于 2000 年制订了《防雷减灾管理办法》,并随着社会对雷电灾害风险管理需求的加强而于此后 2005 年、2011 年、2013 年先后四次对该办法进行了修订。现行的《防雷减灾管理办法(修订)》对于我国雷电和雷电灾害的研究、监测、预警、风险评估、防护以及雷电灾害的调查、鉴定等雷电灾害防御活动进行了规范。该办法规定了全国防雷减灾工作的组织、管理与指导机构,如其中第 5 章"雷电灾害调查、鉴定"第 24、25、26 条分别规定了各级气象主管机构、社会组织和个人等在雷电灾害调查、鉴定中的权责和义务;第 27 条规定了应当进行雷电灾害风险评估的项目,包括大型建设工程、重点工程、爆炸和火灾危险环境、人员密集场所等,评估组织机构为各级地方气象主管机构。2011 年修订的《防雷装置设计审核和竣工验收规定》对于需要进行雷电灾害风险评估的项目将提交雷电灾害风险评估报告作为受理防雷装置设计审核申请条件之一。《防雷减灾管理办法(修订)》和《防雷装置设计审核和竣工验收规定》关于雷电灾害风险评估的这些规定,对于推行和落实雷电灾害风险评估起到了一定的作用。

《国家气象灾害防御规划(2009—2020)》提出要制订《气象灾害风险评估办法》,要建立重大工程建设的气象灾害风险评估制度,建立相应的建设标准,将气象灾害风险评估纳入工程建设项目行政审批的重要内容,确保在城乡规划编制和工程立项中充分考虑气象灾害的风险性,避免和减少气象灾害的影响,这是我国气象灾害风险评估立法的国家政策依据。

综观我国气象灾害风险评估立法,与国际减灾领域对灾害风险评估的重视、国外灾害风险评估法律制度的健全以及我国对建立气象灾害风险评估法律制度的迫切需求相比,目前的立法还是远远不够的。主要体现为:虽然以上法律法规、部门规章、地方法规和规章等都提出了建立气象灾害风险评估制度,这些法律文件中也有一些相关规定,但是总体来看,这些规定都还比较单一。从规范体系来看,这些规范散见于各法律文件,气象灾害风险评估专门法规和规章仍然缺位,该制度的立法目的、原则、具体内容和程序、法律责任等等都没有统一和明确的规定,可操作性缺乏,现实指导性差。而且现有的规定中,也没有充分体现气象灾害风险评估中必需的一些重要理念和方法,比如对科技支撑作用的依赖、对专家指导的需求、公众参与原则和信息公开理念等,也没有建立明确的管理监督体制。因此说,我国气象灾害风险评估立法亟待加强和完善。

9.3 气象灾害风险评估的立法设计

9.3.1 制度设计基本框架

9.3.1.1 制度的法律地位

气象灾害风险管理包含了气象灾害风险分析、风险评估和风险控制的各个环节,其中风险评估是进行气象灾害风险管理的一项重要基础性工作。如前所述,国际减灾署领导制订的一系列防灾减灾纲领性文件都对灾害风险评估给予了高度重视并且提出了明确要求,如《横滨战略和行动计划》(1994)、《二十一世纪更安全的世界:减轻风险与灾害》(1999)、《兵库宣言》(2005)和《兵库行动纲领》(2005—2015)等。从国外风险管理经验和实践来看,有效的风险管理机制都是以灾害风险评估为基础和核心的。如英国伦敦,城市风险管理工作关口前移,以风险登记为核心,突出风险评估在应急管理工作中的核心地位;日本的应急管理体系工作重心逐步向事后应急处置与事前主动防范并重转变,风险评估成为应急管理的基础性和日常性工作,实现制度化管理、常态化运作。美国的自然灾害风险评估工作与减灾规划编制密不可分,风险评估是编制减灾规划的前提和基础,减灾规划是风险评估的结果产出。

根据国际减灾领域对灾害风险评估制度的高度重视以及国外灾害风险评估制度立法经验,建议将气象灾害风险评估设计成为我国气象灾害风险管理立法中的一项基础制度和核心制度,使风险管理工作建立在科学的风险评估之上。

9.3.1.2 制度的规范体系

气象灾害风险评估法律制度是指对气象灾害风险评估管理、监督、技术服务、科技开发以及公众参与等过程中的社会关系进行调整的法律规范体系,涉及调整与评估相关的政府及其相关部门和机构、企事业单位、各社会团体、公众等主体在评估中的各项权利、义务和责任。气象灾害风险评估法律规范体系包括:气象灾害风险评估行政法规、气象灾害风险评估部门规章、气象灾害风险评估地方法规和规章、其他立法中气象灾害风险评估条款。气象灾害风险评估法律制度是气象灾害风险管理法律规范的重要内容,也是气象灾害防御法律规范的组成部分(图9.1)。

9.3.1.3 制度配套技术规范

气象灾害风险评估技术规范是指气象灾害风险评估工作的主要指导性文件和标准,是法律制度的技术基础和实践来源,也是制度建设的重要内容和目的之一(图9.2)。从性质来看,它是指导气象灾害风险评估工作的技术指南和科学准则;从作用来看,它对于确保评估工作的规范化、具体化和可操作等具有不可替代的作用;从法律效力来看,它须经立法确认并由气象灾害风险评估行政主管部门决定适用后才具有相应的法律拘束力。我国实践中已制订有气象灾害风险评估技术规范,但是并不完整、统一与规范,需要通过立法使其更健全,并赋予其法律拘束效力。

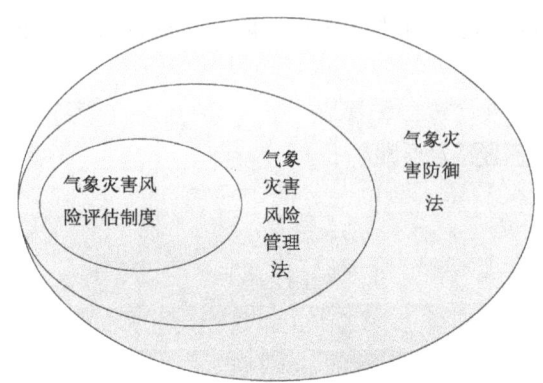

图9.1　气象灾害风险评估制度与
气象灾害风险管理法和气象灾害防御法的关系图

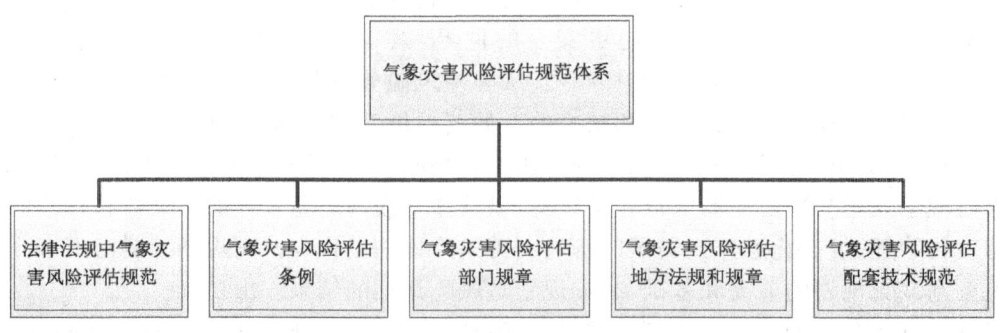

图9.2　气象灾害风险评估制度规范体系

9.3.2　制度设计主要内容

气象灾害风险评估制度建立旨在充分发挥风险评估在气象灾害风险管理中的基础和核心作用,规范气象灾害风险评估工作,保障国家和地方科学地制订气象防灾减灾法律及政策,科学地评估气象灾害风险,降低应对气象灾害风险的脆弱性,降低灾害风险管理成本,获得最佳风险防范效益,保障经济社会可持续发展。制度设计中要充分体现预防性、科学性、规范性、长效性、可操作性等原则,根据我国气象灾害风险评估实践需求,立法中应优先明确以下主要内容。

9.3.2.1　健全评估监管体制

《国家气象灾害防御规划(2009—2020)》提出:"国家减灾委统一组织,有关职能部门全面开展气象灾害风险调查和隐患排查,开展重大工程气象灾害风险评估,在城乡规划编制过程中充分考虑气象灾害风险因素,为有效防御气象灾害提供科学依据"。《气象灾害防御条例》第

10条规定了我国气象灾害风险评估的组织管理体制,即县级以上地方人民政府对评估负组织责任,气象等有关部门负责评估具体实施。《国家气象灾害应急预案》(2010)要求:"气象部门建立以社区、村镇为基础的气象灾害调查收集网络,组织气象灾害普查、风险评估和风险区划工作,编制气象灾害防御规划"。建议在立法中对现有体制进一步明确和完善,不仅明确规定评估的组织领导、具体实施机构,而且要规定评估的监督机构,建立评估监管体制。

9.3.2.2 制订国家和地方评估指南

气象灾害风险评估指南是重要的评估技术规范,与法律规范相配套。灾害风险管理较为成熟的国家和地区都很重视灾害风险评估指南的制订,以评估指南为指引确保灾害风险评估工作的统一规范,实现各层级、地方和部门的统一兼容,实现对风险的全过程精细化、标准化、空间化管理。如:英国《国内紧急状态法案执行规章草案》第四章的"应急准备指南"及其附录,提供了各地开展风险评估的基本流程与方法,内容包括:地方进行风险评估的六大步骤、地方风险评估指南示例、各级各类风险评估示例、风险的可能性与后果的测度标准、风险登记册示例、风险等级矩阵图。国民紧急事务秘书处(CCS)负责牵头制定《地方风险评估指南》等规程,作为各地区开展风险评估工作的基本指导。该指南明确了从中央到地方的风险评估工作要求、全国统一规范的各级各类风险名录、风险评估的基本程序与方法、风险评估结果的运用等;美国联邦应急管理署(FEMA)颁布了《指南:为减灾规划提供支持》和《州和地方减灾指引:理解风险——致灾因子识别与损失评估》(2001),作为全美各州和地方进行风险评估和减灾规划的重要指导。

建议在立法中规定制订气象灾害风险评估指南的要求,明确制订的机构、程序和方法,明确评估指南的内容和法律效力等。气象灾害风险评估指南内容主要包括:评估工作要求,风险名录,评估的内容、程序与方法,评估结果的运用,各级各类评估示例,评估标准,评估报告书编写内容、要求、方法及示例等。

9.3.2.3 明确评估对象和内容

根据我国气象灾害风险评估法律规定和多年的评估实践,建议在立法中明确以下三类评估对象(图9.3):(1)行政区域评估。行政区域评估包括国家、省(区、市)、市、县、社区、村镇等层级,其中《气象灾害防御条例》第10条规定了县级以上行政区域气象灾害风险评估,《国家气象灾害应急预案》规定了社区和村镇气象灾害风险评估。(2)战略评估(政策、规划和计划)*。目前我国法律和政策尚未对可能受气象灾害风险影响的各类政策和计划提出开展风险评估的要求,战略风险评估对象仅限于规划编制,如《气象灾害防御条例》第27条规定,城乡规划编制应当开展气象灾害风险评估;《国家气象灾害防御规划(2009—2020)》要求对城市、农村、沿海、铁路、公路和输变电线沿线、重要战略经济区等开展气象灾害风险评估。为了确保国家和地方经济社会发展都处于较低或者可接受气象灾害风险水平,建议在立法中引入战略风险评估的概念,并且将对象范围扩充到各类政策和计划。(3)项目评估(重大工程、重大项目)。《气象灾

---

* 气象灾害风险"战略评估"概念引自环境影响评价制度。广义上讲,战略环境评价是指在有关战略意思决定层面所进行的环境评价。狭义上讲,是指对政策、规划、计划所进行的环境评价,它是相对于传统意义上的"项目"而言的(参见[日]寺田达志.以导入战略环境评价(SEA)为取向[J].[日]法理学家,1999:1149. 转引自汪劲.中外环境影响评价制度比较研究——环境与开发决策的正当法律程序[M].北京:北京大学出版社,2006:121-123.)。本文所言气象灾害风险评估中的"战略评估"包括可能受到气象灾害风险影响的政策、规划和计划。

害防御条例》第 27 条规定了应当开展气象灾害风险评估的项目,包括国家重大建设工程,重大区域性经济开发项目,大型太阳能、风能等气候资源开发利用项目。立法中要对区域评估、战略评估和项目评估的范围进一步明确规定,并且规定相应主体的权利、义务与责任。

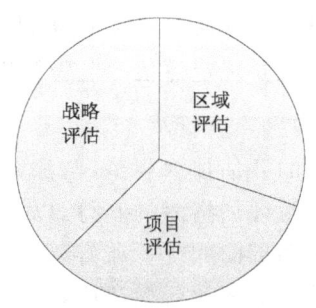

图 9.3　气象灾害风险评估对象

气象灾害风险评估从不同的角度看有不同的评估思路与方法,比较常见的有两种分类,一种是基于历史灾损资料的风险评估与基于灾害预警的风险评估,一种是单一气象灾害风险评估与综合气象灾害风险评估。不论是采用哪种评估思路与方法,也不论是针对区域评估、战略评估还是项目评估,气象灾害风险评估核心内容都是一样的,即在对孕灾环境敏感度、致灾因子危害性、承灾体风险损失分析的基础上,估算气象灾害对评估对象的风险,提出风险处置对策,编制气象灾害风险评估报告书。气象灾害风险评估立法以及评估指南应该对评估的具体内容进行明确和详细的规定,以达到统一和规范的目的。

9.3.2.4　规范评估机构

气象灾害风险评估机构是指接受委托为气象灾害风险评估提供技术服务的机构,服务对象范围涉及立法规定的行政区域,政府各类战略性发展政策、规划和计划以及各类重大项目和建设工程等评估。气象灾害风险评估机构实行分类管理:行政区域评估历来是我国政府部门的法定职责和日常工作内容,评估机构为气象主管机构及有关部门;政府各类战略性发展政策、规划和计划等评估机构,为接受编制机构委托的具有相应能力的气象灾害风险评估单位;重大项目和工程评估机构,为接受建设单位委托的具有相应能力的气象灾害风险评估单位。立法中要对承担评估的气象主管机构及有关部门、受委托的气象灾害风险评估单位的责任和义务加以明确规定,并制定合法、合理的管理监督措施。

9.3.2.5　规范评估程序

气象灾害风险评估制度设立的根本目的在于确保气象灾害防御工作的科学性,无论是灾害防御规划和应急预案的编制,还是城乡规划编制和重大工程、建设项目设计,无论是防灾减灾非工程措施的合理适度采用,还是防灾减灾工程措施的建设使用,都应该建立在气象灾害风险评估结果基础之上。为了确保气象灾害风险评估结果能够真正对实际工作发挥作用,确保气象灾害风险评估结果的严肃性以及强制执行效力。在评估程序上,可以借鉴环境影响评价制度立法的相关经验。而且风险评估本身是一项技术性很强的工作,要保证该项工作能够有效地开展,必须通过规范化的程序要求以指导实践部门。建议气象灾害风险评估程序包括如下(图 9.4)。

(1)对评估对象进行分类,确定不同评估方案。如前所述,目前气象灾害风险评估的思路

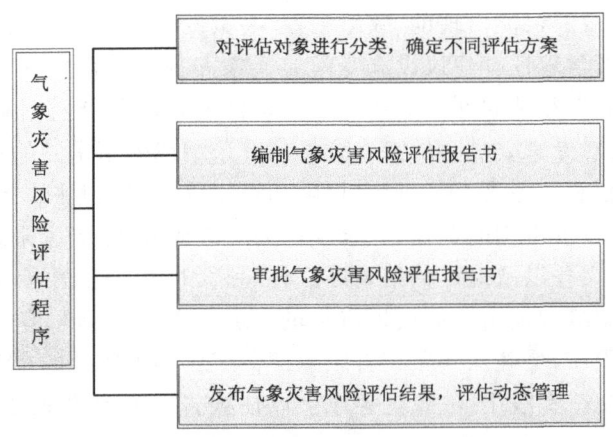

图 9.4 气象灾害风险评估程序

和方法主要有两类。对不同的评估对象和评估目的,应确定采取不同的评估思路和方法。评估方案主要包括评估对象、评估机构及职责、评估内容、评估程序、评估方法及标准等,建议在立法和评估指南中对不同评估对象的评估方案予以明确规定。

(2)编制气象灾害风险评估报告书。气象灾害风险评估报告书,是指详细记载和阐述气象灾害风险评估内容的书面文件,其主要内容应包括:评估对象概况、评估目的和需求、评估方案、评估过程及结论、减轻或者避免气象灾害风险的对策措施,以及其他需要说明事项,如评估机构概况、评估所用气象资料真实性和完整性说明等等。气象灾害风险评估报告书分为行政区域气象灾害风险评估报告书(即气象灾害风险区划)、战略气象灾害风险评估报告书和项目气象灾害风险评估报告书等三类。建议在立法和评估指南中对气象风险评估报告书的编制机关、内容、要求、程序和标准等,要分别明确规定。

(3)审批气象灾害风险评估报告书。防御和减轻气象灾害给经济社会发展以及人民生命财产安全带来的损失,是政府的首要任务和主要责任。自从联合国国际减灾十年(1990—1999)将风险管理与灾害减轻确定为未来政府政策的核心,近二十年来,随着全球自然灾害发生频率、强度以及损失程度的日趋严重,政府在预防和减轻灾害风险、加强灾害风险管理方面的责任也在同步上升。如今,防御气象灾害已经成为我国公共安全的重要组成部分,成为政府履行社会管理和公共服务职能的重要内容。气象灾害风险评估是气象灾害风险管理的基础和核心,对于保障政府各类战略性决策和科学发展以及重大工程建设和项目安全等具有重要作用。

根据我国《中华人民共和国行政许可法》第 12 条的规定,"直接涉及国家安全、公共安全、经济宏观调控、生态环境保护以及直接关系人身健康、生命财产安全等特定活动,需要按照法定条件予以批准的事项"可以设定行政许可。《国家气象灾害防御规划(2009—2020)》也提出:"将气象灾害风险评估纳入工程建设项目行政审批的重要内容,确保在城乡规划编制和工程立项中充分考虑气象灾害的风险性,避免和减少气象灾害的影响"。因此,建议在立法中,将气象灾害风险评估报告书审查设立为行政审批事项,设定为前置审批程序,即按照法律规定,需要进行气象灾害风险评估的区域、战略性发展文件或者项目等,如果没有通过气象灾害风险评估审批,其他机关不得先行审批,否则要承担相应的法律责任。

立法中要对气象灾害风险评估报告书审批的机构、权限和程序等,做出明晰的规定。在现实中,风险评估结论与政府可能出现的"政绩工程"决策发生冲突时,明晰的法律规定可以确保政府决策保持应有的科学理性。建议设立专门的气象灾害风险评估报告书审批机构,最大程度确保审批工作的专业性和独立性。评估报告书审批前,必须先经评估专家委员会审查并提出审查意见,审批机关对专家委员会的审查意见拥有采纳或者不采纳的义务,专家委员会对此享有提请司法审查的权利。除了审批机构、权限和程序等,立法和评估指南中还应明确规定审批的内容、要求、标准,审批机构的责任,专家委员会的组成方式,专家来源及回避制度,专家个人对评估享有的权利、义务以及对评估结果独立性、科学性和公正性承担的责任等。此外,还要规定评估报告书编制机构提请评估报告审批的义务。总之,科学、客观、公正、严格、周密且具有可操作性的审批程序,是确保气象灾害风险评估工作落到实处的最为关键和重要的环节,立法必须对此高度重视。实践中,气象灾害风险评估报告书的审批职能可以考虑由气象主管机构承担。

（4）气象灾害风险评估结果的发布及评估动态管理。气象灾害风险评估结果应当遵循《政府信息公开条例》中信息发布的原则、内容、方式和途径等依法向社会公布,充分发挥气象灾害风险评估结果的社会效益,保障公众的知情权和参与社会管理的权利。气象灾害风险具有可变性。因此,气象灾害风险评估结果应当采用动态管理。评估组织机构应当根据具体情况,确定评估周期,建立定期评估制度,及时发布最新评估结果,向政府和社会提供有效的风险信息。气象灾害风险评估工作应该制度化、规范化和常态化。立法中对以上内容都应做出相应规定。

9.3.2.6 建立评估科技支撑体系

美国气象灾害风险评估比较成熟,其中很重要的一点就是重视科技的支撑作用。依靠科技,依托各种灾害损失评估模型进行全过程风险评估。国际减灾战略性文件以及我国法律和政策对于加强气象灾害风险评估科技研究和开发也提出了很多具体要求。气象灾害风险评估立法中应当明确建立气象灾害风险评估的科技支撑体系制度,包括:(1)设立评估专项基金,支持气象灾害风险评估科技研发;(2)成立气象灾害风险评估专业技术委员会,组建多学科专家库,对评估工作进行专业技术指导和监督检查;(3)国家和地方政府应当设立气象灾害风险评估重点研究项目,建立成果转化机制,提高气象灾害风险评估的科学性、有效性,推动评估技术的发展与进步;(4)在高校和科研院所灾害学科开设气象灾害风险评估方向,打造稳定的学科专业团队和人才梯队。气象灾害风险评估主管机构应当重视和支持气象灾害风险评估科技发展;评估机构、科研院所、高等院校以及其他有关部门,应当履行气象灾害风险评估科技研究和开发的权利、义务和责任。

9.3.2.7 建立评估公众参与机制

公众参与,是指具有共同利益、兴趣的社会群体对政府涉及公共利益事务的决策的介入,或者提出意见与建议的活动。《宪法》第2条明确规定:"人民依照法律规定,通过各种途径和形式,管理国家事务,管理经济和文化事业,管理社会事务",这可看成公众参与气象灾害风险评估的权利来源。而且防止政府滥用职权、盲目决策,防止建设单位暗箱操作、违规建设,避免公众承受因之可能带来的严重的气象灾害风险以及由此招致的生命财产损失,这也是公众保护自身生命、健康以及财产安全的基本权利。《气象灾害防御条例》规定了公众参与气象灾害防御的原则和义务,如第3条:"气象灾害防御工作实行以人为本、科学防御、部门联动、社会参与的原则";第9条:"公民、法人和其他组织有义务参与气象灾害防御工作"。建议在立法中对公众参与气象灾害风险评估的权利、义务和责任,参与的主体范围,参与内容、方式和程序,参与效力等给予规定。

公众参与权利、义务与责任。公众有权参与气象灾害风险评估,对除法律规定应当保密的信息外的信息以及评估结果具有知情权;公众对公告的气象灾害风险评估结果具有主动应用的义务,应当遵循评估提出的各种建议,依照风险提示,不从事可能引发气象灾害或者招致人身财产伤亡的活动;公众对参与气象灾害风险评估时所提供的资料、意见和建议的真实性、准确性和客观性负责。

公众参与主体范围。通常认为,公众参与中的公众不仅包括一般的民众,也包括相关的政府组织、团体等其他利益相关方。立法中,气象灾害风险评估中的公众应该是除评估领导、组织、管理、监督、实施部门和机构以及工程和项目建设单位外,其他相关机关、团体、地方政府、学者专家、当地居民等。

公众参与内容、方式和程序。(1)评估过程参与。相比灾害防范自上而下的体制,自下而上也很重要。如今,国际和国外都非常重视灾害基层防范,尤其是社区和乡镇。社区和乡镇气象灾害风险评估是县、市、省(区、市)、国家级评估的基石。在社区和乡镇气象灾害风险评估过程中,要广泛调动公众参与评估,主要是协助评估机构收集各类灾害信息,既为评估数据库建立丰富资料,也有助于在社区和乡镇推广灾害风险意识,形成全社会共同防御灾害风险的风气;(2)评估报告书审批前参与。由于区域经济社会发展以及重大工程和项目建设实施之后将会对社会各方面产生长久和深远的影响,因此对于有可能导致明显和严重灾害风险或者将加剧灾害风险的发展战略及工程项目建设等要严格审批。为了确保审批的科学性和严肃性,在对风险评估报告书审批前,有必要通过各种方式公开评估报告书(草案),广泛征求社会意见,尤其是征求相关专业机构和专家的意见,确保审慎许可和民主决策。

公众参与效力。由于气象灾害风险评估工作的科学性与专业性很强,对于通过公众参与收集到的资料和意见、建议,主管机构要通过各级气象灾害风险评估专业技术委员会对之进行甄别,对于意见集中、分歧较大的评估报告书(草案),还应该考虑举行座谈会或者听证会。主管机构对于公众意见和建议承担回应采纳或者不采纳的义务,公众对之也享有提请司法审查的权利。

9.3.2.8 界定评估法律责任

气象灾害风险评估法律责任是指违反气象灾害风险评估法律规定,不依法承担责任、履行义务,或者违法侵犯其他主体合法权益等所应承担的不利后果。气象灾害风险评估法律责任主体包括:政府评估组织管理监督部门、气象主管机构及评估相关部门、政府战略发展文件编制部门、重大工程和项目建设单位、评估技术服务机构、评估专家委员会和公众等。法律责任的种类包括:(1)行政责任。该责任既包括评估相关行政机关及其工作人员、授权或者委托的社会组织及其工作人员在评估管理和监督中因违法失职、滥用职权或行政不当而产生的行政法律责任,也包括公民、社会组织等行政相对人违反评估管理、监督、公众参与等相关规定而产生的行政法律责任;(2)刑事责任。该责任指违反法律规定,在评估中弄虚作假、滥用职权、玩忽职守、徇私舞弊等,严重破坏和干扰评估工作,对国家和地方经济社会科学发展、人民生命财产安全以及重大工程和项目建设安全等造成重大气象灾害风险隐患或者后果,触犯刑律,构成犯罪,依法承担的刑事方面的不利后果;(3)民事责任。该责任主要是指评估中发生在平等民事主体之间的因侵权、违约或者法律规定的其他事由而依法承担的不利后果。气象灾害风评估民事责任主要涉及违约责任,即评估委托单位与评估机构之间因为合同履行瑕疵而产生的各种法律后果。气象灾害风险评估立法中要对以上各种法律责任主体、责任种类及相应的责任承担方式等给予全面、具体和合理的规定,确保气象灾害风险评估立法目的得到实现。

参考文献

陈振林.2013.我国气象防灾减灾能力建设与实践[J].阅江学刊,5(3):23.
弗兰克·费舍尔.2005.乌尔里希·贝克和风险社会政治学评析[J].孟庆艳,编译.马克思主义与现实,(3):47.
高庆华,马宗晋,张业成,等.2007.自然灾害评估[M].北京:气象出版社.
葛全胜,邹铭,郑景云,等.2008.中国自然灾害风险综合评估初步研究[M].北京:科学出版社.
郭红欣.2012.城市灾害综合风险管理的法律应对[C]//中国环境资源法学研究会.2012年全国环境资源法学研讨会论文集:1123-1128.
国家科委、计委、经贸委自然灾害综合研究组.2009.中国自然灾害综合研究的进展[M].北京:气象出版社.
国务院法制办公室,中国气象局.2010.气象灾害防御条例释义[M].北京:中国法制出版社:26.
李艳芳.2004.公众参与环境影响评价制度研究[M].北京:中国人民大学出版社:16.
刘小艳,孙娴,杜继稳,等.2009.气象灾害风险评估研究进展[J].江西农业学报,21(8):123-125.
毛德华.2011.灾害学[M].北京:科学出版社.
民政部国家减灾中心小鱼洞项目组.2012.社区减灾:从风险评估到减灾规划、宣传培训[J].中国减灾,(10):12-13.
史培军.2002.三论灾害研究的理论与实践[J].自然灾害学报,11(3):1-9.
史培军.2008.制定国家综合减灾战略 提高巨灾风险防范能力[J].自然灾害学报,17(1):1-8.
宋连春,肖风劲,叶殿秀.2012.气象灾害影响及风险评估理论与实践[M].北京:气象出版社.
唐钧.2009.政府风险管理的实践与评述——以加拿大和英国政府的改革为例[J].中国行政管理,(4):28-32.
汪劲.2006.中外环境影响评价制度比较研究:环境与开发决策的正当法律程序[M].北京:北京大学出版社.
王炜,权循刚,魏华.2011.从气象灾害防御到气象灾害风险管理的管理方法转变[J].气象与环境学报,27(1):7-13.
王志强.2013.有效防御气象灾害的法制建设研究[J].阅江学刊,5(3):30.
许小峰.2012.气象防灾减灾[M].北京:气象出版社.
薛澜,张强,钟开斌.2013.危机管理[M].北京:清华大学出版社.
薛澜,周玲,朱琴.2008.风险治理:完善与提升国家公共安全管理的基石[J].江苏社会科学,(6):7-11.
尹占娥,许世远.2012.城市自然灾害风险评估研究[M].北京:科学出版社.
袁琳.2009.气象灾害应急管理研究[D].天津大学.
曾娜.2010.环境风险之评估:专家判断抑或公众参与[J].理论界,(8):39-42.
张诒年.2007.雷击风险评估法律制度研究[D].中国海洋大学.
章国材.2010.气象灾害风险评估与区划方法[M].北京:气象出版社.
钟开斌.2011a.东京基于社区的地震灾害危险度评估:做法与特点[J].北京行政学院学报,6:31-35.
钟开斌.2011b.国际化大都市风险管理——挑战与经验[J].中国应急管理,(4):17-18.
钟开斌.2011c.伦敦城市风险管理的主要做法与经验[J].国家行政学院学报(5):113-117.
钟开斌.2012.纽约市自然灾害风险评估的主要做法与经验[J].中国行政管理,(10):87-90.

第 10 章　气象灾害风险转移的立法保障

内容摘要：

气象灾害风险转移制度主要是指调整政府、金融机构、企业、非政府组织、法人、公民等通过以保险为核心的多种金融方式转移气象灾害风险活动中的权利义务关系的法律规范体系。本章探讨的气象灾害风险转移法律制度规范因转移气象灾害和一般天气、气候变化风险而产生的各种金融活动，比如巨灾、天气和气候保险、再保险、证券及衍生品等的设立、发行和承保等。

美国、日本、法国、英国、挪威、西班牙和加勒比海地区等国家和地区在巨灾保险、农业保险等立法和实践方面有很多成功经验，美国、日本和英国等国天气、气候保险发展也很迅猛。我国目前已经出台了《农业保险条例》，但是气象巨灾保险制度和天气、气候保险制度仍然处于探索阶段，立法仍然缺位。本章最后对我国巨灾保险制度、洪水保险制度以及非灾害性天气、气候保险制度立法提出了一些建议。

10.1　气象灾害风险转移的立法概念

10.1.1　灾害风险转移概念及发展趋势

风险转移是指风险管理单位将可能发生的损失或者进行损失补偿的财务后果转让给其他单位来承担。除社会机制外，自然灾害风险转移主要还有以下三种机制。

10.1.1.1　政府灾害风险转移机制

政府灾害风险转移机制是指以政府为主体，以财政资金和必要的行政手段为主要的工具，对全社会自然灾害风险进行管理，以及进行灾害损失的分摊和补偿的灾害管理机制。因此，政府灾害风险转移机制具有灾害风险管理的政府主体性、资金配置的财政性、管理方式的计划性和实施手段的行政性等特点。政府灾害风险转移机制具有自身的优点：政府对救灾资源调动较为迅速和集中；能够较好地满足灾害补偿的公平目标，有利于优先扶持和保证社会的弱势群体。此外，政府由于在社会中处于"超然"的地位，特殊时期还可以动用一系列非经济手段，例如基本生活用品与医疗物资的管制与配给等手段，集中全社会资源来度过困难时期，维持社会的稳定。

但是，政府灾害风险转移机制存在以下缺陷：(1)不利于实现社会风险单位的减灾救灾激励目标，难以形成有效的灾害风险管理激励；(2)降低社会资源配置的效率。该机制中的政府行为难以控制管理费用和交易成本的上升，甚至还会出现管理部门寻租、腐败，恶意挤占和挪用防灾救灾物资与款项，降低社会资金的配置效率。(3)受国家财力资源的约束。我国财政支出中抚恤救济福利支出比例以及灾害损失中国家救灾所占比重都非常低。国家在有限的财力情况下所能解决的仅仅是"临时性"和"紧急性"的特殊救助，受灾单位承担了主要损失。

10.1.1.2 市场灾害风险转移机制

市场灾害风险转移机制是指以私人为主体,以市场为依托,以风险利益为纽带,以保险作为主要手段建立风险损失基金所形成的风险分散和补偿机制。市场灾害风险转移的典型手段是保险。风险单位作为投保人事先以少量的、可以确定的风险费用(保险费)的支付来换取对未来不确定的、巨大经济损失补偿的保证。投保人既是风险损失补偿的受益者,更是风险损失的最终承担者。市场风险转移机制近年来引起了许多国家的高度重视,以资本市场为依托的灾害风险证券化产品(例如巨灾债券)以及各种金融衍生品等也不断被开发和推广,灾害风险得以逐步向全球分散,灾害损失补偿机制市场化进一步深化。由于市场风险转移机制是以市场为导向,以风险利益为纽带,通过保险机制的作用和制度的安排,能较好地实现灾害风险管理的激励目标和效率目标,减轻国家的财政负担。

但是,这种机制成功运作的前提条件是必须具有强大的保险基础设施和保险资源,而且是建立在完善的保险市场假设的基础之上。因此,保险业激励目标和效率目标的实现程度主要取决于保险的市场发育程度。同时,我们必须看到,灾害风险的市场转移机制难以处理和实现公平目标。虽然理想的市场机制的最大优点是能够促进效率的提高,但是如果初期财富分配是不公平或不合理的,则有效率的政策只会加剧这种不公平。总体上讲,穷人最容易受到重大灾害的影响,并且最无能力投保以挽回灾害损失。

10.1.1.3 政府和市场相结合的混合机制

从以上分析可以看出,政府机制和市场机制各有优缺点。正因如此,许多人认为更现实的是将两种机制进行有效的结合,形成政府和市场相结合的混合机制,以充分发挥两种机制的优点,同时弥补和克服各自的不足。市场灾害风险转移机制具有良好的激励功能和效率优势,但必须正视市场机制不可能解决所有的灾害管理和补偿问题:一是保险市场的失灵问题。成熟和理性的商业保险市场必须进行风险的选择,并非所有的灾害风险都属于可保风险,即使是可保风险,保险人也将对所承保风险的保险条件进行专门的处理和规定,并非所有的保险条件风险单位都能承受。人类面临的是种类繁多的自然灾害风险,保险市场失灵现象将长期存在,特别是在保险发展的初级阶段。二是灾害风险管理的公共产品属性。宏观灾害安全管理普遍具有公共产品的社会属性,许多事关全局性的致灾因子(或灾害源)的控制,直接影响到全社会的灾害风险水平和社会福利状况,只有政府才能更好地协调和控制。

总之,我们从理论与实践的角度都可以找到政府和市场相结合的混合机制存在的客观理由。美国、法国等国家近年来这种混合机制的运用取得较好的效果。例如,美国开办了国家洪水保险,由国家出资,但借助私人保险来运作。法国等国家更多采用政府资助的商业保险形式来推动灾害保险事业。即使对纯粹的市场化的商业保险,政府也广泛地介入,例如有的保险项目政府要求风险单位接受为法定强制保险;有的将保险的购买和其他相应的信贷投资政策进行结合等。

10.1.2 气象灾害风险转移法律制度概念及意义

气象灾害风险转移的法律制度主要是指调整政府、金融机构、企业、非政府组织、法人、公民等通过以保险为核心的多种金融方式转移气象灾害风险活动中的权利义务关系的法律规范体系。这里探讨的气象灾害风险转移法律制度用于规范因转移气象灾害和一般天气、气候变化风险而产生的各种金融活动,比如巨灾、天气和气候保险、再保险、证券及衍生品等的设立、发行和承保等。建立气象灾害风险转移法律制度的意义在于:

(1) 有助于在全社会树立气象灾害风险意识,加强灾害风险防范

因为气象灾害风险具有可预报性,通过确立风险转移制度,将在政府、灾害管理部门和机构、金融机构、企业、社会组织和公民之间建立起风险沟通以及灾害防范的长效机制。灾害管理部门将对灾害风险预报预警、信息发布传播等具有更加细化的法定职责,金融机构将通过承保对相应的建筑物、工程设施以及财产等的风险防范标准和等级提出要求,客户也将提高风险意识并且主动采取各种防范行为。因此,灾害风险意识将随着法律的推行而深入人心,灾害风险防范将成为整个社会的共同责任。

(2) 有助于通过金融方式实现灾害损失转移,促进社会公平和谐

气象灾害发生既有普遍性、必然性,也具有随机性、偶然性。灾害的普遍性和必然性决定了,任何行业、企业和个人都有可能成为受灾单位;而灾害的随机性、偶然性又意味着,每次灾害发生在何时何地,哪些行业、企业和个人成为受灾单位,都具有很大的不确定性。保险具有集合大多数人的资金保障少数人损失的功能,灾害风险的可保性使得保险大有可为,能够将风险在全社会甚至全世界分散,将全世界连接在一起,共同应对自然灾害。通过建立利用金融方式转移气象灾害风险损失的法律制度,有助于促进社会公平与和谐。

(3) 有助于发挥市场机制和社会力量的作用,提高灾后补偿能力

近10年来,我国平均每年因气象灾害死亡约2000人,经济损失约2000亿元,但从巨灾的保险赔付数据来看,我国保险赔付占巨灾损失的比重很低,保险业在我国的巨灾风险管理中并没有发挥其应有的作用。如2005年我国沿海地区遭受的7次台风登陆造成了超过800亿元的直接经济损失,但是保险实际赔付额仅为13.3亿元,比例不足1.7%;2008年雨雪冰冻灾害造成直接经济损失1516.5亿元,保险赔款仅为47.6亿元,所占比例仅为3.1%。然而,发达国家的保险业在应对巨灾中都发挥了巨大的作用。据统计,全球保险赔款占灾害损失的比例平均为36%,部分国家甚至高达60%以上。2004年美国和加勒比地区系列飓风共造成622亿美元的经济损失,保险业支付了315亿美元的赔款,占总损失的51.5%。2005年美国卡特里娜飓风导致近千亿美元损失,保险业支付了450亿美元的赔款,占总损失的45%,国际再保险公司承担了其中的2/3。2007年全世界因巨灾造成的经济损失为706亿美元,保险赔偿为276亿美元,占39%。由此可见,保险业在我国灾后损失经济补偿中的作用远未得到重视和发挥,和国际相比,还有很大差距。通过立法,发展政策性保险和商业性保险,发挥保险再保险市场、资本市场以及期货市场等市场机制的作用,能够集合社会资源,通过灾前确定的少额投入,应对灾后不确定的巨额风险,提高灾后经济补偿能力和社会安全保障水平。

(4) 有助于加强政府灾害风险防范的责任,提高公共治理效能

我国是世界上气象灾害受灾影响最为严重的国家之一,气象灾害对我国公共安全造成了巨大的威胁。加强防灾减灾,尤其是开展综合灾害风险防范,已经被列入我国经济社会发展规划,成为政府工作优先事项之一。但是从灾害损失和补偿、救助实践来看,尽管我国当前实行的是国家财政支持的政府救助与社会捐助为主的模式,但实际上我国财政对灾后损失救济的比重还是很低的。从发达国家经验来看,国家往往通过立法,设立灾害保险基金,成立专门机构,采用多种政策优惠措施等扶持灾害保险发展,提高社会灾害风险转移能力。而我国目前仅

仅出台了《农业保险条例》,巨灾保险基本制度、地震保险制度、洪水保险制度、台风保险制度等等多种巨灾保险立法都仍然缺位。通过推动气象灾害风险转移立法,能够改变我国灾害管理以及立法滞后的局面,促进我国灾后救助向灾前融资、灾后应急向灾前风险管理的转变,提高公共安全治理水平。

10.2 气象灾害风险转移的立法现状

10.2.1 国外气象灾害风险转移立法及实践探索

10.2.1.1 气象灾害风险转移

(1)美国

在美国,并没有统一的自然灾害保险法,但其自然灾害保险法律制度建设却较为发达。美国国会先后颁布了一系列法令,以此来促进本国灾害保险业的发展,比如《联邦洪水保险法》《国家洪水保险法》《洪水灾害防御法》《洪水保险改革法》等。其灾害保险法律主要通过政府巨灾保险计划(或项目)来实施。美国的巨灾保险计划通常实施时间较长,而且类型较为齐全,主要有联邦政府保险计划和州政府保险计划两种类型。其中联邦政府保险计划受联邦政府财政支持,比如"美国洪水保险计划"、"美国农业巨灾保险"等。另外,为了进一步分散巨灾风险,美国建立了巨灾保险基金,同时大力推行巨灾保险证券化,将巨灾风险从保险市场向资本市场转移。

1)美国洪水保险计划

1968年美国联邦政府颁布的国家洪水保险计划(The National Flood Insurance Program, NFIP)是美国全国洪水保险法的一部分。NFIP实质上是一个由法律确立的、全国性的保险集合,它向民众签发单独的洪水保单,由政府部门进行管理和资金运作。NFIP由联邦紧急事务管理署(FEMA)的减灾部管理,其资金由全国洪水保险基金负责积累。该计划规定,联邦政府和保险业合作开展的洪水保险业务,由联邦政府制定保险政策和保险费率,如果洪水风险的损害赔付超过保险资金积累额度时,可以从美国国库中借款。具体来说,就实施方式而言,NFIP有"法定洪水保险购买要求"(1973年《洪水灾害防御法》和1994年《洪水保险改革法》规定并加强了洪水保险的强制购买要求),例如,如果某一社区在被确认为洪泛区之后一定时期内仍未加入NFIP,联邦机构将不会向在该社区收购或修建建筑物的活动提供任何财政支持,也不会提供某些灾难援助;联邦机构和参加联邦保险或由联邦监管的借贷机构在向NFIP承保社区的指定特别洪水风险区内的收购或建筑行为提供资金或贷款时,必须要求其拥有洪水保险。就保险费率而言,在NFIP成立之初,其保险费率框架中就包含两类财产:一类是按照完全精算费率承保的建筑,另一类是按贴补的低费率承保的老建筑。其中精算充足费率适用于居住在百年一遇洪水风险地区以外的居民,以及居住在该地区以内,但是其建筑是在联邦政府提供了洪水保险费率地图(Flood Insurance Rate Map,FIRM)之后,按照洪水风险程度建造或改建的建筑。就承保范围而言,根据NFIP的承保规则,承保范围主要包括:只承保250000美元以下的损失;对间接损失不保;只按实际现金价值而非重置价值承保;保险限额是基于总损失而不是每次事故损失等。就投保而言,NFIP的承保着眼于社区而非个人,只有居住在符合条件的社区的房屋所有人才能购买洪水保险。就灾后偿付能力而言,NFIP 几乎没有丧失偿付能力的可能,因为 NFIP 受联邦政府财政支持,有权随时向美国财政部借款。例如 2004 年袭击佛罗里达、东部海岸和墨西哥湾其他各州的四场飓风导致 NFIP 遭受 18 亿美元的损失,NFIP 向财政部借款 3 亿美元以支付赔款;2005 年卡特里娜(Katrina)飓风的发生,使得 NFIP 的财务状况进一步恶化,为此国会修改了法案,到 2008 年前,联邦紧急事务管理署向财政部借款的权限从 15 亿美元增加到了 35 亿美元。此外,NFIP 也鼓励社区和个人的减损措施,比如 1994 年《洪水保险改革法》规定,对计划实施减灾工程的州和社区提供经济援助;NFIP 住宅保单对于财产所有人在洪水到来前为挽救其财产而支出的一些费用承担最高 750 美元的赔偿。

2) 美国农业灾害保险

美国是世界上开办农业灾害保险最早的国家之一,早在 1938 年,美国国会就通过《联邦农作物保险法》,并依法组建了隶属于联邦政府农业部的美国联邦农作物保险公司(FCIC)。真正意义上的美国农业灾害保险肇始于 20 世纪 80 年代的"特别灾害救助计划",但是该计划在后来实施中呈现出种种弊端。美国国会于 1994 年又通过了《联邦农作物保险改革法》,取消了"特别灾害救助计划",改为实施农业灾害"巨灾风险保障机制"(Catastrophic Risk Protection)。在该机制下,农业巨灾保险具有一定强制性,其保险范围主要是对因水灾、旱灾、风灾、火灾、冰雹、低温多雨和病虫害等一些不可抗拒的因素所造成的农业损失进行保险,但是只有一个保险级别,即 50% 的保险级别。后来,联邦政府又推出"多风险保险保障制度"、"区域风险保险计划"等其他农业灾害保险。于此,美国农业灾害保险经过不断地改革和完善,形成了独具特色的体系,即由联邦农作物保险公司、私营保险公司与农作物保险协会共同参与,相互联系,并发挥各自不同功能和作用的美国农业灾害保险体系。在该体系下,联邦政府通过财政、税收、再保险、紧急贷款和农业灾害保险证券化等手段来分散农业灾害风险,并以此促进农业灾害保险的发展。

(2) 日本

日本的自然灾害保险制度发展多年,形成了政府公益性保险与商业保险相结合的保险体系。从总体上看,日本商业保险基本覆盖了各种常见自然灾害,具体责任在不同的保险产品和保险合同中有所区别。政府的政策性保险强调公益性,保障人民的基本利益,主要为地震保险和农业保险。

1) 企业财产保险

日本企业的自然灾害保险完全由商业保险承担,商业保险中的不同保险产品和条款包括了不同的自然灾害赔偿责任。日本保险公司通常将企业财产损失分为两个部分:直接财产损失和业务中断。在企业财产保险的标准产品中,包括台风、大风的损失。根据用户的需要,洪水(包括台风引起的洪水)、潮汐的损失可以通过附加险得到保障。台风和洪水是严重的自然灾害,可能引起极大的损失,因此保险公司需有专门的部门进行风险控制,计算所有保单的累积风险。对于处于高危险地区的企业,保费会增加。

2) 个人财产保险

日本的个人财产火灾保险是日本最为普遍的个人财产保险。20 世纪 60 年代以前,日本火灾保险仅包括火灾部分,60 年代开始在火灾保险中加入台风、水灾等气象灾害的内容。随着人们越来越喜欢买一份保险而顾及多方面的风险回避,保险逐渐向综合性方向发展。到 90 年代,火灾保险发展成为火灾、自然灾害和各种附加险的综合性保险。现在,日本普遍的个人财产保险为住宅综合保险和住宅火灾保险,包括火灾、雷击、风灾、雪灾和水灾等自然灾害。

3) 农业保险

日本的农业保险体系独立于上述各保险之外,实际上不由保险公司承担,而是由农民组成的农业共济组合完成,保障方式与保险类似。农民组成农业共济组合,组合员(农民)为农作物向农业共济组合缴纳共济金(保险),并支付一定的事务性开支,当农作物受到损失时,共济组合向农民返回共济金。农业共济组合组成联合会,共济组合向联合会缴纳保费(再保险)和一定的事务性开支。联合会向政府设立的农业共济再保险组织缴纳再保险费(再再保险)。在这一保险体系中,政府除了承担再保险外,同时为组合员缴纳部分共济金,也支付组合、联合会的事务性开支。此外农林水产大臣和督道府县知事指导监督农业共济组合和联合会的工作。农业保险的对象包括农作物、家畜、果树、蔬菜、园艺设施和建筑等。当农户的生产达到一定规模时,就必须加入农业共济组合进行农业保险。此外,农业保险中还有一定的返还制度,当一定时间内没有自然灾害发生,则保费会部分返还给组合员。与地震保险类似,当发生普通的灾害时,赔付由共济组合完成,当发生了异常灾害时,赔付则由联合会和政府承担。

(3) 法国

法国是综合性巨灾保险制度施行较成功的国家之一。1982 年经法国国会投票正式通过立法,创立《自然灾害保险补偿制度》,这是法国议会表决通过的第一部关于自然灾害保险的重要法律,是法国巨灾保险制度建立的法源依据。1990 年通过 NO.92-509 法案规定强制承保因暴风雨、飓风以及龙卷风所致风灾损失,并确认风灾风险为"可保风险"。1992 年通过 NO.92-665 法案修正了《自然灾害保险补偿制度》,将因飓风、冰雹以及积雪对屋顶的损害均纳入承保范围之内。2002 年通过 NO.2002-276 法案,进一步扩大了《自然灾害保险补偿制度的承保范围》,承保因地下坑洞、自然泥坑或者人工挖掘的洞穴所引起的土体坍塌所致的损失。法国自然灾害保险制度承保包括洪水、地震、海啸、雪灾、旱灾等几乎其国内所有的自然灾害风险,保障范围非常广。另外,法国自然灾害保险为强制投保,要求投保"火险"、"其他风险"或"营业损失险"的所有资产和陆上机动车辆都必须购买巨灾保险。在每张财产险保单中自动地、无选择地附加自然灾害风险,加收财产险保费的特定比例作为巨灾风险的保费。

(4) 英国

目前,英国已经建立了较为完善的自然灾害保险法律制度。在承保主体(即灾害保险的提供方)方面,英国的灾害保险仅由保险公司承保,政府在灾害保险体系中不承担承保责任。以英国的洪水保险为例,政府不参与洪水保险的经营管理,也不提供洪水保险,洪水保险的提供方全部为保险公司。如果私营保险公司自愿地将洪水风险纳入标准家庭及小企业财产保单的责任范围之内,投保人可以自愿在市场上选择保险公司投保。在风险控制方面,英国的灾害保险由于全部由保险公司承担,并且政府也不对灾害保险提供再保险方面的支持,因此,英国的保险公司在提供巨灾保险时,均要求政府进行大量的防洪工程建设以及提供灾害风险评估、灾害预警、气象研究资料等相关公共品,以使灾害保险损失控制在可以承受的范围之内。也就是说,只有在政府履行了上述职责后,保险公司才提供灾害保险。由此看来,英国保险公司提供灾害保险的风险控制主要依赖于政府进行的防洪工程以及通过商业再保险公司分散灾害保险风险。此外,英国政府特别注意发挥保险行业协会在灾害保险中的作用,比如政府与作为民间机构的保险行业协会签订洪水保险合作协议,规定政府履行防洪工程建设和提供洪水方面的公共产品,但行业协会的会员必须同意在政府职责履行的前提下提供洪水保险业务。

(5) 挪威

挪威是自然灾害比较频繁的国家,其灾害保险体系的最大特点是商业化运作和商业化管理,政府参与程度较低。但是在挪威,灾害保险被纳入强制保险体系,挪威法律规定山体滑坡、洪水和暴风雨等自然灾害风险作为财产保险的扩展责任,属于强制保险,其保费附加在所有售出的火险保单之中。灾害保险赔偿限额为实际损失的 85%,即设置了 15% 的免赔率。同时,为配合强制保险的实施,挪威议会于 1979 年立法建立挪威自然灾害基金(Norwegian Natural Perils Pool,NNPP),并于 1980 年实施,其中在挪威所有经营灾害保险业务的保险公司均是 NNPP 的成员单位。挪威立法规定,所有购买火灾保险的投保人必须同时购买灾害保险,保险收入纳入基金。基金的作用主要表现在:一是在保险公司间分散灾害风险导致的损失;二是建立针对灾害风险的再保险机制;三是在基金与成员单位间建立一个契约以应对自然灾害所导致的损失。基金由隶属于政府的一个专门委员会来管理,并且法律规定,凡灾害保险责任范围内的所有损失都必须告知基金管理委员会,由委员会根据各公司火险费率高低及市场份额将总损失在成员公司间分摊。对每次灾害,委员会均会制定统一的理赔方案,以保证各公司理赔口径的一致性。据统计,通过多年的积累,截至 2003 年底,NNPP 对每次灾害的赔付能力已经达到 5000 万欧元,并为每次灾害风险购买了 8.75 亿欧元的再保险。

(6) 西班牙

西班牙的自然灾害保障体系建立于 1940 年,在 1990 年以前一直由政府部门负责管理。1990 年后,西班牙的灾害保障体系开始以法律为基础,以保险的方式由保险企业即西班牙保险赔偿联合会(Consorcio de Compensacion de Seguros,CCS)来运作。具体说来,从保障范围看,西班牙灾害风险保障范围包括自然灾害和社会政治风险两种。从承保方式看,西班牙灾害风险的承保方式有三种:一是采取强制性附加保险。投保人只要购买财产险、车险(不含责任险)保单和个人意外伤害险保单就必须购买灾害保险,其保险金额同主保险单相同。二是通过保险公司承保,投保人在购买财产险和人身意外险基本保单时必须附加灾害保险。保险公司每月向 CCS 交费,CCS 付 5% 手续费给保险公司,保险公司相当于 CCS 的代理人。三是即使基本保单包括了灾害风险责任,投保人也要强制附加灾害保险,保险公司要向 CCS 交这笔保费,因为一旦保险公司破产或偿付能力不足,CCS 将负责清偿责任。在灾害保险基金的管理使用上,灾害保险基金要单独提取,单独立账。当灾害保险基金达到年保费收入的 200% 后交税,当灾害基金全部用完后,可向国家有关部门申请资金,国家提供无限额担保。

(7) 加勒比海地区

加勒比地区非常容易遭受自然灾害并且应对措施很有限。由于经济规模小而外债多,加勒比经常需要依靠捐赠来筹集救灾资金,但是捐赠通常不能及时提供资金或者有时候根本没有。2007 年加勒比地区各政府在世界银行指导下,用国际捐赠资金建立了加勒比海地区灾害风险保险基金(CCRIF)。这个 CCRIF 基金的特色是为 16 个加勒比地区的政府提供以指数触发为赔付条件的飓风和地震保险保单(近似于营业中断保险)。参加 CCRIF 的政府一旦遭受 15 年不遇的自然灾害事件,马上就可以得到赔付。触发赔付的条件是自然灾害的严重性(例如,风速超过一定值),这意味着受灾国家自动得到赔付,而不需要等待对损失进行评估。参加 CCRIF 的政府可以自由选择保障额度,最高达 1 亿美元。

10.2.1.2 一般天气风险和气候变化风险转移

一般天气风险是指由于气温、湿度、雨、雪、风、雾等非灾害性天气事件所导致的未来收益的不确定性。气候变化风险指由于全球气候变化,气候平均值发生变化,气候变动性增加,受气候变化影响相关部门、企业和个人等因此而遭致的可能损失。一般天气风险和气候变化风险(也叫非灾害性天气、气候风险)影响各行各业,国外的天气、气候保险等金融产品在气象信息技术的推动下蓬勃发展,"五花八门",为各行业的发展提供了有力的保障。

(1)天气(气候)保险

1)美国

美国的商业性气象服务起步于20世纪40年代,其中有400多家民营气象服务公司,从业人员达到4000人,为众多企业规避了天气风险。美国大卫·弗莱德伯格创办了全球第一家气象保险公司——"天气账单"(Weather Bill)公司,该公司主要通过整合电子商务网站及天气预报分析系统,向公司和个人出售天气保险单。客户通过地图来选择一个地区想支付的天气状况,并设定预想的温度、雨雪量等具体指标,"天气账单"网站会在很短时间内查询出客户指定地区的天气预报,以及美国国家气象局记载的该地区以往30年的天气数据。网站根据气候变化做出计算后就会给出保单的价格,任何人都可以利用网站购买特定区域的天气保险。如今,美国天气、气候保险品种越来越多,也越来越新奇,如有"观光天气保险"、"旅游遇雨保险"、"服装销售气候保险"等等。美国天气、气候保险的成功经验在于有专门的保险公司进行运作,公司内有专门的技术人才以及完整的天气数据。

2)日本

1954年,日本就已经开始了商业气象服务,其发展速度极其迅猛。天气新闻公司是日本最大的私人气象公司,其业务涉及24个行业,公司年营业额高达60亿日元。商业化气象服务的发展为企业规避天气风险提供了可能,在气象服务发展的推动下,日本的天气保险也有了较快的发展。日本天气、气候风险保险不仅种类繁多,而且涉及多个行业。截至2005年,市场规模已突破600亿日元大关。日本天气、气候保险的蓬勃发展,首先是观光旅游、休闲娱乐等对天气异常敏感的行业十分关注天气保险,投保积极,调动了保险公司承保的积极性;其次是保险公司根据客户需要,进行了极大的创新,促进了日本天气保险的发展,其中最成功的案例为"樱花险"和"酷暑险"。

3)英国

英国很早就开展了商业化气象服务,近年来,其国家气象局的有偿气象服务收入已经占到总经费的40%。英国最早开展的天气保险为"降雨保险",为各种会展比赛提供保障。后来伦敦开办了一家专业天气保险公司,为被保险人在户外运动和体育比赛中因恶劣天气影响不得已中断时的损失进行赔偿。目前,英国人生活中已经不能缺少天气保险,在进行高尔夫球赛、会展以及各种游玩活动时,人们都会购买天气保险。保险公司与气象部门充分合作,为费率的厘定提供科学依据,减少了保险公司开展天气保险所面临的风险。

(2)天气(气候)衍生品

与天气风险管理相关的天气衍生品合约最初由美国能源企业在1996年推出,并以场外交易(over the counter,OTC)的方式开展起来,逐渐吸引了保险业、零售业、农业、建筑业和管理基金的广泛参与。随着天气衍生品合约在OTC市场的日益发展和成熟,期货交易所开始引入天气指数的期货和期权交易。目前,全球有数个交易所提供天气期货合约,包括芝加哥商品交易所、伦敦国际金融期货期权交易所和位于亚特兰大的洲际交易所等。天气指数期货从1999年芝加哥商品交易所正式开始交易,目前已包括美国天气期货、欧洲天气期货和亚太天气期货。

芝加哥商品交易所最先交易的品种是"取暖日指数"(HDD)和"制冷日指数"(CDD)期货。现在气温、日照小时数、降雨毫米量都可以成为气象金融市场上的价格指数(表10.1)。近年来,芝加哥天气期货交易所获得美国商品期货交易委员会批准,将进行空气污染物的期货合约交易,将启动空气污染物配额的期货交易,进而是期权交易。

英国的伦敦国际金融期货交易所也已于2001年推出天气期货交易。该交易所推出的天气期货合约依据该交易所的每月和冬季指数结算交割。指数的计算基础是伦敦、巴黎和柏林三地日平均气温。

日本的东京国际金融期货交易也开始交易天气期货合约,价格以日本四大城市的一年前的月均气温为基础计算。东京海上保险公司向娱乐业推销台风期货合约,以免其举办的活动因暴风雨蒙受损失。日本损保公司向高尔夫球俱乐部销售降雨期货合约,对滑雪场和轮胎业销售降雪合约。对碰到雨天销售量会下降的饮料商,三井住友保险也有阳光期货合约等。

表10.1 芝加哥商品交易所温度指数期货合约一览

区域	期货合约类型	城市或地区
美国 (24个城市或地区)	1. 月度制冷日指数期货 2. 夏季制冷日指数期货 3. 月度制热日指数期货 4. 冬季制热日指数期货 5. 周平均温度指数期货	亚特兰大、巴尔的摩、波士顿、芝加哥、辛辛那提、科罗拉多斯普林斯、达拉斯、得梅因、底特律、休斯敦、杰克逊维尔、堪萨斯城、拉斯维加斯、小石城、洛杉矶、明尼阿波利斯/圣保罗、纽约、费城、波特兰、罗利、萨克拉门托、盐湖城、图森、华盛顿
欧洲 (11个城市或地区)	1. 月累计平均温度指数期货 2. 季节累计平均温度指数期货 3. 月度制热日指数期货 4. 冬季制热日指数期货	阿姆斯特丹、巴塞罗那、柏林、埃森、伦敦、马德里、奥斯陆、巴黎、布拉格、罗马、斯德哥尔摩
加拿大 (6个城市或地区)	1. 月度制冷日指数期货 2. 夏季制冷日指数期货 3. 月度制热日指数期货 4. 冬季制热日指数期货	卡尔加里、埃德蒙顿、蒙特利尔、多伦多、温哥华、温尼伯
亚洲 (3个城市或地区)	1. 月累计日均温指数期货 2. 季节累计日均温指数期货	广岛、大阪、东京
澳大利亚 (3个城市或地区)	1. 月度制冷日指数期货 2. 夏季制冷日指数期货 3. 月度制热日指数期货 4. 冬季制热日指数期货	悉尼班克斯、布里斯班、墨尔本

引自:龚萍,周博.《永安期货:天气衍生品研究系列之一——最新CME天气指数期货合约简介》.
http://wenku.baidu.com/view/e5a1d01bc5da50e2524d7ff8.html.

10.2.2 我国气象灾害风险转移立法及实践探索

10.2.2.1 气象灾害风险转移

总体而言,我国通过金融方式进行自然灾害风险转移,目前还处于十分初级的阶段。从管理体制来看,我国目前主要实行的是国家财政支持的中央政府主导型巨灾风险管理模式,还没有建立起成熟且完备的巨灾风险转移金融保障体系。

我国曾在气象灾害保险方面有过一些试验和探索:1995年前,我国保险公司曾开展过一揽子责任保险,在财产险及人身意外险中包括洪水风险等责任,但并没有完全覆盖所有的灾害性天气。随着近年来气象灾害发生频率越来越高,赔付逐年增大,保险公司的正常经营遇到了一些困难。1995年颁布的《保险法》规定,国家鼓励、扶持开展洪水保险,将洪水作为财产保险的综合责任承保。但是目前,我国还没有出现专门针对气象灾害风险设立的保险产品,大部分险种规定气象灾害引起的损失免赔,只有财产综合险、机动车辆险等对气象灾害引起的损失进行赔付。近年来,在我国农村试行的政策性保险业务中覆盖一定的气象灾害风险转移内容。如,2006年底,浙江省启动了"政策性农房保险"的试点计划,将台风、洪水、暴风暴雨等列入承保范围;2007年在全国试点能繁母猪保险,由财政补贴保费、保险公司经营,覆盖台风、龙卷风、暴雨、雷击、洪水(政府行蓄洪除外)和冰雹等6种气象灾害风险。2008年发生南方大范围的冰冻雨雪灾害之后,人身险的附加险中涵盖了洪水、台风等6种重大自然灾害风险,承担由灾害引起的被保险人身故和残疾责任。

但是可以看到,实践中,我国利用保险等金融产品来补偿和分散气象灾害经济损失还是非常有限的,不仅承保险种,而且保险范围,都还处于起步、尝试和摸索阶段。巨灾保险具有区别于一般商业保险的显著特点:从物品属性看,巨灾保险属于准公共物品;从体系范畴看,巨灾保险属于政策保险;从实施方式看,巨灾保险属于强制保险。巨灾保险的这些特点使得商业保险公司缺乏主动开展巨灾保险的驱动力,而且巨灾保险有"三高三低"的特征,即高风险、高损失、高赔付,低保额、低保费、低保障,也令商业保险公司望而却步,由此便导致了巨灾保险的"市场失灵"。

国外巨灾风险管理成熟的国家,大都有赖于政府的大力扶持,尤其是通过立法建立巨灾保险制度,确立适合本国国情的风险管理体制,促进本国巨灾保险、再保险以及巨灾债券等其他各种非传统风险转移方式的蓬勃发展。长期以来,我国巨灾风险转移法律制度缺失,这被认为是阻碍我国巨灾保险发展的主要原因。2012年11月,备受瞩目的《农业保险条例》出台,在农业领域率先实行了灾害保险制度,将巨灾风险管理立法往前推进了一大步。但是除了农业自然灾害,我国其他自然灾害的威胁依然很多很严重,比如洪水、台风、城市内涝、干旱、雷击、暴雨、冰雹和雨雪冰冻等多种气象灾害及衍生、次生灾害。可以预见,随着城市化和工业化进程的加快以及全球气候变化的发展,我国仍将长期处于自然灾害尤其是气象灾害的高风险之下。

《国家气象灾害防御规划(2009—2020年)》提出:"鼓励单位和个人购买保险,加快发挥气象灾害保险和再保险在气象防灾减灾中的作用,加快建立国家财政支持的灾害风险保险体系,充分发挥金融保险行业对气象灾害受灾单位和群众的救助、损失转移及分担作用"。尽快研究、制订和出台适合我国国情的巨灾风险管理基本法律制度,出台洪水、台风、城市内涝、干旱、雷击、暴雨、冰雹和雨雪冰冻等分灾种的气象灾害保险法律制度,这是提高我国气象灾害综合防范能力的重要举措。

10.2.2.2 农业气象灾害风险转移

我国是一个农业大国,也是一个气象灾害十分严重的国家。农业生产"靠天吃饭",对自然灾害尤其是气象灾害最为敏感。气象灾害是农业生产面临的主要风险之一,它不仅对我国的粮食安全带来巨大威胁,而且也会导致广大农民因灾加剧贫困。我国政府在探索和试验通过农业保险机制转移和分担农业灾害风险方面经历了一个漫长的过程。

2007年以来,我国开始推进中央财政补贴的"政策性农业保险"试点,五年间农业保险累计保费收入超过600亿元,年均增速达到85%,业务规模居世界第二。农业保险在承保品种上已经覆盖了农、林、牧、副、渔业,试点遍及所有省(区、市),承保粮油棉作物7.87亿亩,占全国播种面积的33%。此外,农房保险、农机具保险、渔业保险等试点也在稳步推进。尽管发展迅速,但农险仍面临缺乏稳定持续的政策支持、当事人权利义务关系不规范、农村基层机构参与农险存在法律障碍、政府部门职责分工不明等问题。鉴于农业保险有四个"特殊性",即政策特殊性——经营风险大,必须有国家财税政策扶持;操作特殊性——投保、查勘等需要基层政府部门协助;风险管理特殊性——投保有逆选择,为防范道德风险需集体投保;经营结果特殊性——如遇到巨灾风险,没有财政主导的大灾机制,保险公司难以承受。因此亟须从国家层面立法,以改变政出多头、试点分散、市场失灵等状况。

十六届三中全会、近10年的中央一号文件、2006年《国务院关于保险业改革发展的若干意见》以及《农业法》等都对发展农业保险提出了明确要求。历经10多年探索,2012年11月12日我国《农业保险条例》(以下简称《条例》)在"千呼万唤"后终于出台(2013年3月1日起施行)。《条例》清楚地界定了我国农业保险发展中的诸多困惑,为农险的规范操作提供了法律依据,农业气象灾害风险转移自此有了金融和法律的双重保障。

《条例》将种植业、林业、畜牧业和渔业生产中因遭受自然灾害、意外事故、疫病、疾病等事故造成的财产损失由保险公司依照合同约定赔偿的保险活动纳入法律调整范畴,明确了我国农险实行"政府引导、市场运作、自主自愿和协同推进"的原则,建立起我国农险法律制度基本框架。其中重要制度和规定如下:

(1)界定了农业保险的政策性定位

《条例》在广泛吸收民意的基础上,以法规的形式明确地肯定了农业保险的"政策性"属性,避免了不必要的理论纷争,使农业保险补贴和税收优惠等一系列支持政策有了比较一致的理论依据和法律依据,达到了理论和实践的统一。同时,《条例》不拘泥于其他国家关于农业保险的法律法规的指导思想和规范,创造性地设计了一个将商业性农险和政策性农险放在一起的一般性农业保险法律架构,有利于我国农业保险更加广泛地开展。

(2)安排了农业保险大灾风险分散机制

巨灾风险管理制度是建立政策性农业制度不可缺少的要素。对于政策性农业保险的经营,其他国家的农业保险法律法规,对发生大灾损失后责任准备金不足支付赔款的情况,都有具体的筹资安排。例如美国《农作物保险法》就规定在发生这种情况时,可以由农作物保险公司发行债券。加拿大的《农作物保险法》则规定,在这种情况下可以向省政府和联邦政府借款来支付投保农户的赔款。所以,我国《条例》第8条专门对建立大灾风险分散机制做出了原则性的规定。当然,在发生大灾保险基金不足支付赔款情况下,到底由谁具体设计和建立风险分散制度,这种制度要选择何种融资机制、通过何种途径融资、融资规模如何等,都有待"有关部门"制定具体的方案。

(3)明确了农业保险支持政策

公共财政给予农业保险补贴是政策性农业保险制度成立的最主要的特征之一,也是这种制度最重要的要素之一。《条例》明确规定了中央财政和地方财政支持政策性农业保险的责任和权利,实现了农业保险支持措施的规范化和制度化。《条例》规定:第一,国家支持发展多种形式的农业保险,健全政策性农业保险制度;第二,对符合规定的农业保险由财政部门给予保险费补贴,并建立财政支持的农业保险大灾风险分散机制;第三,鼓励地方政府采取由地方财政给予保险费补贴、建立地方财政支持的农业保险大灾风险分散机制等措施,支持发展农业保险;第四,对农业保险经营依法给予税收优惠;第五,鼓励金融机构加大对投保农业保险的农民和农业生产经营组织的信贷支持力度。

(4)规范了政府部门在农险监管体制中的职责

对于政策性农业保险的经济关系来说,实际上有三方当事人,即保险人、投保农户和政府。政府在这个经济关系中扮演着非常特殊和复杂的角色,既要为投保农民分担大部分保险费,同时还要宣传、组织和引导农民参与,并且协助保险人做定损、理赔等工作,推动政策性农业保险业务的拓展和顺畅运行。除此之外,政府也必须要当好裁判员,负责规范这个特殊的市场。而一般商业性保险除了接受政府监管之外,不会有政府参与保险合同的订立和执行的任何活动。在政策性农业保险这种特殊情况下,需要对政府及其部门的权利和责任边界做出明确界定,否则政策性农业保险很难顺畅运作。因此,《条例》对政府部门的角色做出了准确定位。

对于中央政府各部门的职责,《条例》主要是这样界定的:保监会负责保险业务的监督管理;财政和税收部门制定相关保险费补贴和税收优惠政策,并加以实施和管理;财政、农业、林业、发展改革、税务、民政等有关部门按照各自的职责负责宣传、组织、推进和管理;财政、保监会、国土资源、农业、林业、气象等有关部门、机构建立相关信息共享机制。对于地方政府的职责,《条例》是这样定位的:省级政府选择本省的农业保险经营模式;省、地、县政府负责引导、宣传和组织。

从上述规定可以看出,中央政府部门也好,地方政府部门也好,在《条例》规定的责任和权力之外,不可以干预农业保险的直接和再保险业务经营,这样就从制度设计上避免了政策性农业保险市场可能因政府不合法干预而发生的扭曲。

(5)确定了统分结合的农业保险经营模式

《条例》设计的是一种中央政府划定农业保险发展的大框架、各省政府可以"自由发挥"的统分结合的农业保险发展模式。这种模式充分适应了我国农业生产环境和农业保险实践活动的特征,是符合我国国情的农业保险发展模式。我国地域辽阔,各省的自然灾害、农业生产环境、主产农作物和畜禽各不相同,全国不可能采用完全统一的农业保险经营模式。从20世纪60年代就开始试点政策性农业保险的加拿大政府,也采用的是这种统分结合的农险模式。通过他们60多年的实践证明,这种模式下的加拿大农业保险发展非常稳健。

(6)规定了农业保险经营主体及准入条件

根据《条例》,农业保险经营主体"保险公司以及依法设立的农业互助保险等保险组织",这不仅明确了商业保险机构在农业保险中的地位作用,也为中国渔业互保协会等互助保险组织开展农业保险经营活动提供了法律依据。同时,《条例》规定,未经国务院保险监督管理机构依法批准,任何单位和个人不得经营农业保险业务。保险机构经营农业保险业务,应当具有完善的基层服务网络;具有专门的农业保险经营部门并配备相应的专业人员;具有完善的农业保险内控制度;具有稳健的农业再保险和大灾风险安排以及风险应对预案;偿付能力符合国务院保险监督管理机构的规定;国务院保险监督管理机构规定的其他条件。这些规定赋予保监会根据实际情况依法批准农业保险经营主体市场准入的权利,可以防止农业保险经营出现一哄而上、无序竞争的混乱局面。

(7) 规定了农业保险特有的公平交易规则

农业风险具有很强的季节性和变化性,在合同有效期内,如果允许投保人在危险程度减小时解除合同,或允许保险人在危险程度增加时增加保险费,对于保险人和投保人双方均不公平。因此,《条例》规定,在农业保险合同有效期内,合同当事人不得因保险标的的危险程度发生变化而增加保险费或者解除农业保险合同,如此规定有利于促进农业保险的公平交易。

尽管《条例》最大程度地兼顾了我国学者多年的研究成果、农险实践经验以及我国特殊国情,被认为是"我国农业保险发展的里程碑",但是其中也还存在一些缺失和不足:比如缺乏进行风险区划和费率分区的规定,这有可能使得农业保险的科学性、实行效果和效率大打折扣;缺乏将灾害风险损失转移与防灾防损、减灾抗灾措施相结合的理念与规定,而这正是国际巨灾风险管理的宝贵经验和趋势。只有在灾害风险损失转移中高度重视并实施防灾防损、减灾抗灾措施,才能够真正实现利用金融方式预防和降低灾害风险,实现灾害风险有效管理的目的。

10.2.2.3 一般天气风险和气候变化风险转移

2007年,中国银监会发布了新修订的《金融机构衍生产品交易业务管理暂行办法》;同年,中国保监委会正式下发文件,要求各财产保险公司、再保险公司以及各保监局做好极端天气事件防范应对工作,积极开展天气保险,填补国内天气保险空白,尽快开发满足全社会应对极端天气事件的保险需求;2012年,国务院发布新修订的《期货交易管理条例》,《期货法》立法步伐加快。我国保险、证券与期货等金融立法逐步走向完善,保险市场、资本市场和期货市场等逐步形成规模,这些为我国一般天气和气候变化风险转移准备了基础和条件。我国目前正在重点探索如何开发推广天气指数保险、天气(气候)指数期货等。

天气指数保险为我国转移农业天气风险提供了另一种选择。和传统的农业保险相比,天气指数保险的优势在于不易发生道德风险和逆向选择,赔款及时,管理成本低,产品标准化,结构透明,可得性与流通性强,再保险接受程度高等。2008年,我国农业部国际合作司与国际农业发展基金、世界粮食计划署签署谅解备忘录,借助"农村脆弱地区天气指数农业保险合作项目",开展技术合作,试验天气指数保险在我国开展的可行性。以上三方与国元保险公司、安徽省气象科学研究所以及其他机构联手合作,选定分别在安徽省长丰县、怀远县进行旱、涝灾产品试点。2009年,项目组设计出了"长丰县水稻旱灾保险"产品和"怀远县水稻内涝保险"产品,成功地推出"长丰县水稻天气指数保险",经中国保监会批准准予试点,向社会销售。"长丰县水稻天气指数保险"是我国首例天气保险,试点工作标志着我国天气保险取得了突破性的进展,为其后续发展奠定了基础。

在天气(气候)指数期货研发方面,目前,我国大连商品交易所和国家气象中心合作开发的温度指数期货合约上市申请已报中国证监会。此外,大商所与东京金融期货交易所(TFX)签署了合作谅解备忘录,将合作研发和推广天气衍生产品。香港特区政府及港交所也开始开展相关调研工作,研究推出气候期货(包括温度指数、降雪指数及霜冻日数的期货合约)的可行性。可以预期,随着不久的将来,我国《期货法》出台,天气(气候)指数期货上市将会成为现实,我国天气、气候衍生品将迎来广阔的发展空间。

10.3 气象灾害风险转移的立法设计

10.3.1 巨灾保险制度

我国巨灾保险立法暂时缺位,但是建立我国巨灾保险法律制度的呼声越来越高。作为一个需求紧迫、影响面广、技术性强的法律制度,该项立法目前还有很多重要和关键的问题没有取得共识。相关立法研究还刚刚起步,研究成果还比较少,对于立法的咨询和参考作用还很有限。以下是对于我国巨灾保险立法中一些重要问题的初步意见。

10.3.1.1 关于立法模式的选择

目前,各国巨灾保险立法主要有三种模式:专项型、综合型与补充型立法。专项型立法,指针对主要的巨灾风险分别立法,如美国针对洪水灾害制定的《洪水保险法》;综合型立法,指制订一部统一的涵盖巨灾、洪水、飓风、地震等多种巨灾风险的《巨灾保险法(条例)》,如法国的《自然灾害保险补偿制度》;补充型立法,指通过修订如《保险法》等已经颁布的相关法律法规,在其中加入巨灾保险内容,建立巨灾保险制度,如我国台湾地区通过《保险法修正案》,在其《保险法》中加入巨灾保险的内容并以此作为法源依据,再由行政部门通过颁布行政条例的形式来具体规定巨灾保险的内容。

根据我国灾情特点、现阶段国情以及法治状况,在以上几种立法模式中,建议选择专项立法与综合立法相结合的模式。一方面,根据我国巨灾发生特点,按照轻重缓急,制订巨灾保险专项法规,如《洪水保险条例》《台风保险条例》《干旱保险条例》《地震保险条例》等;一方面,适时制订我国《巨灾保险法》,对我国整个巨灾保险制度的基本方针、指导思想、基本原则、基本制度、监管体制和法律责任等等做出原则性规定,统辖和指导各专项法的制定和实施。具体实施中,可以考虑地方立法与中央立法结合,互为补充。尤其是对于受灾特别严重的地区,可以鼓励先行立法。

10.3.1.2 关于立法原则的确立

第一,政府扶持原则。即在巨灾保险制度建立的初期,需要政府对巨灾保险给予财政上、法律上和必要的行政上的支持。第二,总体补偿原则。即以整个社会作为核算单位来考察和管理巨灾风险,将巨灾的政策性亏损计入社会总体成本,运用社会补偿基金弥补。第三,公共选择原则。即由于巨灾保险的高社会效益以及为避免"逆向选择效应",巨灾保险应在一定程度上实行强制性保险。第四,社会效益最大化原则。即巨灾保险的开展,应着眼于维护灾后正常的生产生活秩序和促进社会稳定,着眼于社会效益最大化,而不是追求个人效益最大化或是企业利润最大化。

10.3.1.3 关于巨灾保险运作模式的选择

各国运作模式基本分为三种:第一种是完全由政府管理和运作,比如说美国;第二种是完全商业化运作模式,政府几乎不参与,比如英国、挪威、日本的企业财产地震保险;第三种是合作经营,该种模式又可细分为两种:一种是由政府与民间保险公司共同合作经营的两方模式,比如法国、日本的家庭财产地震保险;另一种是由政府、民间保险公司、国际组织(如世界银行)

共同合作经营的三方模式,比如土耳其。根据各国巨灾保险运作经验以及我国的现实条件,建议我国选择法国式的政府与商业保险公司合作经营模式,即巨灾保险由个人投保,商业性保险公司遵循市场化原则特许经营,政府并不直接参与,而是以最终再保险人的身份(政府组建国有巨灾再保险公司作为最终再保险人)对商业保险公司提供超额赔付保证,同时负责对投保人和经营巨灾保险业务的商业保险公司提供各种财政支持。

10.3.1.4　关于巨灾保险实施方式与承保范围的规定

作为巨灾风险管理的手段之一,巨灾保险制度带有一定程度的社会性,根据我国的现实情况(包括我国的巨灾保险市场条件、巨灾保险经营水平以及民众的巨灾保险意识等等),在巨灾保险制度建立的开始阶段,为了使得巨灾风险能够达到最大限度的分散,政府有必要通过立法强制实施,从而科学合理地引导巨灾保险的初步发展。比如可在洪水易发区域,强制建立区域性的巨灾保险制度,强制性要求该区域居民参保。待到巨灾保险的发展相对成型且较为成熟时,可以施行强制保险与自愿保险相结合的方式,比如政府规定一个较低的保额必须投保,超出较低保额之外的可自主选择参与。

巨灾保险作为具有社会保障功能的特殊保险制度,它与商业保险有很大区别,即不以完全补偿灾民财产损失为目标,其根本目的在于维护灾民的生存权、为灾民灾后恢复与发展提供基本保障。同时,在其实施中,国家提供了相当力度的政策支持,以致在不同风险区之间也存在低风险区补贴高风险区的再分配问题。因此,对于承保范围,应该坚持低保额政策保险与高保额商业保险相结合,即国家补贴的巨灾保险只承担低保额的保险责任,有更高巨灾保险需求的,则可以自愿通过商业保险来获得满足。

10.3.1.5　关于巨灾风险转移机制的设计

在我国巨灾保险法律制度的设计中,要积极探求多渠道的风险转移机制。第一,设置一定比例的巨灾保险免赔率或规定具体的最低免赔额,以防止道德风险和激励投保人积极防灾抑损;第二,对所有巨灾保险实行再保险,并且再保险的比例要高于一般保险,同时规定经营巨灾保险业务的商业保险公司可在同业之间进行再保险,但政府组建的国有再保险公司作为最终再保险人;第三,由政府牵头和有关部门来参与建立巨灾保险基金,然后委托商业保险公司为国家承担管理职能,不以营利为目的,实行单独建账、单独管理。第四,推行巨灾保险风险证券化,即通过创设巨灾保险债券、巨灾保险期货、巨灾保险期权等巨灾保险金融产品来实现巨灾风险向资本市场移转,从而克服承保能力及保险市场的缺陷,达到满足巨灾保险需求的目的等等。

10.3.1.6　关于防灾防损、减灾抗灾措施的规定

我国通过以保险为核心的金融方式建立巨灾风险转移制度,最终目的是为了建立起我国巨灾风险管理体制。在风险管理过程中,事前的防灾防损、减灾抗灾措施能够有效地预防和降低灾后的风险损失,比如加强建筑工程的质量管理,划分建筑物的抗风险等级,描绘重大自然灾害的风险地图,开展日常的灾害风险应急培训以及做好灾害发生预报预警等等。只有将灾前风险防范与灾后经济补偿有机结合,才能有效地发挥巨灾风险管理制度的作用,提高经济社会应对自然灾害的能力。因此,巨灾保险立法中要对政府、金融机构、企业、法人和公民等各责任主体防灾防损、减灾抗灾的相关责任给予规定。

10.3.2 洪水保险制度

洪水灾害是人类社会面临的主要自然灾害之一，全球每年均有不少国家或地区遭受洪灾侵袭，据统计，洪灾损失约占全球各类自然灾害总损失的 40%，防洪救灾是相关国家或地区政府的主要财政负担之一。我国大约 2/3 的国土面积存在着不同类型和不同危害程度的洪灾，年均损失在 1000 亿元以上，约占全国 GDP 的 1%～3%。目前保险对于我国洪灾损失补偿的功能远远没有得到发挥，灾后救助主要还是传统的政府救助和社会捐赠，其中政府救灾专款用于洪灾风险损失救助的比重仅为总损失的 4.66% 左右。通过立法，确立洪水保险制度，发挥其转移洪灾经济损失的功能，成为我国进行洪水灾害风险管理的新途径。我国洪水保险制度目前也仍然缺位，立法和实践中可以借鉴和参考美国洪水风险管理相关经验。

表 10.2 美国洪水灾害管理立法

时间	法律内容	意义
1850 年	《沼泽地和淹没区法》	第一部管理水的法案
1919 年	《洪水控制法》	联邦政府介入洪水控制工程建设
1928 年	《密西西比河下游防洪法》	授权修建水库大坝、整治河道、设置滞洪区、开辟泄洪道控制洪水
1933 年	《田纳西峡谷管理局法案》	建立了田纳西峡谷管理局和资源发展的区域性计划
1936 年	《洪水控制法》	把陆军工程兵团负责的防洪区域从密西西比河流域扩展到全国
1956 年	《洪水保险法》	创设了联邦洪水保险制度
1965 年	《东南飓风减灾法》	检查包括保险和其他洪水灾害财政救助计划的可行性
1968 年	《国家洪水保险法》	制定了《国家洪水保险计划》，建立了国家洪水保险基金
1973 年	《洪水灾害防御法》	认识到自愿的洪水保险计划是无效的，实施保险强制购买要求
1988 年	《罗伯特斯坦福法案》	限制了灾害救助，灾害救助只对已投保或未投保的公共和营利组织提供
1994 年	《洪水保险改革法》	提高遵守强制购买要求，禁止在没有购买洪水保险的地区提供联邦灾难援助
2000 年	《灾害减轻法》	强调州、种族和地方政府要紧密合作
2004 年	《洪水保险改革法》	解决重复财产损失问题
2011 年	《洪水保险改革法》(草案)	解决巨灾冲击后 NFIP 的财务稳定性问题

引自：魏华林，洪文婷. 巨灾风险管理的困境与出路——兼论中、美洪水灾害风险管理差异[J]. 保险研究，2011，(8)：3-12.

美国庞大而完备的洪水保险法律制度，源自立法机关在一百多年时间里根据洪水风险变化不断展开的数次立法修订(美国洪水保险立法历程具体参见表 10.2)。由于洪水风险管理是如此的复杂，因此，我国立法也不能期待相关立法一蹴而就、一劳永逸，而应当坚持在实践中逐步完善的原则，在出台专门的法律或行政法规，对其核心制度或规则进行明确规定的基础上，授权立法部门根据市场的实践情况对已有制度和规则进行及时的调整、更新和完善，由此逐步建立我国洪水保险制度以及洪水风险管理制度。以下是对我国洪水保险立法的一些意见。

10.3.2.1 关于洪水保险实施方式的规定

与一般保险高概率、低损失的特征不同，洪水保险具有低概率、高损失的特征，这使得风险的计算变得复杂，降低了精确预测风险和损失的可能性，并使得纯商业性的洪水保险很难推行。同时，洪水保险作为一种准公共物品，其具有收益上的非排他性、生产经营上的规模性、消费的非竞争性、成本或利益上的外部性等公共物品特点,这些特点决定了私营保险业无法独立承担洪水保险的供给,必须有政府的适度介入,否则,市场自身必然走向失灵。美国等不少国家洪水保险发展早期的经验亦充分证明了这一点。就我国现阶段而言,洪水保险还是一个新生事物,为确保其健康发展,法律制度设计上必须充分考虑其特征,将其设计为一种具有政策性因素的强制性商业保险,并确保充分发挥政府在洪水保险发展中的主导作用。

10.3.2.2 关于洪水保险承保原则的规定

洪水保险的低概率、高损失使得其很难满足一般保险大数法则,尤其是在局部区域。洪水保险的支付能力与经济发展水平密切相关,只有经济发展到一定水平后,人们才会产生保险需求。中国受洪水威胁的人口有五六亿之多,每年遭受水灾的人口可达到数千万。因此,只有在一个广阔的范围内、较长的时段中分担风险,才可能使洪水保险的费率得以降低,这也是洪水保险发展必须依赖国家扶植的深层次原因。中国将长期作为发展中国家的经济现实决定了国家财政很难给予洪水保险太多的支持,故中国洪水保险在发展初期的保障水平不能定位过高,应当在立法中规定实行低保费、低保额、限额赔付的原则,并以此争取实现广覆盖。

10.3.2.3 关于立法中其他问题的建议

首先,设立洪水保险实施的应急阶段并适用特殊的承保规则,以减少推行中的阻力。所谓应急阶段是指全国洪水风险图绘制出来并生效之前的时间段,之后的阶段则为常规阶段。在应急阶段,对所有的可保建筑按照全国洪水保险的平均费率进行承保;在常规阶段,则按财产所处区域的洪水风险等级所对应的费率进行承保。同时,为确保公平、减少投机,在不超出保险标的价值的前提下,应急阶段的保险金额应低于常规阶段的保险金额。

其次,努力提高公众对洪水保险的认知度,以解决低投保率问题。从美国洪水保险的经验来看,存在着以观念为基础的需求不足。如美国《国家洪水保险计划》(NFIP)目前仅涵盖了应当购买洪水保险财产的40%~60%,某些地区受洪水威胁的财产中仅有5%投保了洪水保险。这种情况在其他推行洪水保险的国家也存在。因此,在洪水保险推广中,政府和保险业均应有效利用各种有效方式(包括但不限于征集公众意见准确绘制并及时更新洪水风险图等)不断提升公众对洪水保险的认知度,以逐步提高投保率,这也是洪水保险本身制度价值充分发挥的必要。

再次,积极进行洪水保险证券化尝试,以充分利用资本市场分散特大洪灾的保险损失。从国际范围来看,美国等部分发达国家及墨西哥等部分发展中国家通过巨灾债券、巨灾期货等保险衍生工具向资本市场投资者分散、转移巨灾风险的实践已进行了近20年,并积累有较丰富的实践经验。我国作为一个洪灾频繁、资本市场快速成长的国度,完全可以在推出我国洪水保险法的同时,充分借鉴国际经验,以发行巨灾债券、巨灾期货等新兴金融工具方式将特大洪灾风险进一步分散、转移到具有更强风险承受能力的国内外资本市场上去,形成一个多层次洪灾损失分担机制。

10.3.3 非灾害性天气、气候保险制度

我国非灾害性天气、气候保险(以下简称天气、气候保险)要借鉴国外经验,以试点工作为基础加快立法步伐。农业天气、气候保险带有一定的政策性,可以遵循政策性保险和商业性保险相关法律法规,比如《农业保险条例》《保险法》;但是,纯粹商业性的天气、气候保险就要遵循

商业保险法律法规，比如《保险法》，并且根据天气、气候保险的特殊性，健全相关法律制度。以下是对完善我国商业性天气、气候保险立法的几点建议。

10.3.3.1 加大政策支持

受一般天气和气候变化风险影响的行业有很多，比如农业、能源、建筑、交通运输、旅游、商业、制造业、公用事业、林业、渔业、盐业、娱乐、金融等，各种社会活动、比赛以及人们的日常生活等等也都广泛和普遍地受到天气、气候风险的影响，可以说，天气、气候风险"无所不在"。美国最初将天气保险业务应用于大型能源公司，以稳定由于气候变化导致的需求变动给能源公司带来的财务风险，而我国最先将其用于受天气、气候风险影响范围最大、最广的农业。天气、气候保险有广阔的市场需求，建议我国扩大天气、气候保险的应用范围，将其应用到商业性的财产保险中，为对天气敏感的行业和个人提供保障。商业性天气、气候保险的发展，既需要保险公司对市场有敏锐嗅觉、不断创新，也需要政府和保险公司一起，通过各种渠道提高全社会的天气、气候风险管理意识，以及通过保险转移化解风险的意识。在立法方面，政府应该加大政策支持力度，和保险公司一起出台配套法律法规以及实施细则等，明确天气、气候保险业务的市场准入、市场退出、经营范围、业务种类、行为准则、监督管理、风险控制等，为天气、气候保险的健康发展提供良好的制度保障。

10.3.3.2 出台有关支持专业天气（气候）保险公司的规定

天气、气候保险具有很强的专业性和技术性，专业的公司能够集中时间和精力负责保险的开发与推广，有利于加快发展的进程。目前，美国和英国都成立了专门的天气（气候）保险公司。目前我国的天气指数保险主要是由农业保险公司与气象部门合作开发，但是天气保险的品种众多，更多的是商业性质的天气保险，这就要求成立专门的天气、气候保险公司或者在财产险公司内部设置专门的部门，由相关的技术人员负责天气保险的开发与推广，将天气保险的开发作为长期发展战略及核心任务来操作。国外专业天气、气候保险公司都是由私人成立的商业性的保险公司，如美国、英国等。但是目前我国的实际情况是天气、气候保险的承保与投保意识都较差，专业天气、气候保险公司初期可能多半会处于亏损，因此为了支持我国天气、气候保险的发展，建议出台有关支持专业天气（气候）保险公司的规定。

10.3.3.3 建立天气、气候风险转移机制

天气、气候风险转移机制包括天气、气候保险及其衍生品，比如天气期货与期权等。美国、日本以及英国开展的天气保险"五花八门"，为各行各业转移天气（气候）风险提供了有效的工具。而目前，我国天气保险只有农业天气指数保险，其他行业还是完全暴露于天气风险之下。此外，国外天气衍生品市场也已经发展得如火如荼，近年来芝加哥商品交易所仍然在持续开展天气指数产品创新，不断开发出新的天气风险管理工具，比如"温度指数期货"、"霜冻指数期货"和"降雪指数期货"等，已有的天气指数产品细节也得到进一步完善，而目前，我国天气衍生品发展还刚刚起步。经济社会的发展和人民生活水平的提高，需要充分发挥保险在天气、气候变化风险管理中的作用，通过保险补偿损失的杠杆效应，将事后的被动应对转向事前的风险防范，建立起全社会天气、气候风险管理金融保障体系。建议通过立法，建立起我国以保险为核心、以金融衍生品为补充的天气、气候风险转移机制。

参考文献

巴曙松,丁波,任杰,张晓亮.2008.中国应对自然灾害的金融体系构建与创新[J].西南金融,(7):11-14.

曹前进.2007.基于资本市场的中国灾害风险管理[J].北方经贸,(11)89-92.
陈振林.2013.我国气象防灾减灾能力建设与实践[J].阅江学刊,5(3):23.
丁慧彦,赵晗萍,黄崇福,陈艳.2010.日本灾害保险研究状况及其对中国自然灾害保险的启示[J].经济与管理研究,(6):102-108.
龚萍,周博.2010.最新 CME 天气指数期货合约简介[EB/OL].永安期货.[2010-04-07].http://www.yafco.com/show.php?contentid=69310.
郭起豪,张永,谈媛.灾害风险管理 任重而道远——写在"5·12"防灾减灾日.北京:中国气象报社.2013-5-13.
国务院法制办公室,中国气象局.2010.气象灾害防御条例释义[M].北京:中国法制出版社:26.
韩雪.2012.论我国巨灾保险体系的构建[J].学术交流,(7):122-125.
和讯期货.2012.天气期货[EB/OL].新华网.[2012-02-16].
黄军辉.2007.巨型灾害保险法律制度的构建[J].国家检察官学院学报,15(3):132-137.
李莎莎,翟国方,吴云清.2011.英国城市洪水风险管理的基本经验[J].国际城市规划,26(4):32-36.
刘冰,薛澜.2012."管理极端气候事件和灾害风险特别报告"对我国的启示[J].中国行政管理,(3):92-95.
裴洁.2011.我国应对天气风险的保险对策研究[D].河北大学.
任自力.2012.美国洪水保险法律制度的变革及其启示[C]//北京市金融服务法学研究会.北京市金融服务法学研究会成立大会暨"金融服务法的创新与发展"论坛论文集.
苏晓鹏,薛玉红,王丽.2013.解读《农业保险条例》九大亮点[EB/OL].[2013-04-09].河北新闻网.http://yzdsb.hebnews.cn/2013/0409/c_118.htm.
唐彦东.2011.灾害经济学[M].北京:清华大学出版社:283.
汪洋.2008.农业保险法律制度研究[D].西南政法大学.
王丹丹,张妮娜.2010.我国的灾害风险转移分担现状分析[J].中国减灾,(12):32-33.
王雪臣,冷春香,郭志武,等.2009.气象灾害防御中保险机制应用的探讨[J].自然灾害学报,18(4):44-49.
王志强.2013.有效防御气象灾害的法制建设研究[J].阅江学刊,5(3):30.
魏华林,洪文婷.2011.巨灾风险管理的困境与出路——兼论中、美洪水灾害风险管理差异[J].保险研究,(8):3-12.
向飞,洪文婷.2011.中国洪水灾害风险管理体制创新研究——兼论英美洪水灾害风险管理的发展、困境及启示[J].保险职业学院学报,25(5):89-96.
谢家智.2004.我国自然灾害损失补偿机制研究[J].自然灾害学报,13(4):28-32.
徐怀礼.2007.国外天气衍生品市场现状及对我国农业灾害风险管理的启示[J].现代商贸工业,19(5):69-70.
徐美芳.2009.国外巨灾融资新趋势:防损、合作和效率[J].上海经济研究,(3):79-86.
许均.2008.我国巨灾保险法律制度研究[D].华东政法大学.
许小峰.2012.气象防灾减灾[M].北京:气象出版社.
薛澜,周玲,朱琴.2008.风险治理:完善与提升国家公共安全管理的基石[J].江苏社会科学,(6):7-11.
杨鹏辉.2012.对自然灾害金融支持体系的思考——以汶川地震为例[J].财经界,(18):18.
袁琳.2009.气象灾害应急管理研究[D].天津大学.
张琳.2010.我国巨灾保险立法研究[D].重庆大学.
周俊华.2010.指数保险在政府巨灾风险管理中的应用[C]//国家减灾委员会.国家综合防灾减灾与可持续发展论坛论文集.
朱俊生.2011.中国天气指数保险试点的运行及其评估——以安徽省水稻干旱和高温热害指数保险为例[J].保险研究,(3):19-25.
祝燕德,胡爱军,熊一鹏,何逸.2006.经济发展与天气风险管理[M].北京:中国财政经济出版社.